国家示范性高职院校建设项目工学结合课程教材

机电设备控制

（下册　机电设备控制与检测）

李　慧　赵红梅　刘爱玲　主编

中国农业大学出版社
·北京·

目　录

下　册

第五章　继电器接触器控制基本线路设计

【教学目标】

1. 完成电机控制类电路的继电接触控制电路的设计。

2. 能够根据控制要求设计继电接触控制电路。

3. 了解绘制电气图的基本原则，熟悉常用低压电器在电路中的作用、图形符号、文字符号，主电路和辅助电路中的连接，会分析常见电气控制系统的基本控制线路。

【典型生产任务、作业流程及技能实训】

一、典型生产任务及作业流程

任务一　三相异步电动机的启保停控制线路设计

任务一实施流程

(1)资料准备；

(2)熟悉控制电器；

(3)了解三相异步电动机的启保停控制线路类型；

(4)绘制三相异步电动机的启保停线路图；

(5)主电路接线；

(6)控制线路接线；

(7)安装调试；

(8)调试成功。

任务二　三相异步电动机的正反转控制线路设计

任务二实施流程

(1)资料准备；

(2)熟悉控制电器；

(3)了解三相异步电动机的正反转控制线路类型；

(4)绘制三相异步电动机的正反转控制线路图；

(5)主电路接线；

(6)控制线路接线；

(7)安装调试；

(8)调试成功。

任务三　三相异步电动机的顺序启动控制线路设计

任务三实施流程

(1)资料准备；

(2)熟悉控制电器；

(3)了解三相异步电动机的顺序启动控制线路类型；

(4)绘制三相异步电动机的顺序启动控制线路图；

(5)主电路接线；

(6)控制线路接线；

(7)安装调试；

(8)调试成功。

二、实训地点和设备

实训地点:设备控制实训室。

实训设备:继电器、接触器元件。

三、继电器、接触器控制基本线路设计注意事项

1. 选择控制电源

尽量减少控制线路中电源的种类,控制电源用量,控制电压等级应符合标准等级。在控制线路比较简单的情况下,可直接采用电网电压,即交流 220 V、380 V 供电,以省去控制变压器。当控制系统使用电器数量比较多时,应采用控制变压器降低控制电压,或用直流低电压控制,既节省安装空间,又便于采用晶体管无触点器件,具有动作平稳可靠、检修操作安全等优点。

2. 选择电器元件

尽量减少电器元件的品种、规格与数量。在电器元件选用中,尽可能选用性能优良、价格便宜的新型器件,同一用途尽可能选用相同型号。电气控制系统的先进性总是与电器元件的不断发展、更新紧密联系在一起的,因此,设计人员必须密切关注电机、电器技术、电子技术的新发展,不断收集新产品资料,以便及时应用于控制系统设计中,使控制线路在技术指标、稳定性、可靠性等方面得到进一步的提高。

3. 减少通电电器的数量

正常工作过程中,尽可能减少通电电器的数量,以利节能,延长电器元件寿命以及减少故障。

4. 合理使用电器触点

在复杂的继电接触控制线路中,各类接触器、继电器数量较多,使用的触点也多,线路设计应注意以下问题。

(1)主副触点的使用量不能超过限定对数,因为各类接触器、继电器的主副触点数量是一定的。设计时应注意尽可能减少触点使用数量。因控制需要触点数量不够时,可以采用逻辑设计化简方法,改变触点的组合方式,以减少触点使用数量,或增加中间继电器来解决。

(2)检查触点容量是否满足控制要求,避免因使用不当而出现触点烧坏、熔焊的故障,要合理安排接触器主副触点的位置,避免用小容量继电器去切断大容量负载。总之,要计算触点断流容量是否满足被控制负载的要求,还要考虑负载性质(阻性、容性、感性等),以保证触点工作寿命和可靠性。

5. 正确连线

具体应注意以下几个方面：

(1)正确连接电器线圈，电压线圈通常不能串联使用，即使用两个同型号电压线圈也不能采用串联施加额定电压之和的电压值，因为电器动作总有先后之差。

(2)合理安排电器元件及触点位置对一个串联回路，各电器元件或触点位置互换，并不影响其工作原理，但从实际连线上却影响到安全、节省导线等各方面的问题。

(3)注意避免出现寄生回路在控制电路的动作过程中，如果出现不是由于误操作而产生的意外接通的电路，称为寄生回路。

(4)在控制电路设计过程中应尽量避免许多电器依次动作才能接通另一个电器的控制线路。

【必备的理论知识】

第一节 常用控制电器与执行电器

生产机械中所用的控制电器多属低压电器，它是指电压在500 V以下、用来接通或断开电路，以及用来控制、调节和保护用电设备的电气器具。

电器按动作性质可分为以下两类。

(1)非自动电器：这类电器没有动力机构，依靠人力或其他外力来接通或切断电路，如刀开关、转换开关、行程开关等。

(2)自动电器：这类电器有电磁铁等动力机构，按照指令、信号或参数变化而自动动作，使工作电路接通和切断，如接触器、继电器、自动开关等。

电器按其用途又可分为以下三类。

(1)控制电器：用来控制电动机的启动、反转、调速、制动等动作，如磁力启动器、接触器、继电器等。

(2)保护电器：用来保护电动机，使其安全运行，以及保护生产机械使其不受损坏，如熔断器、电流继电器、热继电器等。

(3)执行电器：用来操纵、带动生产机械和支撑与保持机械装置在固定位置上的一种执行元件，如电磁铁、电磁离合器等。

大多数电器既可作控制电器，亦可作保护电器，它们之间没有明显的界线。如电流继电器既可按"电流"参量来控制电动机，又可用来保护电动机不致过载；又如行程开关既可用来控制工作台的加、减速及行程长度，又可作为终端开关保护工作台不致闯到导轨外面去。

一、刀开关

刀开关又名闸刀开关，一般用于不需要经常切断与闭合的交、直流低压(≤500 V)电路，在额定电压下其工作电流不能超过额定值。

但在机床上，刀开关主要用作电源开关，它一般不用来开断电动机的工作电流。

一般刀开关结构如图 5-1 所示。转动手柄后，刀极即与刀夹座相接，从而接通电路。

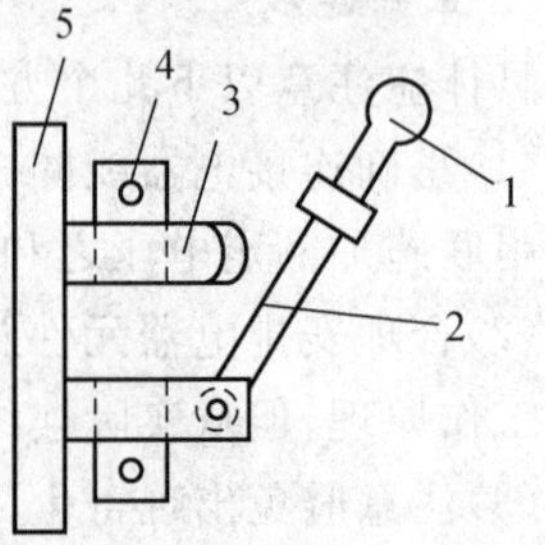

图 5-1　一般刀开关

1. 刀极支架和手柄　2. 刀极(动触头)　3. 刀夹座(静触头)　4. 接线端子　5. 绝缘底板

一般刀开关由于触头分断速度慢，火灭弧困难，仅用于切断小电流电路。若用刀开关切断大电流的电路，特别是切断直流电路时，为了使电弧迅速熄灭以保护开关，可采用带有快速断弧刀片的刀开关，如图 5-2 所示。图中，主刀极用弹簧与断弧刀片相连，在切断电路时，主刀极首先从刀夹座脱出，这时断弧刀片仍留在刀夹座内，电路尚未断开，无电弧产生。当主刀极拉到足够远时，在弹簧的作用下，断弧刀片与刀夹座迅速脱离，使电弧很快拉长而熄灭。

刀开关分单极、双极和三极，常用的三极刀开关长期允许通过电流有 100 A、200 A、400 A、600 A 和 1 000 A 五种。目前生产的产品有 HD(单投)和 HS(双投)等系列型号。

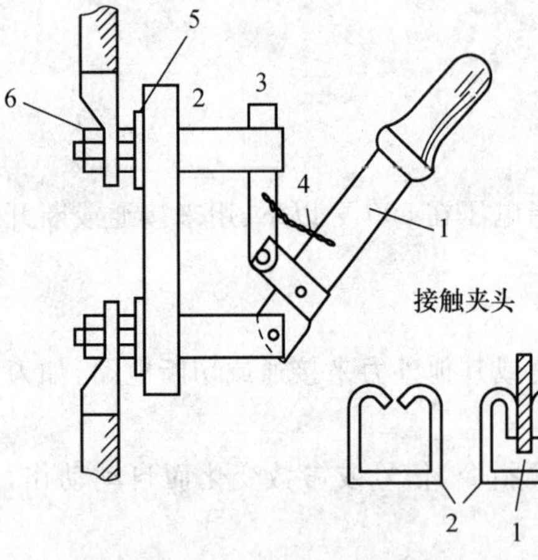

图 5-2　具有断弧刀片的刀开关

1. 主刀极　2. 刀夹座　3. 断弧刀片　4. 快断刀极弹簧　5. 底座　6. 接线端子

负荷开关是由有快断刀极的刀开关与熔断器组合而成的铁壳开关，常用来控制小容量异步电动机的不频繁启动和停止。常用型号有 HH4 系列。刀开关的选择应根据工作电流和电压来选择。

在电气传动控制系统图中，刀开关用图 5-3 的符号表示。其文字符号用 Q 或 QG 表示。

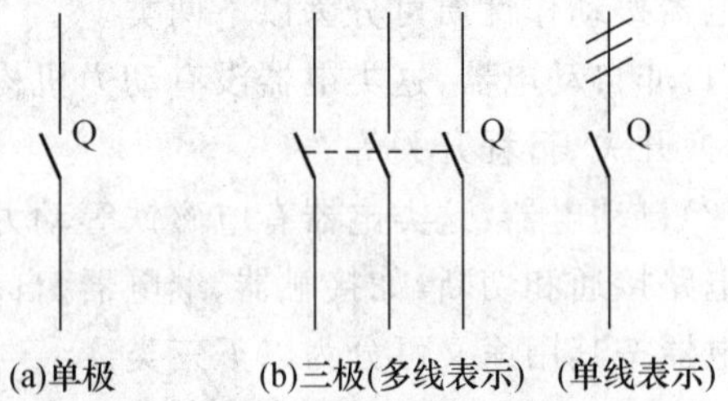

图 5-3　刀开关表示符号

二、转换开关

刀开关作为隔电用的配电电器是恰当的，但在小电流的情况下用它来作为线路的接通、断开和换接控制时就显得不太灵巧和方便，所以，在机床上广泛地用转换开关(又称组合开关)代替刀开关。转换开关的结构紧凑，占用面积小，操作时不是用手扳动而是用手拧转，故操作方便、省力。

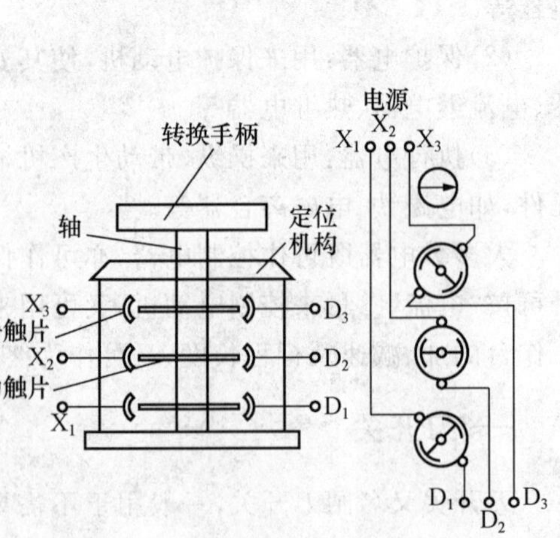

图 5-4　盒式转换开关结构示意

图 5-4 所示是一种盒式转换开关结构示意图，它有许多对动触片，中间以绝缘材料隔开，装在胶木盒里，故称盒式转换开关。常用型号

有 HZ5、HZ10 系列。它是由一个或数个单线旋转开关叠成的，用公共轴的转动控制之。转换开关可制成单极和多极的，多极的装置是：当轴转动时，一部分动触片插入相应的静触片中，使对应的线路接通，而另一部分开断，当然也可使全部动、静触片同时接通或开断。因此转换开关既起断路器的作用，又起转换器的作用。在转换开关的上部装有定位机构，以使触点处在一定的位置上，并使之迅速地转换而与手柄转动的速度无关。

盒式转换开关除了作电源的引入开关外，还可用来控制启动次数不多(每小时关合次数不超过 20 次)7.5 kW 以下的三相鼠笼式感应电动机，有时也作控制线路及信号线路的转换开关。HZ5 型有单极、双极、三极的，额定电流有 10 A、20 A、40 A 和 60 A 四种。

用来控制电动机正反转的转换开关亦称倒顺开关。如图 5-5(a)所示。电源线接到触点 X_1、X_2、X_3 上，电动机定子绕组的三根线接到触点 D_1、D_2、D_3 上。当转换开关转到位置Ⅰ时，触点 X_1、X_2、X_3 相应地和 D_1、D_2、D_3 接通，于是电动机正转。当转到位置Ⅱ时，触点 X_1、X_2、X_3 相应地和 D_1、D_3、D_2 接通，于是电动机反转。为了更清楚地表明触点闭合与断开情况，在电气传动系统图中还用图 5-5(b)所示的触点合断表表示。表中×表示触点接通，空格表示断开。

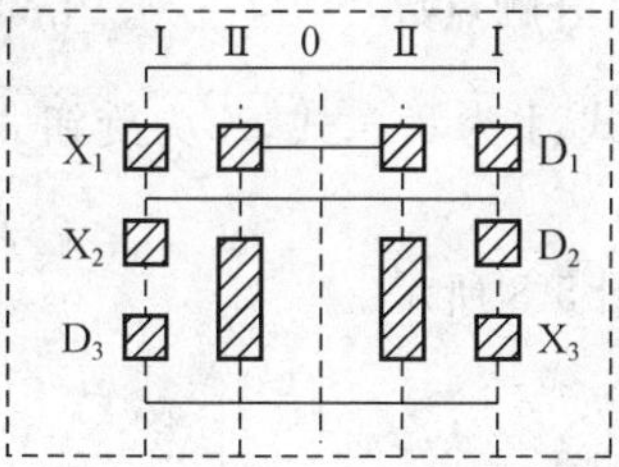

(a) 示意图

转换位置 / 接触点	Ⅰ	0	Ⅱ
	正转	停止	反转
X_1—D_1	×		×
X_2—D_2	×		
X_3—D_3	×		
X_2—D_3			×
X_3—D_2			×

(b) 触点合断表

图 5-5 倒顺开关

转换开关的图形符号，如用在主电路中则同刀开关，用在控制电路中则同万能转换开关。转换开关的文字符号用 QB 表示。

三、按钮

按钮是一种手动且可以自动复位的主令电器，其结构简单，控制方便，在低压控制电路中得到广泛应用。图 5-6 所示 LA19 系列按钮外形。

图 5-6 LA19 系列按钮外形

1. 按钮的结构和用途

按钮由按钮帽、复位弹簧、桥式触点和外壳等组成，其结构如图 5-7 所示。触点采用桥式触点，触点额定电流在 5 A 以下，分常开触点和常闭触点两种。在外力作用下，常闭触点先断开，然后常开触点再闭合；复位时，常开触点先断开，然后常闭触点再闭合。

按用途和结构的不同，按钮分为启动按钮、停止按钮和复合按钮等。

按使用场合、作用不同，通常将按钮帽做成红、绿、黑、黄、蓝、白、灰等颜色。GB 5226.1—2008 对按钮帽颜色作了如下规定：

(1)“停止”和“急停”按钮必须是红色。

(2)“启动”按钮为绿色。

(3)“启动”与“停止”交替动作的按钮必须是黑白、白色或灰色。

(4)“点动”按钮必须是黑色。

(5)“复位”按钮必须是蓝色(如保护继电器的复位按钮)。

在机床电气设备中,常用的按钮有 LA18、LA19、LA20、LA25 和 LAY3 等系列。其中 LA25 系列按钮为通用型按钮的更新换代产品,采用组合式结构,可根据需要任意组合其触点数目,最多可组成 6 个单元。

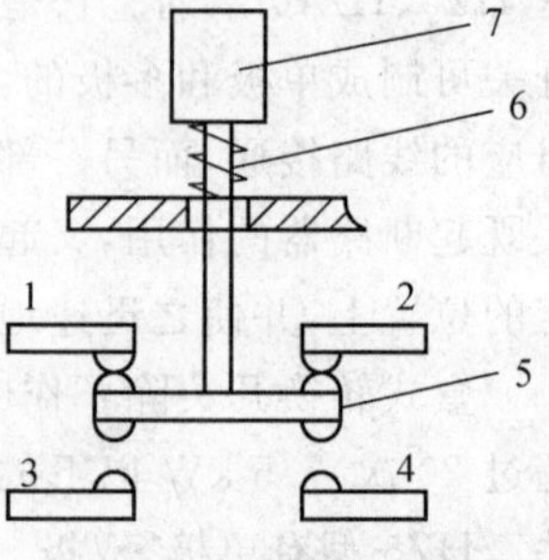

图 5-7 按钮结构示意图

1、2. 常闭触点 3、4. 常开触点 5. 桥式触点 6. 复位弹簧 7. 按钮帽

2. 按钮的表示方式

(1)型号 按钮型号标志组成及其含义如下:

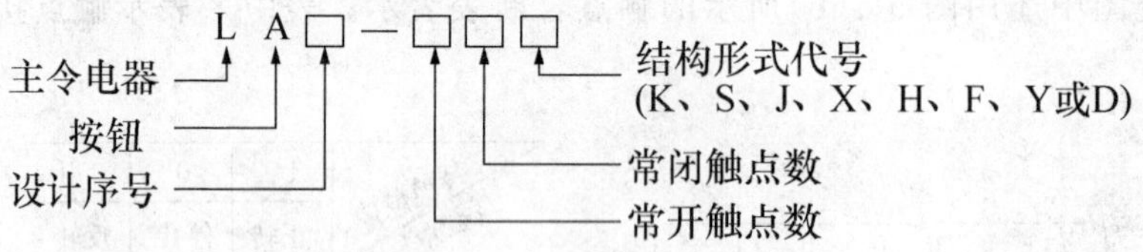

其中结构形式代号的含义为:K 为开启式,S 为防水式,J 为紧急式,X 为旋钮式,H 为保护式,F 为防腐式,Y 为钥匙式,D 为带灯按钮。

(2)电气符号 按钮的图形符号及文字符号如图 5-8 所示。

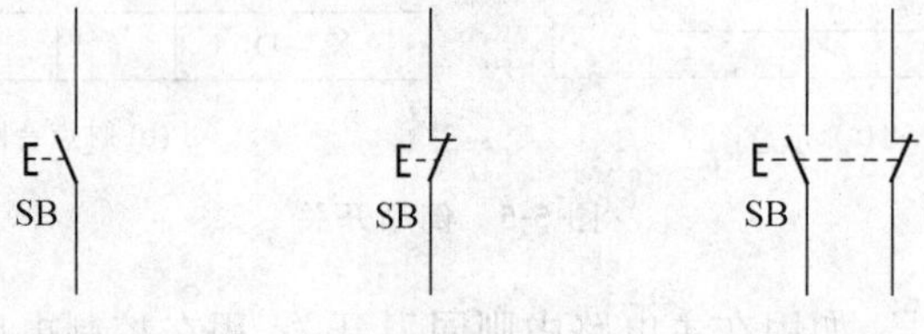

(a) 常开触点 (b)常闭触点 (c) 复合触点

图 5-8 按钮图形、文字符号

3. 按钮的主要技术参数

按钮的主要技术参数有额定绝缘电压 U_i、额定工作电压 U_N、额定工作电流 I_N,如表 5-1 所示。

表 5-1 LA19 系列按钮的技术参数

型号规格	额定电压/V		约定发热电流/A	额定工作电流		信号灯		触点对数		结构形式
	交 流	直 流		交 流	直 流	电压/V	功率/W	常开	常闭	
LA19-11	380	220	5	380 V/0.8 A	220 V/0.3 A			1	1	一般式
LA19-11D	380	220	5			6	1	1	1	带指示灯式

续表5-1

<table>
<tr><th rowspan="2">型号规格</th><th colspan="2">额定电压/V</th><th rowspan="2">约定发热电流/A</th><th colspan="2">额定工作电流</th><th colspan="2">信号灯</th><th colspan="2">触点对数</th><th rowspan="2">结构形式</th></tr>
<tr><th>交流</th><th>直流</th><th>交流</th><th>直流</th><th>电压/V</th><th>功率/W</th><th>常开</th><th>常闭</th></tr>
<tr><td>LA19-11J</td><td>380</td><td>220</td><td>5</td><td rowspan="2">220 V/1.4 A</td><td rowspan="2">110 V/0.6 A</td><td></td><td></td><td>1</td><td>1</td><td>蘑菇式</td></tr>
<tr><td>LA19-11DJ</td><td>380</td><td>220</td><td>5</td><td>6</td><td>1</td><td>1</td><td>1</td><td>蘑菇带灯式</td></tr>
</table>

4. 按钮的选择与常见故障的处理办法

按钮主要根据使用场合、用途、控制需要及工作状况等进行选择。

(1)根据使用场合,选择控制按钮的种类,如开启式、防水式、防腐式等。

(2)根据用途,选用合适的形式,如钥匙式、紧急式、带灯式等。

(3)根据控制回路的需要,确定不同的按钮数,如单钮、双钮、三钮、多钮等。

(4)根据工作状态指示和工作情况的要求,选择按钮及指示灯的颜色。

按钮的常见故障及其处理方法如表 5-2 所示。

表 5-2 按钮的常见故障及其处理方法

故障现象	产生原因	修理方法
按下启动按钮时有触电感觉	1. 按钮的防护金属外壳与连接导线接触 2. 按钮帽的缝隙间充满铁屑,使其与导电部分形成通路	1. 检查按钮内连接导线 2. 清理按钮及触点
按下启动按钮,不能接通电路,控制失灵	1. 接线头脱落 2. 触点磨损松动,接触不良 3. 动触点弹簧失效,使触点接触不良	1. 检查启动按钮连接线 2. 检修触点或调换按钮 3. 重绕弹簧或调换按钮
按下停止按钮,不能断开电路	1. 接线错误 2. 尘埃或机油、乳化液等流入按钮形成短路 3. 绝缘击穿短路	1. 更改接线 2. 清扫按钮并相应采取密封措施 3. 调换按钮

四、行程开关

1. 行程开关的结构和用途

行程开关是一种利用生产机械的某些运动部件的碰撞来发出控制指令的主令电器,用于控制生产机械的运动方向、行程大小和位置保护等。当行程开关用于位置保护时,又称限位开关。

行程开关的种类很多,常用的行程开关有按钮式、单轮旋转式、双轮旋转式行程开关,它们的外形如图 5-9 所示。

各种系列的行程开关其基本结构大体相同,都是由操作头、触点系统和外壳组成,其结构如图 5-10 所示。操作头接受机械设备发出的动作指令或信号,并将其传递到触点系统,触点再将操作头传递来的动作指令或信号通过本身的结构功能变成电信号,输出到有关控制回路。

(a) 按钮式　　(b) 单轮旋转式　　(c) 双轮旋转式

图 5-9　行程开关外形

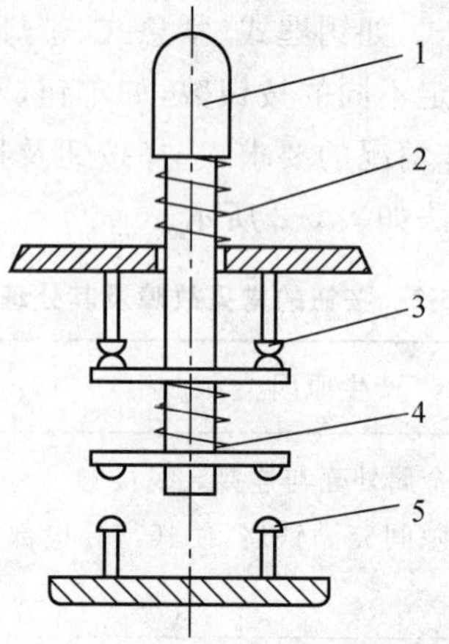

图 5-10　行程开关结构示意图

1. 顶杆　2. 弹簧　3. 常闭触点　4. 触点弹簧　5. 常开触点

2. 行程开关的表达方式

(1)型号　行程开关的型号标志组成及其含义如下：

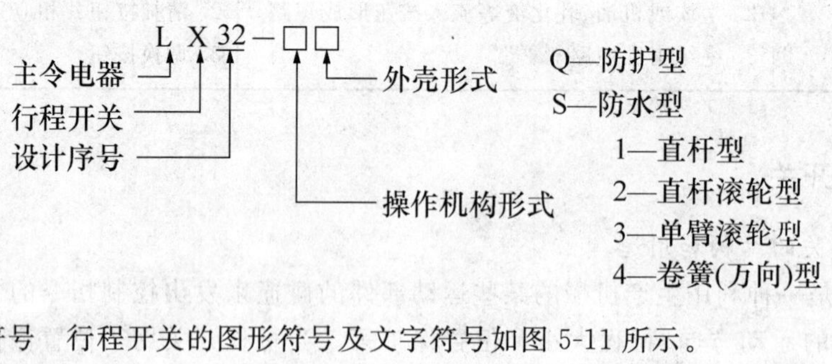

(2)电气符号　行程开关的图形符号及文字符号如图 5-11 所示。

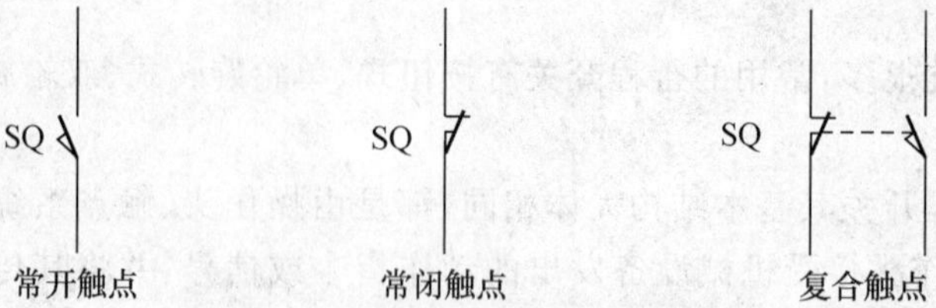

图 5-11　行程开关的图形、文字符号

3. 行程开关的主要技术参数

行程开关的主要技术参数有额定电压、额定电流、触点数量、动作行程、触点转换时间、动作力等,如表 5-3 所示。

表 5-3　LX19 系列行程开关的技术参数

型号	额定电压/V	额定电流/A	结构形式	动合触点数	动断触点数
LX19K	380	5	元件,直动式	1	1
LX19-001	380	5	直动式,自动复位	1	1
LX19-111	380	5	传动杆内侧装有单滚轮,自动复位	1	1
LX19-121	380	5	传动杆外侧装有单滚轮,自动复位	1	1
LX19-131	380	5	传动杆凹槽内装有单滚轮,自动复位	1	1
LX19-212	380	5	传动杆为 U 形,内侧装有双滚轮,非自动复位	1	1
LX19-222	380	5	传动杆为 U 形,外侧装有双滚轮,非自动复位	1	1
LX19-232	380	5	传动杆为 U 形,内外侧均装有双滚轮,非自动复位	1	1

4. 行程开关的选择

目前,国内生产的行程开关品种规格很多,较为常用的有 LXW5、LX19、LXK3、LX32、LX33 等系列。新型 3SES3 系列行程开关的额定工作电压为 500 V,额定电流为 10 A,其机械、电气寿命比常见行程开关更长。LXW5 系列为微动开关。

行程开关在选用时,应根据不同的使用场合,满足额定电压、额定电流、复位方式和触点数量等方面的要求。

五、接触器

1. 接触器的结构和用途

接触器是用于远距离频繁地接通和切断交直流主电路及大容量控制电路的一种自动控制电器。其主要控制对象是电动机,也可以用于控制其他电力负载、电热器、电照明、电焊机与电容器组等。接触器具有操作频率高、使用寿命长、工作可靠、性能稳定、维护方便等优点,同时还具有低压释放保护功能,因此,在电力拖动和自动控制系统中,接触器是运用最广泛的控制电器之一。

按控制电流性质不同,接触器分为交流接触器和直流接触器两大类。图 5-12 所示为几款接触器外形图。

交流接触器常用于远距离、频繁地接通和分断额定电压至 1 140 V、电流至 630 A 的交流电路。图 5-13 为交流接触器的结构示意图,它分别由电磁系统、触点系统、灭弧状置和其他部件组成。

交流接触器工作时,一般当施加在线圈上的交流电压大于线圈额定电压值的 85%时,铁

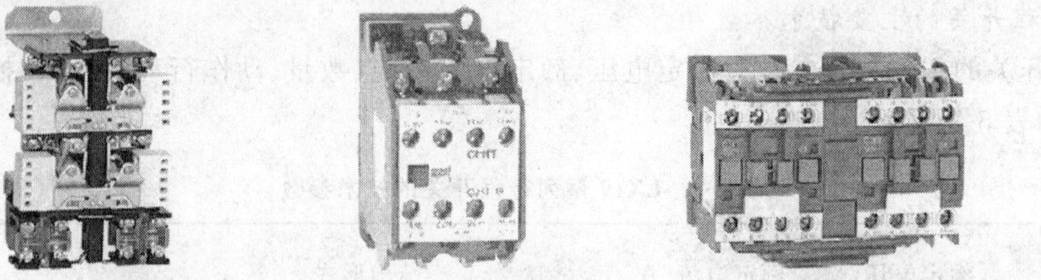

(a) CZ0直流接触器　(b) CJX1系列交流接触器　(c) CJX2–N系列可逆交流接触器

图 5-12　接触器外形

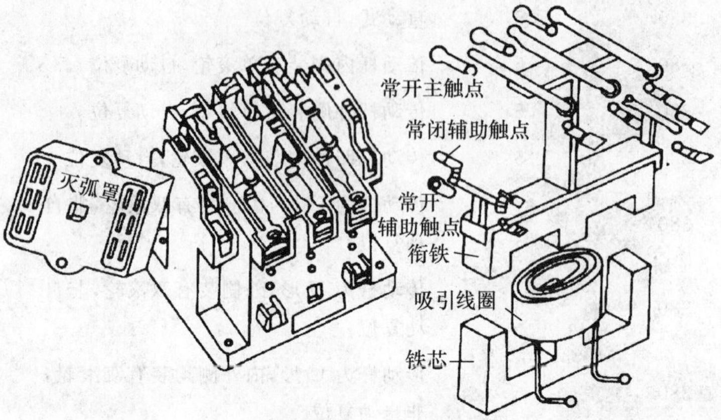

图 5-13　交流接触器结构示意

芯中产生的磁通对衔铁产生的电磁吸力克服复位弹簧拉力，使衔铁带动触点动作。触点动作时，常闭触点先断开，常开触点后闭合，主触点和辅助触点是同时动作的。当线圈中的电压值降到某一数值时，铁芯中的磁通下降，吸力减小到不足以克服复位弹簧的拉力时，衔铁复位，使主触点和辅助触点复位。这个功能就是接触器的失压保护功能。

常用的交流接触器有 CJ10 系列可取代 CJ0、CJ8 等老产品，CJ12、CJ12B 系列可取代 CJ1、CJ2、CJ3 等老产品，其中 CJ10 是统一设计产品。

2. 接触器的表示方式

(1)型号　接触器的标志组成及其含义如下：

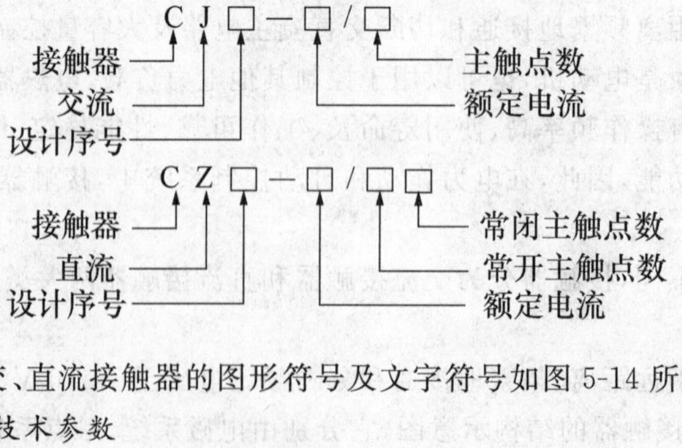

(2) 电气符号　交、直流接触器的图形符号及文字符号如图 5-14 所示。

3. 接触器的主要技术参数

接触器的主要技术参数有额定电压、额定电流、吸引线圈的额定电压、电气寿命、机械寿命和额定操作频率，如表 5-4 所示。

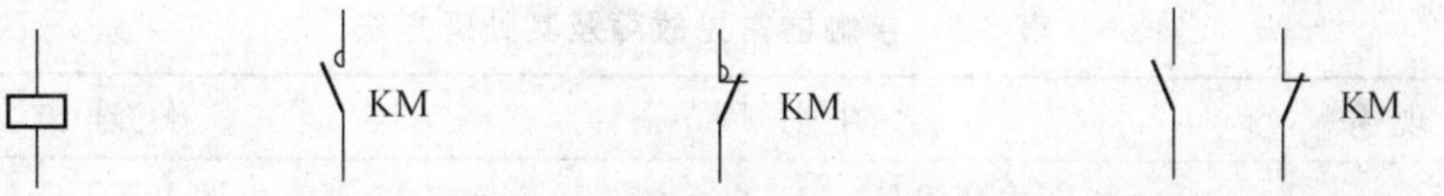

(a) 线圈　(b) 常开主触点　(c) 常闭主触点　(d) 常开、常闭辅助触点

图 5-14　接触器的图形、文字符号

表 5-4　CJ10 系列交流接触器的技术参数

型号	额定电压/V	额定电流/A	可控制的三相异步电动机的最大功率/kW			额定操作频率/(次/h)	线圈消耗功率/(V·A)		机械寿命/万次	电寿命/万次
			220 V	380 V	550 V		启动	吸持		
CJ10-5		5	1.2	2.2	2.2		35	6		
CJ10-10		10	2.2	4	4		65	11		
CJ10-20		20	5.5	10	10		140	22		
CJ10-40	380 500	40	11	20	20	600	230	32	300	60
CJ10-60		60	17	30	30		485	95		
CJ10-100		100	30	50	50		760	105		
CJ10-150		150	43	75	75		950	110		

接触器铭牌上的额定电压是指主触点的额定电压，交流有 127 V、220 V、380 V、500 V 等挡位；直流有 110 V、220 V、440 V 等挡位。

接触器铭牌上的额定电流是指主触点的额定电流，有 5 A、10 A、20 A、40 A、60 A、100 A、150 A、250 A、400 A 和 600 A 等挡位。

接触器吸引线圈的额定电压交流有 36 V、110 V、127 V、220 V、380 V 等挡位；直流有 24 V、48 V、220 V、440 V 等挡位。

接触器的电气寿命用其在不同使用条件下无须修理或更换零件的负载操作次数来表示。接触器的机械寿命用其在需要正常维修或更换机械零件前，包括更换触点，所能承受的无载操作循环次数来表示。

额定操作频率是指接触器的每小时操作次数。

4. 接触器的选择与常见故障的修理方法

接触器的选择主要考虑以下几个方面：

(1)接触器的类型　根据接触器所控制的负载性质，选择直流接触器或交流接触器。

(2)额定电压　接触器的额定电压应大于或等于所控制线路的电压。

(3)额定电流　接触器的额定电流应大于或等于所控制电路的额定电流。

接触器常见故障及其处理方法如表 5-5 所示。

六、电磁式继电器

继电器是根据某种输入信号的变化，接通或断开控制电路，实现自动控制和保护电力装置的自动电器。

表 5-5 接触器常见故障及其处理方法

故障现象	产生原因	修理方法
接触器不吸合或吸不牢	1. 电源电压过低 2. 线圈断路 3. 线圈技术参数与使用条件不符 4. 铁芯机械卡阻	1. 调高电源电压 2. 调换线圈 3. 调换线圈 4. 排除卡阻物
线圈断电，接触器不释放或释放缓慢	1. 触点熔焊 2. 铁芯表面有油污 3. 触点弹簧压力过小或复位弹簧损坏 4. 机械卡阻	1. 排除熔焊故障，修理或更换触点 2. 清理铁芯极面 3. 调整触点弹簧力或更换复位弹簧 4. 排除卡阻物
触点熔焊	1. 操作频率过高或过负载使用 2. 负载侧短路 3. 触点弹簧压力过小	1. 调换合适的接触器或减小负载 2. 排除短路故障更换触点 3. 调整触点弹簧压力
触点熔焊	4. 触点表面有电弧灼伤 5. 机械卡阻	4. 清理触点表面 5. 排除卡阻物
铁芯噪声过大	1. 电源电压过低 2. 短路环断裂 3. 铁芯机械卡阻 4. 铁芯极面有油垢或磨损不平 5. 触点弹簧压力过大	1. 检查线路并提高电源电压 2. 调换铁芯或短路环 3. 排除卡阻物 4. 用汽油清洗极面或更换铁芯 5. 调整触点弹簧压力
线圈过热或烧毁	1. 线圈匝间短路 2. 操作频率过高 3. 线圈参数与实际使用条件不符 4. 铁芯机械卡阻	1. 更换线圈并找出故障原因 2. 调换合适的接触器 3. 调换线圈或接触器 4. 排除卡阻物

无论继电器的输入量是电量或非电量，继电器工作的最终目的总是控制触点的分断或闭合，而触点又是控制电路通断的，就这一点来说接触器与继电器是相同的。但是它们又有区别，主要表现在以下两个方面。

所控制的线路不同：继电器用于控制电讯线路、仪表线路、自控装置等小电流电路及控制电路；接触器用于控制电动机等大功率、大电流电路及主电路。

输入信号不同：继电器的输入信号可以是各种物理量，如电压、电流、时间、压力、速度等，而接触器的输入量只有电压。

1. 电磁式继电器的结构和用途

在低压控制系统中采用的继电器大部分是电磁式继电器，电磁式继电器的结构及工作原理与接触器基本相同。主要区别在于：继电器是用于切换小电流电路的控制电路和保护电路，而接触器是用来控制大电流电路；继电器没有灭弧装置，也无主触点和辅助触点之分等。图 5-15 为几种常用电磁式继电器的外形图。

电磁式继电器由电磁机构和触点系统组成。按吸引线圈电流的类型，可分为直流电磁式继电器和交流电磁式继电器。按其在电路中的连接方式，可分为电流继电器、电压继电器和中间继电器(图 5-15)等。

(a) 电流继电器　　(b) 电压继电器　　(c) 中间继电器

图 5-15　电磁式继电器外形

(1)电流继电器　电流继电器的线圈与被测电路串联,以反映电路电流的变化。其线圈匝数少,导线粗,线圈阻抗小。电流继电器除用于电流型保护的场合外,还经常用于按电流原则控制的场合。电流继电器有欠电流继电器和过电流继电器两种。

(2)电压继电器　电压继电器反映的是电压信号。使用时,电压继电器的线圈并联在被测电路中,线圈的匝数多、导线细、阻抗大。继电器根据所接线路电压值的变化,处于吸合或释放状态。根据动作电压值不同,电压继电器可分为欠电压继电器和过电压继电器两种。

(3)中间继电器　中间继电器实质上是电压继电器,只是触点对数多,触点容量较大(额定电流 5～10 A)。其主要用途为:当其他继电器的触点对数或触点容量不够时,可以借助中间继电器来扩展它们的触点数或触点容量,起到信号中继作用。

中间继电器体积小,动作灵敏度高,并在 10 A 以下电路中可代替接触器起控制作用。

2. 电磁式继电器的表示方式

(1)型号　电磁式继电器的标志组成及其含义如下:

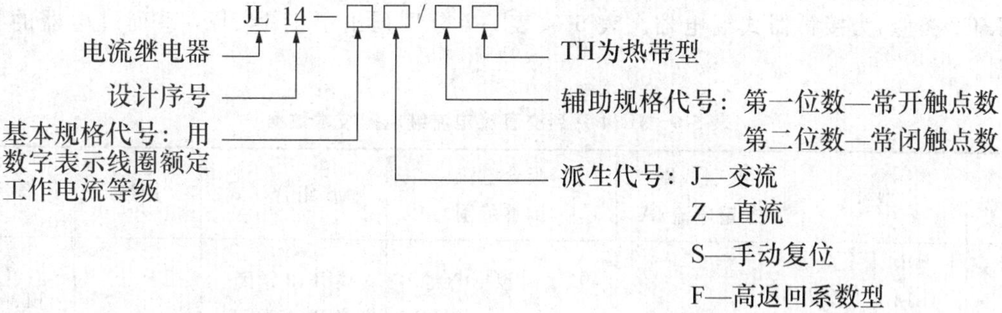

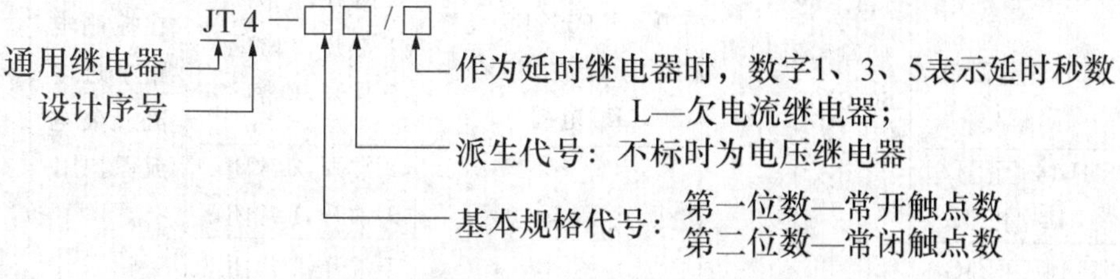

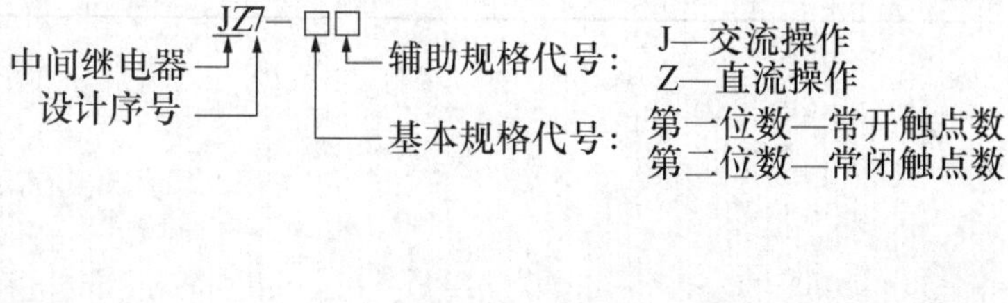

(2)电气符号　电磁式继电器的图形符号及文字符号如图5-16所示,电流继电器的文字符号为KI,电压继电器的文字符号为KV,中间继电器的文字符号为KA。

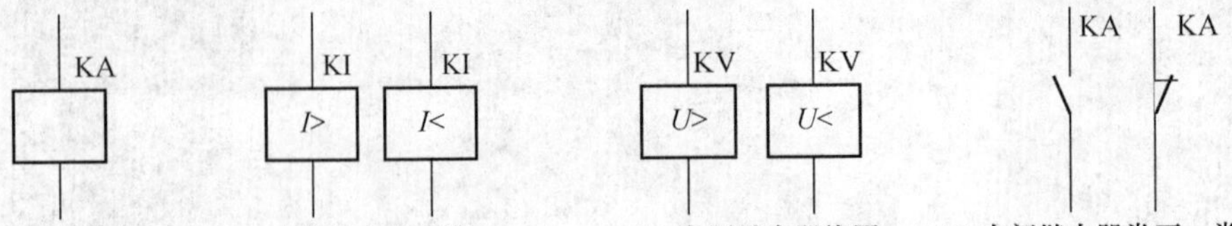

(a) 中间继电器线圈　(b) 电流继电器线圈　(c) 电压继电器线圈　(d) 中间继电器常开、常闭触点

图5-16　电磁式继电器的图形、文字符号

3. 电磁式继电器的主要技术参数

电磁式继电器的主要技术参数有额定工作电压、吸合电流、释放电流、触点切换电压和电流。

额定工作电压是指继电器正常工作时线圈所需要的电压。根据继电器的型号不同,可以是交流电压,也可以是直流电压。

吸合电流是指继电器能够产生吸合动作的最小电流。在正常使用时,给定的电流必须略大于吸合电流,这样继电器才能稳定地工作。而对于线圈所加的工作电压,一般不要超过额定工作电压的1.5倍,否则会产生较大的电流而把线圈烧毁。

释放电流是指继电器产生释放动作的最大电流。当继电器吸合状态的电流减小到一定程度时,继电器就会恢复到未通电的释放状态。这时的电流远远小于吸合电流。

触点切换电压和电流是指继电器允许加载的电压和电流。它决定了继电器能控制电压和电流的大小,使用时不能超过此值,否则很容易损坏继电器的触点。

常用电磁式继电器有JL14、JL18、JZ15、3TH80、3TH82及JZC2等系列。其中JL14系列为交直流电流继电器,JL18系列为交直流过电流继电器,JZ15为中间继电器,3TH80、3TH82与JZC2类似,为接触器式继电器。表5-6、表5-7分别列出了JL14、JZ7系列继电器的技术数据。

表5-6　JL14系列交直流电流继电器技术数据

电流种类	型号	吸引线圈额定电流/A	吸合电流调整范围	触点组合形式	用途	备注
直流	JL14-□□Z JL14-□□ZS	1,1.5,2.5,5,10,15,25,40,60,300,600,1 200,1 500	70%～300%IN	3常开,3常闭 2常开,1常闭 1常开,2常闭 1常开,1常闭	在控制电路中过电流或欠电流保护用	可替代JT3-1、JT4-J、JT4-S、JL3、JL3-J、JL3-S等老产品
	JL14-□□ZO		30%～65%IN或释放电流在10%～20%IN范围			
交流	JL14-□□J JL14-□□JS		110%～400%IN	2常开,2常闭 1常开,1常闭		
	JL14-□□JG			1常开,1常闭		

表 5-7 JZ7 系列中间继电器的技术参数

型号	触点额定电压/V	触点额定电流/A	触点对数		吸引线圈电压/V（交流 50 Hz）	额定操作频率/（次/h）	线圈消耗功率/（V·A）	
			常开	常闭			启动	吸持
JZ7-44	500	5	4	4	12,36,127,220,380	1 200	75	12
JZ7-62	500	5	6	2			75	12
JZ7-80	500	5	8	0			75	12

4. 电磁式继电器的选择与常见故障的修理方法

继电器是组成各种控制系统的基础元件，选用时应综合考虑继电器的适用性、功能特点、使用环境、工作制、额定工作电压及额定工作电流等因素，做到合理选择。具体应从以下几方面考虑：

(1)类型和系列的选用。

(2)使用环境的选用。

(3)使用类别的选用。典型用途是控制交、直流电磁铁，例如交、直流接触器线圈。

(4)额定工作电压、额定工作电流的选用。继电器线圈的电流种类和额定电压，应注意与系统要一致。

(5)工作制的选用。工作制不同对继电器的过载能力要求也不同。

电磁式继电器的常见故障及检修方法与接触器类似。

七、时间继电器

在自动控制系统中，需要有瞬时动作的继电器，也需要延时动作的继电器。时间继电器就是利用某种原理实现触点延时动作的自动电器，经常用于时间控制原则进行控制的场合。其种类主要有空气阻尼式、电磁阻尼式、电子式和电动式。

时间继电器的延时方式有以下两种。

通电延时。接受输入信号后延迟一定的时间，输出信号才发生变化。当输入信号消失后，输出瞬时复原。

断电延时。接受输入信号时，瞬时产生相应的输出信号。当输入信号消失后，延迟一定的时间，输出才复原。

1. 空气阻尼式时间继电器的结构和用途

空气阻尼式时间继电器是利用空气阻尼原理获得延时的，其结构由电磁系统、延时机构和触点三部分组成。电磁机构为双正直动式，触点系统用 LX5 型微动开关，延时机构采用气囊式阻尼器。图 5-17 为 JS7 系空气阻尼式时间继电器外形图。

图 5-17 JS7 系空气阻尼式时间继电器外形

空气阻尼式时间继电器的电磁机构可以是直流的，也可以是交流的；既有通电延时型，也有断电延时型。只要改变电磁机构的安装方向，便可实现不同的延时方式：当衔铁位于铁芯和延时机构之间时为通电延时，如图 5-18(a)所示；当铁芯位于衔铁和延时机构之间时为断电延时，如图 5-18(b)所示。

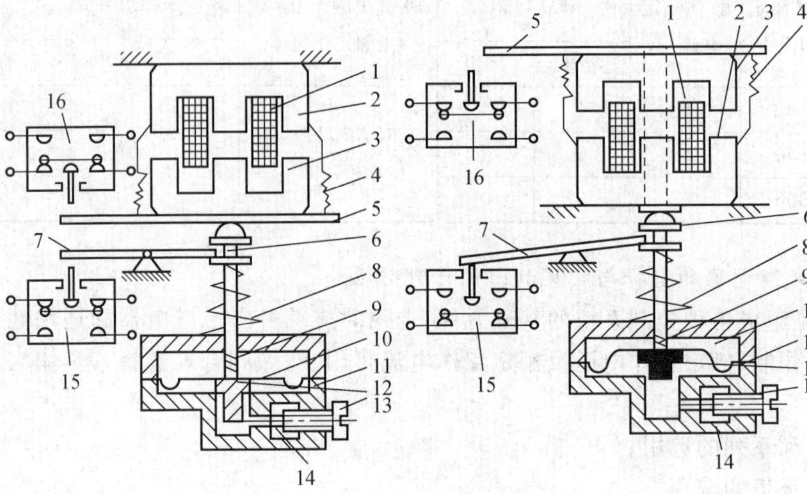

(a) 通电延时型　　(b) 断电延时型

图 5-18　JS7-A 系列空气阻尼式时间继电器结构原理图

1. 线圈　2. 铁芯　3. 衔铁　4. 反力弹簧　5. 推板　6. 活塞杆　7. 杠杆　8. 塔形弹簧　9. 弱弹簧　10. 橡皮膜　11. 空气室壁　12. 活塞　13. 调节螺钉　14. 进气孔　15、16. 微动开关

空气阻尼式时间继电器的特点是：延时范围较大(0.4～180 s)，结构简单，寿命长，价格低。但其延时误差较大，无调节刻度指示，难以确定整定延时值。在对延时精度要求较高的场合，不宜使用这种时间继电器。

2. 时间继电器的表示方式

(1)型号　时间继电器的标志组成及其含义如下：

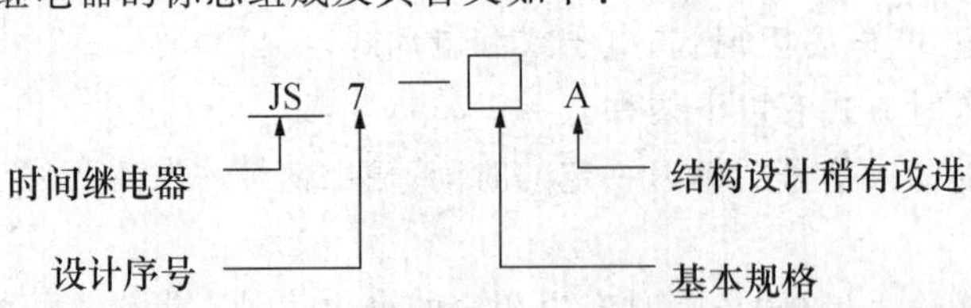

(2)电气符号。时间继电器的图形符号及文字符号如图 5-19 所示。

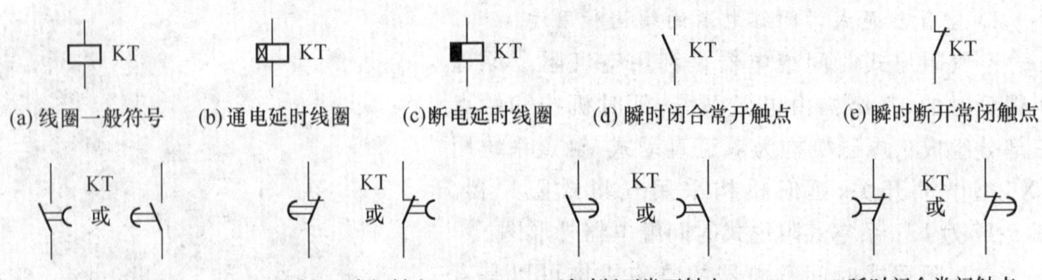

(a) 线圈一般符号　(b) 通电延时线圈　(c) 断电延时线圈　(d) 瞬时闭合常开触点　(e) 瞬时断开常闭触点

(f) 延时闭合常开触点　(g) 延时断开常闭触点　(h) 延时断开常开触点　(i) 延时闭合常闭触点

图 5-19　时间继电器图形、文字符号

3. 时间继电器的主要技术参数

时间继电器的主要技术参数有额定工作电压、额定发热电流、额定控制容量、吸引线圈电压、延时范围、环境温度、延时误差和操作频率,如表 5-8 所示。

表 5-8 JS7-A 系列空气阻尼式时间继电器的技术参数

型号	吸引线圈电压/V	触点额定电压/V	触点额定电流/A	延时范围/s	延时触点				瞬动触点	
					通电延时		断电延时		常开	常闭
					常开	常闭	常开	常闭		
JS7-1A	24,36,110,127,220,380,420	380	5	0.4～60 及 0.4～180	1	1	—	—	—	—
JS7-2A					1	1	—	—	1	1
JS7-3A					—	—	1	1	—	—
JS7-4A					—	—	1	1	1	1

4. 时间继电器的选择与常见故障的修理方法

时间继电器形式多样,各具特点,选择时应从以下几方面考虑:

(1)根据控制电路对延时触点的要求选择延时方式,即通电延时型或断电延时型。

(2)根据延时范围和精度要求选择继电器类型。

(3)根据使用场合、工作环境选择时间继电器的类型。如电源电压波动大的场合可选空气阻尼式或电动式时间继电器,电源频率不稳定的场合不宜选用电动式时间继电器;环境温度变化大的场合不宜选用空气阻尼式和电子式时间继电器。

空气阻尼式时间继电器常见故障及其处理方法如表 5-9 所示。

表 5-9 空气阻尼式时间继电器常见故障及其处理方法

故障现象	产生原因	修理方法
延时触点不动作	1. 电磁铁线圈断线 2. 电源电压低于线圈额定电压很多 3. 电动式时间继电器的同步电动机线圈断线 4. 电动式时间继电器的棘爪无弹性,不能刹住棘齿 5. 电动式时间继电器游丝断裂	1. 更换线圈 2. 更换线圈或调高电源电压 3. 调换同步电动机 4. 调换棘爪 5. 调换游丝
延时时间缩短	1. 空气阻尼式时间继电器的气室装配不严,漏气 2. 空气阻尼式时间继电器的气室内橡皮薄膜损坏	1. 修理或调换气室 2. 调换橡皮薄膜
延时时间变长	1. 空气阻尼式时间继电器的气室内有灰尘,使气道阻塞 2. 电动式时间继电器的传动机构缺润滑油	1. 清除气室内灰尘,使气道畅通 2. 加入适量的润滑油

八、热继电器

1. 热继电器的结构和用途

电动机在运行过程中若过载时间长,过载电流大,电动机绕组的温升就会超过允许值,使电动机绕组绝缘老化,缩短电动机的使用寿命,严重时甚至会使电动机绕组烧毁。因此,电动机在长期运行中，需要对其过载提供保护装置。热继电器是利用电流的热效应原理实现电动机的过载保护，图 5-20 为几种常用的热继电器外形图。

(a)JR16系列热继电器　　(b)JRS5系列热继电器　　(c) JRS1系列热继电器

图 5-20　热继电器外形

热继电器具有反时限保护特性，即过载电流大，动作时间短；过载电流小，动作时间长。当电动机的工作电流为额定电流时，热继电器应长期不动作。其保护特性如表 5-10 所示。

表 5-10　热继电器的保护特性

项号	整定电流倍数	动作时间	试验条件
1	1.05	>2 h	冷态
2	1.2	<2 h	热态
3	1.6	<2 min	热态
4	6	>5 s	冷态

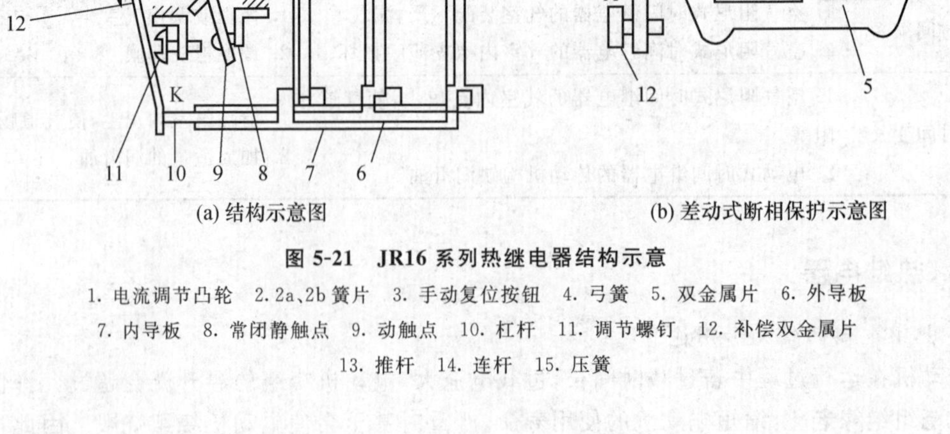

(a) 结构示意图　　(b) 差动式断相保护示意图

图 5-21　JR16 系列热继电器结构示意

1. 电流调节凸轮　2. 2a、2b 簧片　3. 手动复位按钮　4. 弓簧　5. 双金属片　6. 外导板　7. 内导板　8. 常闭静触点　9. 动触点　10. 杠杆　11. 调节螺钉　12. 补偿双金属片　13. 推杆　14. 连杆　15. 压簧

热继电器主要由热元件、双金属片和触点等三部分组成。双金属片是热继电器的感测元件，由两种线膨胀系数不同的金属片用机械碾压而成。线膨胀系数大的称为主动层，小的称为被动层。图 5-21(a)是热继电器的结构示意。热元件串联在电动机定子绕组中，电动机正常工作时，热元件产生的热量虽然能使双金属片弯曲，但还不能使继电器动作。当电动机过载时，流过热元件的电流增大，经过一定时间后，双金属片推动导板使继电器触点动作，切断电动机的控制线路。

电动机断相运行是电动机烧毁的主要原因之一，因此要求热继电器还应具备断相保护功能，如图 5-21(b)所示。热继电器的导板采用差动机构，在断相工作时，其中两相电流增大，一相逐渐冷却，这样可使热继电器的动作时间缩短，从而更有效地保护电动机。

2. 热继电器的表示方式

(1)型号　热继电器的型号标志组成及其含义如下：

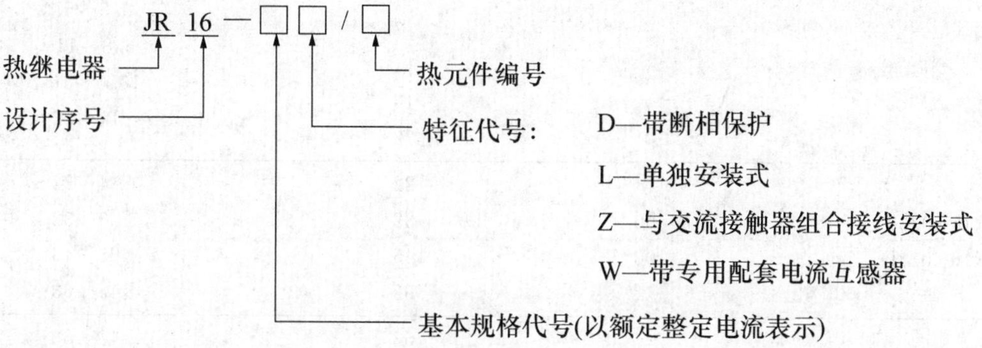

(2)电气符号　热继电器的图形符号及文字符号如图 5-22 所示。

(a) 热继电器的驱动器件　　(b) 常闭触点

图 5-22　热继电器图形、文字符号

3. 热继电器的主要技术参数

主要技术参数包括额定电压、额定电流、相数、热元件编号及整定电流调节范围等。

热继电器的整定电流是指热继电器的热元件允许长期通过又不致引起继电器动作的最大电流值。对于某一热元件，可通过调节其电流调节旋钮，在一定范围内调节其整定电流。

常用的热继电器有 JRS1、JR20、JR16、JR15、JR14 等系列，引进产品有 T、3UP、LR1-D 等系列。

JR20、JRS1 系列具有断相保护、温度补偿、整定电流值可调、手动脱扣、手动复位、动作后的信号指示灯功能。安装方式上除采用分立结构外，还增设了组合式结构，可通过导电杆与挂钩直接插接，可直接电气连接在 CJ20 接触器上。表 5-11 所示是 JR16 系列热继电器的主要技术参数。

4. 热继电器的选择与常见故障的处理方法

热继电器主要用于电动机的过载保护，使用中应考虑电动机的工作环境、启动情况、负载性质等因素，具体应按以下几个方面来选择。

(1)热继电器结构形式的选择：Y 接法的电动机可选用两相或三相结构热继电器；△接法的电动机应选用带断相保护装置的三相结构热继电器。

(2)根据被保护电动机的实际启动时间选取 6 倍额定电流下具有相应可返回时间的热继

电器。一般热继电器的可返回时间为 6 倍额定电流下动作时间的 50%～70%。

表 5-11 JR16 系列热继电器的主要参数

型号	额定电流/A	热元件规格	
		额定电流/A	电流调节范围/A
JR16-20/3 JR16-20/3D	20	0.35	0.25～0.35
		0.5	0.32～0.5
		0.72	0.45～0.72
		1.1	0.68～1.1
		1.6	1.0～1.6
		2.4	1.5～2.4
		3.5	2.2～3.5
		5	3.5～5.0
		7.2	
		11	6.8～11
		16	10.0～16
		22	14～22
JR16-60/3 JR16-60/3D	60 100	22	14～22
		32	20～32
		45	28～45
		63	45～63
JR16-150/3 JR16-150/3D	150	63	40～63
		85	53～85
		120	75～120
		160	100～160

(3)热元件额定电流一般可按下式确定：

$$I_N = (0.95 \sim 1.05) I_{MN}$$

式中：I_N 为热元件额定电流；I_{MN} 为电动机的额定电流。

对于工作环境恶劣、启动频繁的电动机，则按下式确定：

$$I_N = (1.15 \sim 1.5) I_{MN}$$

热元件选好后，还需用电动机的额定电流来调整它的整定值。

(4)对于重复短时工作的电动机(如起重机电动机)，由于电动机不断重复升温，热继电器双金属片的温升跟不上电动机绕组的温升，电动机将得不到可靠的过载保护。因此，不宜选用双金属片热继电器，而应选用过电流继电器或能反映绕组实际温度的温度继电器来进行保护。

热继电器的常见故障及其处理方法如表 5-12 所示。

九、速度继电器

1. 速度继电器的结构和用途

速度继电器是用来反映转速与转向变化的继电器。它可以按照被控电动机转速的大小使控制电路接通或断开。速度继电器通常与接触器配合，实现对电动机的反接制动。图 5-23 为速度继电器的结构示意图。

表 5-12　热继电器的常见故障及其处理方法

故障现象	产生原因	修理方法
热继电器误动作或动作太快	1. 整定电流偏小 2. 操作频率过高 3. 连接导线太细	1. 调大整定电流 2. 调换热继电器或限定操作频率 3. 选用标准导线
热继电器不动作	1. 整定电流偏大 2. 热元件烧断或脱焊 3. 导板脱出	1. 调小整定电流 2. 更换热元件或热继电器 3. 重新放置导板并试验动作灵活性
热元件烧断	1. 负载侧电流过大 2. 反复 3. 短时工作 4. 操作频率过高	1. 排除故障调换热继电器 2. 限定操作频率或调换合适的热继电器
主电路不通	1. 热元件烧毁 2. 接线螺钉未压紧	1. 更换热元件或热继电器 2. 旋紧接线螺钉
控制电路不通	1. 热继电器常闭触点接触不良或弹性消失 2. 手动复位的热继电器动作后，未手动复位	1. 检修常闭触点 2. 手动复位

速度继电器的转轴和电动机的轴通过联轴器相连，当电动机转动时，速度继电器的转子随之转动，定子内的绕组便切割磁感线，产生感应电动势，而后产生感应电流，此电流与转子磁场作用产生转矩，使定子开始转动。电动机转速达到某一值时，产生的转矩能使定子转到一定角度使摆杆推动常闭触点动作；当电动机转速低于某一值或停转时，定子产生的转矩会减小或消失，触点在弹簧的作用下复位。

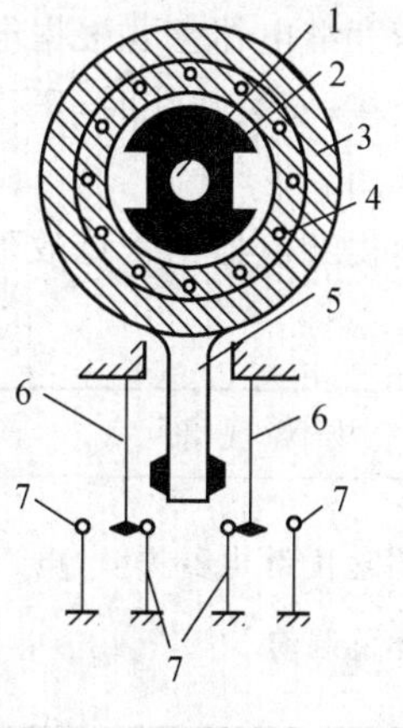

图 5-23　JY1 型速度继电器结构示意图

1. 转轴　2. 转子　3. 定子　4. 绕组　5. 胶木摆杆　6. 动触点　7. 静触点

速度继电器有两组触点（每组各有一对常开触点和常闭触点），可分别控制电动机正、反转的反接制动。常用的速度继电器有 JY1 型和 JFZ0 型，一般速度继电器的动作速度为 120 r/min，触点的复位速度值为 100 r/min。在连续工作制中，能可靠地工作在 1 000～3 600 r/min，允许操作频率每小时不超过 30 次。

2. 速度继电器的表示方式

(1)型号　速度继电器的标志组成及其含义如下：

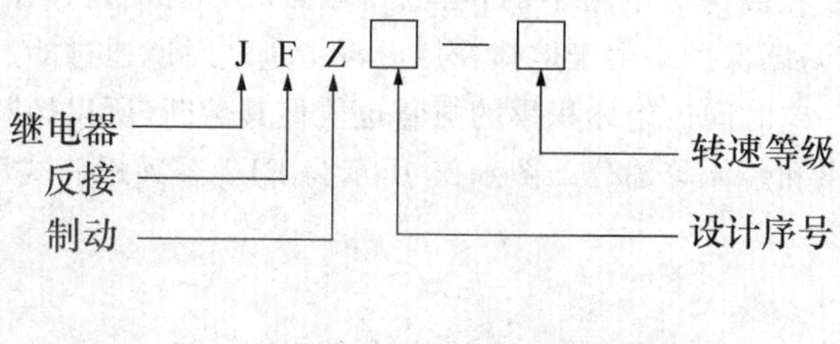

(2)电气符号　速度继电器的图形符号及文字符号如图 5-24 所示。

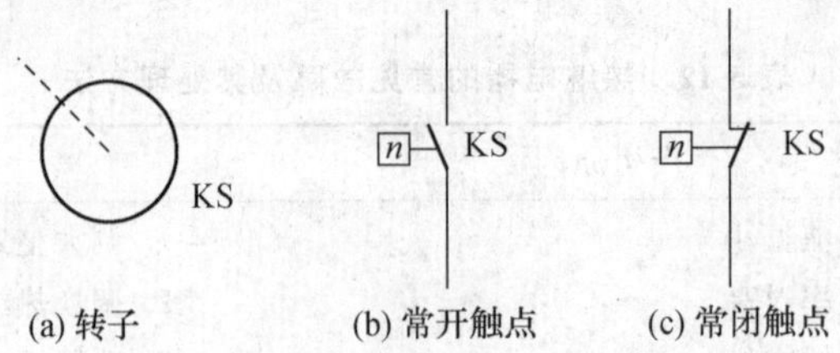

图 5-24　速度继电器图形、文字符号

3. 速度继电器的主要技术参数

JY1、JFZ0 系列速度继电器的主要参数如表 5-13 所示。

表 5-13　JY1、JFZ0 系列速度继电器的主要参数

型号	触点额定电压/V	触点额定电流/A	触点数量		额定工作转速/(r/min)	允许操作频率/Hz
			正转时动作	反转时动作		
JY1	380	2	1 常开	1 常开	100～3 600	＜30
JFZ0			0 常闭	0 常闭	300～3 600	

4. 速度继电器的选择与常见故障的处理方法

速度继电器主要根据电动机的额定转速来选择。使用时，速度继电器的转轴应与电动机同轴连接；安装接线时，正反向的触点不能接错，否则不能起到反接制动时接通和断开反向电源的作用。

速度继电器的常见故障及其处理方法如表 5-14 所示。

表 5-14　速度继电器的常见故障及其处理方法

故障现象	产生原因	修理方法
制动时速度继电器失效，电动机不能制动	1. 速度继电器胶木摆杆断裂 2. 速度继电器常开触点接触不良 3. 弹性动触片断裂或失去弹性	1. 调换胶木摆杆 2. 清洗触点表面油污 3. 调换弹性动触片

十、熔断器

1. 熔断器的结构和用途

熔断器是串联连接在被保护电路中的，当电路短路时，电流很大，熔体急剧升温，立即熔断，所以熔断器可用于短路保护。由于熔体在用电设备过载时所通过的过载电流能积累热量，当用电设备连续过载一定时间后熔体积累的热量也能使其熔断，所以熔断器也可作过载保护。熔断器一般分成熔体座和熔体等部分。图 5-25 所示为 RL1 系列螺旋式熔断器外形。

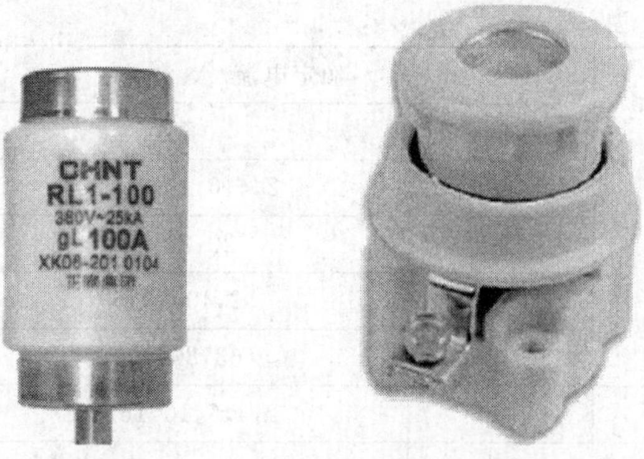

图 5-25　RL1 系列螺旋式熔断器外形

2. 熔断器的表示方式

(1)型号　熔断器的型号标志组成及其含义如下：

R□□□—□/□

- R：熔断器
- 第一个□：形式
  - C：瓷插式
  - Z：螺旋式
  - M：无填料式
  - T：有填料式
  - S：快速
  - Z：自复式
- 第二个□：设计代号
- 第三个□：结构改型代号
- —后□：熔断器额定电流
- /后□：熔体额定电流

(2)电气符号　熔断器的图形符号和文字符号如图 5-26 所示。

图 5-26　熔断器图形、文字符号

3. 熔断器的主要技术参数

熔断器的主要技术参数有额定电压、额定电流和极限分断能力。熔断器的主要技术参数如表 5-15 所示。

表 5-15　熔断器的主要技术参数

型号	额定电压/V	额定电流/A		分断能力/kA
		熔断器	熔体	
RL6—25	～500	25	2,4,6,10,20,25	50
RL6—63		63	35,50,63	
RL6—100		100	80,100	
RL6—200		200	125,160,200	
RLS2—30	～500	30	16,20,25,30	50
RLS2—63		63	32,40,50,63	
RLS2—100		100	63,80,100	

续表5-15

型号	额定电压/V	额定电流/A		分断能力/kA
		熔断器	熔体	
RT12－20	～415	20	2,4,6,10,15,20	80
RT12－32		32	20,25,32	
RT12－63		63	32,40,50,63	
RT12－100		100	63,80,100	
RT14－20	～380	20	2,4,6,10,16,20	100
RT14－32		32	2,4,6,10,16,20,25,32	
RT14－63		63	10,16,20,25,32,40,50,63	

4. 熔断器的选择与常见故障的处理方法

熔断器的选择主要包括熔断器类型、额定电压、额定电流和熔体额定电流等的确定。

熔断器的类型主要由电控系统整体设计确定，熔断器的额定电压应大于或等于实际电路的工作电压；熔断器额定电流应大于或等于所装熔体的额定电流。

确定熔体电流是选择熔断器的关键，具体来说可以参考以下几种情况：

(1)对于照明线路或电阻炉等电阻性负载，熔体的额定电流应大于或等于电路的工作电流，即

$$I_{fN} \geqslant I$$

式中：I_{fN}为熔体的额定电流；I 为电路的工作电流。

(2)保护一台异步电动机时，考虑电动机冲击电流的影响，熔体的额定电流可按下式计算

$$I_{fN} \geqslant (1.5 \sim 2.5) I_N$$

式中：I_{fN}为电动机的额定电流。

(3)保护多台异步电动机时，若各台电动机不同时启动，则应按下式计算：

$$I_{fN} \geqslant (1.5 \sim 2.5) I_{Nmax} + \sum I_N$$

式中：I_{Nmax}为容量最大的一台电动机的额定电流；$\sum I_N$ 为其余电动机额定电流的总和。

(4)为防止发生越级熔断，上、下级(即供电干、支线)熔断器间应有良好的协调配合，为此，应使上一级(供电干线)熔断器的熔体额定电流比下一级(供电支线)大1～2个级差。

熔断器的常见故障及其处理方法如表5-16所示。

表5-16 熔断器的常见故障及其处理方法

故障现象	产生原因	修理方法
电动机启动瞬间熔体即熔断	1. 熔体规格选择太小 2. 负载侧短路或接地 3. 熔体安装时损伤	1. 调换适当的熔体 2. 检查短路或接地故障 3. 调换熔体

续表5-16

故障现象	产生原因	修理方法
熔丝未熔断但电路不通	1. 熔体两端或接线端接触不良 2. 熔断器的螺帽盖未旋紧	1. 清扫并旋紧接线端 2. 旋紧螺帽盖

第二节 电气控制系统的基本控制线路

交流电动机主要指交流笼型异步电动机和交流绕线转子异步电动机，由于三相笼型异步电动机具有结构简单、价格便宜、坚固耐用、维修方便等优点，获得广泛应用。据统计，在一般工矿企业中，笼型异步电动机的数量占电力拖动设备总台数的85%左右。

一、三相笼型异步电动机的启动控制线路

三相笼型异步电动机的启动有两种方式，即直接启动(或全压启动)和降压启动。直接启动是一种简单、可靠、经济的启动方法，但由于直接启动时，电动机启动电流 I_{st} 为额定电流 I_N 的4～7倍。过大的启动电流一方面会造成电网电压显著下降，直接影响在同一电网工作的其他电动机及用电设备正常运行；另一方面电动机频繁启动会严重发热，加速线圈老化，缩短电动机的寿命，所以直接启动电动机的容量受到一定的限制。

(一)单向直接启动控制线路

图5-27所示为电动机单向直接启动开关控制线路。线路结构简单、经济，但由于刀开关的控制容量有限，仅适用于不频繁启动的小容量电动机(通常 $P_N \leqslant 5.5$ kW)，且不能实现远距离的自动控制。图5-28所示为接触器控制的电动机单向直接启动控制线路。此线路为常用的最简单的控制线路。图中，QS为刀开关，FU_1 为熔断器，KM为接触器的主触头，FR为热继电器，它们与电动机M组成主电路；熔断器 FU_2、热继电器FR的常闭触头，停止按钮 SB_1、启动按钮 SB_2、接触器线圈及辅助常开触头组成控制线路。

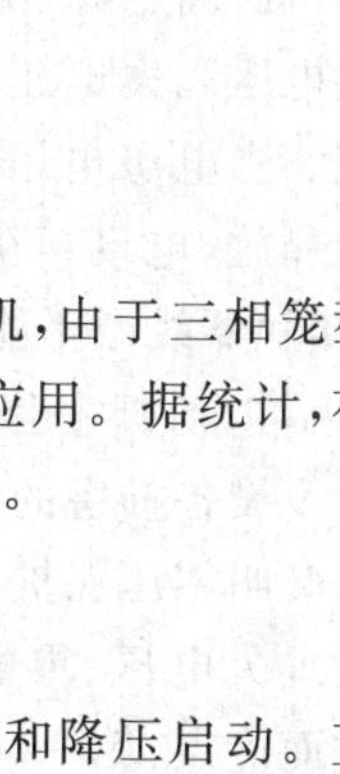

图5-27 电动机单向直接启动开关控制线路

1. 线路原理分析

启动控制：合上电源开关QS→按下启动按钮 SB_2→接触器KM线圈通电吸合→主触头闭合→电动机M得电启动；同时接触器常开辅助触头闭合，使KM线圈绕过 SB_2 触头经KM自身常开辅助触头通电，当松开 SB_2 时，KM线圈仍通过自身常开辅助触头继续保持通电，从而使电动机连续运转。这种依靠接触器自身辅助触头保持线圈通电的电路，称为自保电路，而这对与 SB_2 并联的常开辅助触头称为自保触头(或自锁触头)。

停止控制：按下停止按钮 SB_1→接触器KM线圈断电释放→KM常开主触头及常开辅助触头均断开→电动机M失电停转。当松开 SB_1 时，由于KM自锁触头已断开，故接触器线圈不可能通电，电动机继续断电停机。

2. 线路的保护设置

短路保护：由熔断器 FU_1、FU_2 分别实现主电路与控制电路的短路保护。

过载保护：由热继电器 FR 实现电动机的长期过载保护。当电动机出现长期过载时，热继电器动作，串接在控制电路中的常闭触头断开，切断 KM 线圈电路，使电动机脱离电源，实现过载保护。

欠电压和失电压保护：由接触器本身的电磁机构来实现。当电源电压严重过低或失压时，接触器的衔铁自行释放，电动机失电而停机。当电源电压恢复正常时，接触器线圈不能自动得电，只有再次按下启动按钮 SB_2 后电动机才会启动，防止突然断电后的来电，造成人身及设备损害的危险，故又具有安全保护作用，此种保护又叫零压保护。

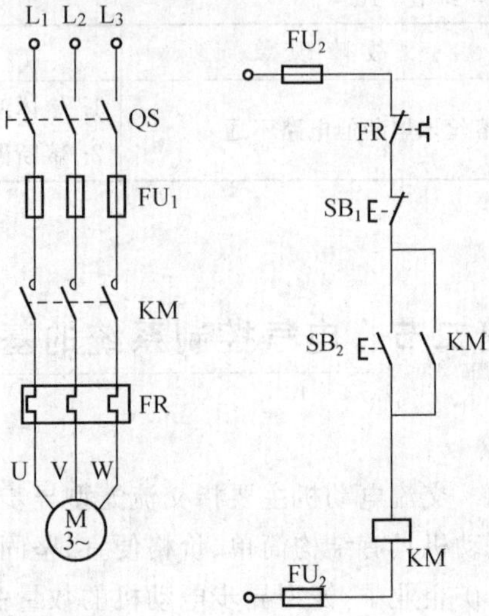

(a) 主电路　　(b) 控制电路

图 5-28　电动机单向直接启动接触器控制线路

设置欠电压、零电压（失电压）保护的控制线路具有三方面优点：第一，防止电源电压严重下降时电动机欠电压运行。第二，防止电源电压恢复时，电动机自行启动造成设备和人身事故。第三，避免多台电动机同时启动造成电网电压的严重下降。

此种电路不仅能实现电动机频繁启动控制，而且可实现远距离的自动控制，故是最常用的简单控制线路。

(二)电动机的点动控制线路

在实际应用中，有的生产机械需要点动控制，有的生产机械在进行调整工作时也需采用点动控制。图 5-29 为具有点动控制的几种典型电路所示。

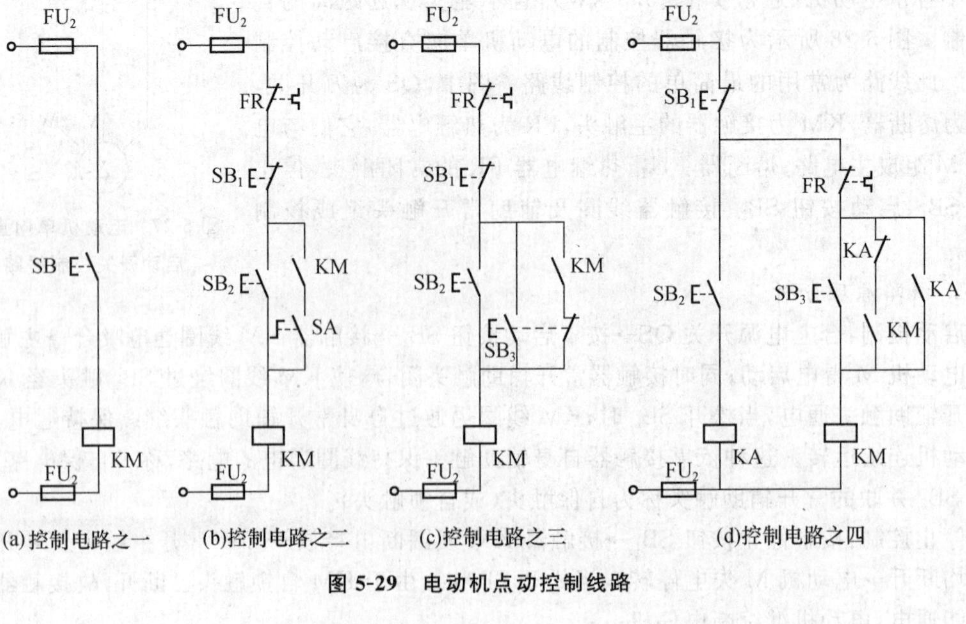

(a) 控制电路之一　(b)控制电路之二　(c)控制电路之三　(d)控制电路之四

图 5-29　电动机点动控制线路

图 5-29(a)是最基本的点动控制线路。当按下点动按钮 SB 时→接触器 KM 线圈通电→KM 主触头闭合→电动机 M 通电启动运行。当手松开按钮 SB 时→接触器 KM 线圈断电→KM 主触头断开→电动机 M 失电停机。

图 5-29(b)是带转换开关 SA 的长动一点动控制线路。当需要点动时将 SA 打开→自锁回路断开→按下 SB_2 实现点动;若需长期运行,合上开关 SA,将自锁触头接入,实现连续运行控制。

图 5-29(c)是长动一点动控制线路。当按下 SB_2 时实现连续运转;当按下 SB_3 时,常闭触头先断开→自锁回路断开,实现点动控制。

图 5-29(d)是利用中间继电器实现的长动一点动控制线路。当按下 SB_2 时,继电器 KA 线圈得电→辅助常闭触头断开自锁回路,同时辅助常开触头闭合→接触器 KM 线圈得电→电动机 M 得电启动运转,松开 SB_2→KA 线圈失电→常开触头分断→接触器 KM 线圈失电→电动机 M 失电停机,实现点动控制。当按下 SB_3 时,接触器 KM 线圈得电并自锁→KM 主触头闭合→电动机 M 得电连续运转。需要停机时,按下 SB_1 即可。

因此,电动机长动与点动控制的关键环节是自锁触头是否接入。若能实现自锁,则电动机连续运转;若断开自锁回路,则电动机实现点动控制。

二、交流异步电动机的降压启动控制线路

交流异步电动机直接启动控制线路简单、经济,操作方便,但受到电源容量的限制,仅适用于功率在 10 kW 以下或满足前述全压启动经验公式的电动机。当电动机容量较大(大于 10 kW),启动时产生较大的启动电流,会引起电网电压下降,因此必须采取降压启动的方法,限制启动电流。

(一)笼型异步电动机的降压启动

所谓降压启动,是指利用启动设备将电压适当降低后加到电动机的定子绕组上进行启动,待电动机启动运转后,再使其电压恢复到额定值正常运行。由于电流随电压的降低而减小,从而达到限制启动电流之目的。由于电动机转矩与电压平方呈正比,故降压启动将导致电动机启动转矩大为降低。因此降压启动适用于空载或轻载下启动。

笼型异步电动机常用的减压启动方法有四种:定子绕组中串接电阻降压启动;Y/△降压启动;自耦变压器降压启动;延边三角形降压启动。

1. 定子绕组中串接电阻降压启动控制线路

图 5-30 为定子绕组串接电阻减压启动控制线路。电动机启动时在定子绕组中串接电阻,使定子绕组电压降低,从而限制了启动电流。待电动机转速接近额定转速时,再将串接电阻短接,使电动机在额定电压下正常运行。这种启动方式由于不受电动机接线形式的限制,设备简单、经济,故获得广泛应用。在机床控制中,作点动调整控制的电动机,常用串接电阻降压方式来限制电动机启动电流。

图 5-30(b)控制电路工作原理分析如图 5-31 所示。

此电路虽简单,但 KM_1 线圈及 KT 线圈始终得电,既不安全(一般时间继电器线圈按短时工作设计),也没必要。图 5-30(c)在原控制线路上进行改进,在 KM_2 得电后,用其常闭触头断开 KM_1 及 KT 线圈电路,同时 KM_2 自锁,使得电动机正常运行时仅有 KM_2 得电工作,从而提高控制线路的安全性和可靠性。

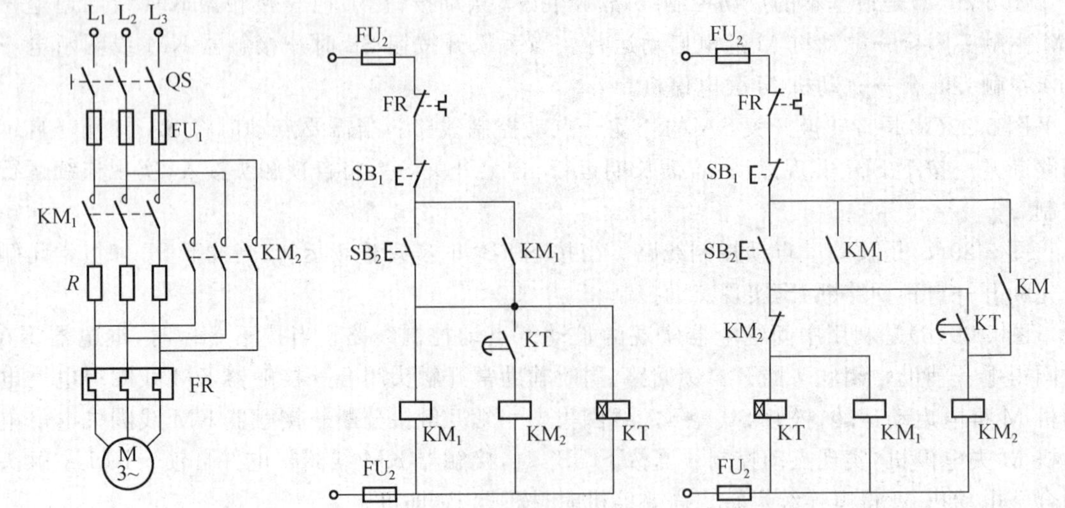

(a) 主电路　　(b) 控制电路之一　　(c) 控制电路之二

图 5-30　定子绕组串接电阻减压启动控制线路

合上电源开关QS→按下启动按钮SB_2→KT线圈得电延时；KM_1线圈得电→常开辅助触头闭合→实现自锁；主触头闭合→电动机M串电阻R启动→

→KT延时→延时闭合常开触头闭合→KM_2线圈得电→KM_2主触头闭合→切除降压电阻R→电动机M转入全压运行

图 5-31　控制电路工作原理分析

此种启动方法中的启动电阻一般采用由电阻丝绕制的板式电阻或铸铁电阻，电阻功率大、通流能力强，但由于启动过程中能量损耗较大，往往将电阻改成电抗，只是电抗器价格较高，使成本变高。

2. Y/△降压启动控制线路

对于正常运行为三角形连接的电动机，在启动时，定子绕组先接成星形，当转速上升到接近额定转速时，将定子绕组连接方式由星形改接成三角形，使电动机进入全压正常运行。一般功率在 4 kW 以上的三相笼型异步电动机均为三角形连接，因此均可采用 Y/△降压启动的方法来限制启动电流。图 5-32 所示为电动机容量在 4～13 kW 时采用的控制线路。该电路用两个接触器来控制 Y/△降压启动，由于电动机容量不太大，且三相平衡，星形连接电流很小，故可以利用接触器 KM_2 的常闭辅助触头来连接电动机。该电路仍采用时间原则实现由 Y 连接向△连接的自动换接。

图 5-33 所示为另一种 Y/△降压启动控制线路。该控制线路中用三个接触器来实现控制目的。其中 KM_3 为星形连接接触器，KM_2 为三角形连接接触器，KM_1 为接通电源的接触器。当 KM_1、KM_3 线圈得电，绕组实现 Y 形连接降压启动，当 KM_1、KM_2 线圈得电，绕组实现△形连接，电动机转入正常运行。该电路是由时间继电器按时间原则实现自动换接。该电路常用于 13 kW 以上电动机的启动控制。

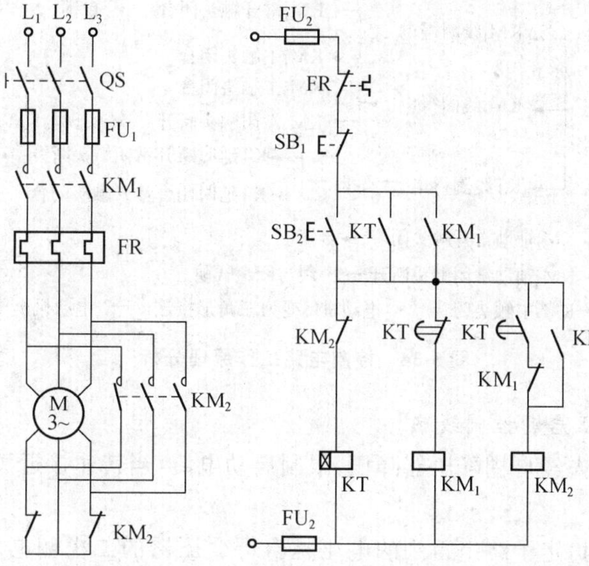

(a) 主电路　　(b) 控制电路

图 5-32　Y/△降压启动控制线路之一

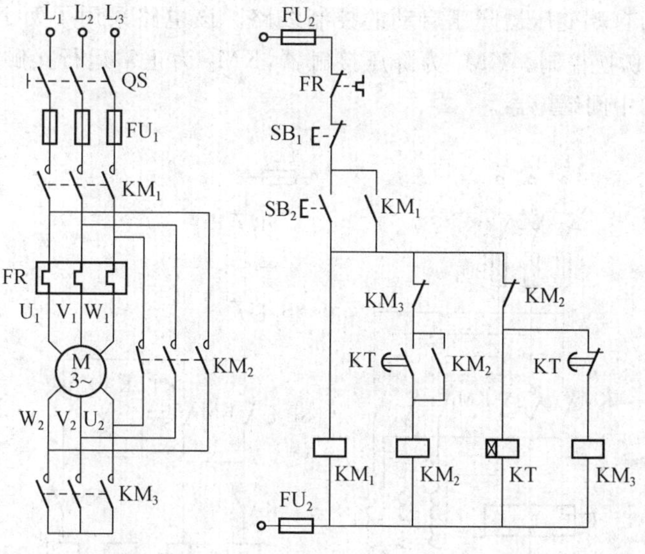

(a) 主电路　　(b) 控制电路

图 5-33　Y/△降压启动控制线路之二

图 5-33 控制电路工作原理分析如图 5-34 所示。

笼型异步电动机采用 Y/△降压启动时，定子绕组启动时电压降至额定电压的 $1/\sqrt{3}$，启动电流降至全压启动的 1/3，从而限制了启动电流，但由于启动转矩也随之降至全压启动的 1/3，故仅适用于空载或轻载启动。

与其他减压启动方法相比，Y/△降压启动投资少，线路简单，操作方便。在机床电动机控制中应用较普遍。

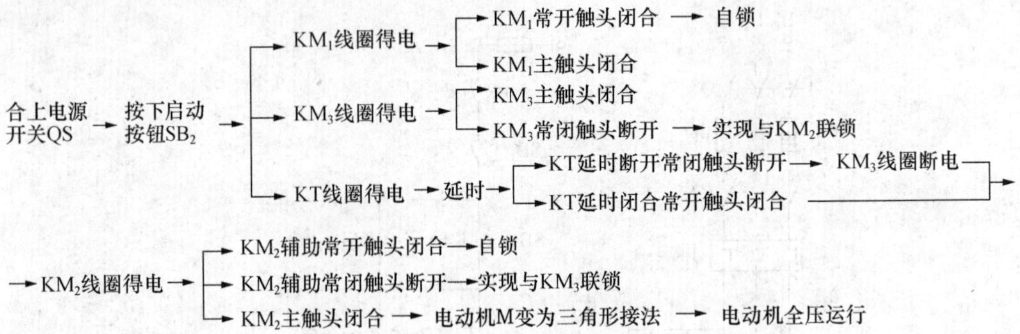

图 5-34　控制电路工作原理分析

3. 自耦变压器降压启动控制线路

电动机在启动时，先经自耦降压器降压，限制启动电流，当转速接近额定转速时，切除自耦变压器转入全压运行。

电动机降压启动时，定子绕组得到的电压是自耦变压器的二次侧电压 U_2，自耦变压器变压比 $K=U_1/U_2>1$。由电机原理可知：当利用自耦变压器启动时，电压降为额定电压的 $1/K$ 时，电网供给的启动电流减小到 $1/k^2$，当然，启动转矩也降为直接启动的 $1/k^2$。所以，自耦变压器降压启动常用于空载或轻载启动。

图 5-35 所示为自耦变压器降压启动的控制线路。该电路采用了两个接触器 KM_1、KM_2 来实现降压启动的切换控制。KM_1 为降压接触器，KM_2 为正常运行接触器，KT 为启动时间接触器，KA 为启动中间继电器。

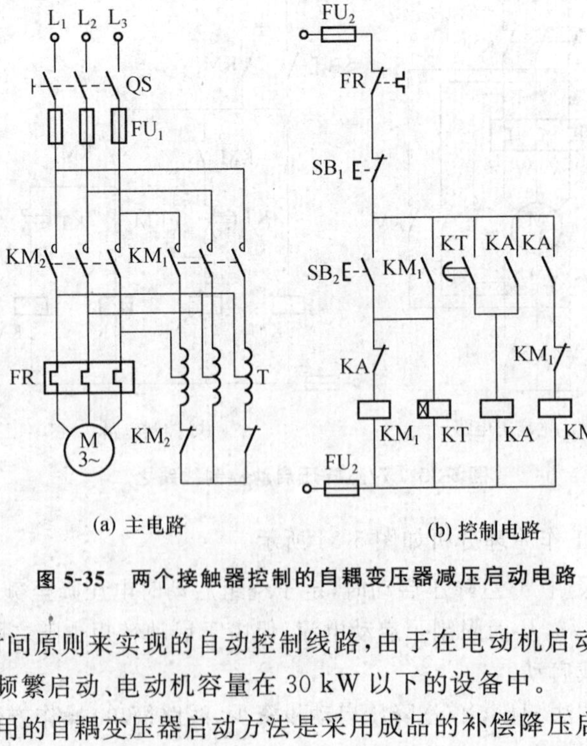

(a) 主电路　　(b) 控制电路

图 5-35　两个接触器控制的自耦变压器减压启动电路

该电路是根据时间原则来实现的自动控制线路，由于在电动机启动过程中会出现二次涌流冲击，仅适用于不频繁启动、电动机容量在 30 kW 以下的设备中。

实际应用中，常用的自耦变压器启动方法是采用成品的补偿降压启动器。补偿降压启动器包括手动、自动操作两种形式。手动操作的补偿器有 QJ3、QJ5、QJ10 等型号，其中 QJ10 系列手动补偿器用于控制 10～75 kW 八种容量电动机的启动。自动操作的补偿器有 XJ01 型和 CTZ 系列等。XJ01 型补偿降压启动器适用于 14～28 kW 电动机，其控制线路如图 5-36 所示。原理分析如图 5-37 所示。

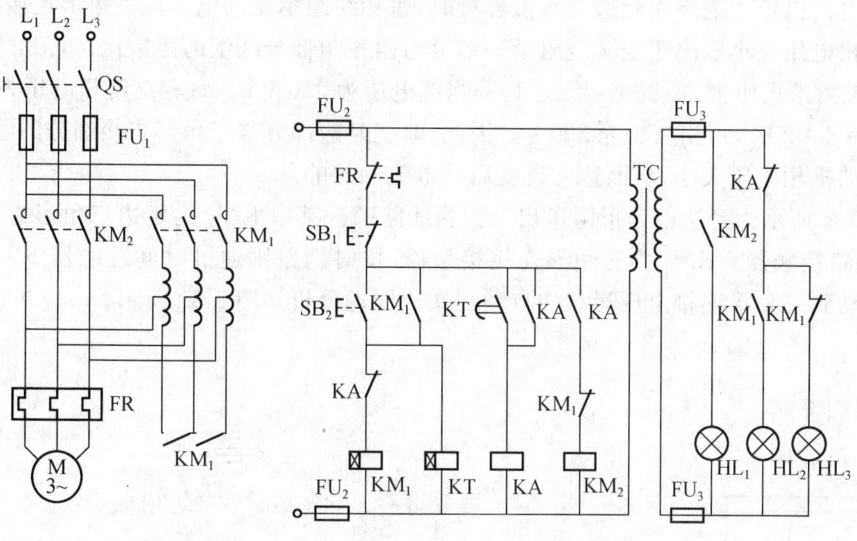

(a) 主电路 (b) 控制电路

图 5-36 补偿降压启动器控制线路

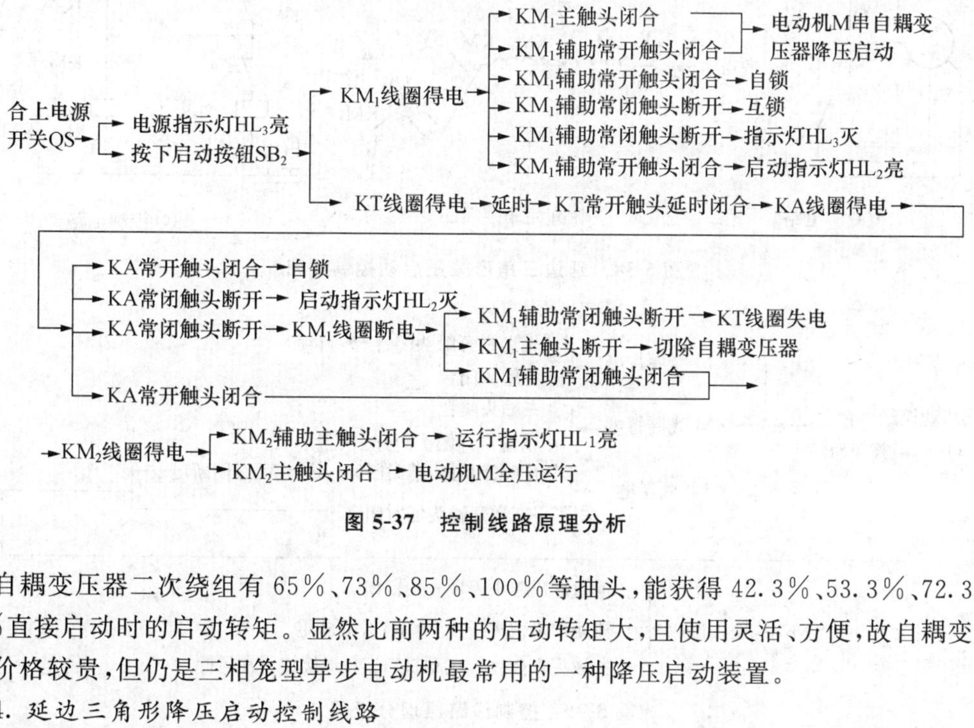

图 5-37 控制线路原理分析

自耦变压器二次绕组有 65%、73%、85%、100%等抽头，能获得 42.3%、53.3%、72.3%及 100%直接启动时的启动转矩。显然比前两种的启动转矩大，且使用灵活、方便，故自耦变压器尽管价格较贵，但仍是三相笼型异步电动机最常用的一种降压启动装置。

4. 延边三角形降压启动控制线路

笼型异步电动机采用 Y/△降压启动，可在不增加专用启动设备的情况下实现降压启动，但其启动转矩只为额定电压下启动转矩的1/3。仅适用于轻载或空载启动的场合。

延边三角形降压启动是一种既不增加专用启动设备，又可提高启动转矩的降压启动方法(图5-38)。该方法适用于定子绕组特别设计的电动机，该电动机拥有九个端头。每相绕组有三个出线即U(U_1、U_2、U_3)、V(V_1、V_2、V_3)、W(W_1、W_2、W_3)，其中U_3、V_3、W_3为绕组的中间抽头。当电动机定子绕组作延边三角形连接时，每相绕组承受的电压比三角形连接时低，此时定子绕组相电压大小取决于定子绕组延边部分与内三角部分绕组的匝数比。若延边部分的匝数N_1与三角形内匝数N_2之比为1∶1，则当线电压为380 V时，每相绕组相电压为264 V，若N_1∶N_2=1∶2时，则相电压为290 V。因此，改变延边部分与三角形连接部分的匝数比就可以改变电动机相电压大小，从而达到改变启动电流的目的。

图5-38c所示为延边三角形降压启动控制线路图。其中KM_1为延边三角形连接接触器，KM_2为线路接触器。KM_3为三角形连接接触器，按时间原则通过时间继电器KT实现由延边降压启动到三角形连接全压运行的自动切换。原理分析如图5-39所示。

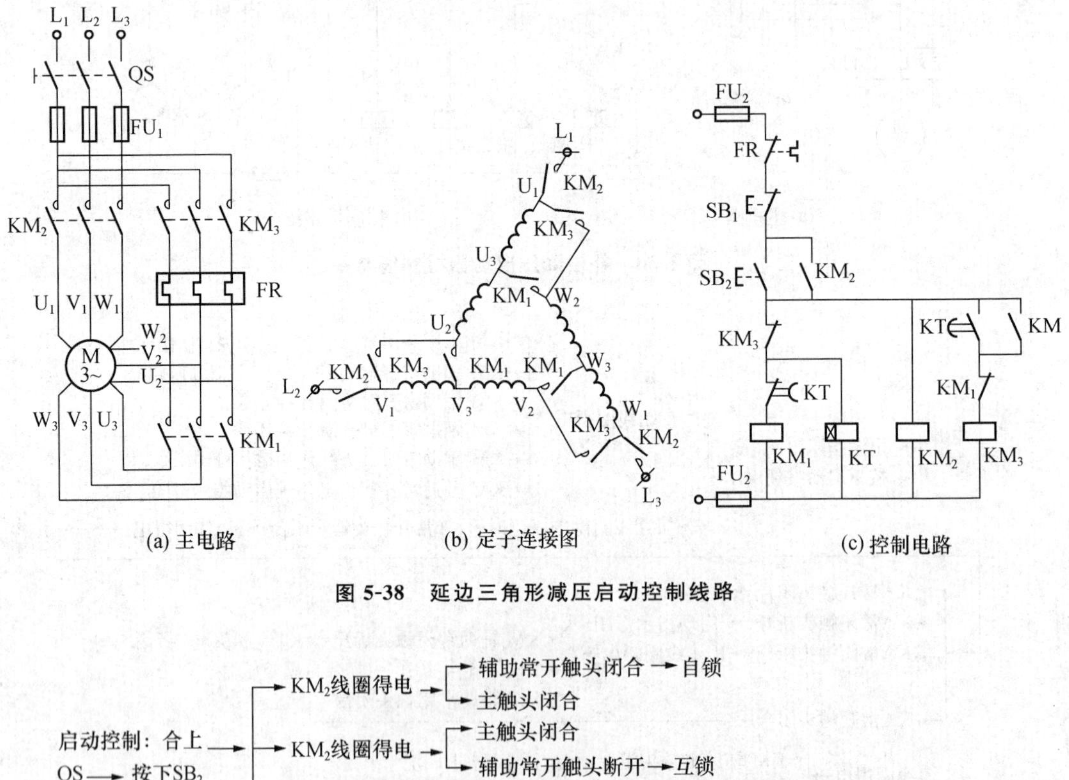

(a) 主电路　　(b) 定子连接图　　(c) 控制电路

图5-38　延边三角形减压启动控制线路

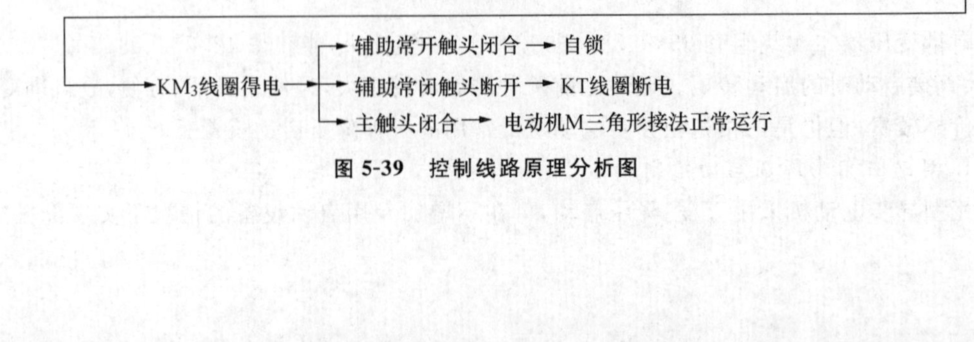

图5-39　控制线路原理分析图

三相笼型异步电动机采用延边三角形降压启动时，其启动转矩比 Y/△降压启动时大，且可在一定范围内调节。但要求电动机有 9 个出线头，且接线较麻烦，从而限制了该方法的使用。常用的延边三角形启动器有 XJ1 系列低压启动控制箱，可用作延边三角形降压启动，也可用作 Y/△降压启动，适用于 11～132 kW 电动机的启动控制。

(二)三相绕线转子异步电动机的启动控制线路

三相绕线转子异步电动机转子回路与笼型异步电动机不同，绕线转子异步电动机转子回路可以通过滑环外接电阻。由电机原理可知，转子回路外接一定的电阻既可减小启动电流，又可以提高转子回路功率因数和启动转矩。在启动要求转矩较高的场合(例如卷扬机、起重机等设备中)，绕线转子异步电动机得到广泛的应用。

三、交流异步电动机的制动控制线路

交流异步电动机定子绕组脱离电源后，由于系统惯性作用，转子需经一段时间才能停止转动，这往往不能满足某些生产机械的工艺要求，也影响生产效率的提高，并造成运动部件停位不准，工作不安全。因此，应对拖动电动机采取有效的制动措施。

所谓制动，就是指使电动机脱离正常工作电源后迅速停转的措施。交流异步电动机的制动方法有机械制动和电气制动两种。机械制动是利用机械装置使电动机迅速停转。常用的机械制动装置是电磁抱闸。抱闸装置由制动电磁铁和闸瓦制动器组成，又分断电制动型和通电制动型两种。机械制动动作时，将制动电磁铁的线圈切断或接通电源，通过机械抱闸制动电动机。电气制动是在电动机上产生一个与原转子转动方向相反的制动转矩，迫使电动机迅速停转。电气制动方法有反接制动、能耗制动、电容制动、双流制动、发电制动等。

(一)单向反接制动控制线路

反接制动是改变异步电动机定子绕组中三相电源的相序，产生一个与转子惯性转动方向相反的反向起动转矩，进行制动。

反接制动时，由于转子与旋转磁场的相对速度接近两倍的同步转速，所以定子绕组中流过的反接制动电流相当于全压启动时启动电流的两倍，冲击电流很大。为减小冲击电流，需要在电动机主电路中串接一定的电阻以限制反接制动电流，这个电阻称为反接制动电阻。另外，当反接制动使电动机转速下降至接近零时，要及时切断反相序电源，以防电动机反向启动。

反接制动的关键在于电动机电源相序的改变，且当转速下降至接近零时，能自动将电源切除。为此，在反接制动控制中采用速度继电器来检测电动机的速度变化。在转速为 120～3 000 r/min 范围内时，速度继电器触电动作；当转速低于 100 r/min 时，其触头恢复原位。

图 5-40 所示为单向反接制动控制线路。图中 KM_1 为单向旋转接触器，KM_2 为反接制动接触器，KS 为速度继电器，R 为反接制动电阻。

图 5-40 反接制动控制线路工作原理分析如图 5-41 所示。

(二)能耗制动控制线路

能耗制动是在三相异步电动机脱离三相交流电源后，迅速给定子绕组通入直流电流，产生恒定磁场，利用转子感应电流与恒定磁场的相互作用达到制动的目的。此制动方法是将电动机旋转的动能转变为电能，消耗在制动电阻上，故称为能耗制动。能耗制动的控制既可以按时

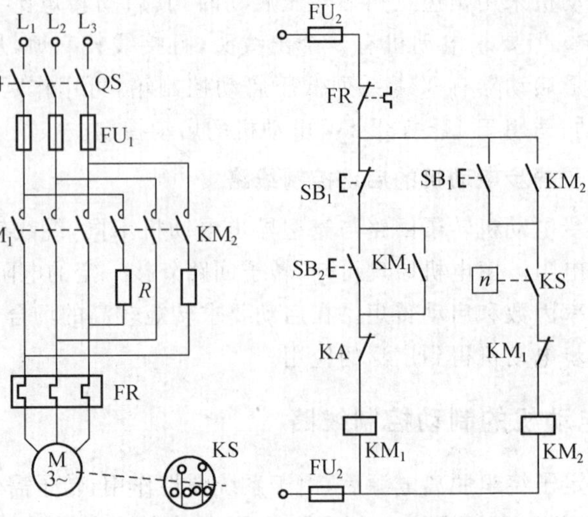

(a) 主电路　　　　(b) 控制电路

图 5-40　单向反接制动控制线路

启动：合上电源开关QS → 按下启动按钮SB_2 → KM_1线圈得电 →
- 辅助常闭触头断开 → 与KM_2互锁
- 辅助常开触头闭合 → 自锁
- → 速度继电器KS动作 → 常开触头闭合 → 为反接制动做准备

制动：当需要停机时 → 按下停止按钮SB_1 →
- KM_1线圈失电 → 电动机M断电惯性运转
- KM_2线圈失电 →
  - KM_2辅助常闭触头断开 → 与KM_1互锁
  - KM_2辅助常开触头闭合 → 自锁
  - KM_2主触头闭合 → 串电阻反接制动 → 电动机转速下降至100 r/min → KS常开触头断开 → KM_2线圈断电 → 反接制动结束 → 电动机自由停车

图 5-41　反接制动控制线路工作原理分析

间原则，由时间继电器来控制；也可以按速度原则，由速度继电器进行控制。

1. 单向运行能耗制动控制线路

图 5-42 所示为按时间原则进行的能耗制动控制电路。图 5-42(b)中 KM_1 为单向运行接触器，KM_2 为能耗制动接触器，KT 为时间继电器，TC 为整流变压器，VC 为桥式整流电路，R 为能耗制动电阻。

控制线路工作原理分析如图 5-43 所示。

该电路中，将 KT 常开瞬动触头与 KM_2 辅助常开触头串联组成联合自锁，是考虑时间继电器线圈断线或机械卡阻时，电动机在按下按钮 SB_1 后电动机能迅速制动，两相的定子绕组不致长期接入直流电源。

图 5-42(c)所示为按速度原则控制的单向运行能耗制动控制线路。该线路由速度继电器 KS 来控制能耗制动过程，只是在停机制动时，按一下 SB_1 即可。

虽然能耗制动有两种原则实现控制，但按时间原则控制的能耗制动，一般适用于负载转速

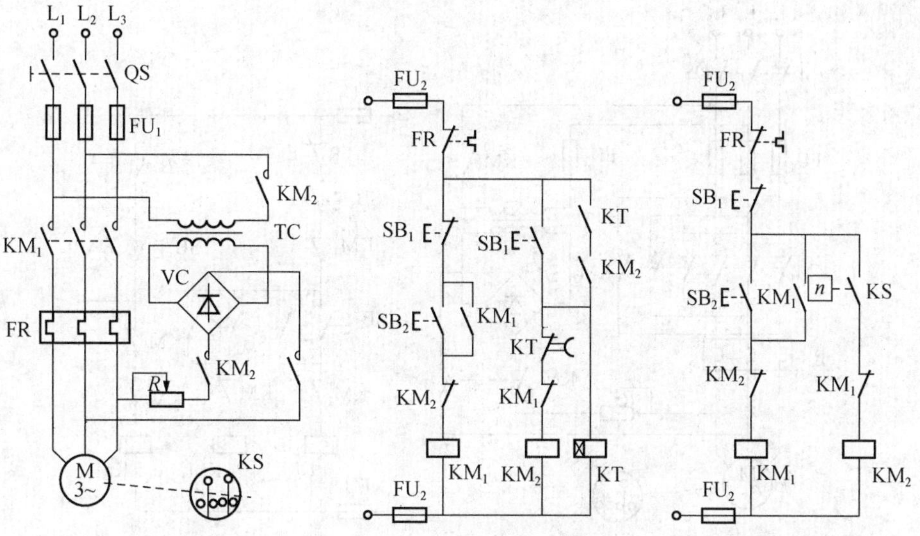

(a) 主电路　　(b) 控制电路之一　　(c) 控制电路之二

图 5-42　单向运行能耗制动控制线路

启动：合上电源开关QS → 按下启动按钮SB_2 → KM_1线圈得电 →
- KM_1辅助常闭触头断开 → 互锁
- KM_1辅助常开触头闭合 → 自锁
- KM_1主触头闭合 → 电动机M全压启动运行

制动：需要停机时 → 按下SB_1 →
- SB_1常开触头闭合 → KT线圈得电延时
- SB_1常闭触头断开 → KM_1线圈断电 →

→
- KM_1主触头断开 → 电动机脱离交流电源
- KM_1辅助常闭触头闭合 → KM_2线圈得电 →
  - KM_2辅助常闭触头断开 → 互锁
  - KM_2辅助常开触头闭合 → 与KT常开触头实现联合自锁
  - KM_2主触头闭合电动机定子绕组通入直流电 → 实现能耗制动 →

→ KT延时 → KT延时断开 → 常闭触头断开 → KM_2线圈断电 →
- KM_2主触头断开 → 能耗制动结束 → 电动机自由停车
- KM_2辅助常开触头断开 → KT线圈断电

图 5-43　控制线路工作原理分析

比较稳定的生产设备上；而对于负载转速经常因生产加工需要变化的生产机械，采用速度原则控制能耗制动更加合适。

能耗制动的优点是制动准确、平稳，且能量消耗较小。缺点是需附加直流电源装置，设备费用较高，制动力较弱，在低速时制动力矩小。所以，能耗制动一般用于要求制动准确、平稳的启制动频繁的场合，如磨床、立式铣床等控制线路中。

2. 可逆运行能耗制动控制线路

图 5-44 所示为用速度原则控制的可逆运转能耗制动控制线路。图中 KM_1、KM_2 为正反转接触器，KM_3 为能耗制动接触器，KS 为速度继电器，其触头 KS_1 为正转动作触头，KS_2 为反转动作触头。控制线路工作原理分析如图 5-45 所示。

电动机可逆运行能耗制动也可以采用时间控制，用时间继电器取代速度继电器进行控制。

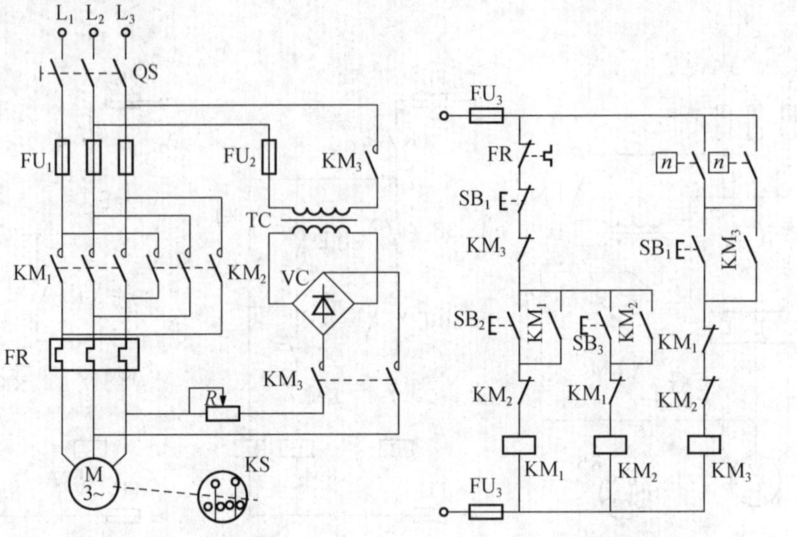

(a)主电路　　　　　　　　(b) 控制电路

图 5-44　速度原则控制的可逆运转能耗制动控制线路

正向启动：合上电源开关QS→按下正向启动按钮SB_2→KM_1线圈得电→
- 辅助常闭触头断开→与KM_2互锁
- 辅助常闭触头断开→切断KM_2线圈回路
- 辅助常开触头闭合→自锁
- 主触头闭合→电动机M全压启动运行→

→当电动机转速上升至120 r/min→速度继电器动作→KS_1常开触头闭合→为能耗制动做准备

能耗制动：当需要停机时→按下停止按钮SB_1→
- SB_1常闭触头断开→
- SB_1常开触头闭合

→KM_1线圈失电→
- 辅助常闭触头闭合
- 主触头断开→电动机脱离交流电源惯性运动

→KM_3线圈得电→
- 辅助常开触头断开→切断KM_1、KM_2线圈启动回路
- 辅助常开触头闭合→自锁
- 主触头闭合→电动机定子绕组通入直流电流→

→实现能耗制动→当电动机转速下降至100 r/min→KS_1常开触头断开→KM_3线圈断电→能耗制动结束→电动机自由停车

图 5-45　可逆运转能耗制动控制线路工作原理分析

四、电动机的正反转控制线路

生产实践中，许多生产机械要求电动机能正反转，从而实现可逆运行。如机床中主轴的正向和反向运动，工作台的前后运动，起重机吊钩的上升和下降，电梯的向上、向下运行等。从电机原理中得知，改变电动机定子绕组的电源相序，就可实现电动机方向的改变。实际应用中，通过两个接触器改变电源相序来实现电动机正反转控制。

实际上，可逆运行控制线路实质上是两个方向相反的单向运行线路的组合。但为了避免误操作引起电源相间短路，必须在这两个相反方向的单向运行线路中加设连锁机构。按照电动机正反转操作顺序的不同，分"正→停→反"和"正→反→停"两种控制线路。

(一)电动机"正→停→反"控制线路

图 5-46 所示为三相异步电动机正反转控制电路。图 5-46 为电动机"正→停→反"控制电路，图 5-46(a)主电路中，KM_1、KM_2 分别为实现正、反转的接触器主触头。为防止两个接触器同时得电而导致电源短路，利用两个接触器的常闭触头 KM_1、KM_2 分别串接在对方的工作线圈电路中，构成相互制约关系，以保证电路安全可靠的工作，这种相互制约的关系称为"连锁"，也称为"互锁"，实现连锁的常闭辅助触头称为连锁(或互锁)触头。

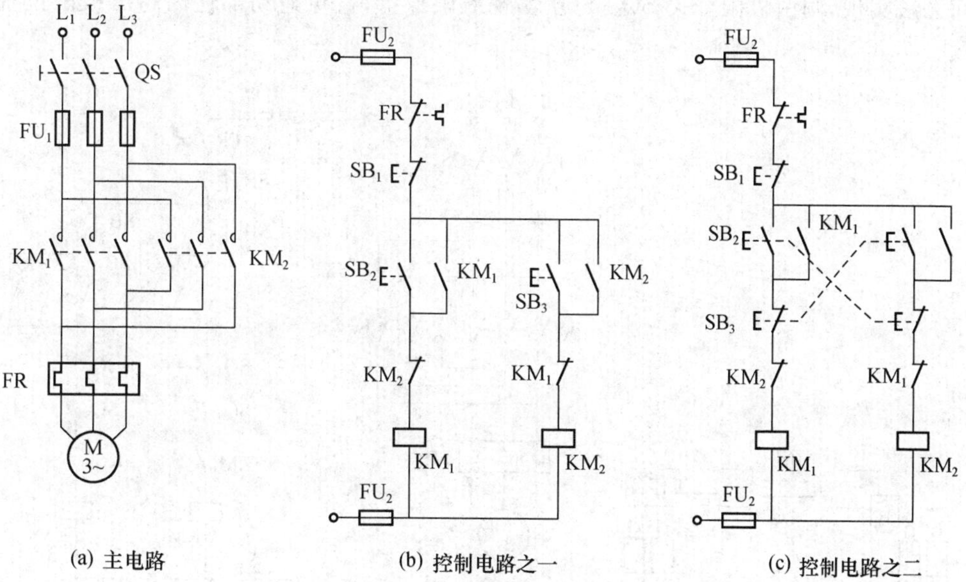

图 5-46 三相异步电动机正反转控制电路

图 5-46(b)控制线路作正反转操作控制时，必须先按下停止按钮 SB_1，工作接触器断电后，再按反向启动按钮实现反转，故它具有"正→停→反"控制特点。

(二)电动机"正→反→停"控制线路

在实际应用中，为提高工作效率，减少辅助工时，要求直接实现正反转的控制。图 5-46(c)所示为电动机"正→反→停"控制线路。

在图 5-46(a)中，采用复合按钮来控制电动机的正反转，在这个控制线路中，正转启动按钮 SB_2 的常开触头串于正转接触器 KM_1 线圈回路，用于接通 KM_1、KM_2 线圈；而 SB_2 的常闭触头则串于反转接触器 KM_2 线圈回路中，首先断开 KM_2 的线圈，以保证 KM_1 的可靠得电。反转启动按钮 SB_3 的接法与 SB_2 类似，常开触头串于 KM_2 线圈回路；常闭触头串于 KM_1 线圈回路中，从而保证按下 SB_3，KM_2 能可靠得电，实现电动机的反转。

图 5-46(b)中由接触器 KM_1、KM_2 常闭触头实现的互锁称为"电气互锁"；图 4-46(c)中由复合按钮 SB_2、SB_3 常闭触头实现的互锁称为"机械互锁"。

图 5-46(c)中既有"电气互锁"，又有"机械互锁"，故称为"双重互锁"，此种控制线路工作可靠性高，操作方便，为电力拖动系统所常用。

(三)具有自动往返的正反转控制线路

在实际应用中，有些生产机械的工作台需要自动往复运动，如龙门刨床、导轨磨床等。

自动往返的可逆运行通常是利用行程开关来检测往返运动的相对位置，进而控制电动的正反转来实现生产机械的往复运动。

图 5-47(a)所示为机床工作台往复运动示意图。行程开关 SQ_1、SQ_2 分别固定安装在床上，反映运动的原位与终点。挡铁 A、B 固定在工作台上，SQ_3、SQ_4 为正反向极限保护用行程开关。

图 5-47(c)所示为自动往复控制线路，工作原理分析如图 5-48 所示。若换向因行程开关失灵而无法实现，则由极限开关 SQ_3、SQ_4 实现极限保护，避免运动部件因超出极限位置而发生事故。

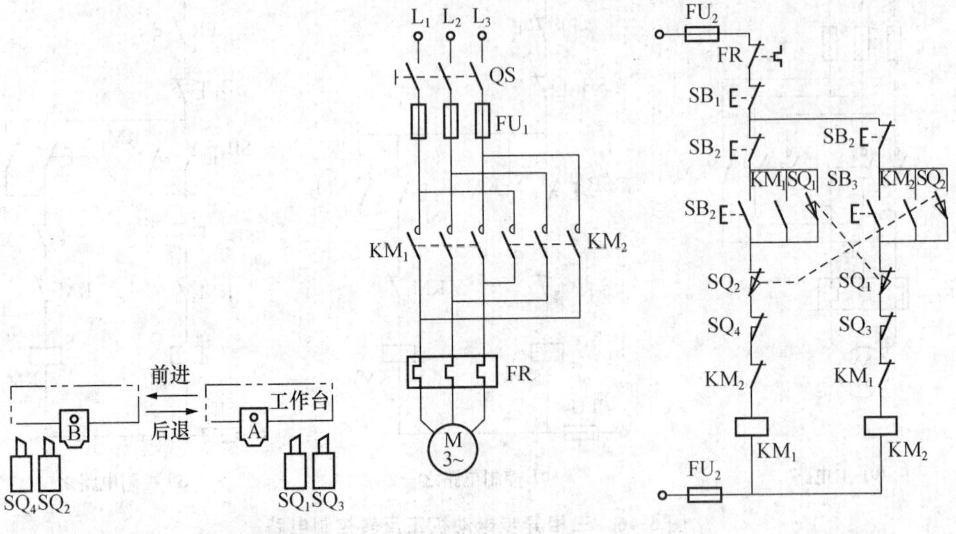

(a) 工作台往复运动示意图　　(b) 主电路　　(c) 控制电路

图 5-47　机床工作台自动往复运动控制线路

启动控制：合上QS → 按下SB_2 → 线圈得电 →
- KM_1常闭辅助触头断开 → 实现与KM_2的连锁
- KM_1常开辅助触头闭合 → 实现自锁
- KM_1主触头闭合 → 电动机M_1得电 → 电动机正转 →

→ 工作台向前运动 → 当挡铁B压下SQ_2 →
- SQ_2常闭触头断开 → KM_1线圈断开 → KM_1常闭触头闭合
- SQ_2常开触头闭合 →

→ KM_2线圈得电 →
- KM_2常闭辅助触头断开 → 实现与KM_1的连锁
- KM_2常开辅助触头闭合 → 实现自锁
- KM_2主触头闭合 → 电动机M得电 → 电动机反转，工作台向后运动 →

→ 当挡铁A压下SQ_1 →
- SQ_1常开触头断开 → KM_2线圈断电
- SQ_1常开触头闭合，KM_2常闭触头闭合 → KM_1线圈得电 → 如此周而复始实现工作台的自动往返运动

停机控制：按下SB_1 → KM_1、KM_2线圈失去电源 → 电动机M断电 → 电动机停机，工作台停止运动

图 5-48　自动往复控制线路工作原理分析

上述用行程开关来控制运动部件的行程位置的方法,称为行程控制原则。行程控制原则是机械设备自动化和生产过程自动化中应用最广泛的控制方法之一。

五、其他控制线路

在多机拖动系统中,各电动机所起的作用是不同的,有时需按一定的顺序启动,才能保证操作过程的合理性和工作的安全可靠。例如,X62W 型万能铣床上要求主轴电动机启动后,进给电动机才能启动。这种要求一台电动机启动后另一台电动机才能启动的控制方式称为电动机的顺序控制。

1. 电动机顺序控制线路

如图 5-49 所示为几种电动机顺序控制线路。

图 5-49(b)所示控制电路特点:电动机 M_2 的控制电路并接在接触器 KM_1 的线圈两端,再与 KM_1 自锁触头串联,从而保证了 KM_1 得电吸合,电动机 M_1 启动后,KM_2 线圈才能得电,M_2 才能启动,以实现 M_1—M_2 的顺序控制要求。停机为同时停。

图 5-49(c)所示控制电路特点:在电动机 M_2 的控制电路中串接了接触器 KM_1 的常开辅助触头。只要 KM_1 线圈不得电,M_1 不启动,即使按下 SB_4,由于 KM_1 的常开辅助触头未闭合,KM_2 线圈不能得电,从而保证 M_1 启动后,M_2 才能启动的控制要求。停机无顺序要求,按下 SB_1 为同时停机,按下 SB_1 为 M_2 单独停机。

图 5-49(d)所示控制线路特点:在 SB_1 的两端并接了接触器 KM_2 的常开辅助触头,从而实现 M_1 启动后,M_2 才能启动;M_2 停转后,M_1 才能停转的控制,即 M_1、M_2 是顺序启动,逆序停机。

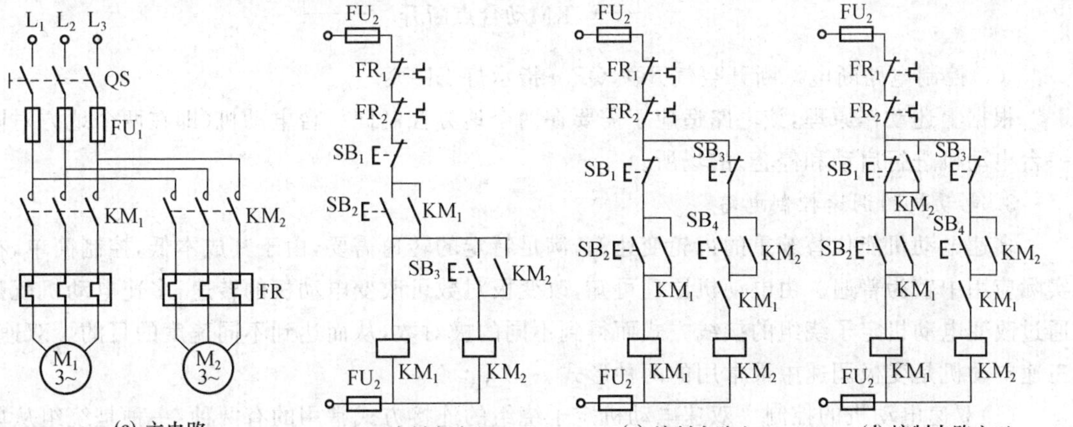

图 5-49 电动机的顺序控制线路

2. 电动机的多地控制线路

电动机的多地控制是指在多个地方对电动机进行启动和停止的控制,其中两地控制和三地控制是应用最多的控制方式。图 5-50 所示为两地控制的控制电路,其工作过程如下。

(1)控制电路通电。合上空气开关 QF →指示灯 EL 亮。

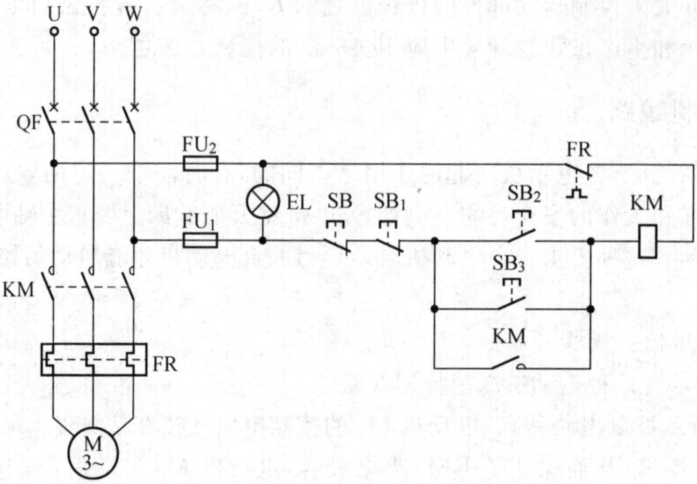

图 5-50 电动机的两地控制电路

(2)启动过程如下：

按SB_2(或SB_3) → KM线圈得电 → KM主触头闭合 → 电动机M运行

KM线圈得电 → KM动合点闭合自锁 → 电动机M运行

(3)停止过程如下：

按SB(或SB_1) → KM线圈失电 → KM主触头断开 → 电动机M停止运行

KM线圈失电 → KM动合点断开 → 电动机M停止运行

(4)控制电路断电。断开空气开关 QF→指示灯 EL 灭。

根据上述动作原理，该电路适应于需要在两个地方控制同一台电动机(即在两个地方对同一台电动机进行启动和停止)的场所。

3. 电动机的调速控制电路

多速电动机能代替笨重的齿轮变速箱，满足特定的转速需要，由于其成本低，控制简单，在实际应用中较为普遍。由电动机原理可知，改变极对数可改变电动机的转速，多速电动机就是通过改变电动机定子绕组的接线方式而得到不同的极对数，从而达到不同速度的目的。双速、三速电动机是变极调速中最常用的两种形式。

(1)双速电动机的控制　双速电动机定子绕组的连接方式常用的有两种：一种是绕组从单 Y 连接改成双 Y 连接，即将图 5-51(b)所示的连接方式转换成如图 5-51(c)所示的连接方式；另一种是绕组从△改成双 Y，即将图 5-51(a)所示的连接方式转换成如图 5-51 (c)所示的连接方式。这两种接法都能使电动机产生的磁极对数减少一半，即使电机的转速提高 1 倍。

图 5-52 所示为双速电动机的控制电路，当按下启动按钮，主电路接触器 KM_1 的主触头闭合，电动机定子绕组△连接，电动机以低速运转；同时，KA 的常开触头闭合使时间继电器线圈通电，经过一段时间(时间继电器的整定时间)，KM_1 的主触头释放，KM_2、KM_3 的主触头闭合，电动机的定子绕组由△变双 Y，电动机以高速运转。

双速电动机控制电路的工作过程如下：

合上电源开关 QF，给电路送电→

按 SB_2 → KM_1 线圈得电 → KM_1 主触头闭合 → 电动机作△连接，低速运行

→ KA 线圈得电 → KA 自锁触头闭合自保

→ KA 常开触头闭合 → KT 线圈得电 →

→ KT 的延时断开触头断开 → KM_1 线圈失电 → KM_1 主触头断开，低速停止

→ KT 的延时闭合触头延时闭合 → KM_3 线圈得电 →

→ KM_3 常开触头闭合 → KM_2 线圈得电 → KM_2 主触头闭合 → 电动机作双 Y 连接，高速运行

→ KM_3 主触头闭合 →

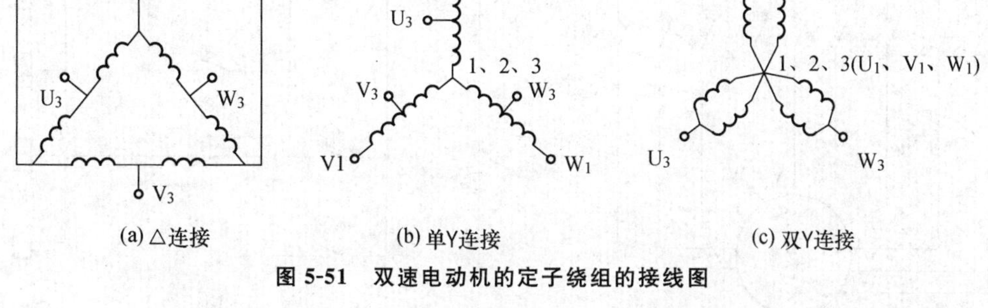

(a) △连接　(b) 单Y连接　(c) 双Y连接

图 5-51　双速电动机的定子绕组的接线图

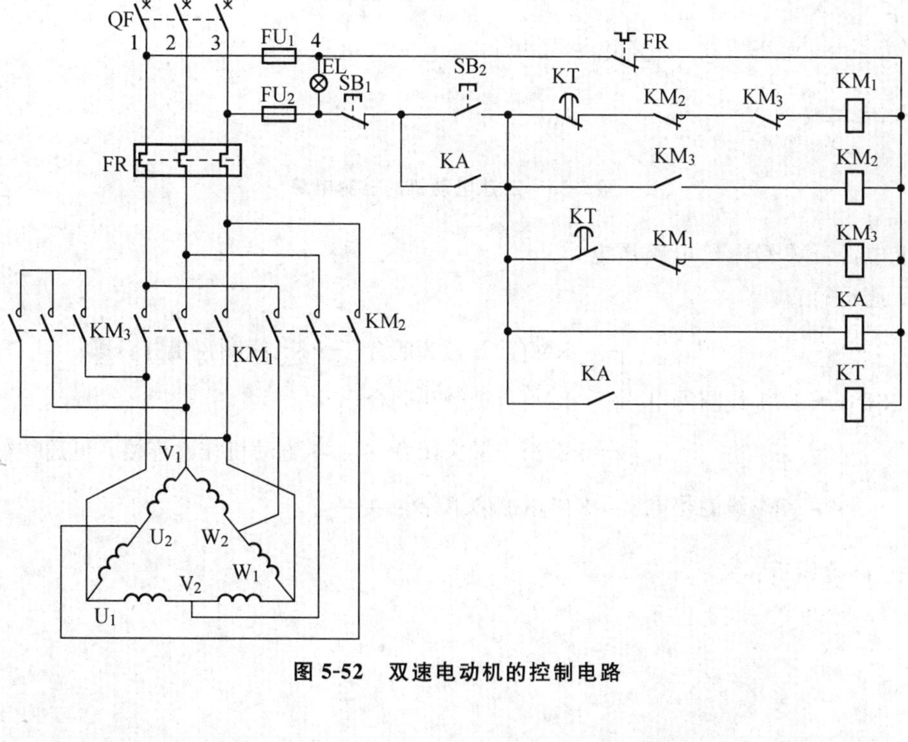

图 5-52　双速电动机的控制电路

(2)三速电动机的控制　在结构上,三速电动机的内部一般装设两套独立的定子绕组,工作时,通过改变绕组的组合方式而得到不同的磁极对数,从而得到不同的电动机转速以达到调速的目的。图 5-53 所示为三速电动机的控制电路,其工作过程如下。

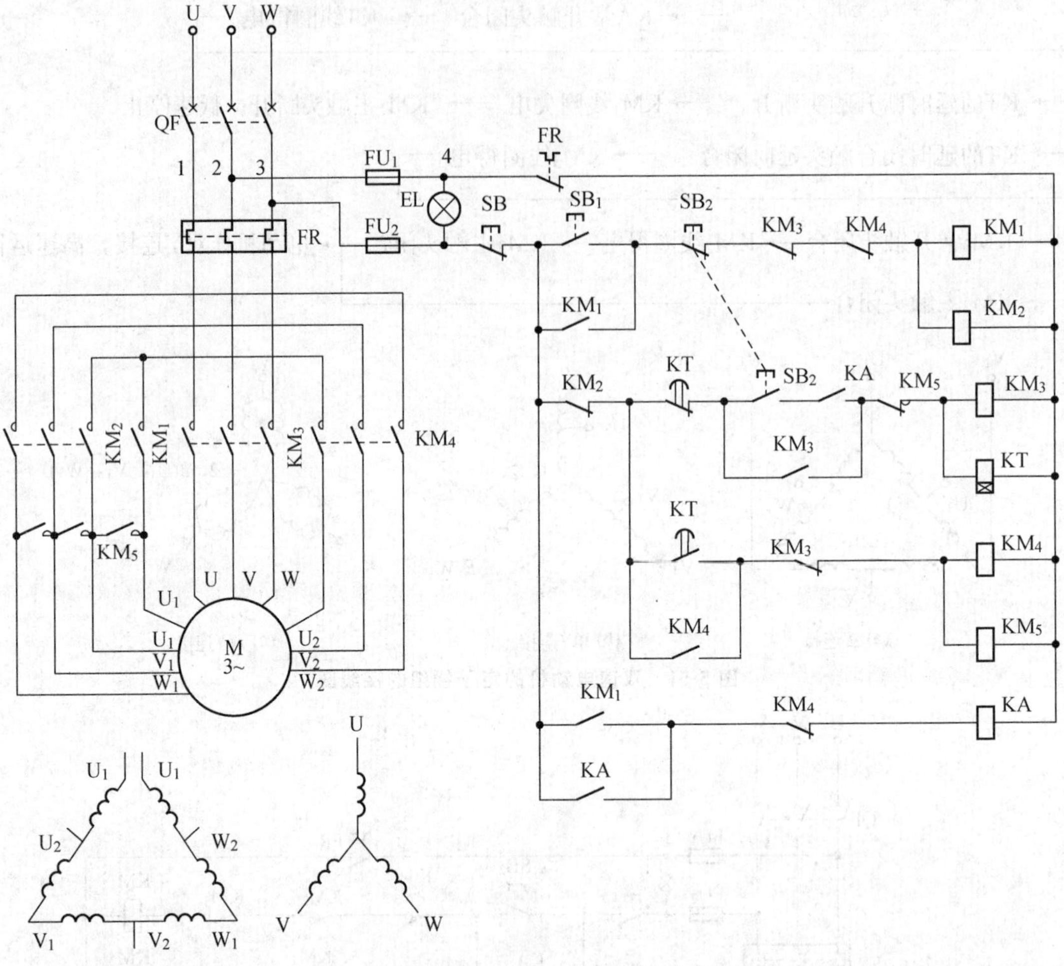

图 5-53　三速电动机的控制电路

合上电源开关 QF,给电路送电。

①低速运行:

按SB_1 → KM_1线圈得电 → KM_1常开触头闭合 → KA线圈得电并自锁

按SB_1 → KM_1线圈得电 → KM_1自锁触头闭合

按SB_1 → KM_1线圈得电 → KM_1主触头闭合 → 电动机作△连接，低速运行

按SB_1 → KM_2线圈得电 → KM_2主触头闭合 → 电动机作△连接，低速运行

②中、高速运行:

按SB_2 → KM_1线圈失电 → 低速停止运行
→ KM_2线圈失电
→ KM_3线圈得电 → KM_3自锁触头闭合
→ KM_3主触头闭合 → 电动机作单Y连接，中速运行
→ KT线圈得电，并开始延时，当延时时间到 →
→ KT延时断开触头延时断开 → KM_3线圈失电 → 中速停止运行
→ KT延时断开触头延时闭合 → KM_4、KM_5线圈得电并自锁 → 电动机作双Y连接，高速运行
→ KA线圈失电

③停止：

按SB → KM_4线圈失电 → KM_4自锁触头断开
→ KM_4主触头断开 → 电动机停止运行
→ KM_5线圈失电 → KM_5主触头断开

【拓展知识：电气线路设计方法】

一、电气控制线路的基本要求

(1)满足生产工艺提出的各种要求。

(2)线路简单、布局合理、正确选择电气元件。

(3)设置各种电路保护装置。

(4)具有长期稳定、可靠的工作性能。

二、电气线路设计步骤

针对一个已经明确提出要求的机电生产设备系统，配合各种功能要求完成相应的电气线路的设计是一项非常重要的设计内容。

1. 设计的主要内容和具体步骤

(1)拟定设计任务书。依据设计题目要求的机械设备的规格、用途、工艺过程、技术性能参数、工作条件、电源种类、电压容量等进行任务书的具体书写。根据设计系统的原理框图，拟订出各部分的主要技术要求和主要技术参数。

(2)选择传动形式。对于要求实现的各种机器动作操作，来选择单电机驱动还是多台电机驱动。调速方式是机械调速还是电气调速，是有级调速还是无级调速。

(3)分析负载特性。负载是恒功率还是恒转矩性负载。

(4)确定启动、制动、正反向运行方式。

2. 确定电机容量

电机容量对于一个机电系统的拖动而言是非常重要的，设计过程首先就是要确定能驱动工作机构完成任务的电机容量大小。要避免电机功率选得不合适，造成“小马拉大车”，使电机不能带动工作机构正常运行；或者“大马拉小车”，造成电机资源和能量的浪费。

电机容量确定的方法主要有分析计算法、统计分析法、类比法等。

(1)分析计算法　根据生产机械对功率的需求和传动系统的传动效率进行计算。

$$p = P_1 / \eta_1 \eta_2$$

式中：η_1 为生产机械效率；η_2 为电机到生产机械之间传动系统的效率。

一般情况下，往复运动的生产设备 $\eta_{总}=0.6\sim0.7$；回转运动的生产设备 $\eta_{总}=0.7\sim0.85$。

采用计算法进行功率计算时可以通过负载转矩的折算与电机转矩相匹配的方式以及根据转矩大小的情况，建立电机负载转矩方程。当机械传动系统参数确定后，电机的功率确定还是比较方便的。但是，实际选择电动机的时候还要考虑发热、工作制等因素，计算中会做相应的假设，因此难以获得很精确的电机功率计算结果。

(2)调查统计法　调查统计法是对国内外同类机械相应的电动机进行统计分析，根据已有各种设备生产实际情况，找出电动机容量与机器主要参数之间的关系，并用数学式加以表达作为机器设计的主要依据。主要在一些典型的机床设备中经过大量的统计得出电机功率和主要参数之间的关系。统计法简单，但是不能很细致全面地反映工况信息和技术特点，可以作为初选电动机功率使用。

(3)类比法　对经过长期运行考验的同类生产机械的电动机容量研究对比，从而确定新设计生产机械所需电动机的容量。

对于印刷机械而言，缺乏有关机械运动学和机构动力学的深入研究和探讨，对运动节点摩擦、磨损不能精确计算，因此，难以采用计算法确定电动机的功率大小。目前，印刷机电动机功率的选择一般采用类比法。印刷机在刚制造完成出厂时功率消耗最大，一般经过一段时间的磨合和使用后，机器功率消耗逐渐变小了。一般在新机器使用一年后，功率约减小 1/3。

3. 电机转速与结构的选择

根据机电设备对速度的要求确定电动机的速度。可以选择高速电机通过机械减速装置减速获得需要的工作速度，也可以通过选择低速电机直接获得比较低的工作速度。在结构上可以根据使用场合选择全封闭、半封闭等各种形式。依据安装位置要求选择不同安装类型的电机。

4. 控制方案的选择

控制方案主要包括继电接触器控制、可编程序控制器控制、数字程序控制、计算机控制等。

5. 设计电气控制原理图

根据各部分的要求，绘制主电路、控制电路、电源电路等具体电路。对于每一部分设计按主电路、控制电路、辅助电路、连锁与保护、总体检查，反复修改与完善的步骤进行。最后绘制出总原理图，按系统框图结构将各部分联成一个整体。

6. 选择元器件并制订元器件明细表

正确选用原理线路中每一个电气元件，并制订元器件目录明细清单。尽量减少电气元件的品种、规格与数量。在电气元件选用中，尽可能选用性能优良、价格便宜的新型器件，同一用途尽可能选用相同型号。

7. 其他设计

设计操作台和电器柜；设计布置总图、电器安装图、电器接线图；编写电器说明书和使用操作说明书。

三、电气线路设计方法

电气原理图的设计方法主要有经验设计法和逻辑设计法等方法。

1. 经验设计法

电气控制设计中应重视设计、使用和维护人员在长期实践中总结出来的一些经验，以便使设计线路简单、正确、安全、可靠、结构合理、使用维护方便。

经验设计法是根据生产工艺要求，凭借设计人员的实际经验，根据当前已有的各种电气控制线路的基本环节和已有电气控制线路经验为基础进行综合成为所需要控制线路的设计方法。根据要求选择适当的基本控制环节，按各部分的连锁要求组合起来加以补充、修改和完善，综合成满足控制要求的完整线路。如果可以找到类似的典型环节的电路尽量选用，因为实际应用的线路基本是成熟的线路。如果没有现成的典型环节时，可根据控制要求分析设计设备需要的线路。这种设计方法简单，容易为初学者所掌握，在电气设计中被普遍采用。缺点是对于比较复杂的线路，需要设计者有丰富的设计和实践经验。另外，参考的线路不能与自己设计的方案完全匹配，不一定能获得最佳设计方案，如果经验不足或考虑不周就会对线路工作的可靠性产生一定影响。

2. 逻辑设计法

逻辑设计法是利用逻辑代数来进行电路设计，用真值表与逻辑代数式相结合对控制线路进行综合分析。根据生产机械的拖动要求及工艺要求，将执行元件需要的信号以及主令电器的接通与断开状态转化成逻辑变量，并根据控制要求将它们之间的关系用逻辑函数关系式来表达，然后再运用逻辑函数基本公式和运算规律进行简化，使之成为需要的与或关系式，根据最简式画出相应的电路结构图，最后再作进一步的检查和完善，获得需要的控制线路。由于逻辑代数式可以通过有关计算法则进行运算和化简，因此采用逻辑设计法能获得理想、经济的方案，所用元件数量少。

对于一些比较简单的控制线路采用分析设计法十分有效，但对于一些比较复杂的控制线路则多用逻辑设计法。

四、电气线路设计思路和原则

(1)彻底分析好生产机械的工艺要求、动作特点、执行机构的工作方式以及需要的各种保护。

(2)分别画出各局部功能实现的控制电路，并考虑自锁、互锁要求。

(3)根据生产机械运行和停止条件合理安排相应继电器、接触器触点的串并联关系。

(4)当电器触点不足时，可以增加中间继电器以便扩大触点数目。

(5)初步设计后检查线路并去掉多余的触点和线路，使设计的线路尽可能的简化。

五、控制线路设计过程需要注意的问题

(1)应该避免许多电器依次动作才能接通另一电器的现象。

(2)设计电路应该正确合理安排电器的线圈连接方式。电压线圈通常不能串联使用，即使是使用两个同型号电压线圈也不能采用串联施加额定电压之和的电压值，因为电器动作总有先后之差，可能由于动作过程中阻抗变化造成电压分配不均匀，使其中的继电器或者接触器线圈和衔铁不能可靠工作，甚至烧毁线圈。对于电感较大的电器线圈，例如电磁阀、电磁铁或直流电机励磁线圈等则不宜与相同电压等级的接触器或中间继电器 直接并联工作，否则在接通或断开电源时会由于电感较大，存储的磁能经过接触器或中间继电器线圈放电，使继电器衔铁

重新动作，使触点发生误动作。

(3)合理选择触点数量和导线长度。满足功能要求的情况下尽量减少触点的数量，触点数量越多，电路工作的可靠性越低。并要尽量减少连接导线的数量与长度。

(4)减少通电电器的数量。正常工作过程中，尽可能减少通电电器的数量，以利节能、延长电器元件寿命和减少故障。

(5)合理使用继电器、接触器的触点数量。

①主副触点使用量不能超过限定对数，因为各类接触器、继电器的主副触点数量是一定的。设计时应注意尽可能减少触点使用数量。可以采用逻辑设计化简方法，改变触点的组合方式，以减少触点使用数量，或增加中间继电器来解决。

②检查触点容量是否满足控制要求，避免因使用不当出现的触点烧坏、熔焊等故障。要合理安排接触器主副触点的位置，避免用小容量继电器去切断大容量负载。总之，要计算触点断流容量是否满足被控制负载的要求，还要考虑负载性质(阻性、容性、感性等)，以保证触点工作寿命和可靠性。

(6)充分考虑自锁、互锁等连锁和制约关系。

(7)考虑有关操作、故障检查、检测仪表、信号指示、报警及照明等要求。

(8)原理图和展开图简洁明了、无迂回回路，注意避免出现寄生回路。在控制电路动作过程中，如果出现不是由于误操作而产生的意外接通的电路，称为寄生回路。

(9)为了保护设备，必须要考虑保护回路。设备发生故障时保护装置应能自动断开故障设备。

(10)应该尽量减少控制线路中电源的种类。控制电源电压等级应符合标准等级。在控制线路比较简单的情况下，可直接采用电网电压，即交流 220 V、380 V 供电，这样可以省去控制变压器。当控制系统使用电器数量比较多时，应采用控制变压器降低控制电压，或用直流低电压控制。这样不但可以节省安装空间，又便于检修，操作也安全。

【练习题】

1. 设计一个控制电路，要求第 1 台电动机启动 5 s 后第 2 台自行启动，第 2 台运行 5 s 后第 1 台停止，同时第 3 台启动运转，第 3 台运转 5 s 后电动机全部停止。

提示：(1)控制电路设计。

(2)元件选择和检查。

(3)电路装接。

(4)电路检查。

(5)通电试车。

2. 画出笼型异步电动机的能耗制动控制电路，要求如下。

(1)用按钮 SB_2 和 SB_1 控制电动机 M 的启停。

(2)按下停止按钮 SB_1 时，应使接触器 KM_1 断电释放，接触器 KM_2 通电运行，进行能耗制动。

(3)制动一段时间后，应使接触器 KM_2 自动断电释放，试用通电延时型和断电延时型继电器各画出一种控制电路。

3. 用按钮、继电器、灯泡等设计一个三位抢答器控制电路。

提示:(1)控制电路设计。
(2)元件选择和检查。
(3)电路装接。
(4)电路检查。
(5)通电试车。

第六章　可编程控制器控制电路程序编写

【教学目标】

1. 完成一般 PLC 控制电路的程序编写任务。

2. 能够进行典型电路控制的分析，使用 PLC 编程软件，进行编程；根据编制的程序，完成线路的接线。

3. 熟悉 PLC 的结构、工作原理和软元件；掌握基本的编程指令；熟悉 PLC 步进顺控指令及其应用。

【典型生产任务、作业流程及技能实训】

一、典型任务及作业流程

任务一　PLC 控制的电动机正反转能耗制动

设计一个三相电动机正反转能耗制动的控制系统，并在实训室完成模拟调试。其控制要求为：按 SB_1，KM_1 合，电动机正转；按 SB_2，KM_2 合，电动机反转；按 SB，KM_1 或 KM_2 断开，KM_3 合，能耗制动（制动时间为 2 s）；要求有必要的电气互锁，不需按钮互锁；FR 动作，KM_1 或 KM_2 或 KM_3 释放，电动机自由停车。

任务一实施流程

1. 实训器材

①可编程控制器实训装置 1 台。

②PLC 主机模块 1 个。

③交流接触器模块 1 个。

④交流接触器、热继电器模块 1 个。

⑤开关、按钮板模块 1 个（可用常开按钮来代替热继电器的常开触头，下同）。

⑥电动机 1 台。

⑦手持式编程器 1 个。

⑧电工常用工具 1 套。

⑨导线若干。

2. 完成任务步骤

(1)I/O 分配：根据控制要求，其 I/O 分配为 X000：停止按钮，X001：正转启动按钮，X002：反转启动按钮，X003：热继电器常开触点，Y000：正转接触器，Y001：反转接触器，Y002：制动接触器。

(2)梯形图方案设计：根据控制要求，可以用 3 个启保停电路来实现，然后分别列出 3 个启保停电路的启动条件和停止条件即可，其梯形图如图 6-1 所示。

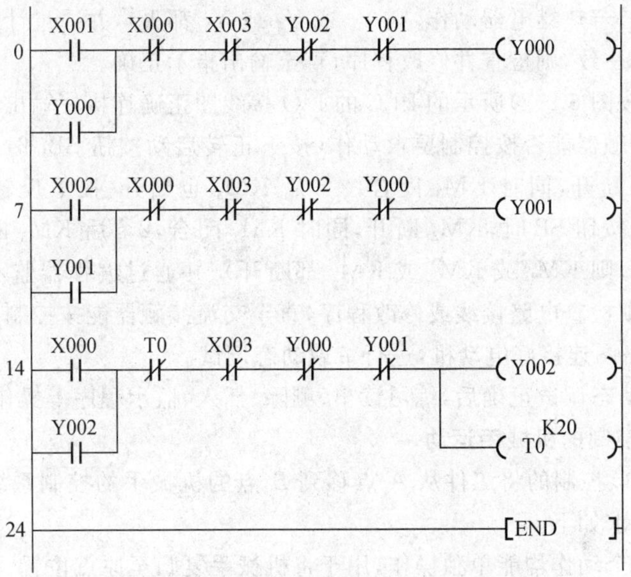

图 6-1　电动机正反转能耗制动的梯形图

(3)系统接线图：根据系统控制要求，其系统接线图如图 6-2 所示。

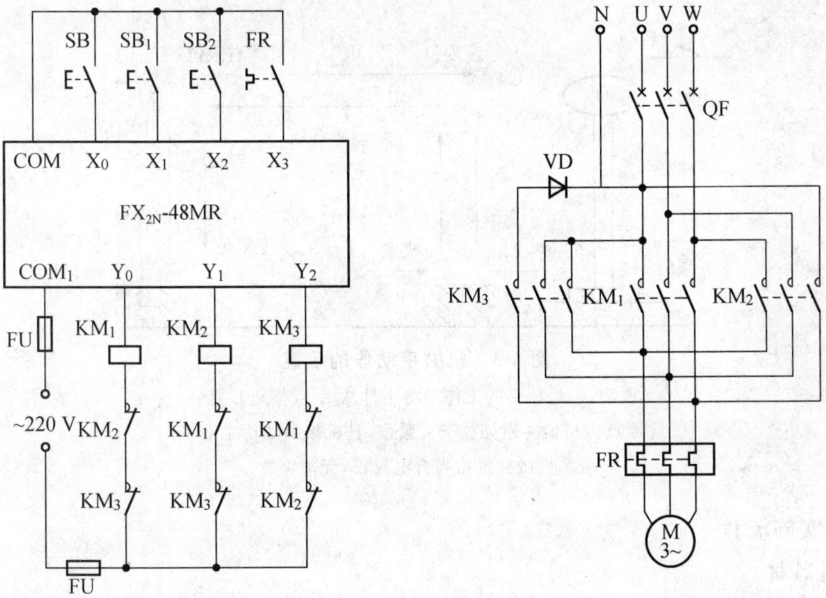

(a) PLC的I/O接线图　　(b) 主电路接线图

图 6-2　电动机正反转能耗制动系统接线图

(4)系统调试：

①输入程序。按前面介绍的程序输入方法，用计算机或手持式编程器正确输入程序。

②静态调试。按图 6-2(a)所示的 PLC 的 I/O 接线图正确连接好输入设备，进行 PLC 的

模拟静态调试(按下正转启动按钮 SB_1 时,Y_0 亮,按下停止按钮 SB 时,Y_0 灭,同时 Y_2 亮,2 s 后 Y_2 灭;按下反转启动按钮 SB_2 时,Y_1 亮,按下停止按钮 SB 时,Y_1 灭,同时 Y_2 亮,2 s 后 Y_2 灭;系统正在工作时,若热继电器动作,则 Y_0 或 Y_1 或 Y_2 都灭),并通过计算机监视,观察其是否与指示一致,若不一致,则检查并修改程序,直至输出指示正确。

③动态调试。按图 6-2(a)所示的 PLC 的 I/O 接线图正确连接好输出设备,进行系统的空载调试,观察交流接触器能否按控制要求动作(按下正转启动按钮 SB_1 时,KM_1 闭合,按下停止按钮 SB 时,KM_1 断开,同时 KM_3 闭合,2 s 后 KM_3 也断开;按下反转启动按钮 SB_2 时,KM_2 闭合,按下停止按钮 SB 时,KM_2 断开,同时 KM_3 闭合,2 s 后 KM_3 断开;系统正在工作时,若热继电器动作,则 KM_1 或 KM_2 或 KM_3 都断开),并通过编程器监示,观察其是否与动作一致,若不一致,则检查电路接线或修改程序,直至交流接触器能按控制要求动作;然后按图 6-2(b)所示的主电路图连接好电动机,进行带载动态调试。

④修改程序。动态调试正确后,练习读出、删除、插入、监示程序等操作。

任务二　PLC 控制的机械手运动

设计一个用 PLC 控制的将工件从 *A* 点移到 *B* 点的机械手的控制系统,并在实训室完成模拟调试,其控制要求如下。

手动操作时,每个动作均能单独操作,用于将机械手复归至原点位置;连续运行时,在原点位置按启动按钮,机械手按图 6-3 所示连续工作一个周期。一个周期的工作过程如下:原点→放松(*T*)→下降→夹紧(*T*)→上升→右移→下降→放松(*T*)→上升→左移(同时夹紧)到原点,时间 *T* 由教师现场规定。

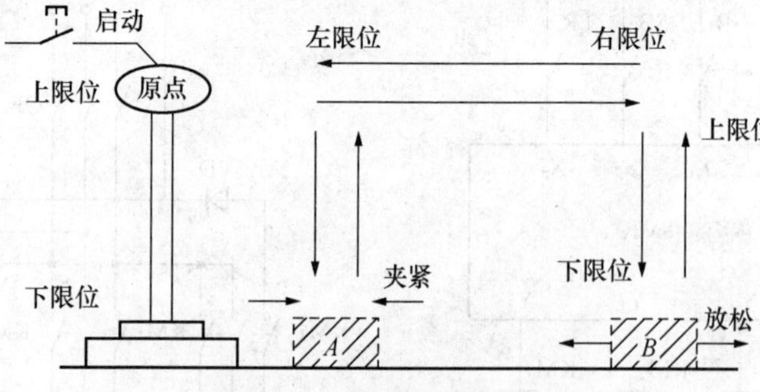

图 6-3　机械手动作的示意

说明:①机械手的工作是将工件从 *A* 点移到 *B* 点;
②原点位机械夹钳处位于夹紧位,且机械手处于左上角;
③机械夹紧钳为有电放松,无电夹紧

任务二实施流程

1. 实训器材

①可编程控制器实训装置 1 台。

②PLC 主机模块 1 个。

③机械手模拟显示模块 1 个。

④开关、按钮板模块 1 个。

⑤手持式编程器 1 个(或安装了编程软件的计算机 1 台,下同)。

⑥电工常用工具 1 套。

⑦导线若干。

2. 完成任务步骤

(1)I/O分配　根据控制要求，其I/O分配为X0：自动/手动转换，X1：停止，X2：自动位启动，X3：上限 位，X4：下限位，X5：左限位，X6：右限位，X7：手动向上，X10：手动向下，X11：手动左移，X12：手动向右，X13：手动夹紧/放松，Y0：夹紧/放松，Y1：上升，Y2：下降，Y3：左移，Y4：右移，Y5：原点指示。

(2)程序设计　根据机械手的动作示意图，可以画出其动作流程图，然后再将流程图"翻译"成单流程的状态转移图即可，至于手动操作程序可以加到初始状态SO的后面，而SO用M8000来驱动，其系统状态转移图如图6-4所示。

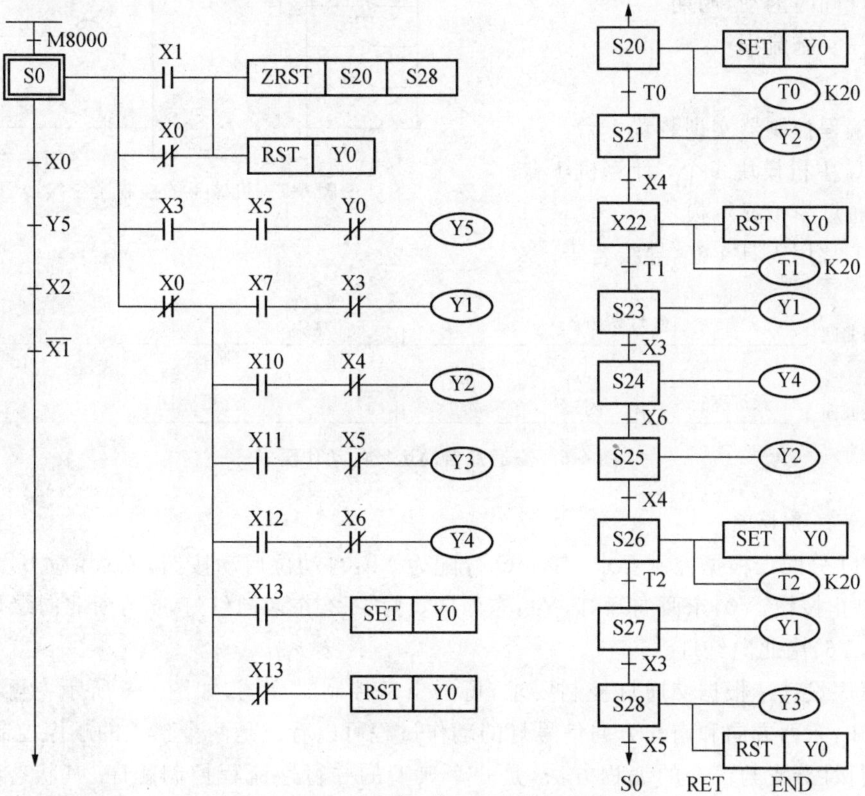

图6-4　机械手的状态转移图

(3)系统接线图　根据系统控制要求，其系统接线图如图6-5所示（PLC的输出负载都用指示灯代替）。

(4)系统调试

①输入程序。按图6-4所示的梯形图正确输入程序。

②静态调试。按图6-5所示的系统接线图正确连接好输入设备，进行PLC的模拟静态调试，观察PLC的输出指示灯是否按要求指示，若不按要求指示，则检查并修改程序，直至指示正确。

③动态调试。按图6-5所示的系统接线图正确连接好输出设备，进行系统的动态调试。先调试手动程序，后调试自动程序，观察机械手能否按控制要求动作，若不按控制要求动作，则

检查线路或修改程序，直至机械手按控制要求动作。

任务三　PLC控制的十字路口交通灯控制系统

设计一个用PLC控制的十字路口交通灯的控制系统，其控制要求如下：自动运行时，按一下启动按钮，信号灯系统按图6-6所示要求开始工作（绿灯闪烁的周期为1s)；按一下停止按钮，所有信号灯都熄灭；手动运行时，两方向的黄灯同时闪动，周期是1 s。

任务三实施流程

1. 实训器材

①可编程控制器实训装置1台。

②PLC主机模块1个，计算机1台。

③交通灯模拟显示模块1个。

④电工常用工具1套，导线若干。

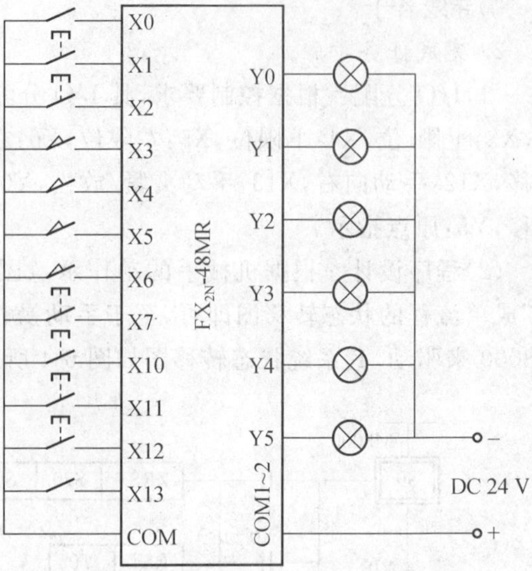

图6-5　机械手的控制系统接线图

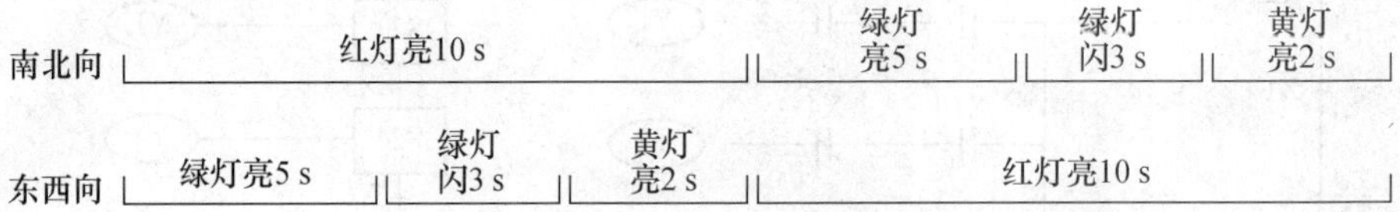

图6-6　交通灯自动运行的动作要求

2. 完成任务步骤

(1)I/O分配　根据控制要求，其I/O分配为X0：自动位启动按钮，X1：手动开关（带自锁型），X2：停止按钮，Y0：东西向绿灯，Y1：东西向黄灯，Y2：东西向红灯，Y4：南北向绿灯，Y5：南北向黄灯，Y6：南北向红灯。

(2)程序设计　根据交通灯控制要求，可画出其控制时序图，如图6-7所示。再根据控制时序图可知，东西方向和南北方向信号灯的动作过程可以看成是两个独立的顺序控制过程，可以采用并行性分支与汇合的编程方法，是一个典型的并行性流程控制程序，其状态转移图如图6-8所示。

(3)系统接线图　根据系统控制要求，其系统接线图如图6-9所示。

(4)系统调试

①输入程序。按图6-8所示状态转移图正确输入程序。

②静态调试。按图6-9所示的系统接线图正确连接好输入设备，进行PLC的模拟静态调试，观察PLC的输出指示灯是否按要求指示，若不按要求指示，则检查并修改程序，直至指示正确。

③动态调试。按图6-9所示的系统接线图正确连接好输出设备，进行系统的动态调试，观察交通灯能否按控制要求动作，若不按控制要求动作，则检查线路或修改程序，直至交通灯按控制要求动作。

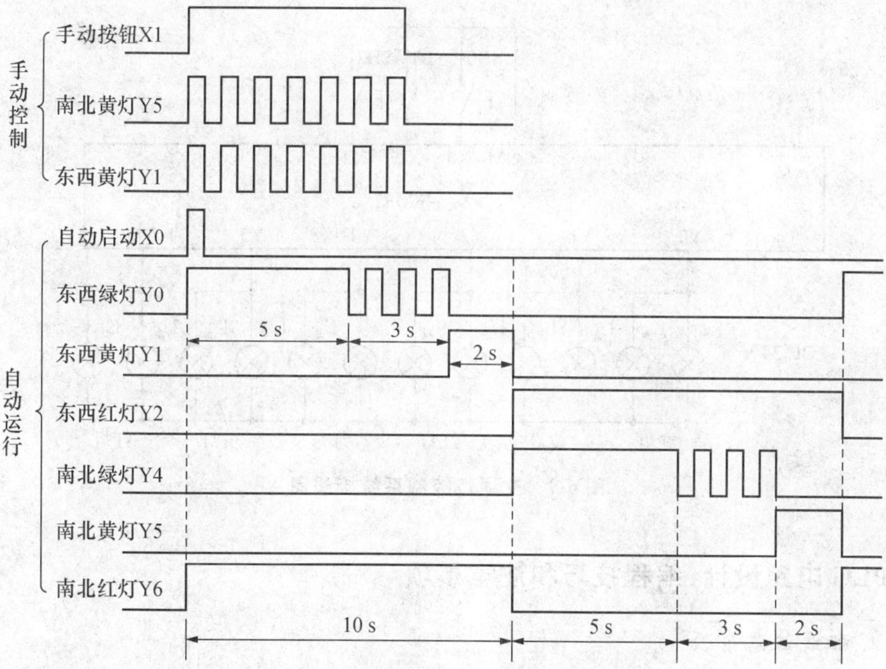

图 6-7 交通灯控制的时序图

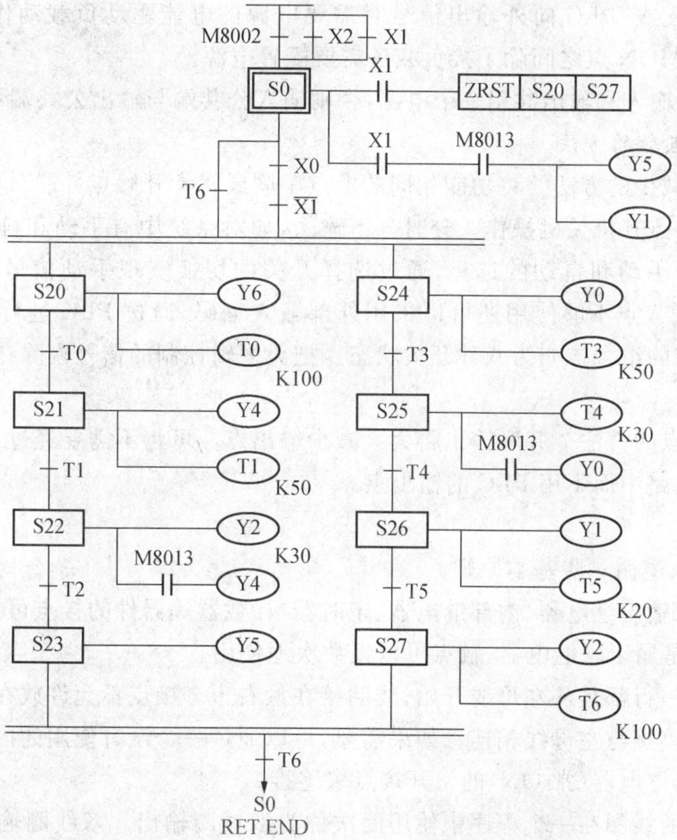

图 6-8 交通灯控制的状态转移图

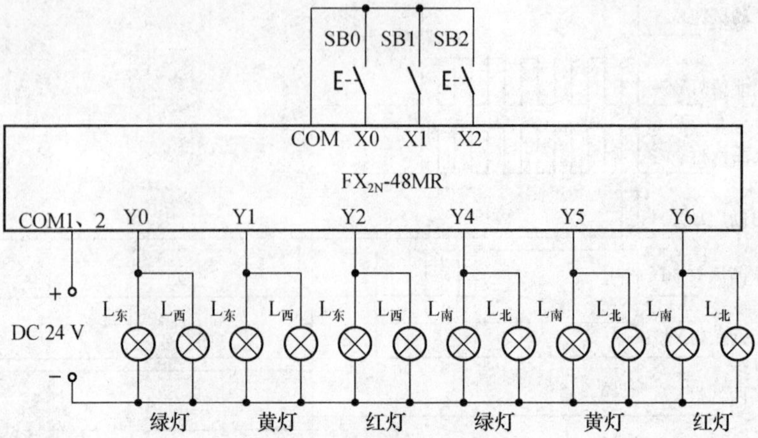

图 6-9 交通灯控制系统接线图

二、PLC 电路设计、编程技巧和注意事项

1. PLC 配线注意事项

(1)输入部分配线:PLC 提供给输入信号电源,因此开关量输入时,只需要一端接到相应地址的输入端子上,另外一端接在公共端子(COMMON)上。

(2)输出部分配线:PLC 向外输出信号时需要电源的电能驱动负载动作。因此,在 PLC 输出接点和 COMMON 点之间除了接负载还需要配置电源。

(3)除非 PLC 输入和输出共用一个电源,否则输入公共端与输出公共端不能直接相连。

2. 减少 I/O 点数的方法

(1)输入接点减少的方法　将功能相同的触点串联或将常开触点并联,这样就只占用一个输入点。适用于多点开机关机操作。分时分组输入,如对系统中有手动和自动的操作就可以通过选择开关进行手动和自动的选择,通过选择开关的切换实现手动信号或是自动信号向 PLC 的输入。当输入点不够使用还可以采用外部输入编码,通过 PLC 进行译码的方式将三种输入点不同状态的组合扩充为八种开关状态。把无逻辑控制的信号剔除在 PLC 之外,直接对电路进行操作。

(2)节约输出点的方法　并联输出将大大减少输出点。可将不需要经过 PLC 控制的设备直接连接在逻辑电路中而不用 PLC 的输出点。

3. 编程技巧

PLC 编程应该遵循一些基本原则。

(1)外部输入、输出继电器、内部继电器、定时器、计数器等器件的接点可多次重复使用,因为 PLC 的继电器是属于软继电器,触点可以无数次地使用。

(2)梯形图每一行都是从左母线开始,线圈接在最右边。接点不允许放在线圈的右边。

(3)线圈不能直接与左母线相连。如果需要,可以通过一个没有使用的内部继电器的常闭接点或者特殊内部继电器(常 ON)的常开接点来连接。

(4)同一编号的线圈在一个程序中使用两次称为双线圈输出。双线圈输出容易引起误操作,这时前面的输出无效,只有最后的输出才有效。但该输出线圈对应触点的动作,要根据该逻辑运算之前的输出状态来判断。应尽量避免线圈重复使用。

(5)梯形图程序必须符合顺序执行的原则，即从左到右，从上到下地执行，如不符合顺序执行的电路不能直接编程。

(6)在梯形图中串联接点、并联接点的使用次数没有限制，可无限次地使用。

(7)两个或两个以上的线圈可以并联输出。

4. 梯形图语言中的语法规定

梯形图语言编程时有一些具体的语法规定，编程过程中应遵循这些语法规定，才能保证所编程序的正确运行。

(1)程序应按自上而下，从左至右的顺序编写。

(2)同一操作数的输出线圈在一个程序中不能使用两次，不同操作数的输出线圈可以并行输出。

(3)线圈不能直接与左母线相连。如果需要，可以通过特殊内部标志位存储器来连接。

(4)适当安排编程顺序，以减少程序的步数。

①串联多的支路应尽量放在上部。

②并联多的支路应靠近左母线。

③触点不能放在线圈的右边。

5. 提高 PLC 系统运行可靠性的方法

PLC 具有很强的抗干扰能力，在实际使用中常常和生产机械安装在一起，如大型卷筒纸印刷机机组墙板外侧就安装 PLC。有些大型系统的 PLC 也是安装在离机器不远的电箱中。机器高速运行的振动和各种干扰存在于 PLC 的工作中。但是过于恶劣的环境和使用安装不当也会引起 PLC 控制系统的失效，甚至造成元器件的损坏。因此在实际使用中还需要注意工作环境要满足 PLC 的要求。PLC 允许的环境温度一般在 0～55℃。尽量避免把发热量大的元件放在 PLC 的下方。保证 PLC 四周要有足够的散热空间。让 PLC 远离热源，避免太阳直晒。如果控制箱内温度比较高还可以在控制箱内放置风扇进行强迫通风。注意 PLC 工作环境的湿度，应该将湿度控制在 85％以下。避免淋雨和结露。远离强烈振动和冲击的场所，必要时可以采取一定的减震抗震措施。

为避免 PLC 受到干扰，最好采用双绞线连接。需要外接直流电源时最好用稳压电源，以保证信号的稳定可靠。I/O 线、控制线、动力线应该分开走线，不要安排在一个线槽中。交流线、直流线最好分开走线。输入线和输出线最好分开走线。

最好在每个输出负载回路都安装熔断器，以使各子路能进行必要的短路保护。

【必备的理论知识】

第一节 初识可编程序控制器

早期的可编程控制器是为取代继电控制系统而设计的，用于开关量控制，进行逻辑运算，故称之为可编程逻辑控制器(programable logical controller，PLC)。20 世纪 70 年代后期，可编程逻辑控制器从开关量控制发展到计算机数字控制领域，更多地具有了计算机的功能。因此，国际电工委员会(IEC)将可编程逻辑控制器称为可编程控制器(programable controller, PC)，后来为了避免与个人计算机(personal computer, PC)混淆，现在一般仍将可编程序控制器简称PLC。

一、定义

严格地讲，至今对PLC没有最终的定义。

国际电工委员会(IEC)1985年在可编程序控制器标准草案(第二稿)中作了如下的定义："可编程序控制器是一种数字运算的电子系统，专为在工业环境条件下应用而设计。它采用可编程序的存储器，用来在内部存储执行逻辑运算、顺序控制、定时、计数和算术运算等操作的指令，并通过数字式、模拟式的输入输出，控制各种类型的机械或生产过程。可编程序控制器及其有关设备都应按易于使工业控制系统形成一个整体、易于扩充其功能的原则设计。"

美国电气制造协会(NEMA)1987年作的定义如下："它是一种带有指令存储器、数字或模拟I/O接口，以位运算为主，能完成逻辑、顺序、定时、计数和算术运算功能，用于控制机器或生产过程的自动控制装置。"

二、PLC特点

(一)可靠性高、抗干扰能力强

据有关资料称："到目前为止没有任何一种工业控制设备可达到PLC的可靠性。"

控制系统在使用时发生故障，绝大多数是由PLC外的开关、传感器、执行器引起的，而不是PLC本身。若是PLC，多数是使用、设计不当引起的。

针对以上故障原因，PLC在硬、软件两方面采取了相应的解决方法，使其可靠性大为提高，PLC本身发生故障的概率极小。

1. 硬件

(1)常规手段　选用优质元器件，设计合理的系统结构，实施加固使其易于抗冲击，印制板的设计加工和焊接工艺严格规范。

(2)隔离　电干扰。

(3)滤波　对供电系统及输入回路采用模拟量滤波(如LC、Π型滤波网络)，再加上数字滤波，以消除或抑制高频干扰。

(4)屏蔽　采用导电、导磁性能良好的材料进行屏蔽，以防电磁波辐射的干扰。

(5)增强电源的适应性　PLC的供电系统(内部为DC)采用开关电源，并用集成电压调整器进行调整，使之适应电网电压较宽范围的波动。

(6)采用模块式结构　一旦某模块有故障，能迅速更换，使系统停用时间减到最低程度。

2. 软件

(1)设置警戒时钟WDT(看门狗)　PLC在正常的运行程序中对WDT定时复位，若超过了WDT规定的时间，WDT会发出报警信号，并强制系统CPU复位，使之走入正常的运行程序。

(2)系统软件对用户软件自动进行检查　能对用户程序进行查错、报错，使用户程序无语法、结构性错误，错误的程序或参数得不到运行。

(3)掉电保护　对 RAM 区用后备电池或蓄能电容,掉电时使 RAM 继续有电,保证用户程序运行的状态信息和中间数据不会丢失。

(4)自检　系统程序中有对 CPU 及外围器件自动检测的功能,一旦出错,立即报警。

(二)程序可变、具有柔性

生产工艺或设备改变后,在原设计的 PLC 功能备用量够用的情况下,可不变 PLC 的硬件,只要改编控制程序即可。

这点就充分体现了 PLC 具有继电器控制系统所不具备和无可比拟的优点。故 PLC 除应用于单机控制外,还在柔性制造单元(FMC)、柔性制造系统(FMC)、工厂自动化(FA)中被大量采用。

(三)编程简单、使用方便

PLC 采用与继电器控制逻辑图非常接近的“梯形图”进行编程,这种编程方法既具备传统控制线路的易懂易编,清晰直观优点,又顾及了多数电气技术人员的读图习惯和微机应用水平,易于被大众接受,因此受到普遍欢迎,这种面向生产的编程方法与目前微机控制中常用的汇编语言或高级语言编程相比,其优点是显而易见的。

为进一步优化编程,PLC 还针对实际问题设计了诸如步进顺控指令、移位指令、鼓形控制器等功能性指令,减少编程工作量,加快了开发速度。

(四)功能完善

现代的 PLC 还具有数字量及模拟量的输入输出、逻辑和算术运算、定时、计数、顺序检测、功率驱动、联网通信、人机对话、自检、记录和显示等功能,使控制系统的水平大大提高,功能更加完善。

(五)组合灵活、扩充方便

PLC 除模块化外,还具有各种扩充单元,I/O 点数及各种 I/O 方式、I/O 量均可选择,可以方便地适应不同的控制对象。

(六)减少了工作量

由于 PLC 是采用软件编程来实现控制功能的,而继电器控制采用硬接线来实现。这就减少了设计、施工的工作量。同时,PLC 能事先进行模拟调试并且具有很强的监视功能,所以系统的调试、检修、维护的工作量得到大大地减少。

(七)体积小、重量轻、环境要求低

由于 PLC 是专为工控而设计的专用计算机,所以其结构紧密、坚固、体积小巧、功能齐全,能直接投运在恶劣的工作环境。一般 PLC 的功能若用继电器来实现,需用 3～4 个 1.8 m 高的大继电器控制柜。

(八)成本低、水平高

(1)由于 PLC 功能的强大(一台 PLC 相当于 3～4 个大控制柜),使得控制系统的直接费用大量降低。

(2)由于 PLC 具有易修改性、高可靠性、易扩展性、易维护性,大大降低了日常运行的检修、维修工作量,降低了今后改造的成本。

(3)由于 PLC 安装调试方便,开发、调试周期短,从而降低了设计、开发、安装、调试的工作量，故减少了工资费用。

由于 PLC 靠软件编程实现控制功能，硬件及其备件均具有通用性，也减少了采购的时间和费用。

(4)由于体积小、功能强，所以占地少、耗电小(仅为继电器柜的几十分之一)，每年节省的电费就可将投资收回。

(5)由于 PLC 实质上是一种专用工控计算机，实现了智能控制，从而使得控制水平上了新台阶，并且具有联网功能，很易构成综合控制系统。

三、常用术语

(1)点数(I/O Points)：指能够输入/输出开关量、模拟量的总个数。一般是 4 或 8 的倍数。

(2)扫描周期：是指 PLC 执行系统监控程序、用户程序、I/O 刷新一次所用的时间。它直接反映 PLC 的响应速度，因此是 PLC 的重要指标之一，其单位是 ms/kW(kb)。

(3)梯形图：梯形图是 PLC 用户编程时最常用的一种图形编程方法，是表示 I/O 点之间逻辑关系的一种图。它实质上是变相的继电器控制逻辑图，形式和规范非常相似，其目的是让工厂技术人员不必懂计算机，就可使用(设计、阅读)它。

第二节 PLC 的基本组成

PLC 系统通常由基本单元、扩展单元、扩展模块及特殊功能模块组成。基本单元(即主单元)是 PLC 控制的核心；扩展单元是扩展 I/O 点数的装置，内部有电源；扩展模块用于增加 I/O点数和改变 I/O 点数的比例，内部无电源，由基本单元或扩展单元供电，扩展单元和扩展模块均无 CPU，必须与基本单元一起使用；特殊功能模块是一些具有特殊用途的装置。

一、外部结构

本书所涉及的 FX 系列 PLC 包括了 FX_{1S}、FX_{1N}、FX_{2N} 和 FX_{3U} 4 种基本类型，这 4 种类型在外观、自构、性能上大同小异，所以，本书选用目前应用最广的 FX_{2N} 系列 PLC 作为实训用机进行学习。FX 系列 PLC 的外部特征基本相似，通常都有外部端子部分、指示部分及接口部分，其各部分的组成及功能如下。

1. 外部端子部分

外部端子包括 PLC 电源端子(L、N、⏚)、供外部传感器用的 DC 24 V 电源端子(+24、COM)、输入端子(X)和输出端子(Y)等，如图 6-10 所示。外部端子主要完成输入/输出(即 I/O)信号的连接，是 PLC 与外部设备(输入设备、输出设备)连接的桥梁。

输入端子与输入信号相连，PLC 的输入电路通过其输入端子可随时检测 PLC 的输入信息，即通过输入元件(如按钮、转换开关、行程开关、继电器的触点、传感器等)连接到对应的输入端子上，通过输入电路将信息送到 PLC 内部进行处理，一旦某个输入元件的状态发生变化，则对应输入点(软元件)的状态也随之变化，其连接示意如图 6-11(a)所示。

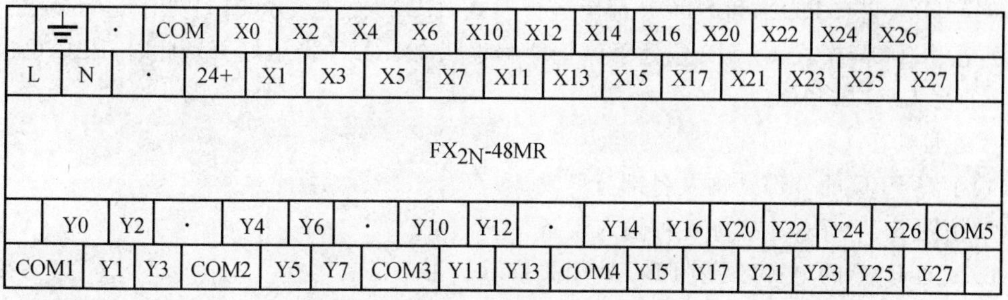

图 6-10　FX_{2N}-48MR 的端子分布

注:输出端子共分为 5 组,组间用黑实线分开,黑点为备用端子

输出电路就是 PLC 的负载驱动回路,通过输出点,将负载和负载电源连接成一个回路,这样,负载就由 PLC 的输出点来进行控制,其连接示意如图 6-11(b)所示。负载电源的规格应根据负载的需要和输出点的技术规格来选择。

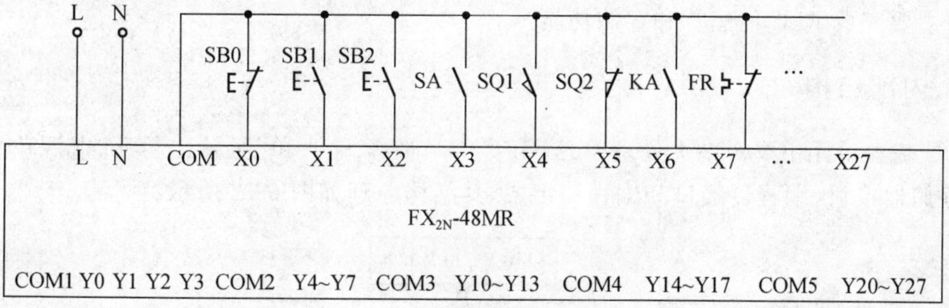

(a)输入信号连接示意图

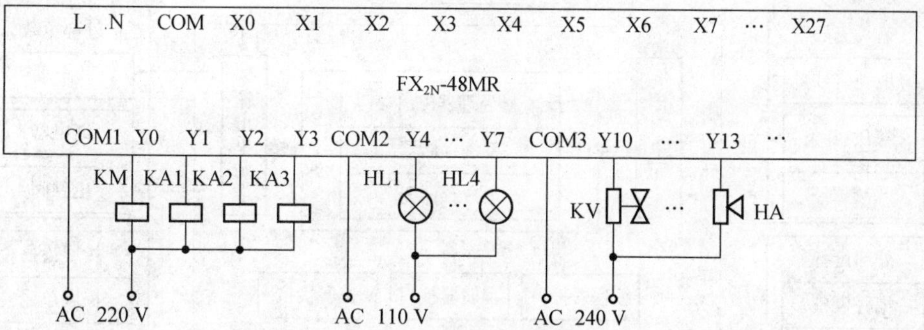

(b)输出信号连接示意图

图 6-11　输入输出信号连接示意

2. 指示部分

指示部分包括各 I/O 点的状态指示、PLC 电源(POWER)指示、PLC 运行(RUN)指示、用户程序存储器后备电池(BATT)状态指示及程序语法出错(PROGE)、CPU 出错(CPU. E)指示等,用于反映 I/O 点及 PLC 机器的状态。

3. 接口部分

接口部分主要包括编程器、扩展单元、扩展模块、特殊模块及存储卡盒等外部设备的接口,其作用是完成基本单元同上述外部设备的连接。在编程器接口旁边,还设置了一个 PLC 运行模式转换开关,它有 RUN 和 STOP 两个运行模式,RUN 模式表示 PLC 处于运行状态(RUN 指示灯亮),STOP 模式表示 PLC 处于停止即编程状态(RUN 指示灯灭),此时,PLC 可进行用户程序的写入、编辑和修改。

4. 通电观察

(1)了解 PLC 的外部结构及各部分的功能。

(2)按图 6-11 所示连接好各种输入设备。

(3)接通 PLC 的电源,观察 PLC 的相关指示是否正常。

(4)分别接通各个输入信号,观察 PLC 的输入指示灯是否发亮。

(5)将 PLC 的运行模式转换开关置于 RUN 状态,观察 PLC 的输出指示灯是否发亮。

二、内部硬件

PLC 基本单元内部主要有 3 块线路板,即电源板、输入输出接口板及 CPU 板。电源板主要为 PLC 各部件提供高质量的开关电源。输入输出接口板主要完成输入、输出信号的处理。CPU 板主要完成 PLC 的运算和存储功能。

三、内部结构

PLC 基本单元主要由中央处理单元(CPU)、存储器、输入单元、输出单元、电源单元、扩展接口、存储器接口、编程器接口和编程器组成,其结构原理如图 6-12 所示。

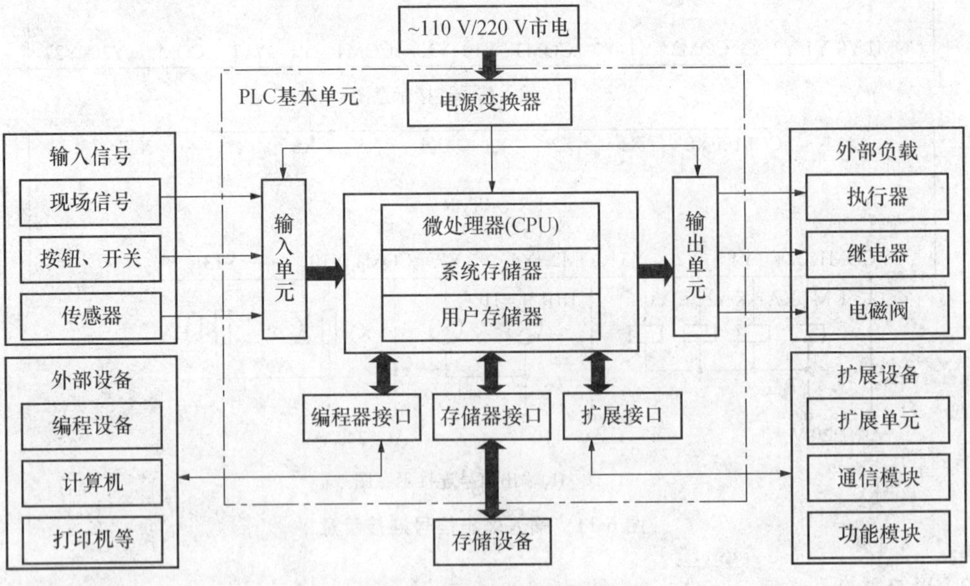

图 6-12 PLC 的结构原理

1. 中央处理单元

中央处理单元是整个 PLC 的运算和控制中心,在系统程序的控制下,通过运行用户程序完成各种控制、处理、通信以及其他功能,控制整个系统并协调系统内部各部分的工作。

2. 存储器

存储器用于存放程序和数据。PLC 配有系统存储器和用户存储器,前者用于存放系统的各种管理、监控程序,后者用于存放用户编制的程序。

3. I/O 单元

I/O 单元是 PLC 与外部设备连接的接口。CPU 所能处理的信号只能是标准电平,因此现场的输入信号,如按钮、行程开关、限位开关以及传感器输出的开关信号,需要通过输入单元的转换和处理才可以传送给 CPU。CPU 的输出信号,也只有通过输出单元的转换和处理,才能够驱动电磁阀、接触器、继电器等执行机构。

(1)输入电路 PLC 的输入电路基本相同,通常分为 3 种类型:直流输入方式、交流输入方式和交直流输入方式。外部输入元件可以是无源触点或有源传感器。输入电路包括光电隔离和 RC 滤波器,用于消除输入触点抖动和外部噪声干扰。图 6-13 所示为直流输入方式的电路,其中 LED 为相应输入端在面板上的指示灯,用于表示外部输入信号的 ON/OFF 状态(LED 亮表示 ON)。

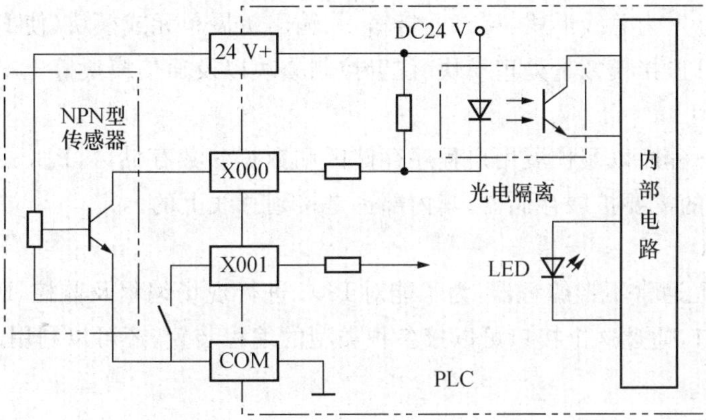

图 6-13 直流输入方式的电路

从图 6-13 可知,输入信号接于输入端子(如 X000、X001)和输入公共端 COM 之间,当有输入信号(即传感器接通或开关闭合)时,则输入信号通过光电耦合电路耦合到 PLC 内部电路,并使发光二极管(LED)亮,指示有输入信号。因此,输入电路由输入公共端 COM、输入信号、输入端子与等效输入线圈等组成。当输入信号 ON 时,等效输入线圈得电,对应的输入触点动作,但此等效输入线圈在梯形图中不能出现。

(2)输出电路 PLC 的输出电路有 3 种形式:继电器输出、晶体管输出和晶闸管输出,如图 6-14 所示。图 6-14(a)所示为继电器输出型,CPU 控制继电器线圈的通电和失电,其触点相应闭合和断开,再利用触点去控制外部负载电路的通断。显然,继电器输出型 PLC 是利用继电器线圈和触点之间的电气隔离将内部电路与外部电路进行隔离的。图 6-14 (b)所示为晶体管输出型,通过使晶体管截止和饱和导通来控制外部负载电路。晶体管输出型是在 PLC 的内部电路与输出晶体管之间用光电耦合器进行隔离的。图 6-14(c)所示为晶闸管输出型,通过使晶闸管导通和关断来控制外部电路。晶闸管输出型是在 PLC 的内部电路与输出元件(三端双向晶闸管开关元件)之间用光电晶闸管进行隔离的。

4. 电源单元

PLC 的供电电源一般是市电,有的也用 DC24 V 电源供电。PLC 对电源稳定性要求不高,一般允许电源电压在－15％～＋10％波动。PLC 内部含有一个稳压电源,用于对 CPU 和

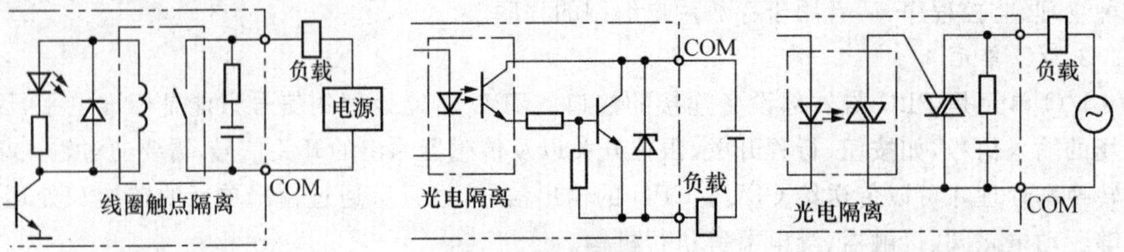

(a) 继电器输出型　　(b) 晶体管输出型　　(c) 晶闸管输出型

图 6-14　PLC 的输出电路图

I/O 单元供电。有些 PLC 还有 DC24 V 输出，用于对外部传感器供电，但输出电流往往只是毫安级。

5. 扩展接口

扩展接口实际上为总线形式，可以连接输入、输出扩展单元或模块（使 PLC 的点数规模配置更为灵活），也可连接模拟量处理模块、位置控制模块以及通信模块等。

6. 存储器接口

为了存储用户程序以及扩展用户程序存储区和数据参数存储区，PLC 还设有存储器扩展口，可以根据使用的需要扩展存储器，其内部也是接到总线上的。

7. 编程器接口

PLC 基本单元通常不带编程器，为了能对 PLC 进行现场编程及监控，PLC 基本单元专门设置有编程器接口，通过这个接口可以接各种类型的编程装置，还可以利用此接口做一些监控工作。

8. 编程器

目前，FX 系列 PLC 常用的编程工具有 3 种：一种是便携式（即手持式）编程器，一种是图形编程器，另一种是安装了编程软件的计算机。它们的作用都是通过编程语言，把用户程序送到 PLC 的用户程序存储器中去，即写入程序。除此之外，还能对程序进行读出、插入、删除、修改、检查，也能对 PLC 的运行状况进行监控。

四、软件

PLC 是一种工业计算机，不光要有硬件，软件也必不可少。PLC 的软件包括监控程序和用户程序两大部分。监控程序是由 PLC 厂家编制的，用于控制 PLC 本身的运行。监控程序包含系统管理程序、用户指令解释程序、标准程序模块和系统调用三大部分，其功能的强弱直接决定一台 PLC 的性能。用户程序是 PLC 的使用者通过 PLC 的编程语言来编制的，用于实现对具体生产过程的控制。因此，编程语言是我们学习 PLC 程序设计的前提。

目前，FX 系列 PLC 普遍采用的编程语言——梯形图（ladder diagram，LD）、指令表（instruction list，IL）以及 IEC 规定的用于顺序控制的标准化语言——顺序功能图（sequential function chart，SFC）。

1. 梯形图

梯形图（LD）是一种以图形符号及其在图中的相互关系来表示控制关系的编程语言，是从继电控制电路图演变过来的，是使用最多的 PLC 图形编程语言。梯形图由触点、线圈或功能指令等组成，触点代表逻辑输入条件，如外部的开关、按钮和内部条件等；线圈和功能指令通常代表逻辑输出结果，用来控制外部的负载(如指示灯、交流接触器、电磁阀等)或内部的中间结果。

图 6-15 所示为继电控制电路图与相应梯形图的比较示例。可以看出，梯形图与继电控制电路图很相似，都是用图形符号连接而成的，这些符号与继电控制电路图中的常开触点、常闭触点、并联连接、串联连接、继电器线圈等是对应的，每一个触点和线圈都对应一个软元件。梯形图具有形象、直观、易懂的特点，很容易被熟悉继电控制的电气人员所掌握。

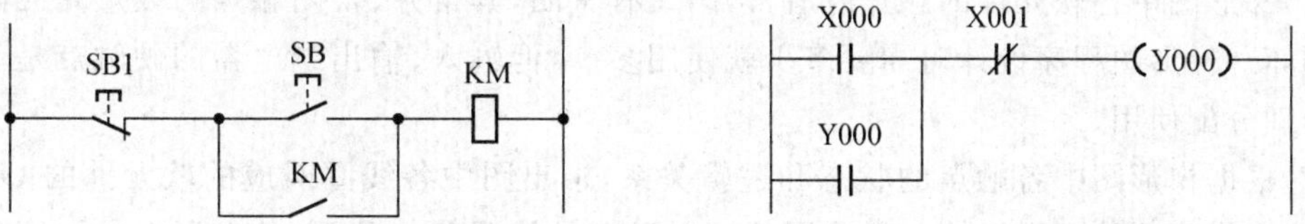

(a) 继电控制电路图　　(b) 梯形图

图 6-15　继电控制电路图与梯形图的比较示例

2. 指令表

指令表(IL)是由许多指令构成的，PLC 的指令是一种与微型计算机的汇编语言中的指令相似的助记符表达式，它由操作码和操作数两部分组成。操作码用助记符表示，它表明 CPU 要执行某种操作，是不可缺少的部分；操作数包括执行某种操作所需的信息，一般由常数和软元件组成，大多数指令只有 1 个操作数，但有的没有操作数，而有的有 2 个或更多。如 LDM8002 这条指令，其中 LD 为助记符(即操作码)，M8002 为软元件(即操作数)，其中的 M 为元件符号，8002 为元件 M 的编号；又如 MOVK0D0 这条指令，其中 MOV 为助记符，K0 为常数(第 1 操作数)，D0 为软元件(第 2 操作数)，D0 中的 D 为元件符号，0 为元件 D 的编号。

指令表程序较难阅读，其中的逻辑关系也很难一眼看出，所以在设计时一般使用梯形图。但如果使用手持式编程器输入程序，则必须将梯形图转换成指令表后再写入 PLC。在用户程序存储器中，指令按步序号顺序排列。

3. 顺序功能图

顺序功能图(SFC)是用来描述开关量控制系统的功能，是一种位于其他编程语言之上的图形语言，用于编制顺序控制程序。顺序功能图提供了一种组织程序的图形方法，根据它可以很容易地画出顺控梯形图。

4. 梯形图的特点

通过对图 6-15 的分析，我们可以总结出梯形图具有如下特点。

(1)梯形图两侧的竖线被称为母线(有的时候只画左母线)，两母线之间是内部继电器常开、常闭触点以及继电器线圈或功能指令组成的一条条平行的逻辑行(或称梯级)，每个逻辑行必须以触点与左母线连接开始，以线圈或功能指令与右母线连接结束。

(2)继电控制电路图中的左、右母线为电源线，中间各支路都加有电压，当支路接通时，有电流流过支路上的触点与线圈。而梯形图的左、右母线并未加电压，梯形图中的支路接通时，并没有真正的电流流过，只是为分析方便的一种假想“电流”。

(3)梯形图中使用的各种器件(即软元件)，是按照继电控制电路图中相应的名称称呼的，并不是真实的物理器件(即硬件继电器)。梯形图中的每个触点和线圈均与PLC存储区中元件映像寄存器的一个存储单元相对应。若该存储单元为“1”,则表示常开触点闭合(即常闭触点断开)和线圈通电;若为“0”,则相反。

(4)梯形图中输入继电器的状态唯一地取决于对应输入信号的通断状态,与程序的执行无关。因此,在梯形图中输入继电器不能被程序驱动,即不能出现输入继电器的线圈。

(5)梯形图中辅助继电器相当于继电控制电路图中的中间继电器,是用来保存运算的中间结果的,不能驱动外部负载,外部负载只能由输出继电器来驱动。

(6)梯形图中各软元件的触点既有常开,又有常闭,其常开、常闭触点的数量是无限的(也不会损坏),梯形图程序设计时需要多少就使用多少,但输入、输出继电器的硬触点是有限的,需要合理分配使用。

(7)根据梯形图中各触点的状态和逻辑关系,求出图中各线圈对应的软元件的ON/OFF状态,称为梯形图的逻辑运算。梯形图的逻辑运算是按照从上到下、从左至右的顺序进行的,运算的结果可以马上被后面的逻辑运算所利用。逻辑运算是根据元件映象寄存器中的状态,而不是根据运算瞬间外部输入信号的状态来进行的。

第三节 PLC的软元件

PLC内部有许多不同功能的元件,实际上这些元件是由电子电路和存储器组成的。为了把它们与通常的硬元件区分开,通常把这些元件称为软元件,是等效概念抽象模拟的元件,并非实际的物理元件。不同型号的PLC,其软元件的数量和种类都不一样,下面以FX_{2N}系列PLC为蓝本,详细地介绍软元件。

FX系列可编程控制器的软元件如表6-1和表6-2所示。

表6-1 FXoN的输入/输出继电器

序号	可编程控制器型号	输入继电器及其编号	输出继电器及其编号
1	FXoN-24MR FXoN-24MT FXoN-24MR-D	X000～X007 X010～X015	Y000,Y001,Y002 Y003～Y005 Y006～Y011
2	FXoN-40 MR FXoN-40 MT FXoN-40MR-D	X000～X007 X010～X017 X020～X027	Y000,Y001,Y002～Y003 Y004～Y007 Y010～Y013 Y014～Y017
3	FXoN-60 MR FXoN-60 MT FXoN-60MR-D	X000～X007 X0l0～X017 X020～X027 X030～X037 X040～X043	Y000,Y001 Y002～Y003,Y004 Y007 Y010～Y013,Y014～Y017 Y020～Y023,Y024 Y027

表 6-2 FXoN 的内部电器

序号	类型		编号	备注
1	辅助继电器	通用继电器	M0～M383	
		保持继电器	M384～M511	
		特殊继电器	M8000～M8254	
2	定时器	100 ms	T0～T62	
		10 ms	T32～T62	M8208 置 1 时。T32～T62 当 10 ms 定时器用
		1 ms	T63	
3	计数器	通用计数器	C0～C15	加计数器
		保持计数器	C16～C31	加计数器
		高速计数器	C235～C254	单相 5 kHz 4 点，双相 2 kHz 1 点，合计≤5 kHz 均可保持
4	状态继电器	初始化用	S0～S9	掉电保持，用 ZRST 批指令可复位
		正常控制用	S10～S127	掉电保持，用 ZRST 批指令可复位

一、输入继电器

输入继电器(X)是可编程控制器接收外部输入的开关量信号的窗口。可编程控制器通过光电耦合器，将外部信号的状态读入并存储在输入映像寄存器内，外部输入电路接通时对应的映像寄存器为 ON("1"状态)。输入端可以外接常开触点或常闭触点，也可以接多个触点组成的串并联电路。在梯形图中，可以多次使用输入继电器的常开触点和常闭触点。

图 6-16 是一个可编程控制器控制系统的示意图。应将图中与输入端子 XO 相连的输入继电器 X000 的线圈理解为 X0 对应的输入映像寄存器，外接的输入触点电路接通时，该映像寄存器为"1"状态，断开时为"0"状态。输入继电器的状态唯一地取决于外部输入信号的状态，不可能受用户程序的控制，因此在梯形图中绝对不能出现输入继电器的线圈。本书一般用括号表示梯形图中的线圈。

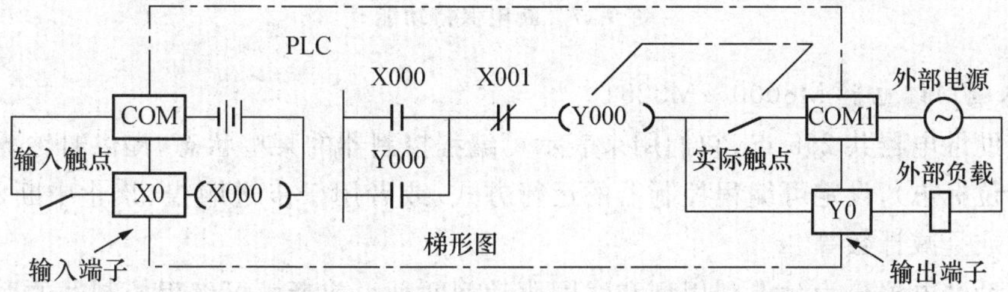

图 6-16 输入继电器与输出继电器

二、输出继电器

输出继电器(Y)是可编程控制器向外部负载发送信号的窗口。输出继电器用来将可编程控制器的输出信号传送给输出模块,再由后者驱动外部负载。如果图 6-16 中 Y000 的线圈“通电”,继电器型输出模块中对应的硬件继电器的触点闭合,使外部负载工作。输出模块中的每一个硬件继电器仅有一对常开触点,但是在梯形图中,每一个输出继电器的常开触点和常闭触点都可以多次使用。

三、辅助继电器

辅助继电器(M)是用软件实现的,它们不能接收外部的输入信号,也不能直接驱动外部负载,相当于继电器控制系统中的中间继电器。

1. 通用辅助继电器 M0～M383

FX 系列可编程控制器的通用辅助继电器的元件号为 M0～M383,共 384 点。在 FX 系列可编程控制器中,除了输入继电器和输出继电器的元件号采用八进制外,其他编程元件的元件号均采用十进制。

如果在可编程控制器运行时电源突然中断,输出继电器和 M0～M383 将全部变为 OFF。若电源再次接通,除了因外部输入信号而变为 ON 的以外,其余的仍将保持 OFF 状态。M0～M383 可用软件来设定为下面将要介绍的断电保持辅助继电器。

2. 断电保持辅助继电器 M384～M511

某些控制系统要求记忆电源中断瞬时的状态,重新通电后再现其状态,M384～M511 可以用于这种场合。在电源中断时用锂电池保持它们在映像寄存器中的内容,它们只是在可编程控制器重新通电后的第一个扫描周期变为 ON,见图 6-17(a)所示电路的波形图即图 6-17(b)。为了利用它们的断电记忆功能,可以采用图 6-17 (c)所示的电路。当电源中断又重新通电后,M384 的线圈将一直“通电”,直到 X001 的常闭触点断开,其自保持功能是用它的常开触点实现的。

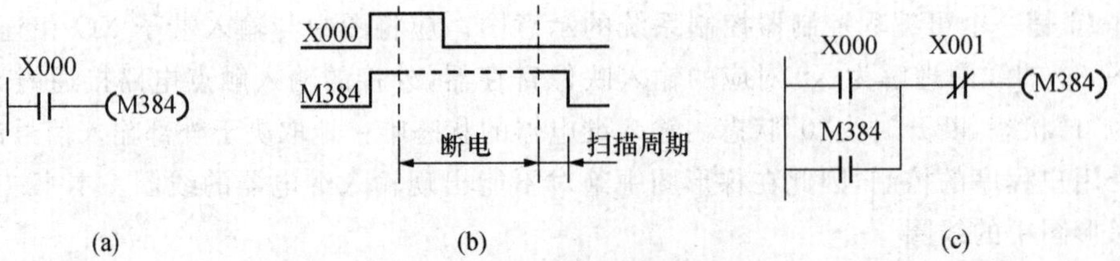

图 6-17 断电保持功能

3. 特殊辅助继电器 M8000～M8254

特殊辅助继电器共 255 点,它们用来表示可编程控制器的某些状态,提供时钟脉冲和标志(如进位、借位标志),设定可编程控制器的运行方式,或者用于步进顺控、禁止中断、设定计数器是加计数或是减计数等。

特殊辅助继电器分为触点利用型和线圈驱动型两种。前者由可编程控制器的系统程序来驱动其线圈,在用户程序中可直接使用其触点,下面是几个例子:

M8000(运行监视):当可编程控制器执行用户程序时,M8000 为 ON:停止执行时,M8000 为 OFF(图 6-18)。M8002(初始化脉冲):M8002 仅在 M8000 由 OFF 变为 ON 状态时的一个扫描周期内为 ON(图 6-18),可以用 M8002 的常开触点来使有断电保持功能的元件初始化复位和清零。

M8011～M8014 分别是 10 ms，100 ms，1 s 和 1 min的时钟脉冲。

M8005（锂电池电压降低）：电池电压下降至规定值时变为 ON，可以用它的触点驱动输出继电器和外部指示灯，提醒工作人员更换锂电池。

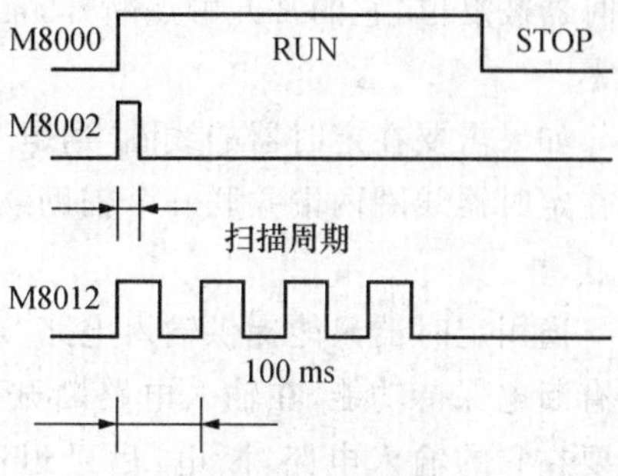

图 6-18　波形图

线圈驱动型由用户程序驱动其线圈，使可编程控制器执行特定的操作，例如 M8030 的线圈“通电”后，“电池电压降低”发光二极管熄灭；M8033 的线圈“通电”时，可编程控制器由 RUN 进入 STOP 状态后，映像寄存器与数据寄存器中的内容保持不变；M8034 的线圈“通电”时，禁止输出；M8039 的线圈“通电”时，可编程控制器以 D8039 中指定的扫描时间工作。

四、状态继电器

状态继电器（S）是用于编制顺序控制程序的一种编程元件，它与后面介绍的 STL 指令（步进梯形指令）一起使用。

初始化用的 S0～S9 和正常控制用的 S10～S127 都有断电保持功能。

某机械手先后有下降、夹紧和上升 3 个动作，其顺序功能图如图 6-19 所示。如果起动信号 X0 为 ON，则状态继电器 S20 被置位（变为 ON），控制下降的电磁阀 Y0 动作。下限位开关 X1 为 ON 时，状态继电器 S21 被置位，控制夹紧的电磁阀 Y1 动作。随着动作的转移，前一状态继电器自动变为 OFF 状态。

不对状态继电器使用步进梯形指令时，可以把它们当作普通的辅助继电器（M）使用。

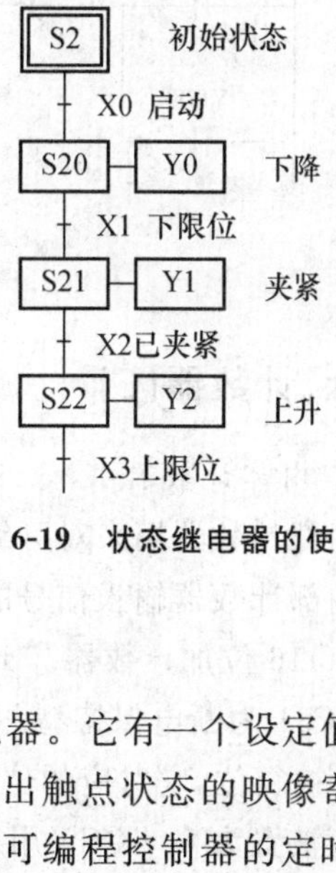

图 6-19　状态继电器的使用

五、定时器

可编程控制器中的定时器（T）相当于继电器系统中的时间继电器。它有一个设定值寄存器（一个字长）、一个当前值寄存器（一个字长）和一个用来储存其输出触点状态的映像寄存器（占二进制的一位）。这 3 个存储单元使用同一个元件号。FX 系列可编程控制器的定时器分为通用定时器和积算定时器。

常数 K 可以作为定时器的设定值，也可以用数据寄存器（D）的内容来设定。例如外部数字开关输入的数据可以存入数据寄存器，作为定时器的设定值。

1. 通用定时器（T0～T63）

T0～T62 为 100 ms 定时器，定时范围为 0.1～3 276.7 s，其中 T60～T62 为子程序和中断服务程序专用的定时器；当 M028 置 1 时，T32～T62（共 31 点）可作为 10 ms 定时器使用，定时范围为 0.01～327.67 s。图 6-20 中 X000 的常开触点接通时，T32 的当前值计数器从零开始，对 10 ms 时钟脉冲进行累加计数。当前值等于设定值 123 时，定时器的常开触点接通，常闭触点断开，即 T32 的输出触点在其线圈被驱动 1.23 s 后动作。X000 的常开触点断开后，定时器被复位，它的常开触点断开，常闭触点接通，当前值恢复为零。

如果需要在定时器的线圈"通电"时就动作的瞬动触点，可以在定时器线圈两端并联一个辅助继电器的线圈，并使用它的触点。

通用定时器只能提供输入电路"通电"后延迟动作的触点，没有断电保持功能，在输入电路断开或停电时自动复位，如果需要在它的输入电路"断电"后延迟动作，可以使用如图 6-21 所示的电路。

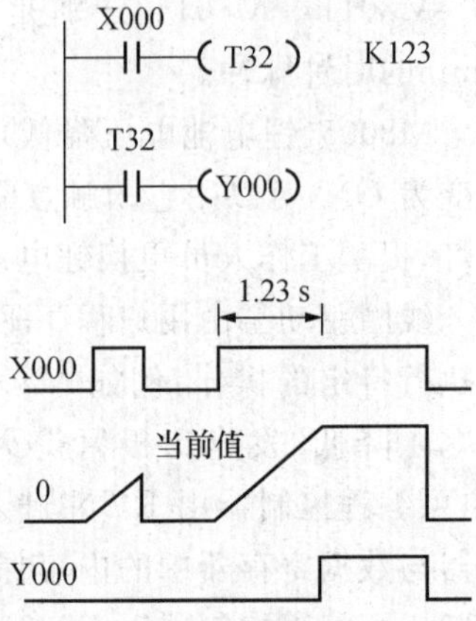

图 6-20 定时器

2. 定时器的定时精度

在 PLC 内定时器是根据时钟脉冲累积计时的，时钟脉冲有 1 ms、10 ms、100 ms 3 挡，当所计时间到达设定值时，其接点动作。定时器可以用常数 K(或 H)作为设定值，也可以用后述的数据寄存器(D)的内容作为设定值，这里使用的数据寄存器应有断电保持功能。

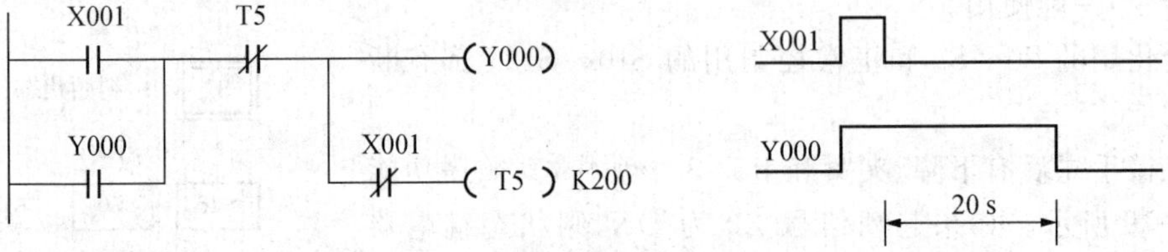

图 6-21 延时停止输出定时器

六、计数器(C)

1. 内部计数器

内部计数器用来对可编程控制器的内部信号 X、Y、M、S 等计数，其响应速度仅有数十赫兹。内部计数器输入信号的接通或断开的持续时间，应大于可编程控制器的扫描周期。

(1)16 位加计数器　16 位加计数器的设定值为 1～32 767，其中 C0～C15 为通用型，C16～C31 为断电保持型。图 6-22 给出了加计数器的工作过程，图中 X010 的常开触点接通后，C0 被复位，它对应的位存储单元被置 0，它的常开触点断开。常闭触点接通，同时其计数当前值被置为 0。X011 用来提供计数输入信号，当计数器的复位输入电路断开，计数输入电路由断开变为接通(即计数脉冲的上升沿)时，计数器的当前值加 1。在 9 个计数脉冲之后，C0 的当前值等于设定值 9，它对应的位存储单元的内容被置 1，其常开触点接通，常闭触点断开。再来计数脉冲时当前值不变，直到复位输入电路接通，计数器的当前值被置为 0(图 6-22)。

除了可由常数 K 来设定计数器的设定值外，还可以通过指定数据寄存器来设定，这时设定值等于指定的数据寄存器中的数。

(2)32 位加/减计数器　32 位加/减计数器 C235～C254 的设定值为－2 147 483 648～＋2 147 483 647，它们均为断电保持型，其加/减计数方式由特殊辅助继电器 M8200～M8234 设定，对应的特殊辅助继电器为 ON 时，为减计数；反之为加计数。

计数器的设定值除了可由常数 K 设定外，还可以通过指定数据寄存器来设定，32 位设定

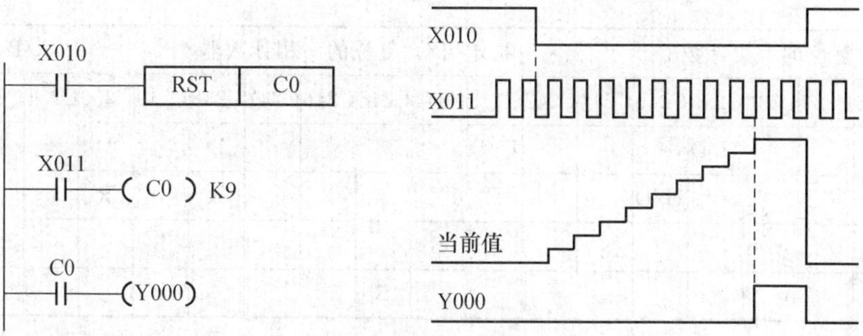

图 6-22 计数器

值存放在元件号相连的两个数据寄存器中。如果指定的是 D0，则设定值存放在 D1 和 D0 中。32 位加/减计数器的设定值可正可负。

图 6-23 中 C235 的设定值为 5，在加计数时，若计数器的当前值由 4→5，计数器输出触点 ON，当前值≥5 时，输出触点仍为 ON。当前值由 5→4 时，输出触点 OFF，当前值≤4 时，输出触点仍为 OFF。复位输入 X013 的常开触点接通时，C235 被复位，其常开触点断开，常闭触点接通，当前值被置为 0。如果使用断电保持计数器，在电源中断时，计数器停止计数，并保持计数当前值不变，电源再次接通后在当前值的基础上继续计数，因此断电保持计数器可累计计数。

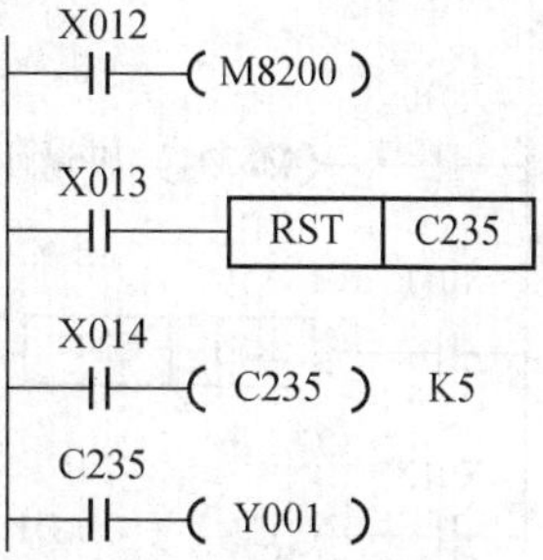

图 6-23 加/减计数器

2. 高速计数器

20 点高速计数器 C235～C254 共用可编程控制器的 8 个高速计数器输入端 X000～X007，某一输入端同时只能供一个高速计数器使用。这 20 个计数器均为 32 位加/减计数器，C235～C240 为一相无启动/复位输入端的高速计数器，C241～C245 为一相带启动/复位端的高速计数器，C246～C250 为一相双计数输入(加/减脉冲输入)高速计数器。

表 6-3 给出了各高速计数器对应的输入端子的元件号，表中 U、D 分别为加、减计数输入，A、B 分别为 A、B 相输入，R 为复位输入，S 为置位输入。图 6-24 中的 C244 是一相带启动/复位端的高速计数器。由表 6-3 可知，X001 和 X006 分别为复位输入端和启动输入端。如果 X012 为 ON，并且 X006 也为 ON，立即开始计数，计数输入端为 X000，C244 的设定值由 D0 和 D1 指定。除了用 X001 来立即复位外，也可以在梯形图中用 X011 来复位。利用 M8244，可以设置 C244 为加计数或减计数。

表 6-3 高速计数器简表

中断输入	无启动/复位的一相计数器						指定启动/复位的一相计数器										A/B 相计数输入			
	C235	C236	C237	C238	C239	C240	C241	C242	C243	C244	C245	C246	C247	C248	C249	C250	C251	C252	C253	C254
X000	U/D						U/D			U/D		U	U		U		A	A		A
X001		U/D					R			R		D	D		D		B	B		B
X002			U/D					U/D			U/D		R		R			R		R
X003				U/D				R			R			U		U			A	

续表6-3

中断	无启动/复位的一相计数器						指定启动/复位的一相计数器										A/B相计数输入			
输入	C235	C236	C237	C238	C239	C240	C241	C242	C243	C244	C245	C246	C247	C248	C249	C250	C251	C252	C253	C254
X004					U/D				U/D					D		D			B	
X005						U/D			R					R		R			R	
X006										S					S					S
X007											S									

C251～C254 为两相(A、B 相型)双计数输入高速计数器,图 6-25 中的 X012 为 ON 时,C251 通过中断,对 X000 输入的 A 相信号和 X001 输入的 B 相信号的动作计数。X011 为 ON 时 C251 被复位,当计数值大于等于设定值时 Y002 接通,若计数值小于设定值,Y002 断开。

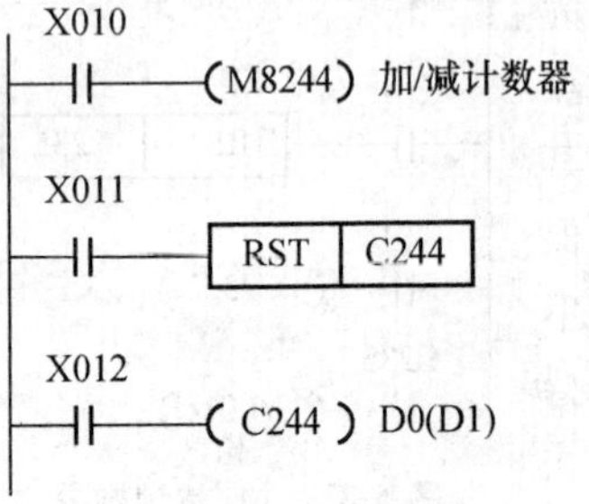

图 6-24　一相高速计数器

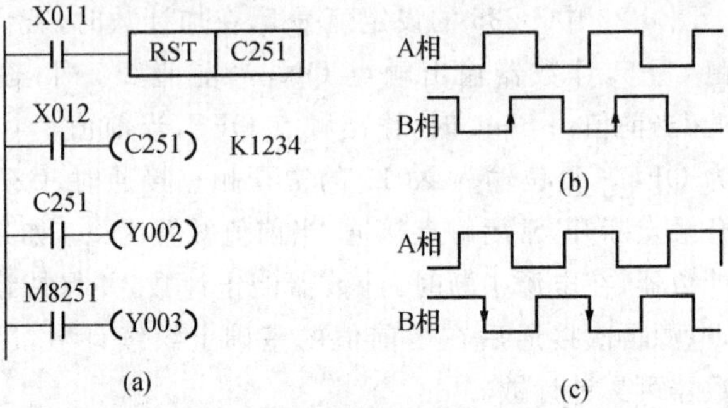

图 6-25　两相高速计数器

A 相输入接通时,若 B 相输入由断开变为接通,为加计数[图 6-25(b)];A 相输入接通时,若 B 相由接通变为断开,为减计数[图 6-25(c)]。加计数时 M8251 为 OFF,减计数时 M8251 为 ON,通过 M8251 可监视 C251 的加/减计数状态。利用旋转轴上安装的 A－B 相型编码器,在机械正转时自动进行加计数,反转时自动进行减计数。

七、数据寄存器

数据寄存器(D)在模拟量检测与控制以及位置控制等场合用来储存数据和参数,数据寄存器为 16 位(最高位为符号位),两个合并起来可以存放 32 位数据。

1. 通用数据寄存器 D0～D127

特殊辅助继电器 M8033 为 OFF 时,通用数据寄存器 D0～D127(共 128 点)无断电保持功能;M8033 为 ON 时,D0～D127 有断电保持功能。

2. 断电保持数据寄存器 D128～D255

数据寄存器 D128～D255(共 128 点)有断电保持功能,利用外部设备的参数设定,可改变通用数据寄存器与有断电保持功能的数据寄存器的分配,其断电保持功能不能用软件改变,可用 RST 和 ZRST 指令清除它们的内容。

3. 特殊数据寄存器 DS000～D8255

特殊数据寄存器 D8000～D8255 共 256 点,用来监控可编程控制器的运行状态,如电池电压、扫描时间、正在动作的状态的编号等。

八、变址寄存器 V、Z

变址寄存器 V、Z 的内容用来改变编程元件的元件号，当 V＝8 时，数据寄存器元件号 D5V 相当于 D13(5＋8＝13)。在 32 位操作时将 V、Z 合并使用，Z 为低位。

第四节　PLC 的工作原理与时序图

一、PLC 的工作原理

PLC 的工作原理与计算机的工作原理基本上是一致的，可以简单地表述为在系统程序的管理下，通过运行用户程序完成控制任务。但是，计算机与 PLC 的工作方式有所不同，计算机一般采用等待命令的工作方式，而 PLC 则采用循环扫描的工作方式。PLC 有 RUN(运行)与 STOP(停止)两种基本的工作模式。当处于 STOP 模式时，PLC 只进行内部处理和通信服务等内容，一般用于程序的写入与修改。当处于 RUN 模式时，PLC 除了要进行内部处理、通信服务之外，还要执行反映控制要求的用户程序，即执行输入处理、程序处理、输出处理，如图 6-26 所示。PLC 的这种周而复始的循环工作方式称为扫描工作方式。由于 PLC 执行指令的速度极高，从外部输入输出关系来看，处理过程似乎是同时完成的，现就其循环扫描过程叙述如下。

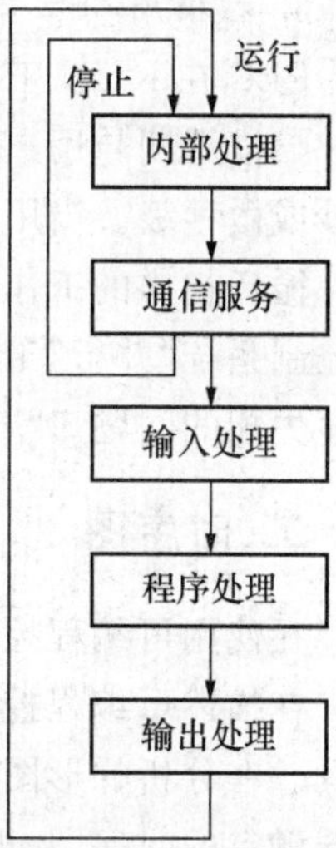

图 6-26　扫描过程

1. 内部处理阶段

在内部处理阶段，PLC 首先诊断自身硬件是否正常，然后将监控定时器复位，并完成一些其他内部工作。

2. 通信服务阶段

在通信服务阶段，PLC 要与其他的智能装置进行通信，如响应编程器键入的命令、更新编程器的显示内容。

3. 输入处理阶段

输入处理又叫输入采样。在 PLC 的存储器中，设置了一片区域用来存放输入信号的状态，这片区域被称为输入映像寄存器；PLC 的其他软元件也有对应的映像存储区，它们统称为元件映像寄存器。外部输入信号接通时，对应的输入映像寄存器为 1 状态，梯形图中对应的输入继电器的常开触点接通，常闭触点断开；外部输入信号断开时，对应的输入映像寄存器为 0 状态，梯形图中对应的输入继电器的常开触点断开，常闭触点接通。因此，某一软元件对应的映像寄存器为 1 状态时，称该软元件为 ON；映像寄存器为 0 状态时，称该软元件为 OFF。

在输入处理阶段，PLC 顺序读入所有输入端子的通断状态，并将读入的信息存入内存所对应的输入元件映像寄存器中，此时，输入映像寄存器被刷新。接着进入程序执行阶段，在程序执行阶段，输入映像寄存器与外界隔离，即使输入信号发生变化，其映像寄存器的内容也不会发生变化，只有在下一个扫描周期的输入处理阶段才能被读入。

4. 程序处理阶段

程序处理又叫程序执行，根据 PLC 梯形图扫描原则，按先上后下、先左后右的顺序，逐行逐句扫描，执行程序。但遇到程序跳转指令，则根据跳转条件是否满足来决定程序的跳转地址。当用户程序涉及输入输出状态时，PLC 输入映像寄存器中读取上一阶段输入处理时对应输入信号的状态，从输出映像寄存器读取对应映像寄存器的当前状态，根据用户程序进行逻辑运算。运算结果再存入有关元件映像寄存器中。因此，对每个元件(输入继电器除外)而言，元件映像寄存器中寄存的内容会随着程序执行过程而变化。

5. 输出处理阶段

输出处理又叫输出刷新，在输出处理阶段，CPU 将输出映像将寄存器的 0/1 状态传送到输出锁存器，再经输出单元隔离和功率放大后送到输出端子。梯形图中某一输出继电器的线圈"通电"时，对应的输出映像寄存器为 1 状态，在输出处理阶段之后，输出单元中对应的继电器线圈通电或晶体管、可控硅元件导通，外部负载通电工作。若梯形图中输出继电器的线圈"断电"，对应的输出映像寄存器为 0 状态，在输出处理阶段之后，输出单元中对应的继电器线圈断电或晶体管、可控硅元件关断，外部负载断电，停止工作。

6. 扫描周期

PLC 在 RUN 工作模式时，执行 1 次如图 6-27 所示的扫描操作所需的时间称为扫描周期。扫描周期与用户程序的长短、指令的种类和 CPU 执行指令的速度有很大的关系，通常为毫秒或微秒级。当用户程序较长时，指令执行时间在扫描周期中占相当大的比例。

循环扫描的工作方式是 PLC 的一大特点，也可以说 PLC 是"串行"工作的，这和传统的继电控制系统"并行"工作有质的区别，PLC 的串行工作方式避免了继电控制系统中触点竞争和时序失配的问题。

二、时序图

在使用可编程控制器之前，了解可编程控制器中软电器的种类及其工作原理是十分重要的。在描述可编程控制器中软电器的工作原理时，时序图(也称为波形图)是一个十分有用的工具。在分析梯形图时，时序图也是一个十分有用的工具，画出梯形图中各软电器线圈、各软电器触点的时序图，即可看出各软电器之间的相互关系及相互影响，也可看出电路的工作情况和工作过程。

时序图用来描述软电器的线圈的通电时刻、断电时刻、通电状态持续时间、断电状态持续时间；时序图用来描述软电器的触点的闭合时刻、断开时刻、闭合状态持续时间、断开状态持续时间。在这两种情况下，时序图由水平线和竖线组成。竖线表示线圈的通电时刻、断电时刻；或峰线表示触点的闭合时刻、断开时刻。低水平线表示线圈的断电状态，低水平线段的长度表示线圈的断电状态的持续时间；或低水平线表示触点的断开状态，低水平线段的长度表示触点的断开状态的持续时间。高水平线表示线圈的通电状态，高水平线段的长度表示线圈的通电状态的持续时间；或高水平线表示触点的闭合状态，高水平线段的长度表示触点的闭合状态的持续时间。低水平线段和高水平线段左端的竖线(上升沿)表示某种状态的开始时刻，低水平线段和高水平线段右端的竖线(下降沿)表示某种状态的结束时刻。时序图的组成如图 6-28 所示。

时序图用来描述软电器中的定时器和计数器时，有时还会加上斜线表示时间值和计数值

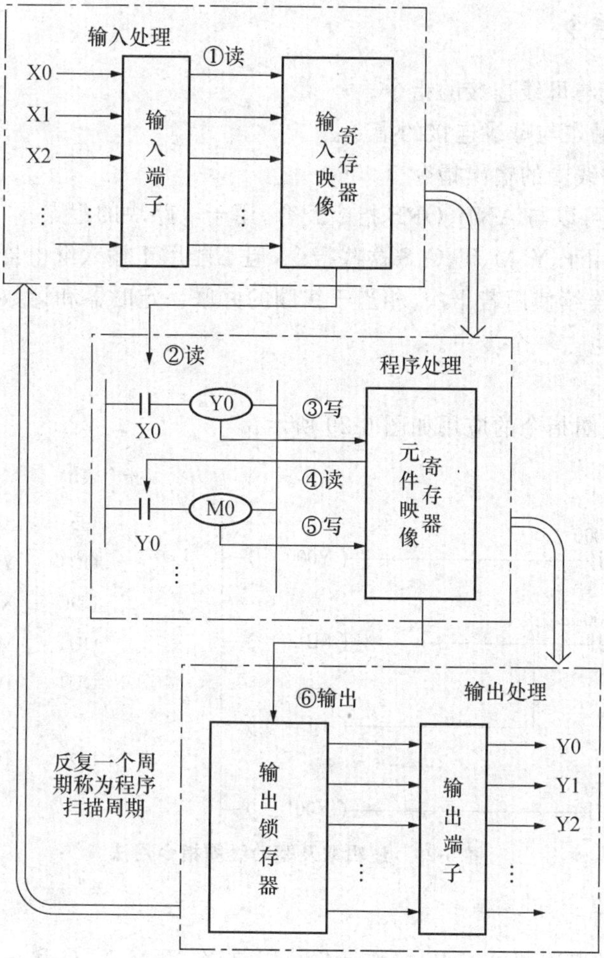

图 6-27 PLC 的扫描周期

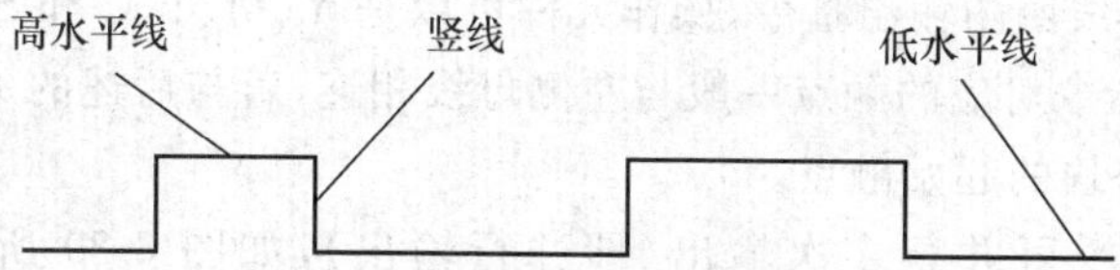

图 6-28 时序图的组成

的累加过程，也可能出现台阶形的波形，表示计数值的变化过程，参见后面的有关时序图。

第五节 PLC 基本逻辑指令

基本逻辑指令是 PLC 中最基础的编程语言，掌握了基本逻辑语言也就初步掌握了 PLC 的编程语言。三菱 FX 系列可编程控制器共有 27 条基本逻辑指令，此外还有 100 多条功能指令。本节以 FX 系列 PLC 基本逻辑指令为例，说明指令的含义与梯形图的绘制基本方法。

一、基本逻辑指令

LD 取：常开触点与母线连接的指令。

LDI 取反：常闭触点与母线连接的指令。

OUT 输出：驱动线圈的输出指令。

LD、LDI 指令还可以与 ANB、ORB 指令配合，用于电路块的起点。

OUT 指令可以用于 Y、M、T、C、S 这些指令，但不能用于输入继电器。

OUT 指令可以连续使用若干次，相当于线圈的并联。定时器和计数器的 OUT 指令之后应设定常数 K，常数也占一个步序。

1. 用法示例

逻辑取及驱动线圈指令的应用如图 6-29 所示。

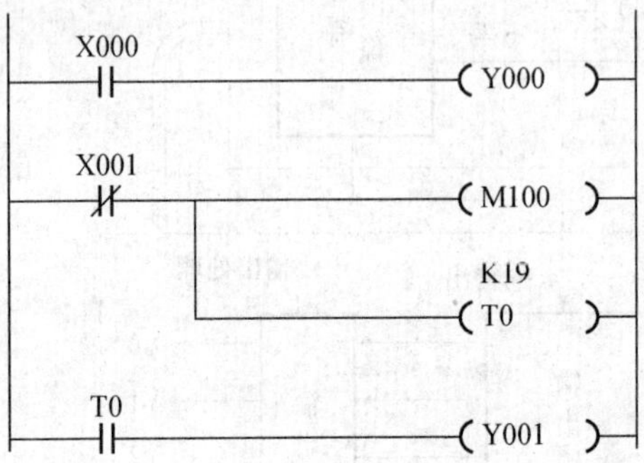

指令表：

LD	X000
OUT	Y000
LDI	X001
OUT	M100
OUT	T0
	K 19
LD	T0
OUT	Y001

图 6-29　逻辑取及驱动线圈指令用法

2. 使用注意事项

(1)LD 是常开触点连到母线上，操作元件可以是 X、Y、M、T、C 和 S。

(2) LDI 是常闭触点连到母线上，操作元件可以是 X、Y、M、T、C 和 S。

(3) OUT 是驱动线圈的输出指令，操作元件可以是 Y、M、T、C 和 S。

(4) LD 与 LDI 指令对应的触点一般与左侧母线相连，若与后述的 ANB、ORB 指令组合，则可用于串、并联电路块的起始触点。

(5) 驱动线圈指令可并行多次输出(即并行输出)，如图 6-29 所示指令表中的 OUT M100，OUT T0 K19。

(6) 输入继电器 X 不能使用 OUT 指令。

(7) 对于定时器的定时线圈或计数器的计数线圈，必须在 OUT 后设定常数。

二、触点串、并联指令 AND/ANI/OR/ORI

AND：常开触点串联连接指令。

ANI：常闭触点串联连接指令。

OR：常开触点并联连接指令。

ORI：常闭触点并联连接指令。

1. 用法示例

触点串、并联指令的应用如图 6-30 所示。

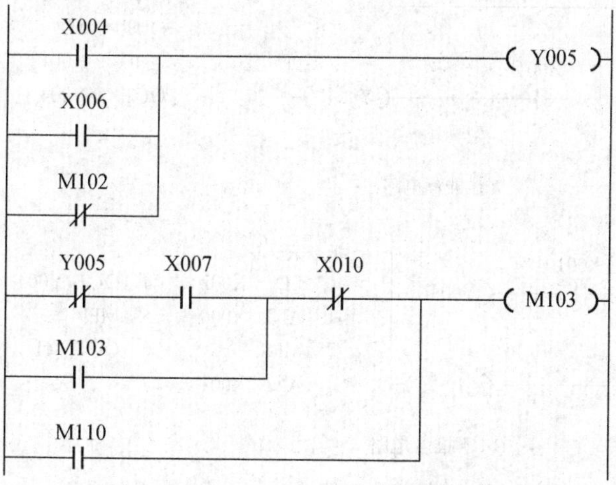

指令表:

LD	X004
OR	X006
ORI	M102
OUT	Y005
LDI	Y005
AND	X007
OR	M103
ANI	X010
OR	M110
OUT	M103

图 6-30 触点串、并联指令用法

2. 使用注意事项

(1) AND、ANI、OR 和 ORI 这 4 条指令后面必须有被操作的元件名称及元件号,操作元件可以是 X、Y、M、T、C 和 S。

(2) 单个触点与左边的电路串联,使用 AND 和 ANI 指令时,串联触点的个数没有限制。但是因为图形编程器和打印机的功能有限制,所以建议尽量做到一行不超过 10 个触点和 1 个线圈。

(3) OR 和 ORI 指令是从该指令的当前步开始,对前面的 LD、LDI 指令并联连接的指令,并联连接的次数无限制。但是因为图形编程器和打印机的功能有限制,所以并联连接的次数不超过 24 次。

(4) OR 和 ORI 用于单个触点与前面电路的并联,并联触点的左端接到该指令所在电路块的起始点(LD 点)上,右端与前一条指令对应的触点的右端相连,即单个触点并联到它前面已经连接好的电路的两端(两个以上触点串联连接的电路块再并联连接时,要用后续的 ORB 指令)。以图 6-30 中 M110 的常开触点为例,它前面的 4 条指令已经将 4 个触点串、并联为一个整体,因此 OR M110 指令对应的常开触点并联到该电路的两端。

3. 连续输出

如图 6-31(a)所示,OUT M1 指令之后通过 X001 的触点去驱动 Y004,称为连续输出。串联和并联指令是用来描述单个触点与别的触点或触点(而不是线圈)组成的电路的连接关系。虽然 X1 的触点和 Y4 的线圈组成的串联电路与 M1 的线圈是并联关系,但是 X1 的常开触点与左边的电路是串联关系,所以对 X1 的触点应使用串联指令。只要按正确的顺序设计电路,就可以多次使用连续输出,但是因为图形编程器和打印机的功能有限制,所以连续输出的次数不超过 24 次。

应该指出,如果将图 6-31(a)中的 M1 和 Y4 线圈所在的支路改为图 6-31(b)所示电路(不推荐),就必须使用后面要讲到的 MPS(进栈)和 MPP(出栈)指令。

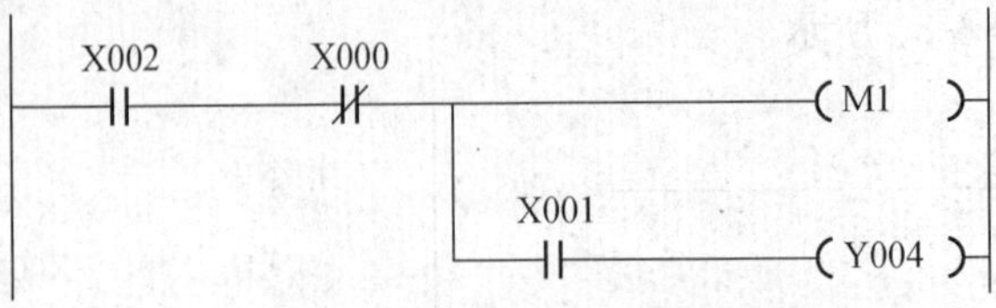

指令表：

LD	X002
ANI	X000
OUT	M1
AND	X001
OUT	Y004

(a) 推荐电路

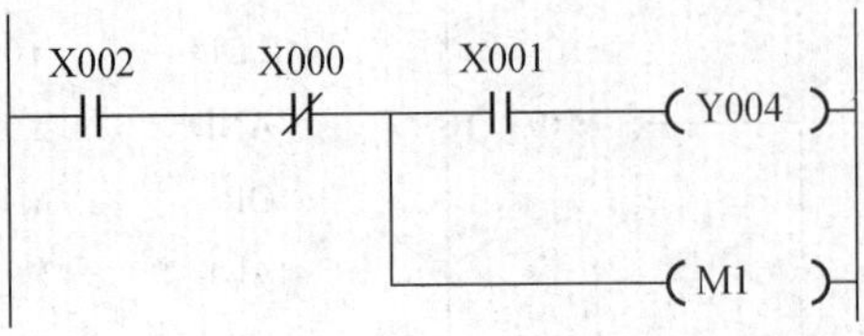

指令表：

0	LD	X002	4	OUT	Y004
1	ANI	X000	5	MPP	
2	MPS		6	OUT	M1
3	AND	X001			

(b) 不推荐电路

图 6-31　连续输出电路

三、电路块连接指令 ORB/ANB

ORB：串联电路块的并联连接指令。

ANB：并联电路块的串联连接指令。

1. 用法示例

电路块连接指令用法如图 6-32，图 6-33 所示。

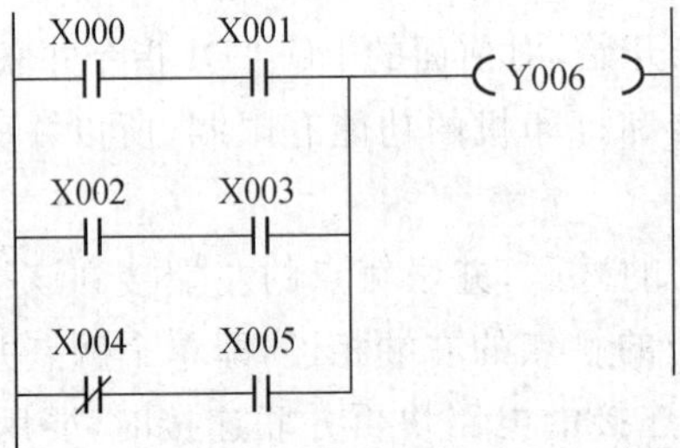

指令表：

0	LD	X000	5	LDI	X004
1	AND	X001	6	AND	X005
2	LD	X002	7	ORB	
3	AND	X003	8	OUT	Y006
4	ORB				

图 6-32　串联电路块并联

2. 使用注意事项

（1）ORB 和 ANB 指令都没有操作元件，可以多次重复使用。

（2）ORB 指令是将串联电路块与前面的电路并联，相当于电路块右侧的一段垂直连线。并联电路块的起始触点要用 LD 或 LDI 指令，完成了电路块内部连接后，用 ORB 指令将它与前面的电路并联。

（3）ANB 指令是将并联电路块与前面的电路串联，相当于两个电路之间的串联连线。串联电路块的起始触点要使用 LD 或 LDI 指令，完成了电路块的内部连接后，用 ANB 指令将它与前面的电路串联。

（4）ORB、ANB 指令可以多次重复使用，但是连续使用 ORB 时，应限制在 8 次以下。所以

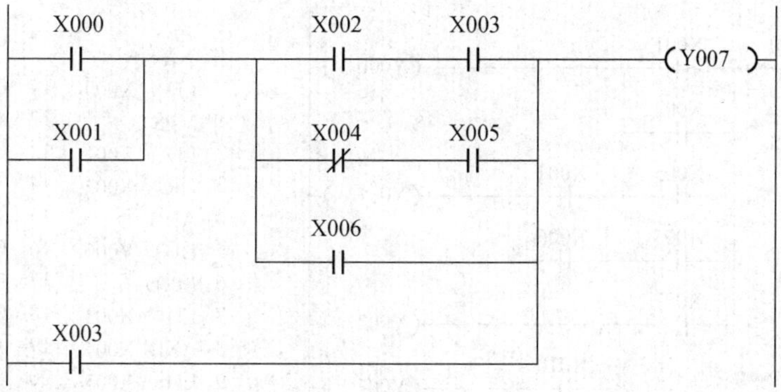

指令表:

0	LD	X000	6	ORB	
1	OR	X001	7	OR	X006
2	LD	X002	8	ANB	
3	AND	X003	9	OR	X003
4	LDI	X004	10	OUT	Y007
5	AND	X005			

图 6-33 并联电路块串联

在写指令时,最好按图 6-32 和图 6-33 所示方法写指令。

四、多重输出电路指令 MPS/MRD/MPP

MPS、MRD、MPP 指令分别是进栈、读栈和出栈指令,它们用于多重输出电路。

1. 用法示例(图 6-34、图 6-35)

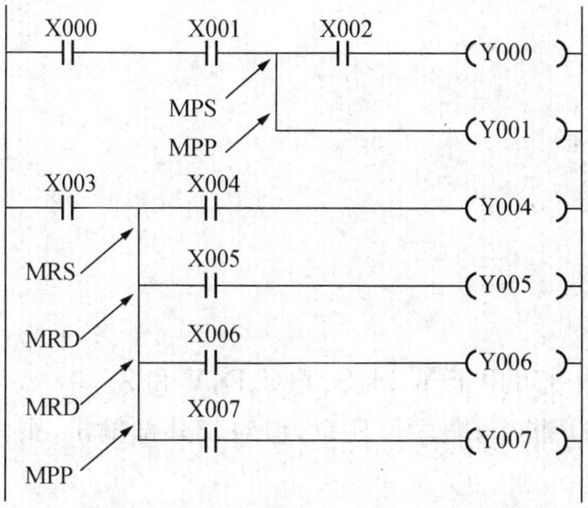

指令表:

0	LD	X000	10	OUT	Y004
1	AND	X001	11	MRD	
2	MPS		12	AND	X005
3	AND	X002	13	OUT	Y005
4	OUT	Y000	14	MRD	
5	MPP		15	AND	X006
6	OUT	Y001	16	OUT	Y006
7	LD	X003	17	MPP	
8	MPS		18	AND	X007
9	AND	X004	19	OUT	Y007

图 6-34 简单 1 层栈

2. 使用注意事项

(1) MPS 指令可将多重电路的公共触点或电路块先存储起来,以便后面的多重输出支路使用。多重电路的第一个支路前使用 MPS 进栈指令,多重电路的中间支路前使用 MRD 读栈指令,多重电路的最后一个支路前使用 MPP 出栈指令。该组指令没有操作元件。

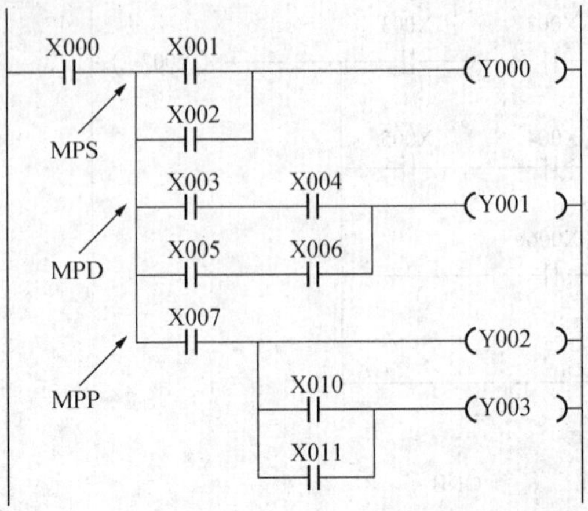

指令表:

0	LD	X000	11	ORB	
1	MPS		12	ANB	
2	LD	X001	13	OUT	Y001
3	OR	X002	14	MPP	
4	ANB		15	AND	X007
5	OUT	Y000	16	OUT	Y002
6	MRD		17	LD	X010
7	LD	X003	18	OR	X011
8	AND	X004	19	ANB	
9	LD	X005	20	OUT	Y003
10	AND	X006			

图 6-35 复杂1层栈

(2) FX 系列 PLC 有十一个存储中间运算结果的堆栈存储器,堆栈采用先进后出的数据存取方式。每使用 1 次 MPS 指令,当时的逻辑运算结果压入堆栈的第一层,堆栈中原来的数据依次向下一层推移。

(3) MRD 指令读取存储在堆栈最上层(即电路分支处)的运算结果,将下一个触点强制性地连接到该点。读栈后堆栈内的数据不会上移或下移。

(4) MPP 指令弹出堆栈存储器的运算结果,首先将下一触点连接到该点,然后从堆栈中去掉分支点的运算结果。使用 MPP 指令时,堆栈中各层的数据向上移动一层,最上层的数据在弹出后从栈内消失。

(5) 处理最后一条支路时必须使用 MPP 指令,而不是 MRD 指令,且 MPS 和 MPP 的使用不得多于 11 次,并且要成对出现。

五、置位与复位指令 SET/RST

SET:置位指令,使操作保持的指令。

RST:复位指令,使操作保持复位的指令。

1. 用法示例

置位与复位指令的应用如图 6-36 所示。

2. 使用注意事项

(1) SET 指令可用于 Y、M 和 S,RST 指令可用于 Y、M、S、T、C、D、V 和 Z。

(2) 对同一元件可以多次使用 SET、RST 指令,顺序可任意,但对于外部输出,则只有最后执行的一条指令才有效。

(3) 要使数据寄存器 D、计数器 C、积累定时器 T 及变址寄存器 V、Z 的内容清零,也可用 RST 指令。

(4) 在任何情况下,RST 指令都优先执行。

六、脉冲输出指令 PLS/PLF

PLS:上升沿微分输出指令。

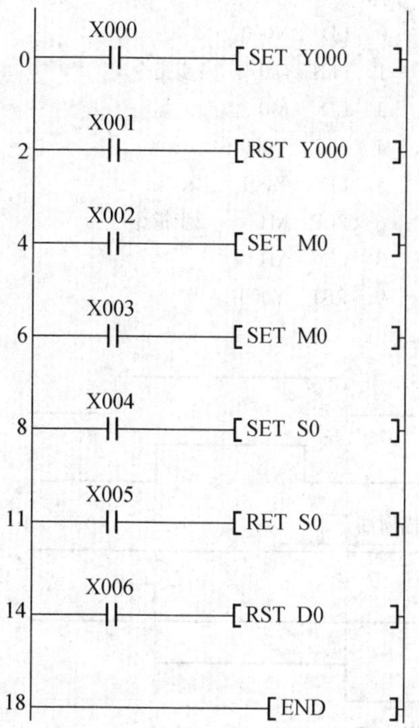

指令表:

0	LD	X000
1	SET	Y000
2	LD	X001
3	RST	Y000
4	LD	X002
5	SET	M0
6	LD	X003
7	RST	M0
8	LD	X004
9	SET	S0
11	LD	X005
12	RST	S0
14	LD	X006
15	RST	D0
16	END	

时序图:

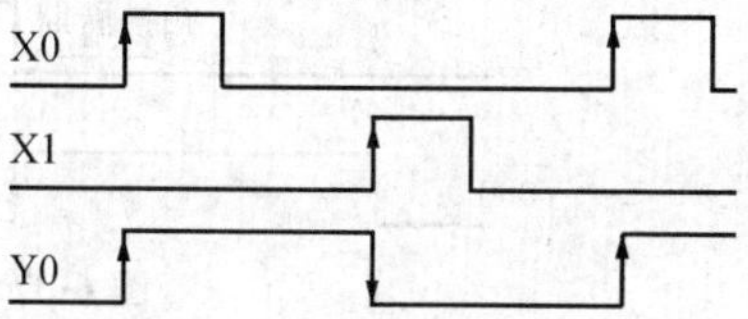

图 6-36 置位与复位指令用法

PLF:下降沿微分输出指令。

1. 用法示例

脉冲输出指令的应用如图 6-37 所示。

2. 使用注意事项

(1) PLS 和 PLF 指令只能用于输出继电器 Y 和辅助继电器 M(不包括特殊辅助继电器)。

(2) 图 6-37 中,M0 仅在 X0 的常开触点由断开变为接通(即 X0 的上升沿)时的 1 个扫描周期内为 ON,M1 仅在 X1 的常开触点由接通变为断开(即 X1 的下降沿)时的一个扫描周期内为 ON。

(3) 图 6-37 中,在输入继电器 X0 接通的情况下,PLC 由停机→运行时,PLS M0 指令将输出一个脉冲。然而,如果用电池后备/锁存辅助继电器代替 M0,其 PLS 指令在这种情况下不会输出脉冲。

七、脉冲式触点指令 LDP/LDF/ANDP/ANDF/ORP/ORF

LDP、ANDP 和 ORP 是用来做上升沿检测的触点指令,仅在指定位元件的上升沿(由 OFF→ON 变化)时接通一个扫描周期。

LDF、ANDF 和 ORF 是用来做下降沿检测的触点指令,仅在指定位元件的下降沿(由 ON→OFF 变化)时接通一个扫描周期。

1. 用法示例

用法如图 6-38 所示。

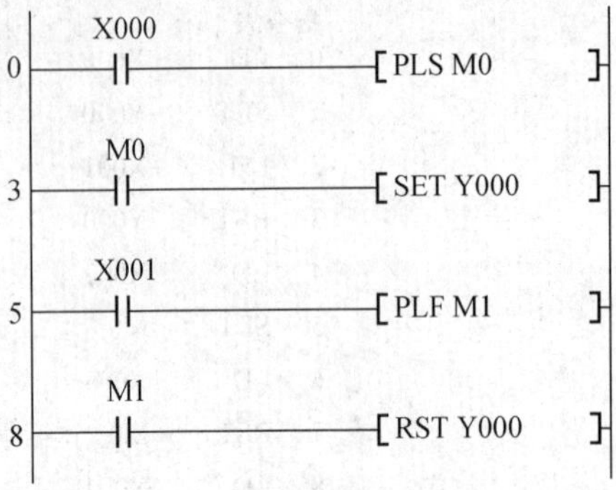

指令表:

```
0  LD   X000
1  PLS  M0     2步指令
3  LD   M0
4  SET  Y000
5  LD   X001
6  PLF  M1     2步指令
8  LD   M1
9  RST  Y000
```

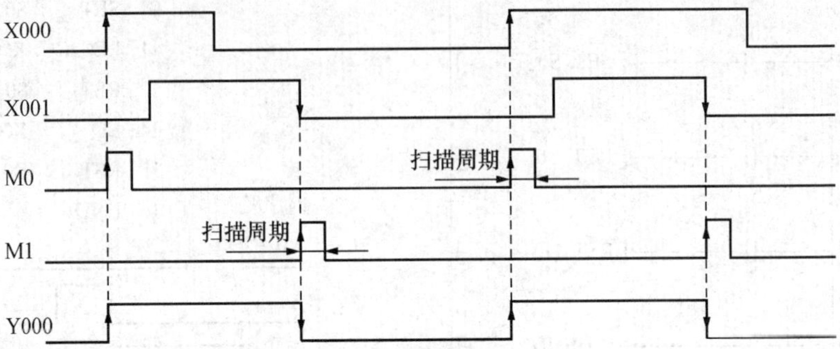

图 6-37　脉冲输出指令用法

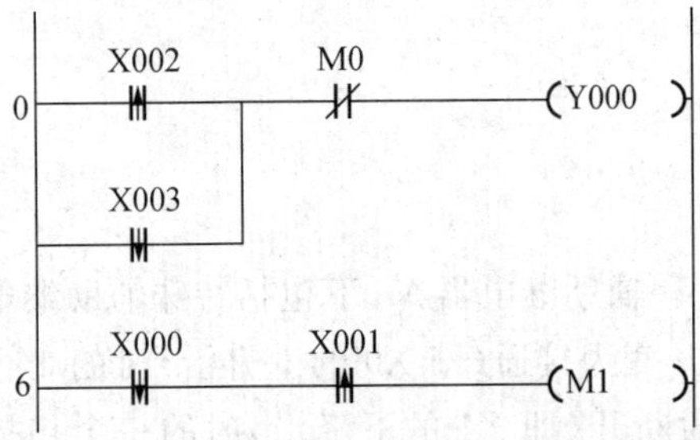

指令表:

```
0  LDP   X002
2  ORF   X003
4  ANI   M0
5  OUT   Y000
6  LDF   X000
8  ANDP  X001
10 OUT   M1
```

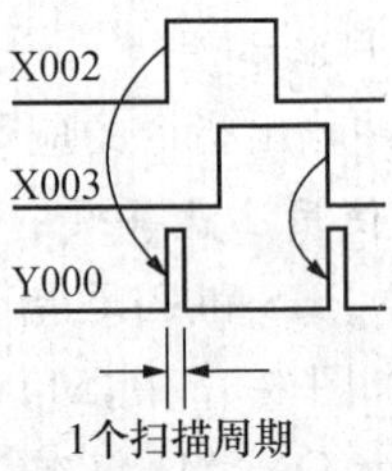

图 6-38　脉冲式触点指令用法

2. 使用注意事项

(1) LDP、ANDP 和 ORP 指令触点的中间有一个向上的箭头,LDF、ANDF 和 ORF 指令触点的中间有一个向下的箭头。

(2) 脉冲式触点指令的操作元件有 X、Y、M、T、C 和 S。在图 6-38 中,X002 的上升沿或 X003 的下降沿出现时,Y000 仅在一个扫描周期为 ON。

八、主控触点指令 MC/MCR

在编程时,经常会遇到许多线圈同时受一个或一组触点控制的情况,如果在每个线圈的控制电路中都串入同样的触点,将占用很多存储单元,主控指令可以解决这一问题。使用主控指令的触点称为主控触点,它在梯形图中与一般的触点垂直,主控触点是控制一组电路的总开关。

1. 用法示例

MC:主控指令,或公共触点串联连接指令。

MCR:主控复位指令,MC 指令的复位指令。

2. 使用注意事项

(1)MC 是主控起点,操作数 N(0～7 层)为嵌套层数,操作元件为 M、Y,特殊辅助继电器不能用作 MC 的操作元件。MCR 是主控结束,主控电路块的终点,操作数 N(0～7 层)为嵌套层数。MC 与 MCR 必须成对使用。

(2)与主控触点相连的触点必须用 LD 或 LDI 指令,即执行 MC 指令后,母线移到主控触点的后面,MCR 使母线回到原来的位置。

(3)图 6-39 中,X000 的常开触点接通时,执行从 MC 到 MCR 之间的指令;MC 指令的输入电路(X000)断开时,不执行上述区间的指令。其中的积累定时器、计数器、用复位,置位指令驱动的软元件保持其当时的状态,其余的元件被复位,如非积累定时器和用 OUT 指令驱动的元件变为 OFF。

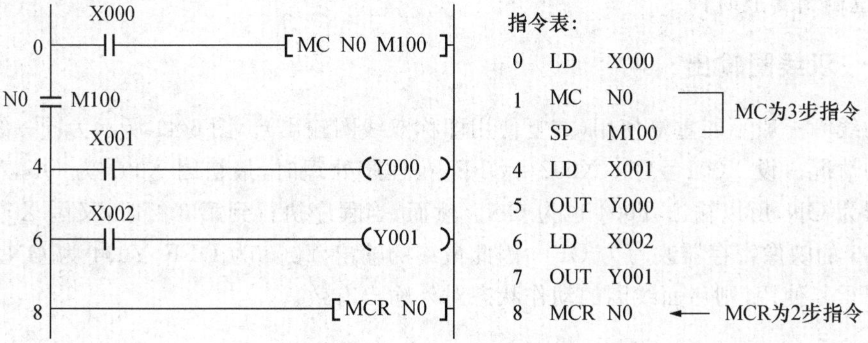

图 6-39 主控触点指令用法

(4)在 MC 指令内再使用 MC 指令时,称为嵌套,嵌套层数 N 的编号依顺次增大;主控返回时用 MCR 指令,嵌套层数 N 的编号依顺次减小。

九、逻辑运算结果取反指令 INV

INV 指令将执行该指令之前的运算结果取反。如运算结果为 0 时则将它变为 1,如运算结果为 1 时则将它变为 0。

INV 指令在梯形图中用一条 45°的短斜线来表示,逻辑运算结果取反指令的应用如图 6-40 所示。图中,如果 X000 为 ON,则 Y000 为 OFF;反之则 Y000 为 ON。

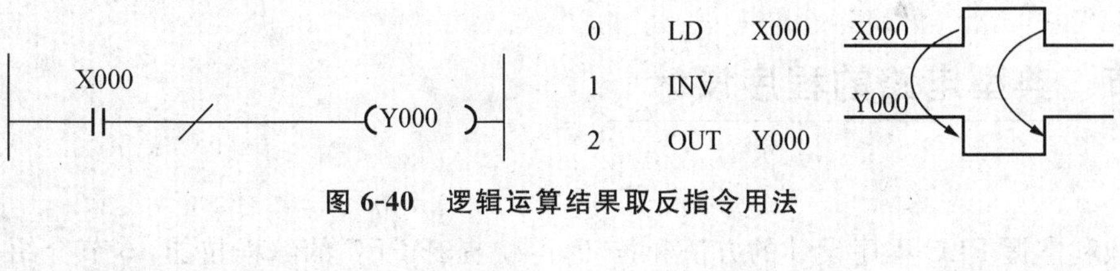

图 6-40 逻辑运算结果取反指令用法

十、空操作和程序结束指令 NOP/AND

1. 空操作指令 NOP

(1) 若在程序中加入 NOP 指令，则改动或追加程序时，可以减少步序号的改变。

(2) 若将 LD、LDI、ANB、ORB 等指令换成 NOP 指令，电路构成将有较大幅度的变化。

(3) 执行程序全清除操作后，全部指令都变成 NOP。

2. 程序结束指令 END

PLC 按照循环扫描的工作方式，首先进行输入处理，然后进行程序处理，当处理到 END 指令时，即进行输出处理。所以，若在程序中写入 END 指令，则 END 指令以后的程序就不再执行，直接进行输出处理；若不写入 END 指令，则从用户程序存储器的第零步执行到最后一步。因此，若将 END 指令放在程序结束处，则只执行第零步至 END 之间的程序，可以缩短扫描周期。在调试程序时，可以将 END 指令插在各段程序之后，从第一段开始分段调试，调试好以后必须删去程序中间的 END 指令，这种方法对程序的查错也很有用处，而且执行 END 指令时，也刷新警戒时钟。

十一、双线圈输出

驱动线圈一般不能重复使用(重复使用即称双线圈输出)。图 6-41 所示为同一线圈 Y3 多次使用的情况。设 X001＝ON，X002＝OFF，在程序处理时，最初因 X001 为 ON，Y003 的映像寄存器为 ON，所以输出 Y004 也为 ON。然而，当程序执行到第 3 行时，又因 X002＝OFF，所以 Y003 的映像寄存器改写为 OFF，因此最终的输出 Y003 为 OFF，Y004 为 ON。所以，若输出线圈重复使用，则后面线圈的动作状态对外输出有效。

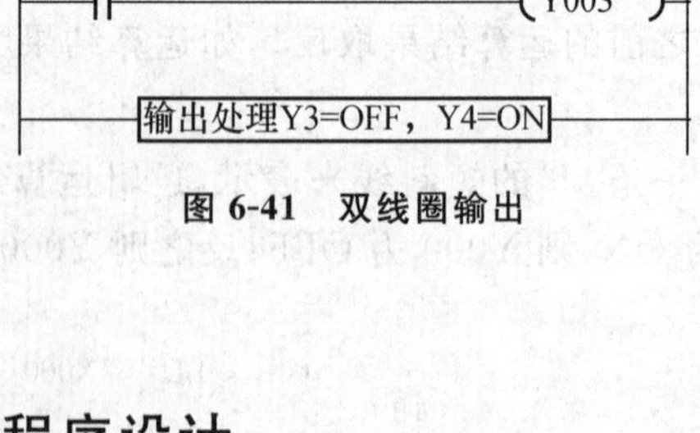

图 6-41 双线圈输出

第六节 典型电路的程序设计

为顺利掌握 PLC 程序设计的方法和技巧，尽快提升 PLC 的编程技能，本节介绍一些典型常用基本电路的程序设计，相信对今后 PLC 编程技能的提高会大有益处。

一、启保停电路

启保停电路即启动、保持、停止电路是梯形图程序设计中最典型的基本电路，它包含了如下几个因素。

(1)驱动线圈。每一个梯形图逻辑行都必须针对驱动线圈，本例为输出线圈 Y000。

(2)线圈得电的条件。梯形图逻辑行中除了线圈外，还有触点的组合，即线圈得电的条件，也就是使线圈为 ON 的条件，本例为启动按钮 X000 为 ON。

(3)线圈保持驱动的条件。即触点组合中使线圈得以保持的条件，本例为与 X0 并联的 Y0 自锁触点闭合。

(4)线圈失电的条件。即触点组合中使线圈由 ON 变为 OFF 的条件，本例为 X001 常闭触点断开。

因此，根据上述情况，其梯形图为：启动按钮 X000 和停止按钮 X1 串联，并在启动按钮 X000 两端并上自保触点 Y000，然后串接驱动线圈 Y000。当要启动时，按启动按钮 X000，使线圈 Y00O 有输出并通过 Y000 自锁触点自锁；当要停止时，按停止按钮 X1，使输出线圈 Y000 失电，如图 6-42(a)所示。

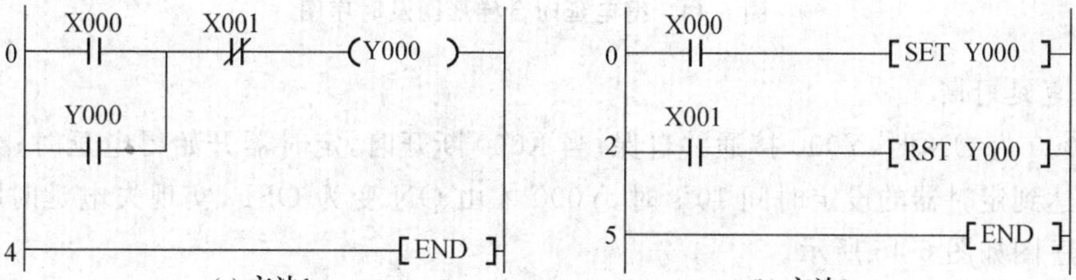

(a) 方法1　　(b) 方法2

图 6-42　启保停电路梯形图(停止优先)

若用 SET、RST 指令编程，启保停电路包含了梯形图程序的两个要素，一个是使线圈置位并保持的条件，本例为启动按钮 X000 为 ON；另一个是使线圈复位并保持的条件，本例的停止按钮 X001 为 ON。因此，其梯形图为：启动按钮 X000、停止按钮 X001 分别驱动 SET、RST 指令。当要启动时，按启动按钮 X000，使输出线圈置位并保持；当要停止时，按停止按钮 X001，使输出线圈复位并保持。如图 6-42(b)所示。

由上可知，方法 2 的设计思路更简单明了，是最佳设计方案。

(1)在方法 1 中，用 X001 的动断点；而在方法 2 中，用 X001 的动合点，但它们的外部信号接线却完全相同。

(2)上述的两个梯形图都为停止优先，即如果启动按钮 X000 和停止按钮 X001 同时被按下，则电动机停止；若要改为启动优先，则梯形图如图 6-43 所示。

二、定时电路

1. 得电延时合

按下启动按钮 X000，延时 2 s 后输出 Y000 接通；当按下停止按钮 X002，输出 Y000 断开，其梯形图及时序图如图 6-44 所示。

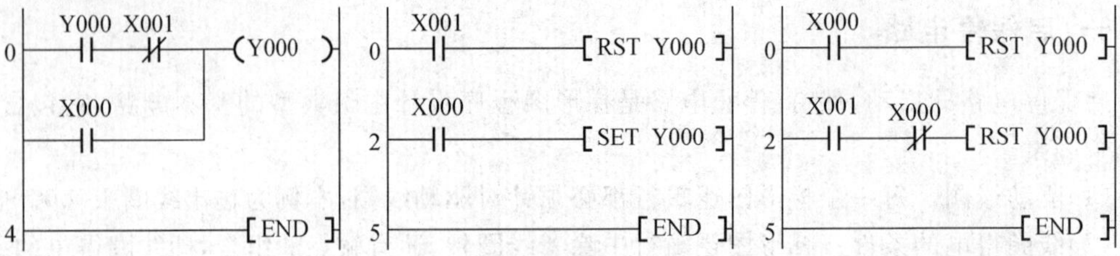

(a) 方法1　　(b) 方法2　　(c) 方法3

图 6-43　启保停电路梯形图(启动优先)

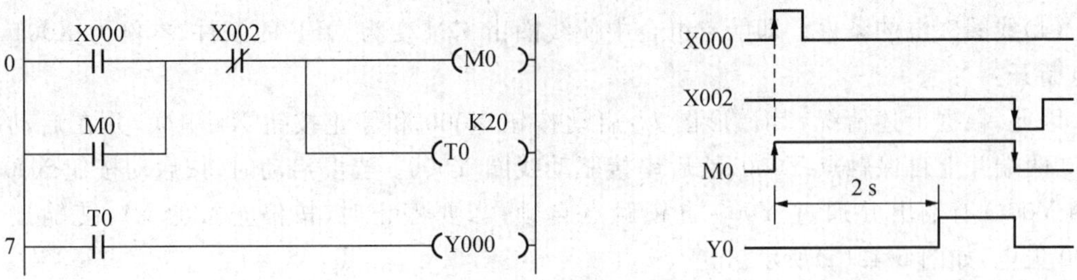

图 6-44　得电延时合梯形图及时序图

2. 失电延时断

当 X000 为 ON 时，Y000 接通并自保；当 X000 断开时，定时器开始得电延时；当 X000 断开的时间达到定时器的设定时间 10 s 时，Y000 才由 ON 变为 OFF，实现失电延时断开，其梯形图及时序图如图 6-45 所示。

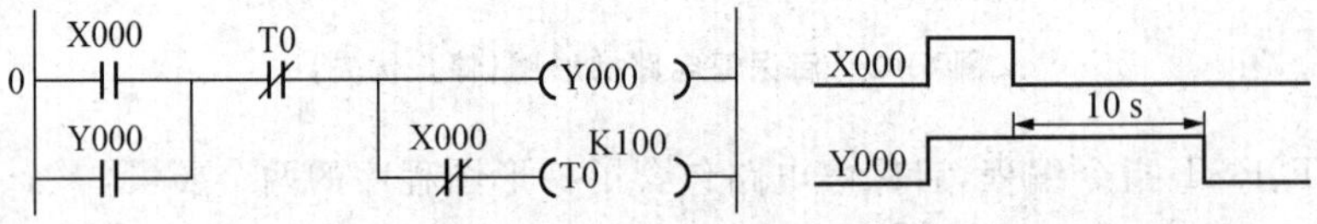

图 6-45　失电延时断梯形图及时序图

3. 长延时程序

FX 系列 PLC 的定时器最长定时时间为 3 276.7 s。因此，利用多个定时器组合可以实现大于 3 276.7 s 的定时，图 6-46(a)所示为 5 000 s 的定时程序。而几万秒甚至更长的定时，需用定时器与计数器的组合来实现，如图 6-46(b)所示为定时器与计数器组合的延时程序。

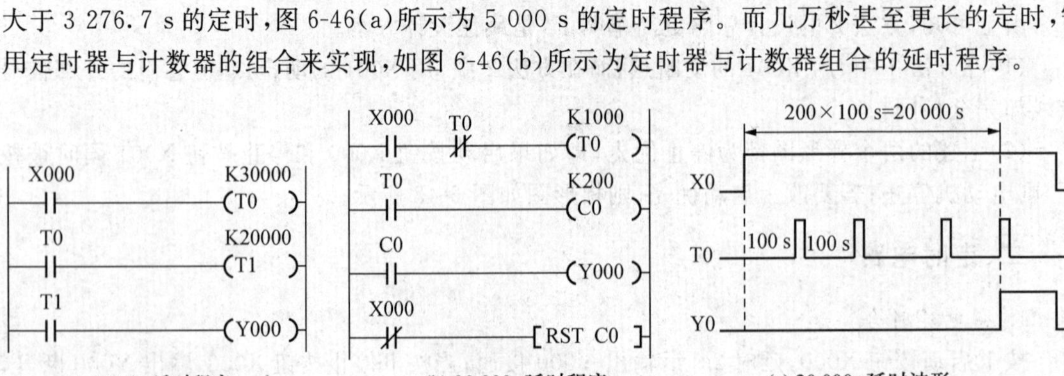

(a) 5 000 s延时程序　　(b) 20 000 s延时程序　　(c) 20 000 s延时波形

图 6-46　长延时程序

4. 顺序延时接通程序

当 X000 接通后，输出 Y000、Y001、Y002 按顺序每隔 10 s 输出接通；用 3 个定时器 T0、T1、T2 设置不同的定时时间，可实现按顺序接通；当 X000 断开时同时停止，程序如图 6-47 所示。

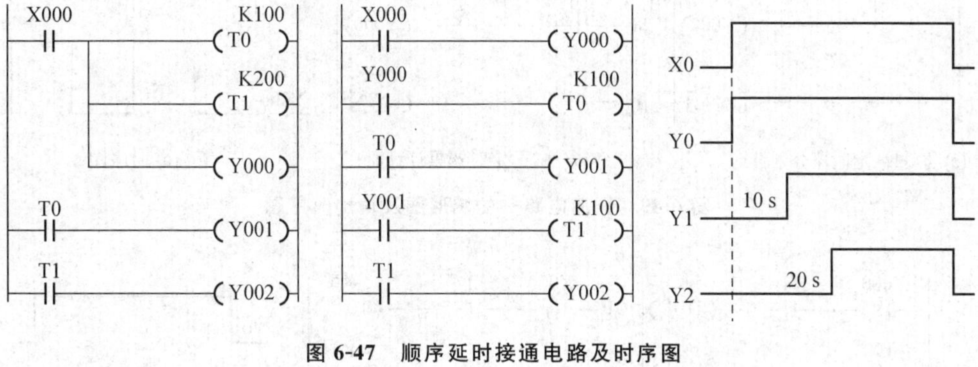

图 6-47　顺序延时接通电路及时序图

三、计数电路

计数电路的梯形图及时序图如图 6-48 所示。X003 使计数器 C0 复位，C0 对 X004 输入的脉冲计数，输入的脉冲数达到 6 个时，计数器 C0 的常开触点闭合，Y000 得电动作。X003 动作时，C0 复位，Y000 失电。

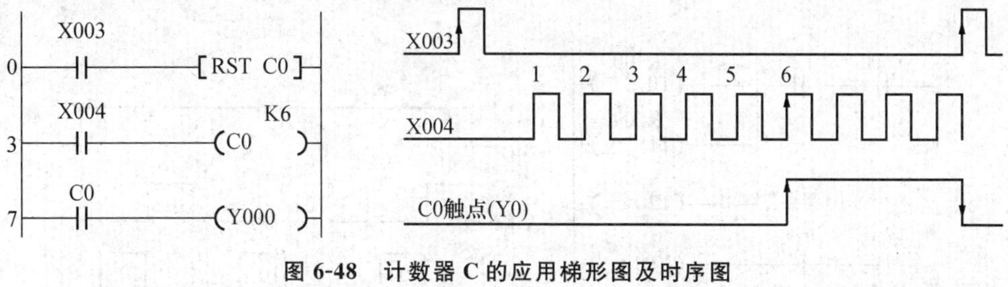

图 6-48　计数器 C 的应用梯形图及时序图

四、振荡电路

振荡电路可以产生特定的通断时序脉冲，它经常应用在脉冲信号源或闪光报警电路中。

1. 定时器振荡程序

定时器组成的振荡电路通常有三种形式，如图 6-49、图 6-50、图 6-51 所示。若改变定时器的设定值，可以调整输出脉冲的宽度。

2. M8013 振荡程序

由 M8013 组成的振荡电路如图 6-52 所示。因为 M8013 为 1 s 的时钟脉冲，所以 Y000 输出脉冲宽度为 0.5 s。

3. 二分频程序

若输入 1 个频率为 f 的方波，则在输出端得到一个频率为 $f/2$ 的方波，其梯形图如图 6-53 所示。由于 PLC 程序是按顺序执行的，所以当 X000 的上升沿到来时，第一个扫描周期 M0

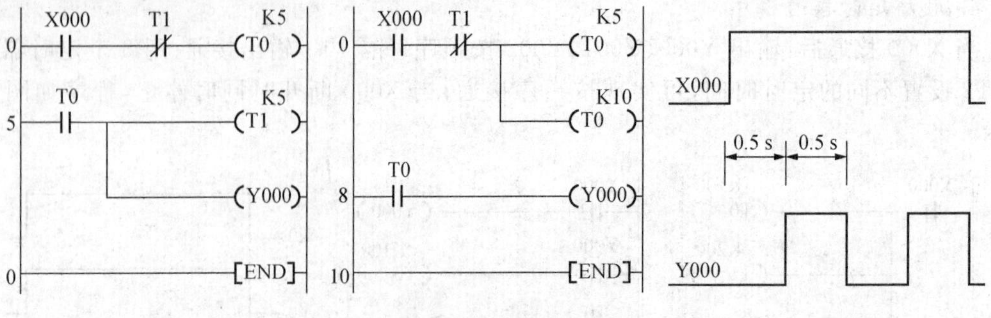

(a) 方法1：定时器分别计时　(b)方法2：定时器累计计时　(c) 时序图

图 6-49　振荡电路一的梯形图及输出时序图

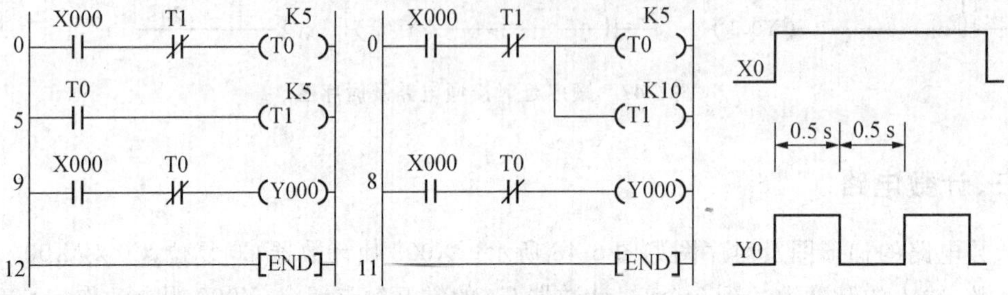

(a) 方法1：定时器分别计时　(b) 方法2：定时器累计计时　(c) 时序图

图 6-50　振荡电路二的梯形图及输出时序图

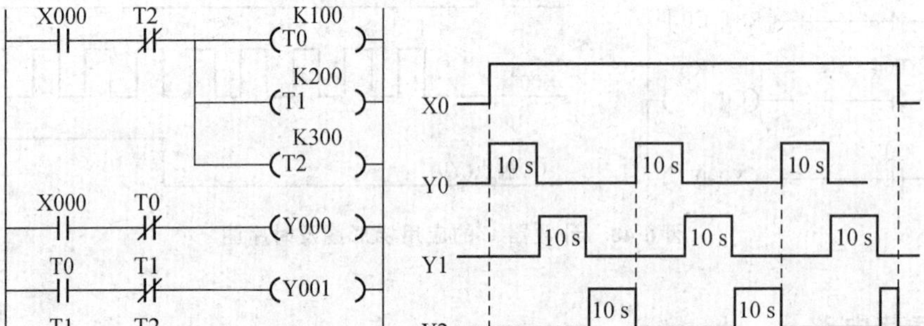

(a) 梯形图　(b) 时序图

图 6-51　振荡电路三的梯形图及输出时序图

图 6-52　振荡电路梯形图

映像寄存器为 ON（只接通 1 个扫描周期），此时 M1 线圈由于 Y000 常开触点断开而无电，Y000 线圈则由于 M0 常开触点接通而有电；下一个扫描周期，M0 映像寄存器为 OFF，虽然 Y000 常开触点是接通的，但此时 M0 常开触点已经断开，所以 M1 线圈仍无电，Y000 线圈则由于自锁触点而一直有电，直到下一个 X0 的上升沿到来时，M1 线圈才有电，并把 Y000 线圈断开，从而实现二分频。

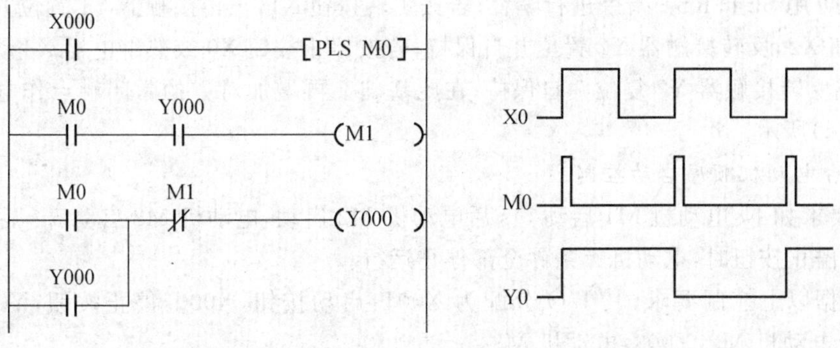

(a) 梯形图　　(b) 时序图

图 6-53　二分频电路的梯形图及时序图

五、几个典型控制电路程序设计

1. 三相异步电动机正反转控制

控制要求如下：若按正转按钮 SB1，正转接触器 KM1 得电，电动机正转；若按反转按钮 SB2，反转接触器 KM2 得电，电动机反转；若按停止按钮 SB 或热继电器动作，正转接触器 KM1 或反转接触器 KM2 电，电动机停止；只有电气互锁，没有按钮互锁。

(1)根据以上控制要求，可画出其 I/O 分配图，如图 6-54 所示。

(2)根据以上控制要求可知：正转接触器 KM1 得电的条件为按下正转按钮 SB1，正转接触器 KM1 失电的条件为按下停止按钮 SB 或热继电器动作；反转接触器 KM2 得电的条件为按下反转按钮 SB2，反转接触器 KM2 失电的条件为按下停止按钮 SB 或热继电器动作，线圈保持有电的条件是其相应的自锁触点。因此，可用两个启保停电路叠加，在此基础上再在线圈前增加对方的常闭触点作电气软互锁，如图 6-55(a)所示。

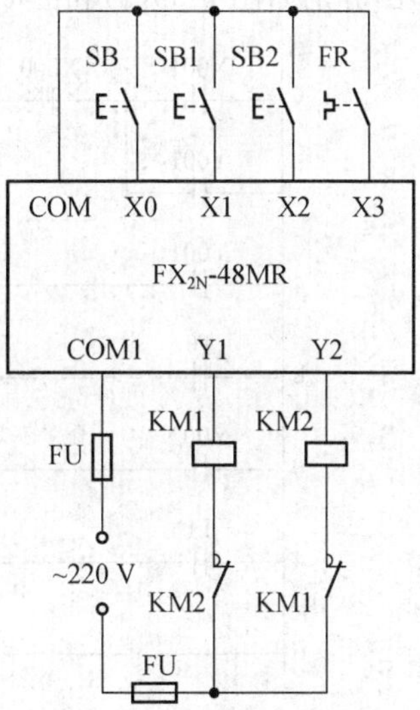

图 6-54　电动机正反转控制的 I/O 分配图

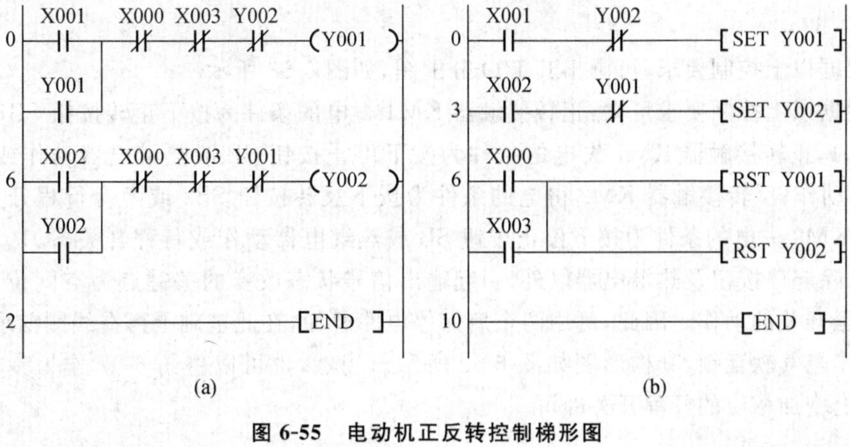

图 6-55　电动机正反转控制梯形图

另外，可用SET、RST指令进行编程，若按正转按钮X1，正转接触器Y1置位并自保持；若按反转按钮X2，反转接触器Y2置位并自保持；若按停止按钮X0或热继电器X3动作，正转接触器Y1或反转接触器Y2复位并自保持；在此基础上再增加对方的常闭触点作电气软互锁，如图6-55(b)所示。

2. 三台电动机顺序启动控制

控制要求如下：电动机M1启动5 s后电动机M2启动，电动机M2启动5 s后电动机M3启动；按下停止按钮时，电动机无条件全部停止运行。

(1)根据以上控制要求，其I/O分配为X001：启动按钮，X000：停止按钮，Y001：电动机M1，Y002：电动机M2，Y003：电动机M3。

(3)根据以上控制要求可知：引起输出信号状态改变的关键点为时间，即采用定时器进行计时，计时时间到则相应的电动机动作，而计时又可以采用分别计时和累计计时的方法，其梯形图分别如图6-56(a)和图6-56(b)所示。

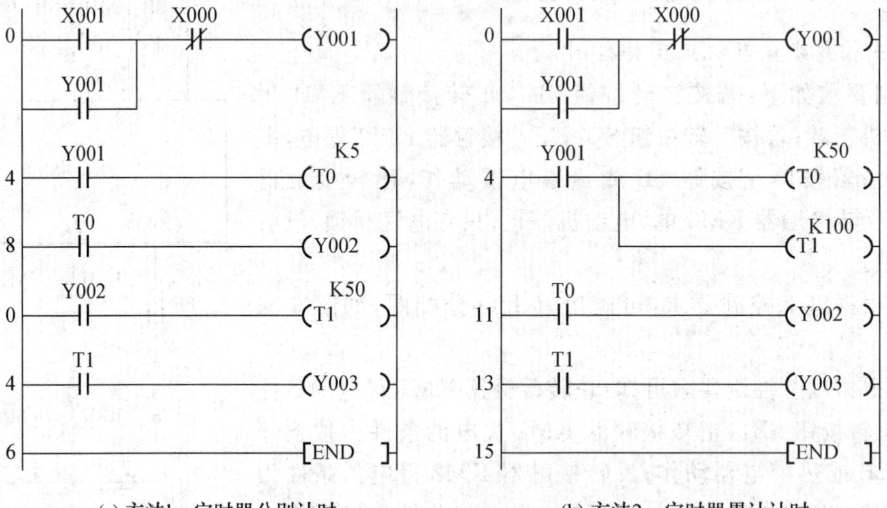

(a) 方法1：定时器分别计时　　(b) 方法2：定时器累计计时

图6-56　三台电动机顺序启动梯形图

3. 行程开关控制的正反转电路

控制要求如下：行程开关SQ1、SQ2作为往复控制用，而行程开关SQ3、SQ4作为极限保护用(图6-57)。

(1)根据以上控制要求，可画出其I/O分配图，如图6-58所示。

(2)根据以上控制要求可知：正转接触器KM1得电的条件为按下正转按钮SB1或闭合行程开关SQ1，正转接触器KM1失电的条件为按下停止按钮SB或热继电器动作或行程开关SQ2、SQ4动作；反转接触器KM2得电的条件为按下反转按钮SB2或闭合行程开关SQ2，反转接触器KM2失电的条件为按下停止按钮SB或热继电器动作或行程开关SQ1、SQ3动作。由此可知，除起停按钮及热继电器以外，引起输出信号状态改变的关键点为空间位置(空间原则)，即行程开关的动作。因此，可用两个启保停电路叠加，在此基础上再在线圈前增加对方的常闭触点作电气软互锁，其梯形图如图6-59所示。当然，也可以将图6-57作为基本电路，再在此基础上增加相应的行程开关即可。

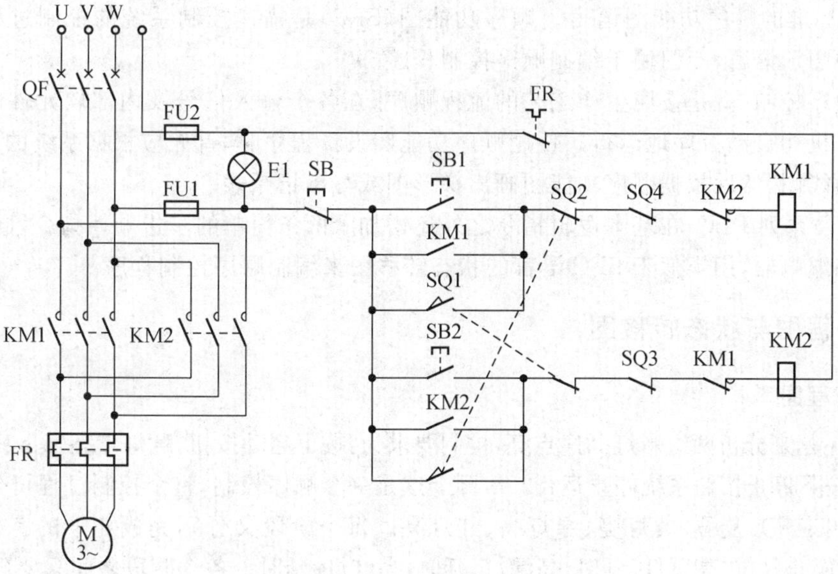

图 6-57　行程开关控制的正反转电路图

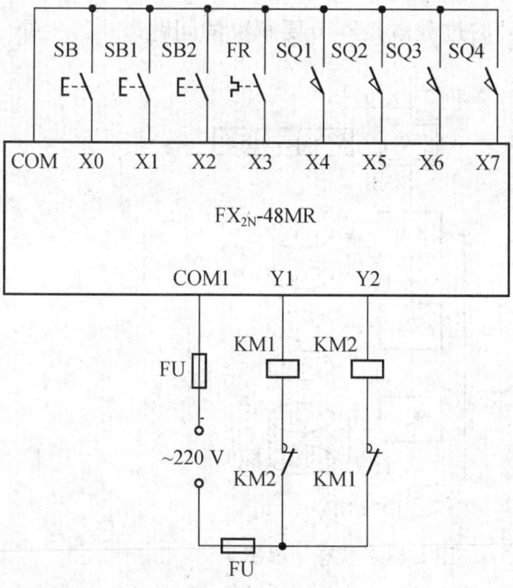

图 6-58　行程开关控制正反转的 I/O 分配

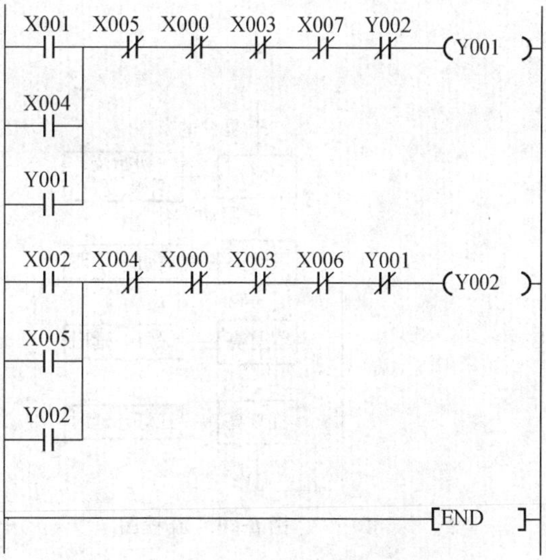

图 6-59　行程开关控制正反转的梯形图

第七节　PLC 步进顺控指令及其应用

用梯形图或指令表方式编程固然为广大电气技术人员所接受，但对于一些复杂的控制程序，尤其是顺序控制程序，由于其内部的连锁、互动关系极其复杂，在程序的编制、修改和可读性等方面都存在许多缺陷。因此，近年来，许多新生产的 PLC 在梯形图语言之外增加了符合

IEC1131-3 标准的顺序功能图语言。顺序功能图(SFC)是描述控制系统的控制过程、功能和特性的一种图形语言,专门用于编制顺序控制程序。

所谓顺序控制,就是按照生产工艺的流程顺序,在各个输入信号及内部软元件的作用下,使各个执行机构自动有序地运行。使用顺序功能图设计程序时,首先应根据系统的工艺流程,画出顺序功能图,然后根据顺序功能图画出梯形图或写出指令表。

三菱 FX 系列 PLC,在基本逻辑指令之外还增加了两条简单的步进顺控指令,同时辅之以大量的状态继电器,用类似于 SFC 语言的状态转移图来编制顺序控制程序。

一、流程图与状态转移图

(一)流程图

首先,还是来分析两组彩灯循序点亮,控制要求为:按下启动按钮,黄灯点亮,5 s 后黄灯熄灭红灯点亮,按下停止按钮系统停止运行。实际上这是一个顺序控制,整个控制过程可分为如下 4 个阶段(或叫工序):复位、黄灯亮、绿灯亮、红灯亮。每个阶段又分别完成如下的工作(也叫动作):初始及停止复位,亮黄灯、延时,亮绿灯、延时,亮红灯、延时。各个阶段之间只要延时时间到就可以过渡(也叫转移)到下一阶段。因此,可以很容易地画出其工作流程图,如图6-60所示。流程图对大家来说并不陌生,那么,如何让 PLC 来识别大家所熟悉的流程图呢?这就要将流程图"翻译"成如图 6-61 所示的状态转移图,完成"汉译英"的过程就是本节要解决的问题。

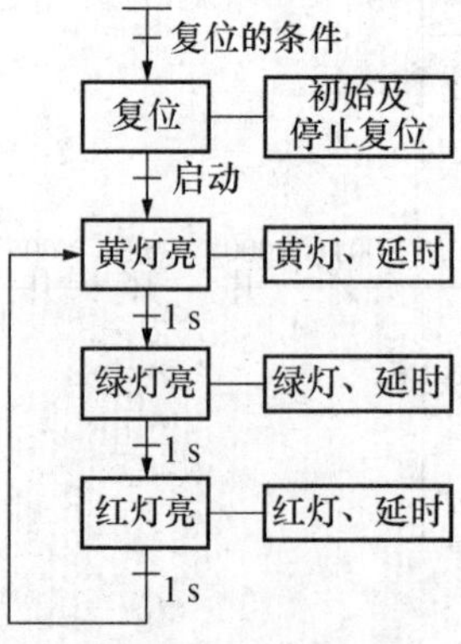

图 6-60 流程图

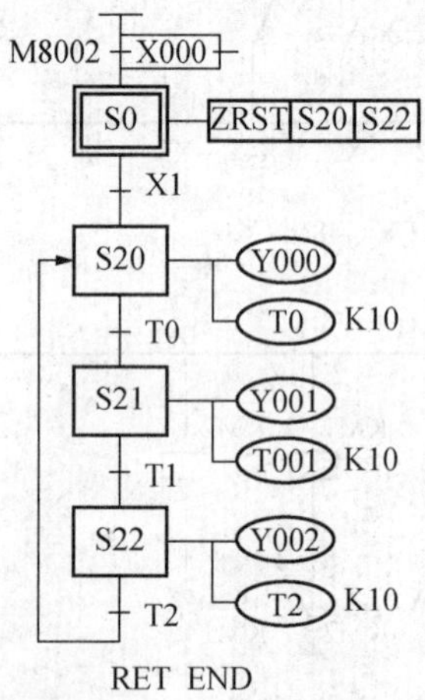

图 6-61 状态转移图

(二)状态转移图

状态转移图(图 6-61)又称状态流程图,它是一种用状态继电器来表示的顺序功能图,是 FX 系列 PLC 专门用于编制顺序控制程序的一种编程语言。那么,如何将流程图转化为状态转移图呢?其实很简单,只要进行如下的变换:一是将流程图中的每一个阶段(或工序)用 PLC 的一个状态继电器来表示;二是将流程图中的每个阶段要完成的工作(或动作)用 PLC 的线圈指令或功能指令来实现;三是将流程图中各个阶段之间的转移条件用 PLC 的触点或电路块来替代;四是流程图中的箭头方向就是 PLC 状态转移图中的转移方向。

1. 设计状态转移图的方法和步骤

下面以彩灯循环点亮控制系统为例,说明设计 PLC 状态转移图的方法和步骤。

(1)将整个控制过程按任务要求分解成若干道工序,其中的每一道工序对应一个状态(即步),并分配状态继电器。

彩灯循环点亮控制系统的状态继电器分配如下:复位,S0;黄灯亮,S20;绿灯亮,S21;红灯亮,S22。

(2)搞清楚每个状态的功能。状态的功能是通过状态元件驱动各种负载(即线圈或功能指令)来完成的,负载可由状态元件直接驱动,也可由其他软触点的逻辑组合驱动。

彩灯循环点亮控制系统的各状态功能如下。

S0:PLC初始及停止复位(驱动ZRSTS20S22区间复位指令)。

S20:亮黄灯、延时(驱动Y000、T0的线圈,使黄灯亮1 s)。

S21:亮绿灯、延时(驱动Y001、T1的线圈,使绿灯亮1 s)。

S22:亮红灯、延时(驱动Y002、T2的线圈,使红灯亮1 s)。

(3)找出每个状态的转移条件和方向,即在什么条件下将下一个状态"激活"。状态的转移条件可以是单一的触点,也可以是多个触点串、并联电路的组合。

彩灯循环点亮控制系统的各状态转移条件如下。

S0:初始脉冲M8002,停止按钮(常开触点)X0,并且,这两个条件是或的关系。

S20:一个是启动按钮X1,另一个是从S22来的定时器T2的延时闭合触点。

S21:定时器T0的延时闭合触点。

S22:定时器T1的延时闭合触点。

(4)根据控制要求或工艺要求,画出状态转移图。

经过以上4步,可画出彩灯循环点亮的控制系统的状态转移图,如图6-61所示。

2. 状态的三要素

状态转移图中的状态有驱动负载、指定转移方向和转移条件三个要素,其中指定转移方向和转移条件是必不可少的,驱动负载则要视具体情况,也可能不进行实际负载的驱动。图6-61中,ZRST、S20、S22区间复位指令,Y000、T0的线圈,Y001、T1的线圈和Y002、T2的线圈,分别为状态S0、S20、S21和S22驱动的负载;X001、T0、T1、T2的触点分别为状态S0、S20、S21、S22的转移条件;S20、S21、S22、S0分别为S0、S20、S21、S22的转移方向。

3. 状态转移和驱动的过程

当某一状态被"激活"成为活动状态时,它右边的电路被处理,即该状态的负载可以被驱动。当该状态的转移条件满足时,就执行转移,即后续状态对应的状态继电器被SET或OUT指令驱动,后续状态变为活动状态,同时原活动状态对应的状态继电器被系统程序自动复位,其后面的负载复位(SET指令驱动的负载除外)。每个状态一般具有三个功能,即对负载的驱动处理,指定转移条件和指定转移方向。

如图6-61所示,S0为初始状态,用双线框表示;其他状态为普通状态,用单线框表示;垂直线段中间的短横线表示转移的条件(例如:X001动合点为S0到S20的转移条件,T0动合点为S20到S21的转移条件),若为动断点,则在软元件的正上方加一短横线表示;状态方框右侧的水平横线及线圈表示该状态驱动的负载。状态转移图的驱动过程如下。

当PLC开始运行时,M8002产生一初始脉冲使初始状态S0置1,进而使ZRST(ZRST是一条区间复位指令)指令有效,使S20~S22复位。当按下启动按钮X1时,状态转移到S20,使S20置1,同时S0在下一扫描周期自动复位,S20马上驱动Y000、T0(亮黄灯、延时)。当延时到转移条件 T0 闭合时,状态从 S20 转移到 S21,使 S21 置 1,同时驱动 Y001、T1(亮绿灯、延时),而 S20 则在下一扫描周期自动复位,Y0、T0 线圈也就断电。当转移条件 T1 闭合时,状态从 S21 转移到 S22,使 S22 置 1,同时驱动 Y002、T2(亮红灯、延时),而 S21 则在下一扫描周期自动复位,Y001、T1 线圈也就断电。当转移条件 T2 闭合时,状态转移到 S20,使 S20 又置 1,同时驱动 Y000、T0(亮黄灯、延时),而 S22 则在下一扫描周期自动复位,Y002、T2 线圈也就断电,开始下一个循环。在上述过程中,若按下停止按钮 X000,则随时可以使状态 S20～S22 复位,同时 Y000～Y002、T0～T2 的线圈也复位,彩灯熄灭。

4. 状态转移图的特点

由以上分析可知,状态转移图就是由状态、状态转移条件及转移方向构成的流程图。步进顺控的编程过程就是设计状态转移图的过程,其一般思路为:将一个复杂的控制过程分解为若干个工作状态,弄清楚各状态的工作细节(即各状态的功能、转移条件和转移方向),再依据总的控制要求将这些状态连接起来,就形成了状态转移图。状态转移图和流程图一样,具有如下特点。

(1)可以将复杂的控制任务或控制过程分解成若干个状态。无论多么复杂的工程都能分解为若干个状态,有利于程序的结构化设计。

(2)相对某一个具体的状态来说,控制任务简单了,给局部程序的编制带来了方便。

(3)整体程序是局部程序的综合,只要搞清楚各状态需要完成的动作、状态转移的条件和转移的方向,就可以进行状态转移图的设计。

(4)这种图形很容易理解,可读性很强,能清楚地反映整个控制的工艺过程。

5. 状态转移图的理解

若对应状态"有电"(即"激活")则状态的负载驱动和转移处理才有可能执行;若对应状态"无电"(即"未激活"),则状态的负载驱动和转移处理就不可能执行。因此,除初始状态外,其他所有状态只有在其前一个状态处于"激活"且转移条件成立时才可能被"激活";同时,一旦下一个状态被"激活",上一个状态就自动变成"无电"。从 PLC 程序的循环扫描角度来分析,在状态转移图中,所谓的"有电"或"激活"可以理解为该段程序被扫描执行;而"无电"或"未激活";则可以理解为该段程序被跳过,未能扫描执行。这样,状态转移图的分析就变得条理清楚,无须考虑状态间繁杂的连锁关系。

二、步进顺控指令及其编程方法

状态转移图画好后,接下来的工作是如何将它变成指令表程序,即写出指令清单,以便通过编程工具将程序输入到 PLC 中。

1. 步进顺控指令

FX 系列 PLC 仅有两条步进顺控指令,其中 STL(step ladder)是步进开始指令,以使该状态的负载可以被驱动;RET 是步进返回(也叫步进结束)指令,使步进顺控程序执行完毕时,非步进顺控程序的操作在主母线上完成。为防止出现逻辑错误,步进顺控程序的结尾必须使用 RET 步进返回指令。利用这两条指令,可以很方便地编制状态转移图的指令表程序。

2. 状态转移图的编程方法

对状态转移图进行编程,就是如何使用 STL 和 RET 指令的问题。状态转移图的编程原则为:先进行负载的驱动处理,然后进行状态的转移处理。图 6-61 的指令表程序如表 6-4 所示，其状态梯形图如图 6-62 所示。

表 6-4　图 6-61 的指令表

0	LD	M8002		14	OUT	Y000		27	SET	S22	
1	OR	X000		15	OUT	T0	K10	29	STL	S22	
2	SET	S0		18	LD	T0		30	OUT	Y002	
4	STL	S0		19	SET	S21		31	OUT	T2	K10
5	ZRST	S20	S22	21	STL	S21		34	LD	T2	
10	LD	X001		22	OUT	Y001		35	OUT	S20	
11	SET	S20		23	OUT	T1	K10	37	RET		
13	STL	S20		26	LD	T1		38	END		

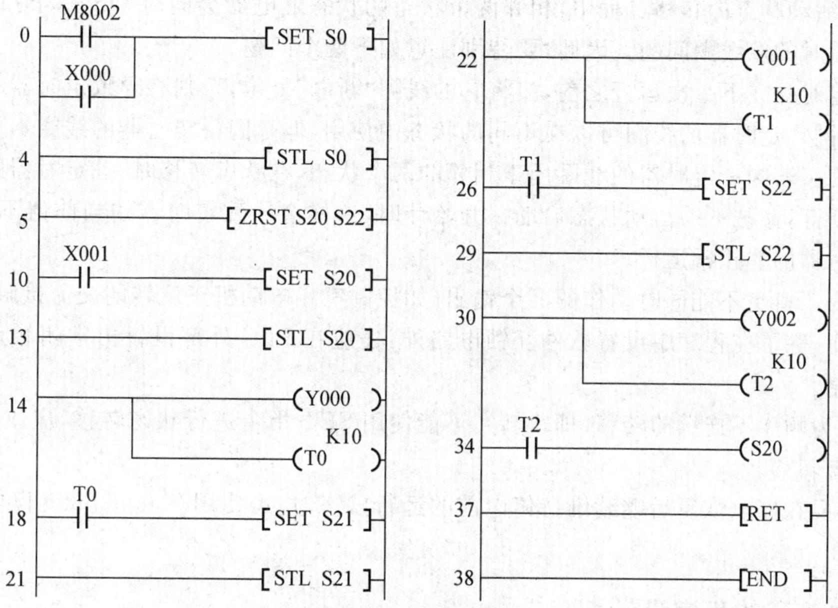

图 6-62　状态梯形图

从以上指令表程序可看出：负载驱动及转移处理必须在 STL 指令之后进行，负载的驱动通常使用 OUT 指令（也可以使用 SET、RST 及功能指令，还可以通过触点及其组合来驱动）；状态的转移必须使用 SET 指令，但若为向上游转移、向非相邻的下游转移或向其他流程转移（称为不连续转移），一般不能使用 SET 指令，而用 OUT 指令。

3. 编程注意事项

编程时需注意如下事项。

(1)与 STL 指令相连的触点应使用 LD 或 LD1 指令，下一条 STL 指令的出现意味着当前 STL 程序区的结束和新的 STL 程序区的开始，最后一个 STL 程序区结束时，一定要使用 RET 指令，这就意味着整个 STL 程序区的结束，否则将出现“程序语法错误”信息，PLC 不能执行用户程序。

(2)初始状态必须预先作好驱动，否则状态流程不可能向下进行。一般用控制系统的初始条件，若无初始条件，可用 M8002 或 M8000 进行驱动。

M8002 是一个初始脉冲，它只在 PLC 运行开关由 STOP→RUN 时有电一个扫描周期，故初始状态 S0 就只被它“激活”一次,因此,初始状态 S0 就只有初始置位和复位的功能。M800 是运行监视,它在 PLC 的运行开关由 STOP→RUN 后一直有电,直到 PLC 停电或 PLC 的运行开关由 RUN→STOP,故初始状态 S0 就一直处在被“激活”的状态。

(3)STL 指令后可以直接驱动或通过别的触点来驱动 Y、M、S、T、C 等元件的线圈和功能指令。若同一线圈需要在连续多个状态下驱动,则可在各个状态下分别使用 OUT 指令,也可以使用 SET 指令将其置位,等到不需要驱动时,用 RST 指令将其复位。

(4)由于 CPU 只执行活动(即有电)状态对应的程序,因此,在状态转移图中允许双线圈输出,即在不同的 STL 程序区可以驱动同一软元件的线圈,但是同一元件的线圈不能在同时为活动状态的 STL 程序区内出现。在有并行流程的状态转移图中,应特别注意这一问题。另外,状态软元件 S 在状态转移图中不能重复使用,否则会引起程序执行错误。

(5)在活动状态的转移过程中,相邻两个状态的状态继电器会同时 ON 一个扫描周期,可能会引发瞬时的双线圈问题。因此,要特别注意如下两个问题。

一是定时器在下一次运行之前,应将它的线圈“断电”复位,否则将导致定时器的非正常运行。所以,同一定时器的线圈可以在不同的状态中使用,但是同一定时器的线圈不可以在相邻的状态使用。若同一定时器的线圈用于相邻的两个状态,在状态转移时,该定时器的线圈还没有来得及断开,又被下一活动状态启动并开始计时,这样会导致定时器的当前值不能复位,从而导致定时器的非正常运行。

二是为了避免不能同时动作的两个输出(如控制三相电动机正反转的交流接触器线圈)出现同时动作,除了在程序中设置软件互锁电路外:还应在 PLC 外部设置由常闭触点组成的硬件互锁电路。

(6)若为顺序不连续的转移(即跳转),不能使用 SET 指令进行状态转移,应改用 OUT 指令进行状态转移。

(7)需要在停电恢复后继续维持停电前的运行状态时,可使用 S500～S899 停电保持型状态继电器。

三、单流程的程序设计

所谓单流程,就是指状态转移只有一个流程,没有其他分支。如彩灯循环点亮就只有一个流程,是一个典型的单流程程序。由单流程构成的状态转移图就叫单流程状态转移图。当然,现实当中并非所有的顺序控制都为一个流程,含有多个流程(或路径)的叫分支流程,分支流程将在后面介绍。

(一)设计方法和步骤

单流程控制的程序设计比较简单,其设计方法和步骤如下。

(1)根据控制要求,列出 PLC 的 I/O 分配表,画出 I/O 分配图。

(2)将整个工作过程按工作步序进行分解,每个工作步序对应一个状态,将其分为若干个状态。

(3)理解每个状态的功能和作用,即设计驱动程序。

(4)找出每个状态的转移条件和转移方向。

(5)根据以上分析,画出控制系统的状态转移图。

(6)根据状态转移图写出指令表。

(二)程序设计实例

用步进顺控指令设计一个三相电动机循环正反转控制系统。其控制要求如下：按下启动按钮，电动机正转 3 s，暂停 2 s，反转 3 s，正转 2 s，如此循环 5 个周期，然后自动停止；运行中，可按停止按钮停止，热继电器动作也应停止。

解　(1)根据控制要求，其 I/O 分配为 X0：停止按钮，X1：启动按钮，X2：热继电器动合点，Y1：电动机正转接触器，Y2：电动机反转接触器；其 I/O 分配图如图 6-63 所示。

(2)根据控制要求可知：这是一个单流程控制程序；其工作流程图如图 6-64 所示；再根据其工作流程图可以画出其状态转移图，如图 6-65 所示。

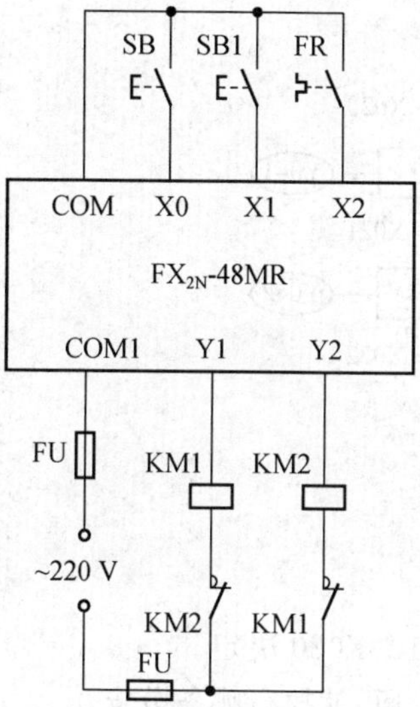

图 6-63　PLC 的 I/O 分配图

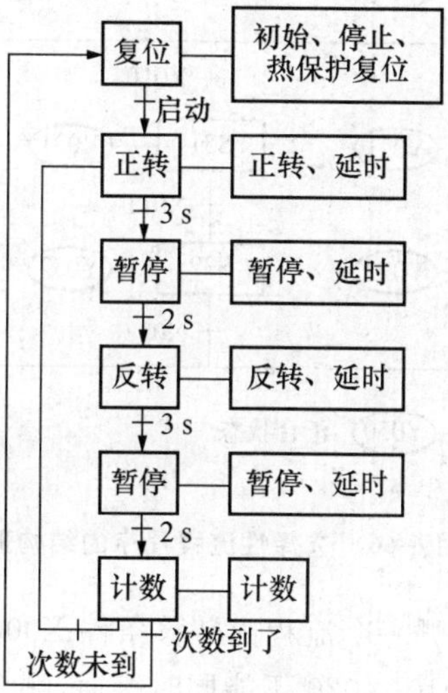

图 6-64　工作流程图

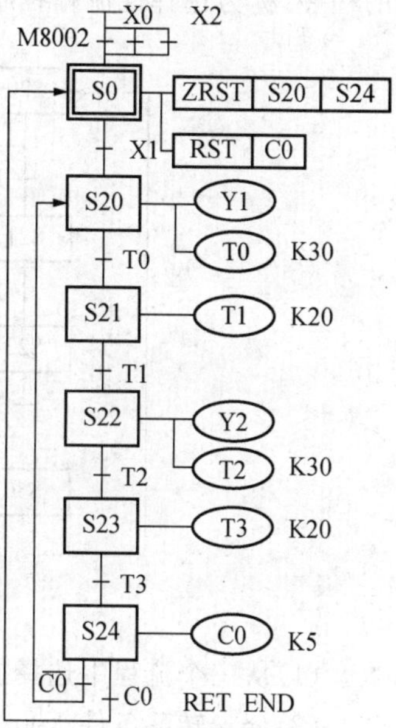

图 6-65　状态转移图

(3)图 6-65 的指令如表 6-5 所示。

表 6-5　图 6-65 的指令

LD	M8002		LD	T0		OUT	T3	K20
OR	X000		SET	S21		LD	T3	
OR	X002		STL	S21		SET	S24	
SET	S0		OUT	T1	K20	STL	S24	
STL	S0		LD	T1		OUT	C0	K5
ZRST	S20	S24	SET	S22		LDI	C0	
RST	C0		STL	S22		OUT	S20	
LD	X001		OUT	Y002		LD	C0	
SET	S20		OUT	T2	K30	OUT	S0	
STL	S20		LD	T2		RET		
OUT	Y001		SET	S23		END		
OUT	T0	K30	STL	S23				

四、选择性流程的程序设计

前面介绍的均为单流程顺序控制的状态转移图，在较复杂的顺序控制中，一般都是多流程的控制，常见的有选择性流程和并行性流程两种。下面将对选择性流程的程序设计做一全面的介绍。

(一)选择性流程及其编程

1. 选择性流程程序的特点

由两个及两个以上的分支流程组成的，但根据控制要求只能从中选择一个分支流程执行的程序，称为选择性流程程序。图 6-66 所示是具有三个支路的选择性流程程序，其特点如下。

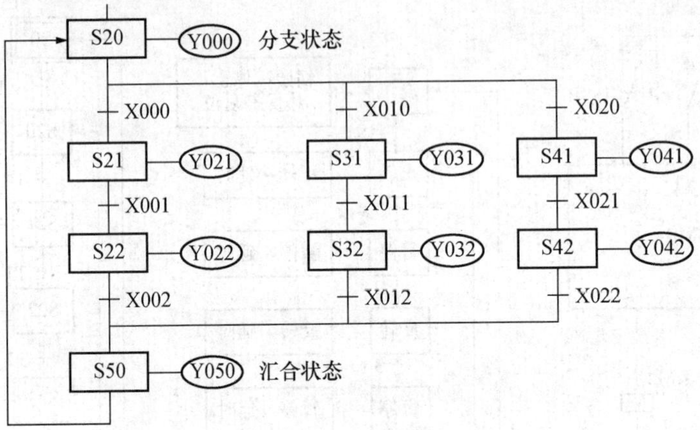

图 6-66 选择性流程程序的结构形式

(1)从三个流程中选择执行哪一个流程由转移条件 X000、X010、X020 决定。

(2)分支转移条件 X000、X010、X020 不能同时接通，哪个先接通，就执行哪条分支。

(3)当 S20 已动作时，一旦 X000 接通，程序就向 S21 转移，则 S20 就复位。因此，即使以后 X010 或 X020 接通，S31 或 S41 也不会动作。

(4)汇合状态 S50 可由 S22、S32、S42 中任意一个驱动。

2. 选择性分支的编程

选择性分支的编程与一般状态的编程一样，先进行驱动处理，然后进行转移处理，所有的转移处理按顺序执行，简称先驱动后转移。因此，首先对 S20 进行驱动处理(OUT Y000)，然后按 S21、S31、S41 的顺序进行转移处理。选择性分支的程序如表 6-6 所示。

表 6-6 选择性分支程序的指令

STL	S20		LD	X010	第二分支的转移条件
OUT	Y000	驱动处理	SET	S31	转移到第二分支
LD	X000	第一分支的转移条件	LD	X020	第三分支的转移条件
SET	S21	转移到第一分支	SET	S41	转移到第三分支

3. 选择性汇合的编程

选择性汇合的编程是先进行汇合前状态的驱动处理，然后按顺序向汇合状态进行转移处理。因此，首先对第一分支(S21 和 S22)、第二分支(S31 和 S32)、第三分支(S41 和 S42)进行驱动处理，然后按 S22、S32、S42 的顺序向 S50 转移。选择性汇合的程序如表 6-7 所示。

表 6-7 选择性汇合程序的指令

STL	S21	第一分支驱动处理	LD	X021	第三分支驱动处理
OUT	Y021		SET	S42	
LD	X001		STL	S42	
SET	S22		OUT	Y042	
STL	S22		STL	S22	由第一分支转移到汇合点
OUT	Y022		LD	X002	
STL	S31	第二分支驱动处理	SET	S50	
OUT	Y031		STL	S32	由第二分支转移到汇合点
LD	X011		LD	X012	
SET	S32		SET	S50	
STL	S32		STL	S42	由第三分支转移到汇合点
OUT	Y032		LD	X022	
STL	S41	第三分支驱动处理	SET	S50	
OUT	Y041		STL S50 OUT Y50		

(二)程序设计实例

用步进指令设计三相电动机正反转的控制程序。其控制要求如下：按正转启动按钮 SB_1，电动机正转，按停止按钮 SB，电动机停止；按反转启动按钮 SB_2，电动机反转，按停止按钮 SB，电动机停止；热继电器具有保护功能。

解 (1)根据控制要求，其 I/O 分配为 X000：SB(常开)，X001：SB1，X002：SB2，X003：热继电器 FR(常开)；Y001：正转接触器 KM1，Y002：反转接触器 KM2。

(2)根据控制要求，三相电动机的正反转控制是一个具有两个分支的选择性流程，分支转移的条件是正转启动按钮 X001 反转启动按钮 X002，汇合的条件是热继电器 X003 或停止按钮 X000，而初始状态 S0 可由初始脉冲 M8002 来驱动。其状态转移图如图 6-67(a)所示。

(3)根据图 6-67(a)所示的状态转移图，其指令表如图 6-67(b)所示。

五、并行性流程的程序设计

(一)流程及其编程

1. 并行性流程程序的特点

由两个及以上的分支流程组成的，但必须同时执行各分支的程序，称为并行性流程程序。图 6-68 所示是具有三个支路的并行性流程程序，其特点如下。

(1)若 S20 已动作，则只要分支转移条件 X000 成立，三个流程(S21、S22，S31、S32，S41、S42)同时并列执行，没有先后之分。

(2)当各流程的动作全部结束时(先执行完的流程要等待全部流程动作完成)，一旦 X002

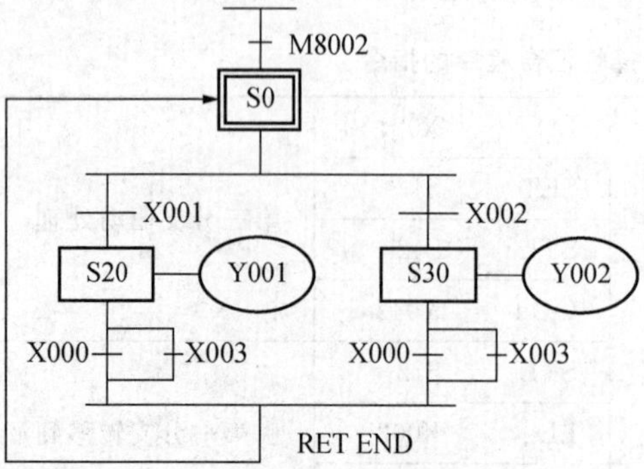

(a) 状态转移图

LD	M8002	STL	S20
SET	S0	LD	X000
STL	S0	OR	X003
LD	X001	OUT	S0
SET	S20	STL	S30
LD	X002	LD	X000
SET	S30	OR	X003
STL	S20	OUT	S0
OUT	Y001	RET	
STL	S30	END	
OUT	Y002		

(b) 指令表

图 6-67 三相电动机正反转控制的状态转移图和指令表

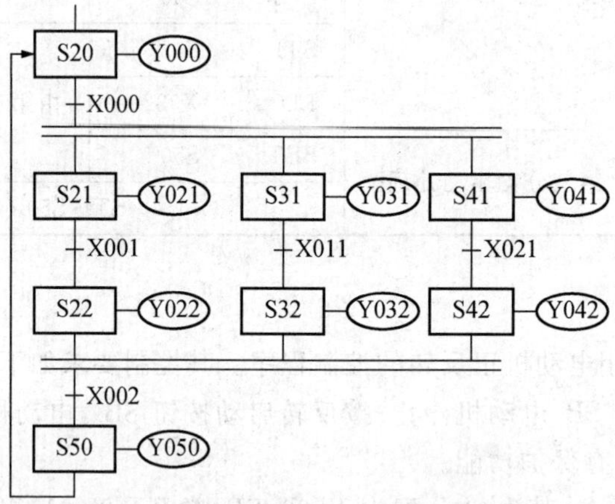

图 6-68 并行性流程程序的结构形式

为 ON,则汇合状态 S50 动作,S22、S32、S42 全部复位。若其中一个流程没执行完,则 S50 就不可能动作。另外,并行性流程程序在同一时间可能有两个及两个以上的状态处于激活状态。

2. 并行性分支的编程

并行性分支的编程与选择性分支的编程一样,先进行驱动处理,然后进行转移处理,所有的转移处理按顺序执行。根据并行性分支的编程方法,首先对 S20 进行驱动处理(OUT Y000),然后按第一分支(S21、S22),第二分支(S31、S32),第三分支(S41、S42)的顺序进行转移处理。并行性分支的程序如表 6-8 所示。

表 6-8 并行性分支程序的指令

STL S20	SET S21 转移到第一分支
OUT Y000 驱动处理	SET S31 转移到第二分支
LD X000 转移条件	SET S41 转移到第三分支

3. 并行性汇合的编程

并行性汇合的编程与选择性汇合的编程一样，也是先进行汇合前状态的驱动处理，然后按顺序向汇合状态进行转移处理。根据并行性汇合的编程方法，首先对 S21、S22、S31、S32、S41、S42 进行驱动处理，然后按 S22、S32、S42 的顺序向 S50 转移。并行性汇合的程序如表 6-9 所示。

表 6-9　并行性汇合程序的指令

STL	S21	第一分支驱动处理	STL	S41	第三分支驱动处理
OUT	Y021		OUT	Y041	
LD	X001		LD	X021	
SET	S22		SET	S42	
STL	S22		STL	S42	
OUT	Y022		OUT	Y042	
STL	S31	第二分支驱动处理	STL	S22	由第一分支汇合
OUT	Y031		STL	S32	由第二分支汇合
LD	X011		STL	S42	由第三分支汇合
SET	S32		LD	X002	汇合条件
STL	S32		SET	S50	汇合状态
OUT	Y32		STL S50 OUT Y50		

4. 编程注意事项

(1)并行性流程的汇合最多能实现 8 个流程的汇合。

(2)在并行性分支、汇合流程中，不允许有如图 6-69(a)所示的转移条件，而必须将其转化为图 6-69(b)后，再进行编程。

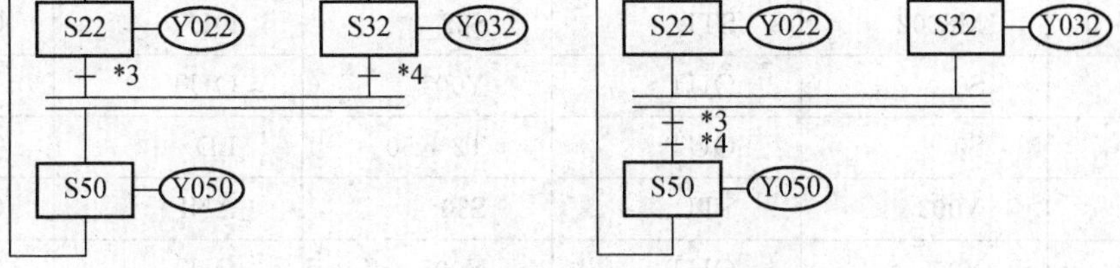

(a) 转化前　　(b) 转化后

图 6-69　并行性分支、汇合流程的转化

(二)程序设计实例

用步进指令设计一个按钮式人行横道指示灯的控制程序。其控制要求如下:按 X000 或 X001 按钮,人行横道和车道指示灯按图 6-70 所示点亮。

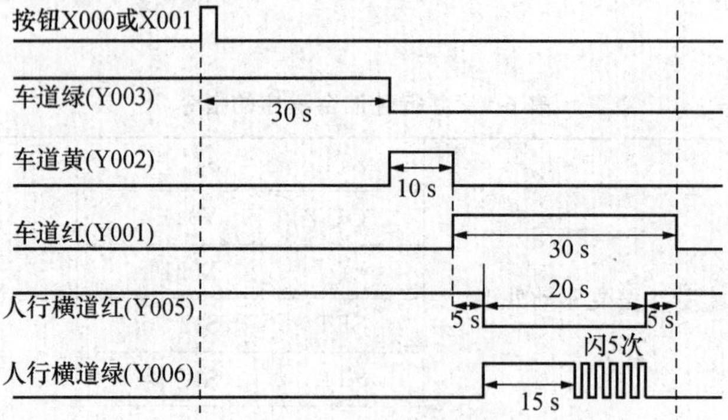

图 6-70　按钮式人行横道指示灯的示意图

解　(1)根据控制要求,其 I/O 分配为 X000:左启动,X001:右启动;Y001:车道红灯;Y002:车道黄灯;Y003:车道绿灯;Y005:人行横道红灯;Y006:人行横道绿灯。

(2) PLC 外部接线图如图 6-71 所示。

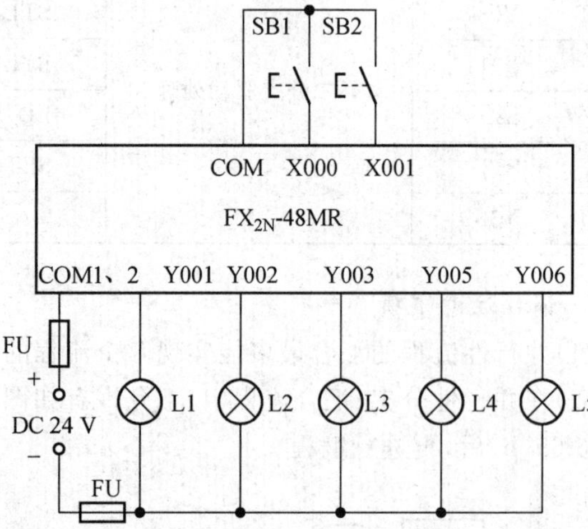

图 6-71　PLC 外部接线图

(3)根据控制要求,当未按下 X000 或 X001 按钮时,人行横道红灯和车道绿灯亮;当按下 X000 或 X001 按钮时,人行横道指示灯和车道指示灯同时开始运行,因此此流程是具有两个分支的并行性流程。其状态转移图如图 6-72 所示。

(4)指令表程序。根据并行性分支的编程方法,其指令表如表 6-10 所示。

表 6-10　按钮式人行横道指示灯指令

LD	M8002	STL	S22	OUT	C0 K5
SET	S0	OUT	Y001	OUT	T5 K5
STL	S0	OUT	T2 K50	LD	T5
OUT	Y003	STL	S30	ANI	C0
OUT	Y005	OUT	Y005	OUT	S32
LD	X000	RST	C0	LD	C0
OR	X001	LD	T2	AND	T5

续表6-10

LD	M8002	STL	S22	OUT	C0 K5
SET	S20	SET	S31	SET	S34
SET	S30	STL	S31	STL	S34
STL	S20	OUT	Y006	OUT	Y005
OUT	Y003	OUT	T3 K150	OUT	T6 K50
OUT	T0 K300	LD	T3	STL	S22
LD	T0	SET	S32	STL	S34
SET	S21	STL	S32	LD	T6
STL	S21	OUT	T4 K5	OUT	S0
OUT	Y002	LD	T4	RET	
OUT	T1 K100	SET	S33	END	
LD	T1	STL	S33		
SET	S22	OUT	Y006		

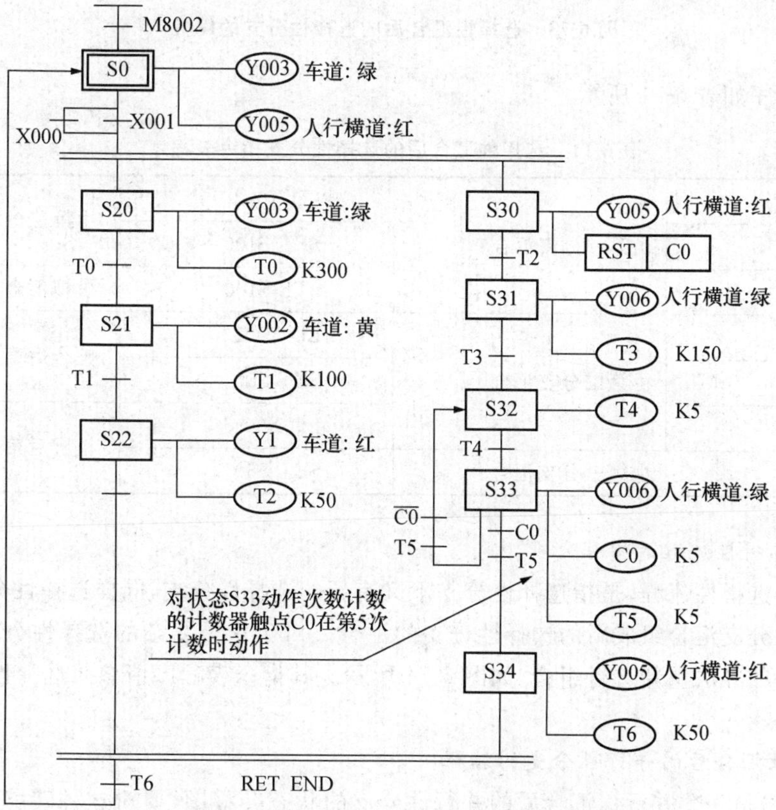

图 6-72　按钮式人行横道指示灯的状态转移图

六、复杂流程及跳转流程的程序设计

在复杂的顺序控制中，常常会有选择性流程、并行性流程的组合。下面将对几种常见的复杂流程作一简单的介绍。

1. 选择性汇合后的选择性分支的编程

图 6-73(a)是一个选择性汇合后的选择性分支的状态转移图，要对这种转移图进行编程，必须要在选择性汇合后和选择性分支前插入一个虚拟状态(如 S100)才可以编程，如图 6-73(b)所示。

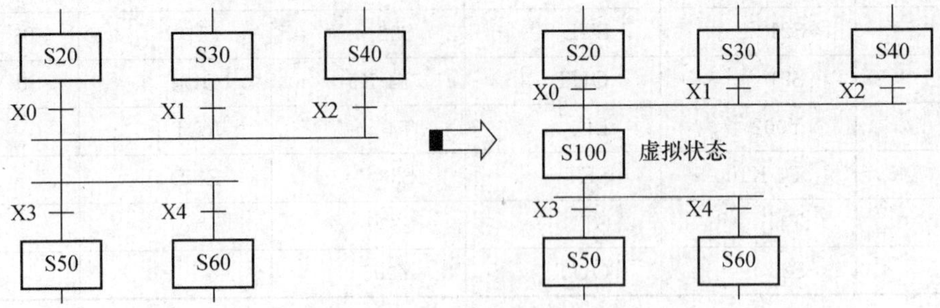

(a) 改写前　　(b) 改写后

图 6-73　选择性汇合后的选择性分支的编程

指令表程序如表 6-11 所示。

表 6-11　选择性汇合后的选择性分支指令表程序

STL S20	由第一分支汇合	LD X002	由第三分支汇合
LD X000		SET S100	
SET S100		STL S100	虚拟汇合状态
STL S30	由第二分支汇合	LD X003	汇合后第一分支
LD X001		SET S50	
SET S100		LD X004	汇合后第二分支
STL S40	由第三分支汇合	SET S60	

2. 复杂选择性流程的编程

所谓复杂选择性流程，是指选择性分支下又有新的选择性分支，同样选择性分支汇合后又与另一选择性分支汇合组成新的选择性分支的汇合。对于这类复杂的选择性分支，可以采用重写转移条件的办法重新进行组合，如图 6-74 所示。其指令表程序请参照选择性分支与汇合的编程方法。

3. 并行性汇合后的并行性分支的编程

图 6-75(a)是一个并行性汇合后的并行性分支的状态转移图，要对这种转移图进行编程，可参照选择性汇合后的选择性分支的编程方法，即在并行性汇合后和并行性分支前插入一个虚拟状态(如 S101)才可以编程，如图 6-75(b)所示。

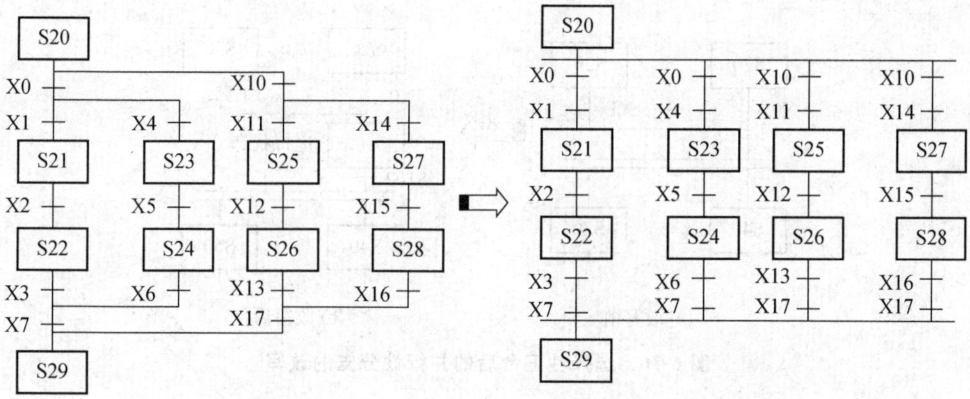

(a) 改写前　　(b) 改写后

图 6-74　复杂选择性流程的编程

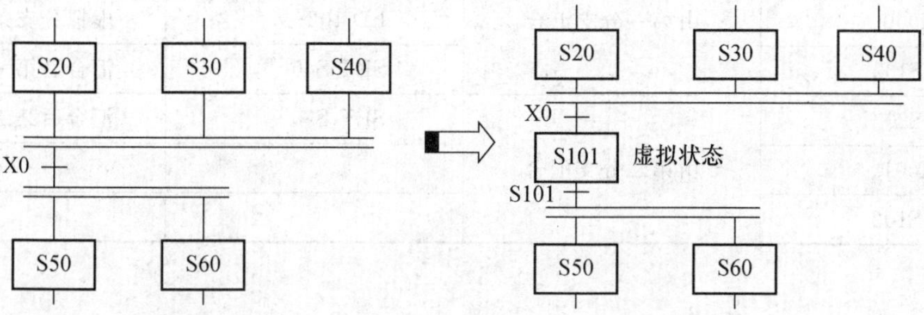

(a) 改写前　　(b) 改写后

图 6-75　并行性汇合后的并行性分支的改写

指令表程序如表 6-12 所示。

表 6-12　并行性汇合后的并行性分支指令表程序

STL S20	由第一分支汇合	SET S101	虚拟汇合状态
STL S30	由第二分支汇合	STL S101	
STL S40	由第三分支汇合	LD S101	分支条件
LD X000	汇合条件	SET S50	汇合后第一分支
		SET S60	汇合后第二分支

4. 选择性汇合后的并行性分支的编程

图 6-76(a)是一个选择性汇合后的并行性分支的状态转移图,要对这种转移图进行编程,必须在选择性汇合后和并行性分支前插入一个虚拟状态(如 S102)才可以编程,如图 6-76(b)所示。指令表程序如表 6-13 所示。

5. 并行性汇合后的选择性分支的编程

图 6-77(a)是一个并行性汇合后的选择性分支的状态转移图,要对这种转移图进行编程,必须在并行性汇合后和选择性分支前插入一个虚拟状态(如 S103)才可以编程,如图 6-77(b)所示。指令表程序如表 6-14 所示。

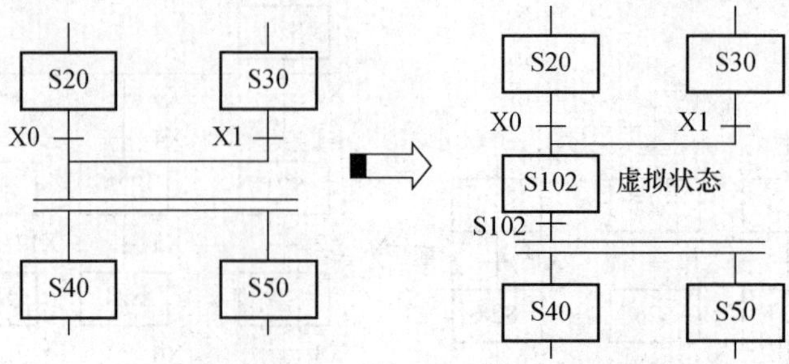

(a) 改写前　　(b) 改写后

图 6-76　选择性汇合后的并行性分支的改写

表 6-13　选择性汇合后的并行性分支指令表程序

STL S20	由第一分支汇合	STL S102	虚拟汇合状态
LD X000		LD 102	虚拟分支条件
SET S102		SET S40	汇合后第一分支
STL S30	由第二分支汇合	SET S50	汇合后第二分支
LD X001			
SET S102			

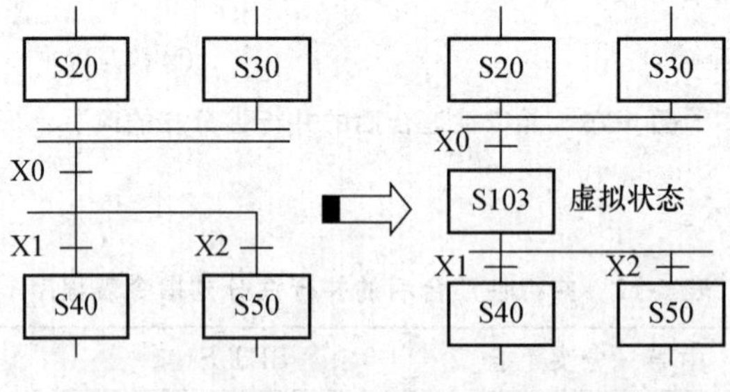

(a) 改写前　　(b) 改写后

图 6-77　并行性汇合后的选择性分支的改写

表 6-14　并行性汇合后的选择性分支指令表程序

STL S20	由第一分支汇合	LD X001	汇合后第一分支
STL S30	由第二分支汇合	SET S40	
LD X000	汇合条件	LD X002	汇合后第二分支
SET S103	虚拟汇合状态	SET S50	
STL S103			

6. 选择性流程里嵌套并行性流程的编程

图 6-78 是在选择性流程里嵌套并行性流程，分支时，先按选择性流程的方法编程，然后按并行性流程的方法编程；汇合时，先按并行性汇合的方法编程，然后按选择性汇合的方法编程，

指令表程序如表 6-15 所示。

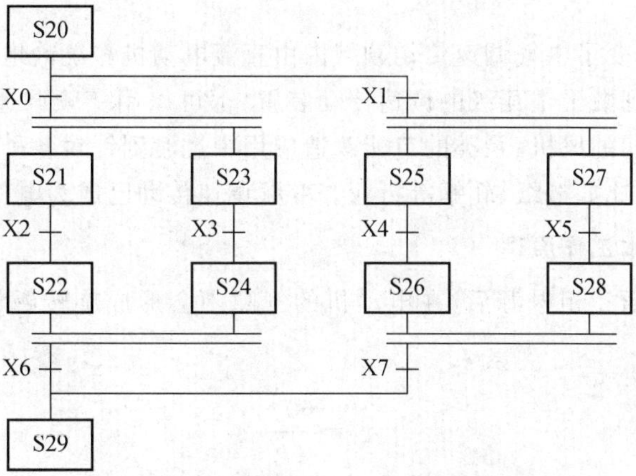

图 6-78　选择性流程里嵌套并行性流程

表 6-15　选择性流程里嵌套并行性流程指令表程序

STL S20			STL S22	第一选择分支内的	第一并行分支汇合
LD X000	分支条件		STL S24		第二并行分支汇合
SET S21	第一选择分支内的	第一并行分支	LD X006	第一分支的汇合状态	
SET S23		第二并行分支	SET S29	汇合状态	
LD X001	分支条件		STL S26	第二选择分支内的	第一并行分支汇合
SET S25	第二选择分支内的	第一并行分支	STL S28		第二并行分支汇合
SET S27		第二并行分支	LD X007	第二分支的汇合条件	
			SET S29	汇合状态	

【拓展知识:变频器】

一、变频器概述

(一)变频器的产生和发展

随着国民经济的高速发展,在众多产品的生产过程中,为满足节能或生产工艺的要求,需要驱动生产设备的电动机能够进行调速,并具有较好的调速指标。比如,工业生产中常用的数控机床,为了保证产品的加工精度,机床主轴需要实现无级调速。

直流调速系统具有优良的静、动态性能指标,在很长的一个历史时期内,占据着调速传动领域的统治地位。然而由于其机械式换向器造成的弊端,限制了直流调速系统在当今电力驱动领域的应用,尤其是在大容量调速领域中的应用。而交流电动机的容量、电压、电流和转速的上限不受限制,且结构简单、造价低廉、坚固耐用、容易维护,所以人们一直致力于提高交流电动机的调速性能,并很快确立了变频调速方案的基本原理。但是在相当长一段时间内,由于电力变换技术和控制手段的制约,变频器在市场上并没有取得成功。直到 20 世纪 80 年代,随着电力电子技术的完善及开关元器件性能的进一步提升，变频器才具备真正的应用价值，实现了商品化。

变频器的使用，改变了电气调速传动领域内由直流电动机占统治地位的局面。目前，从数百瓦级的家用电器直到数千千瓦级的调速传动装置，都可以用变频调速传动方式来实现。变频调速传动已经从最初的风机、泵类的节能改造应用中过渡到针对各种高精度、快速响应的高性能指标的调速控制，比如造纸、轧钢等行业。变频调速传动已成为电气调速传动的首选。

(二)变频器的基本工作原理

异步电动机在接通三相电源后，在电动机的气隙中会形成旋转磁场，其转速被称为同步转速：

$$n_1=\frac{60f_1}{p} \tag{6.1}$$

式中：n_1 为同步转速，r/min；f_1 为定子供电电源频率，Hz；p 为磁极对数。而异步电动机的转速 n 与同步转速 n_1 存在一个滑差关系：

$$n=n_1(1-s)=\frac{60f_1}{p}(1-s) \tag{6.2}$$

式中：s 为异步电动机转差率，$s=\frac{n_1-n}{n_1}$。

由式(6.2)可知，改变异步电动机的供电频率，即可以改变电动机转速，实现调速控制。

(三)通用变频器的结构

目前，市场上已有进口、国产变频器生产厂家近 200 家，变频器系列产品更是不胜枚举。各生产厂家生产的通用变频器，其主电路结构和控制电路并不完全相同，但基本的构造原理和主电路连接方式以及控制电路的基本功能都大同小异。图 6-79 所示为通用变频器结构原理。

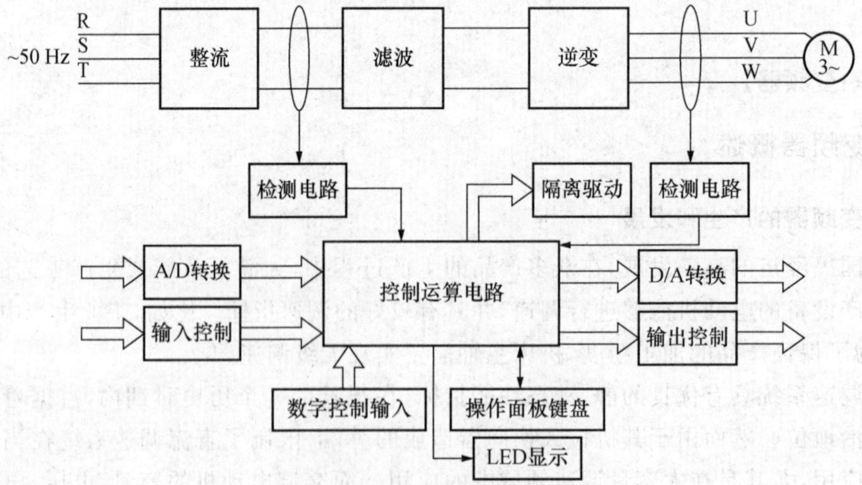

图 6-79 通用变频器结构原理

变频器主要包括三个部分：一是主电路接线端，包括接工频电网的输入端(R、S、T)，接电动机的频率、电压连续可调的输出端(U、V、W);二是控制端子,包括外部信号控制端子、变频器工作状态指示端子、变频器与微型计算机或其他变频器的通信接口;三是操作面板,包括键盘、液晶显示屏或触摸控制屏。

(四)变频器分类

变频器的分类方法有多种,可以按其主电路结构形式分类、按直流电流的滤波方式分类、按输出电压调节方式分类、按控制方式分类,还可以按用途进行分类。目前市场上的通用变频器大部分为交—直—交、SPWM 变频器,控制方案也不再是单一的 V/f 控制,有些变频器还提供矢量控制等多种控制方案供用户选择,如 SIEMENS 公司的 MM440 变频器。

二、通用变频器的应用

SIEMENS 公司变频器 MicroMaster 440 (MM440)是全新一代可以广泛应用的多功能标准变频器。它采用高性能的矢量控制技术,提供低速高转矩输出和良好的动态特性,同时具备超强的过载能力,以满足不同的应用场合。创新的 BiCo (内部功能互连)功能有无可比拟的灵活性。可以作为 SIEMENS 公司 S7-200 系列 PLC 理想的配套设备。

(一)MM440 变频器的主要特点

MM440 变频器的主要特点见表 6-16。

表 6-16 MM440 变频器特点

主要特性	参数设置功能强大,参数设置范围广,确保可对广泛的应用对象进行配置
	具有多个继电器输出,多个模拟量输出(0～20 mA)
	6 个带隔离的数字输入,并可切换为 NPN/PNP 接线
	2 个模拟输入:AIN1 (0～10 V, 0～20 mA、－10～10 V)和 AIN2 (0～10 V, 0～20 mA), 2 个模拟输入也可以作为第 7 个和第 8 个数字输入
	有多种可选件供用户选用,包括与 PC 通信的通信模块、基本操作面板(BOP)、高级操作面板 (AOP)以及进行现场总线通信的 PROFIBUS 通信模块
性能特征	具有两种矢量控制性能:无传感器矢量控制;带编码器的矢量控制
	具有 V/f 控制性能
	具有快速电流限制(FCL)功能,避免运行中不应有的跳闸
	具有内置的直流注入制动,还具有复合制动功能
	具有内置的制动单元(限外形尺寸为 A～F 型的 MM440 变频器)
	加速/减速斜坡特性具有可编程的平滑功能,包括起始和结束段带平滑圆弧,以及起始和结束段不带平滑圆弧两种方式
	具有比例、积分和微分(PID)控制功能的闭环控制
	各组参数的设定值可以相互切换,包括电动机数据组(DDS)、命令数据组和设定值信号源(CDS)
	具有动力制动的缓冲功能,定位控制的斜坡下降曲线

续表6-16

保护特性	具有过电压/欠电压保护
	具有变频器过热保护
	具有接地故障保护
	具有短路保护和电动机过热保护
	具有 PTC/KTY84 温度传感器的电动机保护

(二)MM440 变频器的电路结构

MM440 变频器的电路分为两大部分:一部分是完成电能转换的主电路;另一部分是采集信息并变换、传输的控制电路。其组成框图如图 6-80 所示。

1. 主电路

由电源输入单相或三相恒压恒频的正弦交流电压,经整流电路转换成恒定的直流电压,供给逆变电路。逆变电路在 CPU 的控制下,将恒定的直流电压逆变成电压和频率均可调的三相交流电供给电动机负载。由图 6-80 可知,MM440 变频器直流环节是通过电容进行滤波的,因此属于电压型交—直—交变频器。

2. 控制电路

由 CPU、模拟输入、模拟输出、数字输入、数字输出继电器触头、操作板等组成。

端子 1、2 是变频器为用户提供的一个高精度的 10 V 直流稳压电源。当采用模拟电压信号输入方式输入给定频率时,为了提高交流变频器调速系统的控制精度,必须配备一个高精度的直流稳压电源作为模拟电压输入的直流电源。

模拟输入 3、4 和 10、11 为用户提供了两对模拟电压给定输入端作为频率给定信号,经变频器内模/数转换器,将模拟量转换成数字量,传输给 CPU 来控制系统。

数字输入 5、6、7、8、16、17 端为用户提供了 DIN1～DIN6 共 6 个完全可编程的数字输入端,数字输入信号经光耦合输入 CPU,对电动机进行正反转、正反点动、固定频率设定值控制等。

输入 9、28 端是 24 V 直流电源端,用于为变频器的控制电路提供 24 V 直流电源。

输出 12、13 和 26、27 端为两对模拟输出端;输出 18、19、20、21、22、23、24、25 端为输出继电器的触点;输入 14、15 端为电动机过热保护输入端;输入 29、30 端为 RS—485 通信端。

(三)MM440 变频器调试方式

MM440 变频器提供了状态显示板、基本操作板和高级操作板等供用户选择,用来调试变频器。

MM440 变频器在标准供货方式时装有状态显示板(SDP),对很多用户来说,利用 SDP 和制造厂的默认设置值,就可以使变频器成功地投入运行。如果工厂的默认设置值不适合用户的设备情况,用户可以利用基本操作面板(使之匹配)。

但无论在哪种方式下,都应该先将变频器 I/O 面板下的 DIP 开关 2 选择在合适的位置:设置为“ON”时,工厂默认频率值为 60 Hz,功率单位为 kW;若为“OFF”时,工厂默认频率值为 50 Hz,功率单位为 kW。DIP 开关 1 不供用户使用。

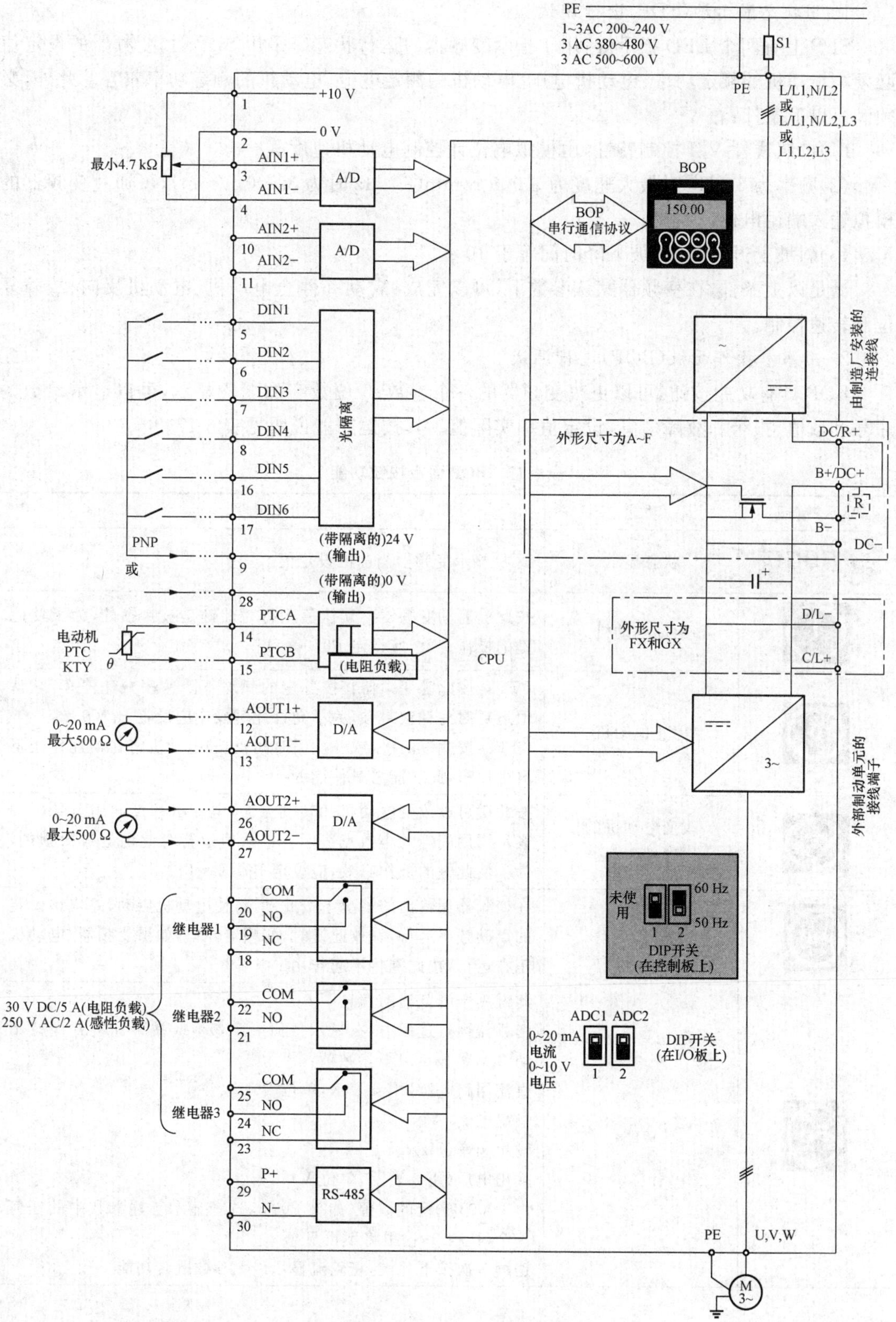

图 6-80 MM440 组成框图

1. 用状态显示屏(SDP)进行调试

SDP 上有两个 LED 指示灯,用于指示变频器的运行状态。采用 SDP 时,变频器的设定值必须与电动机的额定功率、电动机电压、电动机的额定电流、电动机的额定功率兼容。此外,必须满足以下条件:

(1)按照线性 V/f 控制特性,由模拟电位计控制电动机速度。

(2)频率为 50 Hz 时最大速度为 3 000 r/min(60 Hz 时为 3 600 r/min),可通过变频器的模拟输入端用电位计控制。

(3)斜坡上升时间/斜坡下降时间等于 10 s。

满足以上条件,在变频器默认参数下,可以完成:启动和停止电动机、电动机反向、故障复位和转速控制。

2. 用基本操作面板(BOP)进行调试

BOP 具有功能按钮,可以更改变频器的各个参数;5 位数字的七段显示,可以显示参数的序号和数值、报警和故障信息、设定值和实际值。其按键功能说明见表 6-17。

表 6-17 BOP 面板按钮功能

显示/按钮	功能	功能说明
	状态显示	LCD 显示变频器当前的设定值
	启动电动机	按此键启动变频器。默认值运行时此键是被封锁的,为了使此键的操作有效,应设定 P0700=1
	停止电动机	OFF1:按此键变频器将按选定的斜坡下降速率减速停车,默认值运行时此键被封锁,为了允许此键操作应设定 P0700=1 OFF2:按此键两次(或一次但时间较长)电动机将在惯性作用下自由停车,此功能总是使能的
	改变电动机的转动方向	按此键可以改变电动机的转动方向,电动机的反向用负号(一)表示或用闪烁的小数点表示。默认值运行时此键是被封锁的,为了使此键的操作有效,应设定 P0700=1
	电动机点动	在变频器无输出的情况下按此键,将使电动机启动,并按预设定的点动频率运行,释放此键时,变频器停车,如果变频器/电动机正在运行,按此键将不起作用
	功能	此键用于浏览辅助信息 变频器运行过程中,在显示任何一个参数时按下此键并保持不动 2 s,将显示以下参数值: 直流回路电压(用 d 表示,单位 V) 输出电流(A) 输出频率(Hz) 输出电压(用 0 表示,单位 V) 由 P0005 选定的数值(如果 P0005 选择显示上述参数中的任何一个(1~4),这里将不再显示 连续多次按下此键,将轮流显示以上参数跳转功能

续表6-17

显示/按钮	功能	功能说明
	功能	在显示任何一个参数(r××××或P××××)时短时间按下此键,将立即跳转到r0000。如果需要,可以接着修改其他的参数,跳转到r0000后,按此键将返回原来的显示点 退出 在出现故障或报警的情况下,按此键可以将操作板上显示的故障或报警信息复位
	访问参数	按此键即可访问参数
	增加数值	按此键即可增加面板上显示的参数数值
	减少数值	按此键即可减少面板上显示的参数数值

用BOP修改参数的步骤可以参照表6-18进行。

表6-18 基本操作面板(BOP)修改设置参数流程

操作步骤		BOP显示结果
1	按 P 键,访问参数	r0000
2	按 ▲ 键,直到显示P1000	P1000
3	按 P 键,直到显示in000,即P1000的第0组值	in000
4	按 P 键,显示当前值2	2
5	按 ▼ 键,达到所要求的值1	1
6	按 P 键,存储当前设置	P1000
7	按 Fn 键,显示r0000	r0000
8	按 P 键,显示频率	50.00

3. 用高级操作板(AOP)进行调试

AOP是可选件,具有连接多个站点的能力(最多可连接30台变频器),能通过PC编程,可实现多组参数的上传、下载,并能用多种语言文本显示。

(四)MM440 变频器调试步骤

通常一台新的 MM440 变频器使用时,一般需要经参数复位、快速调试、功能调试 3 个步骤。

1. 参数复位

在变频器初次调试或者参数设置混乱时,需要执行该操作,以便将变频器的参数恢复到一个确定的默认状态。通过基本操控面板,按表 6-19 设置参数就可完成此操作。

表 6-19 复位参数表

参数号	默认值	设定值	说 明
P0003	1	1	定义参数访问等级为标准级
P0010	0	30	进入工厂复位准备状态
P0970	0	1	将参数复位到出厂设定值

参数复位完成后,需要进行快速调试的过程。根据电动机和负载的具体特性,以及变频器的控制方式等信息进行必要的参数设置后,变频器就可以驱动电动机工作了。

2. 快速调试

快速调试是指通过设置电动机参数和变频器的命令源及频率给定源等参数,从而达到简单、快速运行电动机的一种操作模式。

3. 功能调试

功能调试是指为了达到对电动机的控制,如正反转、多段速运行、停车、制动等,而针对被选择的变频器的输入端子、输出端子所对应的参数做合理设置的过程。

(五)MM440 运转方式

变频器的运转方式是指如何控制变频器的基本运行功能,这些功能包括起动、停止、正转与反转、正向点动与反向点动、复位等。MM440 变频器允许用户通过参数的设置,选择合适的控制方式、按键控制、端子控制和通信控制。

(1)按键控制就是通过 BOP 或 AOP 的按键控制变频器的起动、换向、停车,是变频器最简单的运转方式,但无法实现远程控制。

(2)端子控制是指变频器的运转指令通过其输入端子从外部输入开关信号(或电平信号)获得的方式。通常输入端接按钮、选择开关、继电器、PLC 等,可实现变频器的远程控制。

(3)通信控制就是通过变频器的通信端口或者专用的通信模块接收外来的控制信号,实现变频器的运行控制,此方法有系统布线简单、控制方便灵活等优势。

【练习题】

1. 设计一个电动机自动 Y/△启动的控制系统。其控制要求如下:按下启动按钮,KM2(星形接触器)先闭合,KM1(主接触器)再闭合,3 s 后 KM2 断开,KM3(三角形接触器)闭合,启动期间要有闪光信号,闪光周期 1 s;具有热保护和停止功能。

提示:(1)画出主电路。

(2)根据控制要求,进行 I/O 分配。

(3)进行梯形图方案设计。

(4)输入程序。

(5)静态调试。

(6)动态调试。

2. 用 PLC 控制一个工作台运行，其动作程序为：工作台由原位开始前进，到终端后自动停止；在终端停留 2 min 后自动返回原位停止；要求能在前进或后退途中任意位置都能停止或再次启动；电网停电后再来电工作台不会自行运动(有必要的保护措施)。

提示：(1)画出主电路。

(2)根据控制要求，进行 I/O 分配。

(3)进行梯形图方案设计。

(4)输入程序。

(5)静态调试。

(6)动态调试。

3. 设计一个数码管从 0，1，2，…，9 依次循环显示的控制系统。其控制要求如下：程序开始后显示 0，延时 1 s，显示 1，延时 1 s，显示 2，…，显示 9，延时 1 s，再显示 0，如此循环不止；按停止按钮时，程序无条件停止运行(数码管为共阴极)。

提示：(1)根据控制要求，其 I/O 分配为 X0：停止按钮；X1：启动按钮；Y1～Y7：数码管的 a～g；绘制其 I/O 分配图。

(2)根据控制要求，可采用定时器连续输出并累计计时的方法，这样可使数码管的显示由时间来控制，使编程的思路变得简单。数码管的显示是通过输出点来控制的，显示的数字与各输出点的对应关系参考图 6-81。

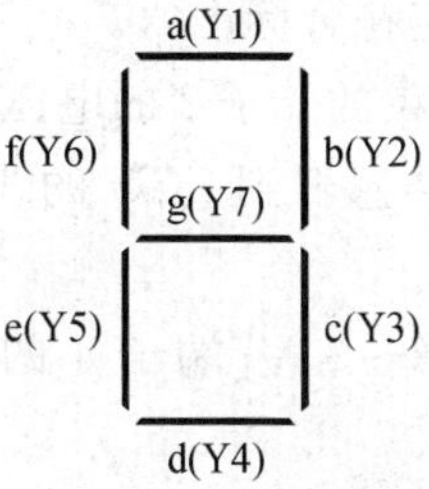

(a) 数码管

输出点 \ 数字		0	1	2	3	4	5	6	7	8	9
a	(Y1)	1	0	1	1	0	1	0	1	1	1
b	(Y2)	1	1	1	1	1	0	0	1	1	1
c	(Y3)	1	1	0	1	1	1	1	1	1	1
d	(Y4)	1	0	1	1	0	1	1	0	1	0
e	(Y5)	1	0	1	0	0	0	1	0	1	0
f	(Y6)	1	0	0	0	1	1	1	0	1	1
g	(Y7)	0	0	1	1	1	1	1	0	1	1

(b) 数字与输出点的对应关系

图 6-81　数字与输出点的对应关系

(3)进行梯形图方案设计。

(4)输入程序。

(5)静态调试。

(6)动态调试。

第七章　用传感器检测电路

【教学目标】

1. 通过本章的学习，能够完成用传感器检测电路等任务，举一反三。

2. 掌握安装各种类别的传感器和检测电路，实现感应和检测的功能。

3. 学会各类传感器的原理和使用方法，应用于各种场合。

【典型生产任务、作业流程及技能实训】

一、典型生产任务及作业流程

任务一　桑塔纳2000发动机传感器的检测

任务一实施流程

1. 进气压力和温度传感器的检测

(1)点火开关OFF，拔下电插，用欧姆表测温度传感器的阻值，应符合标准值。

(2)点火开关OFF，拔下电插，点火开关ON时用伏特表测带线束的端子2的电压为5 V，端子3的电压为5 V，端子1的电压为0 V。若不符合标准，须检查传感器到ECU的线路是否有断、短路。

(3)点火开关OFF，插好电插，动态检测，端子2的电压是0.5～3 V；端子4的电压是0.8～4.8 V。

2. 水温传感器的检测

(1)点火开关OFF，拔下电插，用欧姆表测水温传感器的阻值，应符合标准值。

(2)点火开关ON，用伏特表测带线束的端子的电压为5 V，端子2的电压为0 V。若不符合标准，须检查传感器到ECU的线路是否有断、短路。

(3)点火开关OFF，插好电插，动态检测，端子1的电压是0.5～2.5 V。

3. 节气门位置传感器的检测

(1)点火开关OFF，拔下传感器的电插，用欧姆表测传感器的阻值应符合规定值。

(2)点火开关ON，用伏特表测带线束的传感器的端子1与搭铁间的电压应为5 V，端子3与搭铁间的电压应为0 V；点火开关OFF，端子3与搭铁间的电阻应为0 Ω，否则查传感器到ECU的线路是否有断、短路。

(3)点火开关OFF，插好电插，动态检测，端子2的电压是0.5～4.8 V。

4. 霍尔传感器的检测

(1)点火开关OFF,拔下传感器的电插,点火开关ON时用伏特表测带线束的端子3与搭铁的电压为5 V,端子1与搭铁间的电压值应为0 V,否则查传感器到ECU的线路是否有断、短路。

(2)点火开关OFF,插好电插,拔下中央高压线,动态检测,端子2输出是方波,可测出一个约2 V的电压。

任务二 压力传感器及其用

任务二实施流程

(1)实训前准备;
(2)传感器选择;
(3)安装电阻应变式称重传感器;
(4)做好机座,固定在安装位置;
(5)进行物体质量的测量和显示;
(6)完成。

任务三 光电反射式传感器进行物件计数

任务三实施流程

(1)实训前准备;
(2)传感器选择;
(3)安装光电反射式传感器;
(4)设置通信和测量参数;
(5)放置物件;
(6)观察信号输出;
(7)实现物件计数。

二、实训地点和设备

实训地点:设备控制实训室。
实训设备:常用传感器、传感器检测技术实训装置、电工工具等。

三、传感器实训安全规程

(1)实训中要注意安全,使用或接触带电设备时,要严格遵守操作规程,注意防护。如发现仪器异常,应停止实训,并立即报告指导教师,及时处理。不得自行拆卸仪器设备。

(2)按照实训要求做好准备,经指导教师检查许可后,方可接通电源或启动仪器设备。实训中,要细心观察,认真记录,不得擅自离开自己的实训工作台,不得抄袭他人数据。实训中,严禁短路输出电源。

(3)实训后应请教师检查数据,关闭电源。经指导教师检查合格后方可离开实训室。

(4)未经管理老师同意实训室内的一切物品严禁带出实训室。

【必备的理论知识】

第一节 检测技术的基本概念

一、检测技术

检测技术是以研究自动检测系统中的信息采集、信息变换以及信息处理的理论和技术为主要内容的一门应用技术学科。

广义地讲，检测技术是自动化技术四个支柱之一，从信息科学角度考察，检测技术任务为：寻找与自然信息具有对应关系的种种表现形式的信号，以及确定二者间的定性、定量关系；从反映某一信息的多种信号表现中挑选出在所处条件下最为合适的表现形式，以及寻求最佳的采集、变换、处理、传输、存储、显示等的方法和相应的设备。

信息采集指从自然界诸多被检查与测量量（物理量、化学量、生物量与社会量等）中提取有用的信息。

信息变换是将所提取出的有用信息进行电量形式、幅值、功率等的转换。

信息处理的任务是视输出环节的需要，将变换后的电信号进行数字运算（求均值、极值等）、模拟量—数字量变换等处理。

信息传输的任务是在排除干扰的情况下经济地、准确无误地把信息进行远、近距离的传递。

虽然检测技术服务的领域非常广泛，但是从这门课程的研究内容来看，不外乎是传感器技术、误差理论、测试计量技术、抗干扰技术以及电量间互相转换的技术等。提高自动检测系统的检测分辨率、精度、稳定性和可靠性是本门技术的研究课题和方向。

自动检测技术已成为一些发达国家的最重要的热门技术之一，它可以给人们带来巨大的经济效益并促进科学技术飞跃发展，因此在国民经济中占有极其重要的地位和作用。

二、自动检测系统

自动检测系统是自动测量、自动计量、自动保护、自动诊断、自动信号等诸系统的总称，它的组成如图 7-1 所示。在上述诸系统中，都包含有被测量、敏感元件和电子测量电路，它们间的区别仅在于输出单元。如果输出单元是显示器或记录器，则该系统叫作自动测量系统；如果输出单元是计数器或累加器，则该系统叫作自动计量系统；如果输出单元是报警器，则该系统是自动保护系统或自动诊断系统；如果输出单元是处理电路，则该系统是部分数据分析系统、自动管理系统或自动控制系统等等。

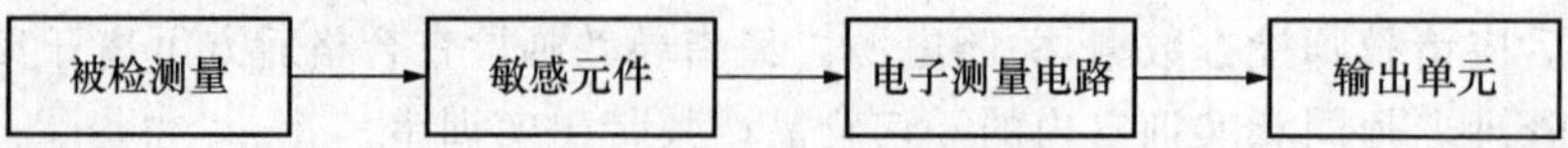

图 7-1 自动检测系统框图

三、传感器

(一)传感器的概念

传感器是一种以一定的精确度把被测量转换为与之有确定对应关系的、便于应用的某种物理量的测量装置。

这一概念包含下面四个方面的含义：

(1)传感器是测量装置，能完成信号获取任务。

(2)它的输入量是某一被测量，可能是物理量，也可能是化学量、生物量等。

(3)它的输出量是某种物理量，这种量要便于传输、转换、处理、显示等等，这种量可以是气、光、电量，但主要是电量。

(4)输出输入有对应关系，且应有一定的精确程度。

(二)传感器的组成

传感器的功用是一感二传，即感受被测信息，并传送出去。传感器一般由敏感元件、转换元件、转换电路三部分组成，如图 7-2 所示。

图 7-2　传感器组成框图

1. 敏感元件

它是直接感受被测量，并输出与被测量成确定关系的某一物理量的元件。

2. 转换元件

敏感元件的输出就是它的输入，它把输入转换成电路参数量。

3. 转换电路

上述电路参数接入，便可转换成电量输出。

实际上，有些传感器很简单，有些则较复杂，也有些是带反馈的闭环系统。

最简单的传感器由一个敏感元件(兼转换元件)组成，它感受被测量时直接输出电量，如热电偶。有些传感器由敏感元件和转换元件组成，没有转换电路，如压电式加速度传感器，其中质量块是敏感元件，压电片是转换元件。有些传感器转换元件不止一个，要经过若干次转换。

由于传感器空间限制等其他原因，转换电路常装入电箱中。然而，因为不少传感器要在通过转换电路之后才能输出电量信号，从而决定了转换电路是传感器的组成部分之一。

(三)传感器的分类

目前传感器主要有四种分类方法：根据传感器工作原理分类法；根据传感器能量转换情况分类法；根据传感器转换原理分类法和按照传感器的使用分类法。

表 7-1 按传感器转换原理分类给出了各类型的名称及典型应用。

表 7-1　传感器分类表

传感器分类		转换原理	传感器名称	典型应用
转换形式	中间参量			
电参数	电阻	移动电位器触点改变电阻	电位器传感器	位移
		改变电阻丝或片的尺寸	电阻丝应变传感器、半导体应变传感器	微应变、力、负荷
		利用电阻的温度效应（电阻温度系数）	热丝传感器	气流速度、液体流量
			电阻温度传感器	温度、辐射热
			热敏电阻传感器	温度
		利用电阻的光敏效应	光敏电阻传感器	光强
		利用电阻的湿度效应	湿敏电阻	湿度
	电容	改变电容的几何尺寸	电容传感器	力、压力、负荷、位移
		改变电容的介电常数		液位、厚度、含水量
	电感	改变磁路几何尺寸、导磁体位置	电感传感器	位移
		涡流去磁效应	涡流传感器	位移、厚度、硬度
	频率	利用压磁效应	压磁传感器	力、压力
		改变互感	差动变压器	位移
			自整角机	位移
	计数		旋转变压器	位移
		改变谐振回路中的固有参数	振弦式传感器	压力、力
			振筒式传感器	气压
			石英谐振传感器	力、温度等
	数字	利用莫尔条纹	光栅	大角位移、大直线位移
		改变互感	感应同步器	
		利用拾磁信号	磁栅	
		利用数字编码	角度编码器	大角位移
电量	电动势	温差电动势	热电偶	温度、热流
		霍尔效应	霍尔传感器	磁通、电流
		电磁感应	磁电传感器	速度、加速度
		光电效应	光电池	光强
	电荷	辐射电离	电离室	离子计数、放射性强度
		压电效应	压电传感器	动态力、加速度

(四)传感器的基本特性

在讲传感器原理、构造、应用之前,对传感器的基本特性做一些了解是非常必要的,传感器的特性可以通过它的静态和动态特性揭示出来。

1. 传感器的静态特性

(1)精确度 与精确度有关的指标有三个:精密度、准确度和精确度(以下简称精度)。

①精密度。它说明测量传感器输出值的分散性,即对某一稳定的被测量,由同一个测量者,用同一个传感器,在相当短的时间内连续重复测量多次,其测量结果的分散程度。例如,某测温传感器的精密度为0.5℃,即表示多次测量结果的分散程度不大于0.5℃。精密度是随机误差大小的标志,精密度高,意味着随机误差小。但必须注意,精密度与准确度是两个概念,精密度高不一定准确度高。

②准确度。它说明传感器输出值与真值的偏离程度。例如,某流量传感器的准确度为0.3 m^3/s,表示该传感器的输出值与真值偏离0.3 m^3/s。准确度是系统误差大小的标志,准确度高意味着系统误差小。同样,准确度高不一定精密度高。

③精确度。它是精密度与准确度两者的总和,精确度高表示精密度和准确度都比较高。在最简单的情况下,可取两者的代数和。精确度常以测量误差的相对值表示。联系上面所阐述的精度等级概念,理解它的意义就更容易了。

如图7-3所示的射击例子有助于加深对精密度、准确度和精度三个概念的理解。图7-3(a)表示准确度高而精密度低;图7-3(b)表示准确度低而精密度高;图7-3(c)表示精确度高。在测量中我们希望得到精确度高的结果。

图7-3 射击举例

(2)稳定性 传感器的稳定性有两个指标。一是传感器测量输出值在一段时间中的变化,以稳定度表示;二是传感器外部环境和工作条件变化引起输出值的不稳定,用影响量表示。

①稳定度。指在规定时间内,测量条件不变的情况下,由传感器中随机性变动,周期性变动,漂移等引起输出值的变化。一般用精密度和观测时间长短表示。例如,某传感器输出电压值每小时变化1.3 mV则其稳定度可表示为1.3 mV/h。

②影响量。测量传感器由外界环境变化引起输出值变化的量,称为影响量。它是由温度、湿度、气压、振动、电源电压及电源频率等一些外加环境影响所引起的。说明影响量时,必须将影响因素与输出值偏差同时表示。例如,某传感器由于电源变化10%而引起其输出值变化0.2 mV,则应写成0.02 mV/(U±10%)。

(3)传感器的静态输入—输出特性 静态特性是指输入的被测参数不随时间而变化,或随时间变化很缓慢时,传感器的输出量与输入量的关系。

①线性度。人们总是希望传感器的输出与输入关系具有线性特性。这样可使显示仪表刻度均匀,在整个测量范围内具有相同的灵敏度,并且不必采用线性化环节,从而简化了测量电

路。但实际上由于传感器存在着迟滞、蠕变、摩擦、间隙和松动等各种因素，以及外界条件的影响，使其输出输入特性总是具有不同程度的非线性。

线性度(又称非线性误差)说明输出量与输入量的实际关系曲线偏离其拟合直线的程度。

②灵敏度。灵敏度表示传感器的输入量增量与由它引起的输出量增量之间的函数关系。

从灵敏度的定义可知，灵敏度是刻度特性的导数，因此它是一个有单位的量。当我们讨论某一传感器的灵敏度时，必须确切地说明它的单位。例如，某传感器的压力灵敏度用 S_p 表示，单位是 mA/Pa，即每 Pa 压力引起多少是 mA 电压输出；对于电阻应变式传感器，用应变灵敏度 S 表示，其单位是 mA/με(毫安/微应变)，即每一微应变引起多少是 mA 电流输出。

③灵敏度阈与分辨力。灵敏度阈是指传感器最小所能够区别的读数变化量。有些传感器，如电位器式传感器，当输入量连续变化时，输出量只做阶梯变化，则分辨力就是输出量的每个"阶梯"所代表的输入量的大小。对于数字式仪表，灵敏度阈转变成分辨力。所谓分辨力就是指数字式仪表指示数字值的最后一位数字所代表的值，当被测量的变化量小于分辨力时，数字式仪表的最后一位数不变，仍指示原值。

灵敏度阈或分辨力都是有单位的量，它的单位与被测量的单位相同。

对于一般传感器的要求是，灵敏度应该大而灵敏度阈应该小。但也不是灵敏度阈越小越好，因为灵敏度阈越小，干扰的影响越显著，给测量的平衡过程造成困难，而且费时、费钱。因此，选择的灵敏度阈只要小于允许测量绝对误差的 1/3 即可。

从物理含义看，灵敏度是广义的增益，而灵敏度阈则是死压或不灵敏度。

④迟滞特性。传感器在正(输入量增大)反(输入量减小)行程中输出—输入特性曲线不重合程度称为迟滞。如图 7-4 所示，也就是说，达到同样大小的输入量所采用的行程方向不同时，尽管输入为同一输入量，但输出信号大小却不相等。产生这种现象的主要原因是传感器机械部分存在不可避免的缺陷，如轴承摩擦、间隙、紧固件松动、材料内摩擦、积尘等。

迟滞误差的另一名称叫回程误差。回程误差常用绝对误差表示。检测回程误差时，可选择几个测试点进行正反行程测试。对应于每一点的输入信号，得到输出信号的差值。差值中最大者即为回程误差。

⑤重复特性。重复特性是指传感器的输入在按同一方向变化时，在全量程内连续进行重复测试时所得到的各特性曲线的重复程度。多次重复测试的曲线越重合，说明重复性越好，误差也小(图 7-5)。重复特性的好坏是与许多随机因素有关的，与产生迟滞现象具有相同的原因。

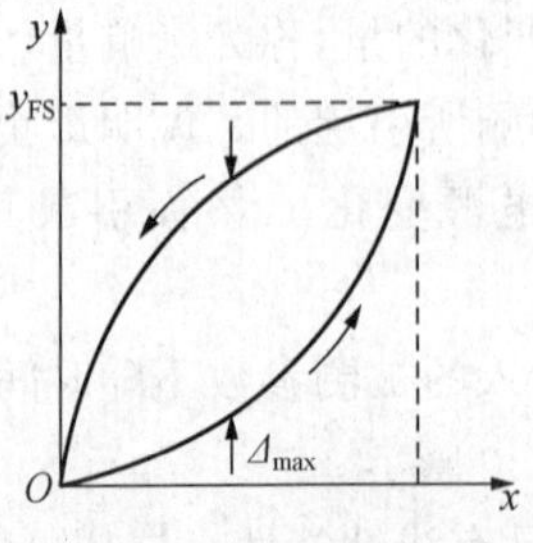

图 7-4　迟滞特性

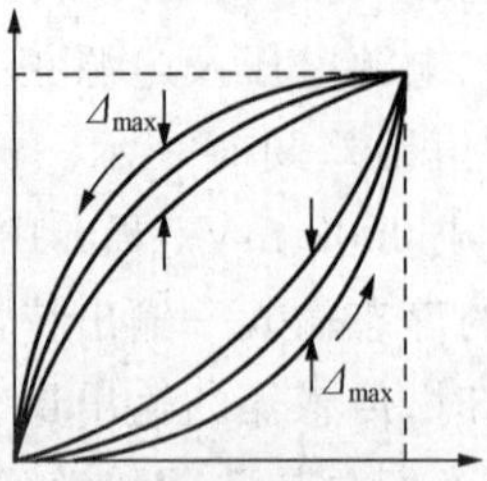

图 7-5　重复特性

重复特性误差只能用实验方法确定。用实验方法分别测出正反行程内诸测试点在本行程内同一输入量时，输出量的偏差，取其最大值作为重复性误差，然后取其满量程输出 y_{FS} 比值，比值越大重复性越差。

重复特性误差也常用绝对误差表示。检测时也可选取几个测试点，检测时也可选取几个测试点，对应每一点多次从同一方向趋近，获得输出系列值，算出最大值与最小值之差作为重复性偏差，然后在几个重复性偏差中取出最大值 Δ_{max} 作为重复性误差。

2. 传感器的动态特性

动态特性是指传感器对于随时间变化的输入量的影响特性。实际被测量随时间变化的形势可能是各种各样的，只要输入量是时间的函数，则其输出量也将是时间的函数。通常研究动态特性是根据标准输入特性来考虑传感器的响应特性。标准输入有三种：呈正弦变化、阶跃变化的输入和线性输入，而经常使用的是前两种。

四、测量方法

对于测量方法，从不同的角度出发，有不同的分类方法。下面重点阐述按测量手续分类的直接测量、间接测量和联立测量及按测量方式分类的偏差式测量、零位式测量和微差式测量。

(一)直接测量、间接测量与联立测量

1. 直接测量

在使用测量仪表进行测量时，对仪表读数不需要经过任何运算，就能直接表示测量的结果，称为直接测量。例如用弹簧管式压力表测量流体压力就是直接测量。直接测量的优点是测量过程简单而迅速，缺点是测量精度不易达到很高。这种测量方法是工程上广泛采用的方法。

2. 间接测量

在使用仪表进行测量时，首先对与被测物理量有确定函数关系的几个量进行测量，将测量值代入函数关系式，经过计算得到测量所需的结果，这种测量称为间接测量。例如，导线电阻率 ρ 的测量就是间接测量，其中 R、L、D 分别表示导线的电阻值、长度和直径。这时，只有先经过直接测量，得到导线的 R、L、D 以后，再代入 ρ 的表达式，经计算得到最后所需要的结果 ρ 值。在这种测量过程中，手续较多，花费时间较长，有时可以得到较高的测量精度。间接测量多用于科学实验中的实验室测量，工程测量中亦有应用。

3. 联立测量

在应用仪表进行测量时，若被测物理量必须经过求解联立方程组才能得到最后结果，则称这样的测量为联立测量。在进行联立测量时，一般需要改变测试条件，才能获得一组联立方程所需要的数据。

对联立测量，其操作手续很复杂，花费时间长，是一种特殊的测量方法。它只适用于科学实验或特殊场合。

(二)比较式测量

1. 偏差式测量

在测量过程中，用仪表指针的位移(即偏差)决定被测量的测量方法，称为偏差式测量法。应用这种方法进行测量时，标准量具不装在仪表内，而是事先用标准量具对仪表刻度

进行校准；在测量时，输入被测量，按照仪表指针在标尺上的示值，决定被测量的数值。它是以间接方式实现被测量与标准量具的比较。例如，用磁电式电流表测量电路中某支路的电流，用磁电式电压表测量某电气元件两端的电压等就属于偏差式测量法。采用这种方法进行测量，测量过程比较简单、迅速。但是，测量结果的精度低。这种测量方法广泛用于工程测量中。

2. 零位式测量

在测量过程中，用指零仪表的零位指示检测测量系统的平衡状态；在测量系统达到平衡时，用已知的基准量决定被测未知量的测量方法，称为零位式测量法。应用这种方法进行测量时，标准量具装在仪表内，在测量过程中，标准量直接与被测量相比较；调整标准量，一直到被测量与标准量相等，即使指零仪表回零。如图 7-6 所示电路是电位差计的简化等效电路。在进行测量之前，应先调 R_1，将回路工作电流 I 校准；在测量时，要调整 R 的活动触点，使检流计 G 回零，这时 $I_g=0$，即 $U_h=U_x$，这样，标准电压 U_h 的值就表示被测未知电压值 U_x。

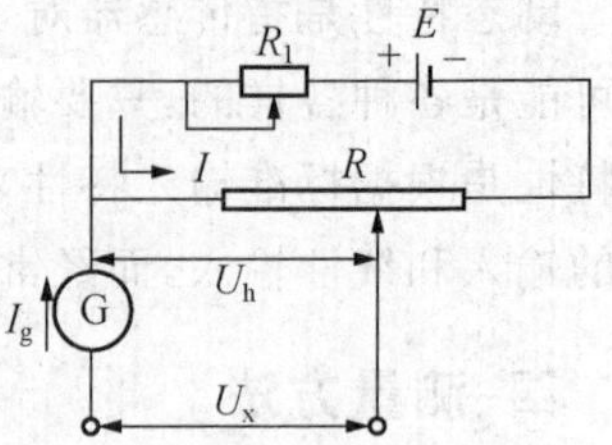

图 7-6　电位差计简化等效电路

采用零位式测量法进行测量时，优点是可以获得比较高的测量精度，但是测量过程比较复杂。采用自动平衡操作以后，虽然可以加快测量过程，但它的反应速度由于受工作原理所限，也不会很高。因此，这种测量方法不适用测量变化迅速的信号，只适用于测量变化较缓慢的信号。

(三)微差式测量

微差式测量法是综合了偏差式测量法与零位式测量法的优点而提出的测量方法。这种方法是将被测的未知量与已知的标准量进行比较，并取得差值后，用偏差法测得此值。应用这种方法测量时，标准量值装在仪表内，并在测量过程中标准量直接与被测量进行比较。由于二者的值很接近，因此在测量过程中不需要调整标准量，而只需要测量二者的差值。

微差式测量法的优点是反应快，而且测量精度高，特别适用于在线控制参数的检测。

(四)测量误差

1. 测量误差的概念

人们对客观世界的认识总是带有一定的局限性，与客观事物的本来面貌存在差异。测量是在一定的物质基础上进行的。因此，人们在进行各种实际测量时，尽管被测量在理论上存在真值，但由于客观实验条件的限制，被测量的真值实际上是测不到的，因而测量结果只能是真值的近似值，这样就不可避免地存在着测量误差。

2. 误差的分类与来源

(1)根据计算方法的不同测量误差可分为绝对误差、相对误差和引用误差。

①绝对误差。绝对误差是示值与被测量真值之间的差值。设被测量的真值为 l_0，测量值或示值为 x，则绝对误差 Δx 为

$$\Delta x = x - l_0 \tag{7.1}$$

由于真值 l_0。一般来说是未知的，所以在实际应用时，常用实际真值 l，来代表真值 l_0，并

采用高一级标准仪器的示值作为实际真值。故通常用

$$\Delta x = x - l \tag{7.2}$$

来代表绝对误差。

在实际测量中，还经常用到修正值这个名称，它的绝对值与 Δx 相等但符号相反，用符号 c 表示：

$$c = -\Delta x = l - x \tag{7.3}$$

修正值给出的方式不一定是具体的数值，也可以是一条曲线、公式或数表。某些智能化仪表中，修正值预先被编制成有关程序，贮存于仪表中，所得测量结果已自动对误差进行了修正。

②相对误差。绝对误差的表示方法有不足之处，因为它不能确切地反映出测量的准确程度。因此，为反映测量质量的高低，需引出相对误差的概念，由绝对误差与真值或实际值之比表示相对误差 δ，即

$$\delta = \frac{\Delta x}{l_0} \times 100\% \approx \frac{\Delta x}{x} \times 100\% \tag{7.4}$$

相对误差通常用于衡量测量的准确程度，相对误差越小，准确程度越高。

③引用误差。引用误差是一种实用方便的相对误差，常在多挡和连续刻度的仪器仪表中应用。这类仪器仪表测量范围不是一个点，而是一个量程，这时按式(7.4)计算，由于分母是变量，随被测量的变化而变化，所以计算很麻烦。为了计算和划分仪表的精度等级的方便，通常采用引用误差，它是从相对误差演变过来的，其分母为常数，取仪器仪表中的量程值，因而引用误差 γ_m 为

$$\gamma_m = \frac{\Delta x}{A} \times 100\% \tag{7.5}$$

式中，A 为仪表的量程。

我国电工仪表共分七级：0.1，0.2，0.5，1.0，1.5，2.5 及 5.0。例如，0.1 级表的引用误差的最大值不超过±0.1%；0.5 级表的引用误差最大值不超过±0.5%等。工业自动化仪表的精度等级一般在 0.2～4.0 级。

(2)根据误差出现的规律可分为系统误差、随机误差和粗大误差。

①系统误差。在相同的条件下多次测量同一量时，误差的绝对值和符号保持恒定，或在条件改变时，与某一个或几个因素成函数关系的有规律的误差，称为系统误差，简称系差。例如仪表的刻度误差和零位误差，应变片电阻值随温度的变化等等都属于系统误差。它产生的主要原因是仪表制造、安装或使用方法不正确，也可能是测量人员一些不良的读数习惯等。

系统误差是一种有规律的误差，故可以采用修正值或补偿校正的方法来减小或消除。

②随机误差。服从统计规律的误差称随机误差，简称随差，又称偶然误差。只要测试系统的灵敏度足够高，在相同条件下，重复测量某一量时，每次测量的数据或大或小，或正或负，不能预知。虽然单次测量的随机误差没有规律，但多次测量的总体却服从统计规律，通过对测量数据的统计处理，能在理论上估计其对测量结果的影响。

随机误差是由很多复杂因素，如电磁场的微变，零件的摩擦、间隙，热起伏，空气扰动，气压及湿度的变化，测量人员感觉器官的生理变化等，对测量值的综合影响所造成的。它不能用修

正或采取某种技术措施的办法来消除。

应该指出，在任何一次测量中，系统误差与随机误差一般都是同时存在的，而且两者之间并不存在绝对的界限。

③粗大误差。粗大误差是一种显然与实际值不符的误差。如测错、读错、记错以及实验条件未达到预定的要求而匆忙实验，都会引起粗大误差。含有粗大误差的测量值称为坏值或异常值，在处理数据时应剔除掉。这样，测量中要估计的误差就具有系统误差和随机误差两类。

误差的来源是多方面的，例如测量用的工具不完善(称工具误差)；测试设备和电路的安装、布置、调整不完善(称装置误差)；测量方法本身的理论根据不完善(称方法误差)；测量环境如温度、湿度、气压、电磁场的变化(称环境误差)；甚至测量人员生理上的原因，如反应速度、分辨能力(称人员误差)等。

第二节　温度检测

温度是表征物体或系统的冷热程度的物理量。温度单位是国际单位制中七个基本单位之一，从能量角度来看，温度是描述系统不同自由度间能量分配状况的物理量；从热平衡观点来看，温度是描述热平衡系统冷热程度的物理量；从分子物理学角度来看，温度反映了系统内部分子无规则运动的剧烈程度。

自然界中任何物理、化学过程都紧密地与温度相联系。在国民经济各部门，如电力、化工、机械、冶金、农业、医学等各部门以及人们日常生活中，温度及其测量与控制是十分重要的。在国防现代化及科学技术现代化中，温度的精确测量及控制更是不可缺少的。

一、温标及测温方法

为了保证温度量值的统一，必须建立一个用来衡量温度高低的标准尺度，这个标准尺度称为温标。温度的高低必须用数字来说明，温标就是温度的一种数值表示方法，并给出了温度数值化的一套规则和方法，同时明确了温度的测量单位。人们一般是借助于随温度变化而变化的物理量(如体积、压力、电阻、热电势等)来定义温度数值，建立温标和制造各种各样的温度检测仪表。

下面对常用温标作以简介。

(一)经验温标

借助于某一种物质的物理量与温度变化的关系，用实验的方法或经验公式所确定的温标称为经验温标。常用的有摄氏温标、华氏温标和列氏温标。

1. 摄氏温标

摄氏温标是把标准大气压下水的冰点定为 0 摄氏度，把水的沸点定为 100 摄氏度的一种温标。在 0 摄氏度到 100 摄氏度进行 100 等份，每一等份为 1 摄氏度，单位符号为℃。

2. 华氏温标

华氏温标是以当地的最低温度为零度(起点)，人体温度为 100 度，中间等分为 100 等份，每一等份为华氏 1 度。后来，人们规定标准大气压下的纯水的冰点温度为 32 度，水的沸点定为 212 度，中间划分 180 等份，每一等份为 1 华氏温度。单位符号为℉。

3. 列氏温标

列氏温标规定标准大气压下纯水的冰融点为 0 度，水沸点为 100 度。中间等分为 80 等份，每等份为列氏 1 度，单位符号为 R。

摄氏、华氏、列氏温度之间的换算关系为

$$C=\frac{5}{9}(F-32)=\frac{5}{4}R \tag{7.6}$$

式中：C 为摄氏温度值；F 为华氏温度值；R 为列氏温度值。

摄氏温标、华氏温标都是用水银作为温度计的测温介质，而列氏温标则是用水和酒精的混合物来作为测温物质的。但均是依据液体受热膨胀的原理来建立温标和制造温度计的。由于不同物质的性质不同，它们受热膨胀的情况也不同。故上述三种温标难以统一。

(二)热力学温标

1848 年威廉·汤姆首先提出以热力学第二定律为基础建立起来的温度仅与热量有关而与物质无关的热力学温标。因是开尔文总结出来的，故又称为开尔文温标，单位符号为 K。由于热力学中的卡诺热机是一种理想的机器，实际上能够实现卡诺循环的可逆热机是没有的。所以说，热力学温标是一种理想温标，但是是不可能实现的温标。

(三)国际实用温标

为了解决国际上温度标准的统一问题及实用方便，国际上协商决定，建立一种既能体现热力学温度(即能保证一定的准确度)，又使用方便、容易实现的温标，这就是国际实用温标，又称国际温标。

1968 年国际实用温标规定，热力学温度是基本温度，用符号 T 表示。其单位名称为开尔文，符号为 K。1 K 定义为水三相点热力学温度的 1/273.16，水三相点是指化学纯水在固态、液态及气态三项平衡时的温度，热力学温标规定为 273.16 K。

另外，可使用摄氏温度，用符号 t 表示

$$t=(T-T_0)℃ \tag{7.7}$$

这里摄氏温度的分度值与热力学温度分度值相同，即温度间隔 1 K 等于 1℃。在标准大气压下冰的融化温度 $T_0=273.15$ K。即水的三相点的温度比冰点高出 0.01℃，由于水的三相点温度易于复现，复现精度高，而且保存方便，是冰点不能比拟的，所以国际实用温度规定，建立温标的唯一基准点选用水的三相点。

二、温度检测的主要方法及分类

温度检测方法一般可以分为两大类，即接触测量法和非接触测量法。接触测量法是测温敏感元件直接与被测介质接触。使被测介质与测温敏感元件进行充分的热交换，使两者具有同一温度，达到测量的目的。非接触测量法是利用物质的热辐射原理，测温敏感元件不与被测介质接触。通过辐射和对流实现热交换。达到测量的目的。各种温度检测方法各有自己的特点和各自的测温范围，常用的测温方法、类型及特点如表 7-2 所示。

表 7-2 常用测温方法、类型及特点

测温方式	温度计或传感器类型			测量范围/℃	精度/%	特点
接触式	热膨胀式	水银		−50～650	0.1～1	简单方便,易损坏(水银污染);感温部大
		双金属		0～300	0.1～1	结构紧凑、牢固可靠
		压力	液体	−30～600	1	耐振、坚固、价廉;感温部大
			气体	−20～350		
	热电偶	铂铑-铂其他金属		0～1 600 −200～1 100	0.2～0.5 0.4～1.0	种类多、适应性强、结构简单、经济方便、应用广泛
	热电阻	铂镍铜		−260～600 −500～300 0～180	0.1～0.3 0.2～0.5 0.1～0.3	精度及灵敏度均较好,感温部大,须注意环境温度的影响
		热敏电阻		−50～350	0.3～0.5	体积小,响应快,灵敏度高,线性差,须注意环境温度影响
非接触式	辐射高温温度计			800～3 500 700～3 000	1 1	非接触测温,不干扰被测温度场,辐射率影响小,应用简便
	热探测器热敏电阻探测器光子探测器			200～2 000 −50～3 200 0～3 500	1 1 1	非接触测温,不干扰被测温度场,响应快,测温范围大,适于测温度分布,易受外界干扰,标定困难
其他	示温涂料	碘化银,二碘化汞,氯化铁、液晶等		−35～2 000	＜1	测温范围大,经济方便,特别适于大面积连续运转零件上的测温,精度低。人为误差大

三、热膨胀式温度计

利用液体、气体或固体热胀冷缩的性质,即测温敏感元件在受热后尺寸或体积将发生变化,然后直接测出尺寸或体积发生的变化,由此制成的温度计叫热膨胀式温度计。热膨胀式温度计分为液体膨胀式温度计和固体膨胀式温度计两大类。这里以固体膨胀式温度计中的双金属温度计和压力式温度计为例进行介绍。

(一)双金属温度计

图 7-7 中所示就是双金属温度计敏感元件。它们是两种热膨胀系数 a 不同的金属片组合而成,将两片粘贴在一起,将其一端固定,另一端为自由端,自由端由指示系统相连接。当温度由 t_0 变化到 t_1 时,由于 A、B 两者热膨胀不一致而发生弯曲,即双金属片由 t_0 时初始位置 AB 变化到 t_1 时的相应位置 A′B′,最后导致自由端产生一定的角位移,角位移的大小与温度呈一定的函数关系,通过标定刻度,即可测量温度,双金属温度计一般应用在 −80～600℃ 范围内,最好情况下,精度可达 0.5～1.0 级,常被用作恒定温度的控制元件,如一般用途的恒温箱、加热炉等就是采用双金属片来控制和调节“恒温”的,如图 7-8 所示。

双金属温度计的突出特点是:抗震性能好,结构简单,牢固可靠,读数方便,但它的精度不高,测量范围也不大。

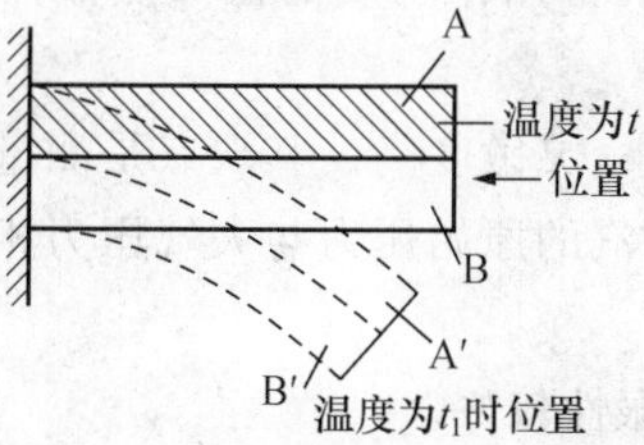

图 7-7 双金属温度计敏感元件

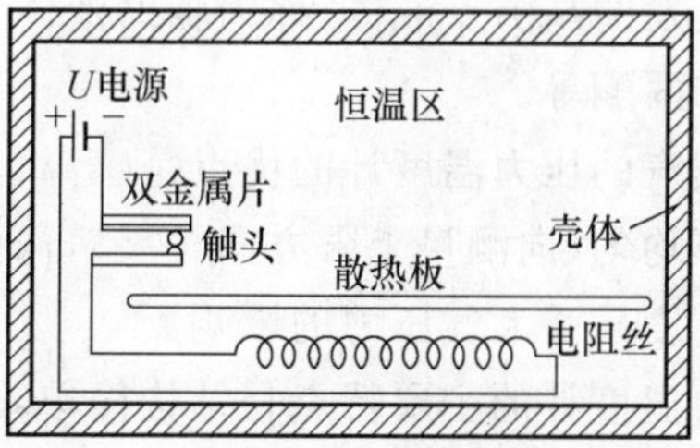

图 7-8 双金属控制恒温箱示意

(二)压力式温度计

1. 压力式温度计的结构及工作原理

压力式温度计虽然属于膨胀式温度计，但它不是靠物质受热膨胀后的体积变化或尺寸变化反映温度，而是靠在密闭容器中液体或气体受热后压力的升高反映被测温度，因此这种温度计的指示仪表实际上就是普通的压力表。

压力式温度计主要由温包、毛细管和压力敏感元件（如弹簧管、膜盒、波纹管等）组成，如图 7-9 所示。温包、毛细管和弹簧管三者的内腔共同构成一个封闭容器，其中充满工作物质。温包直接与被测介质接触，它应把温度变化充分地传递给内部工作物质。所以，其材料应具有防腐能力，并有良好的导热率。为了提高灵敏度，温包本身的受热膨胀应远远小于其内部工作物质的膨胀，故材料的体膨胀系数要小。此外，还应有足够的机械强度，以便在较薄的容器壁上承受较大的内外压力差。通常用不锈钢或黄铜制造温包，黄铜只能用在非腐蚀性介质里。当温包受热后，将使内部工作物质温度升高而压力增大，此压力经毛细管传到弹簧管内，使弹簧管产生变形，并由传动系统带动指针，指出相应的温度值。

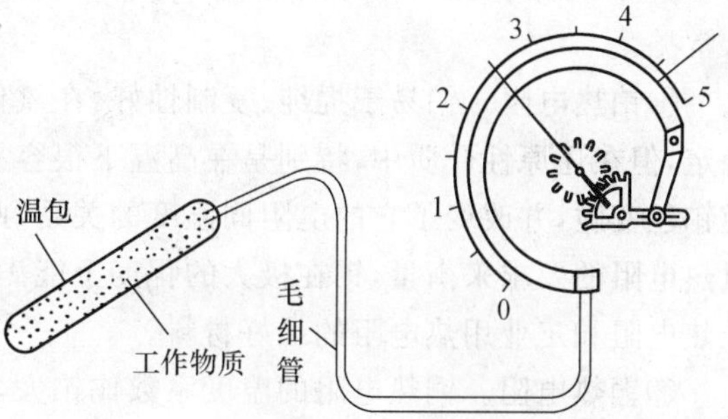

图 7-9 压力式温度计

目前生产的压力温度计根据充入密闭系统内工作物质的不同可分为充气体的压力温度计和充蒸汽的压力温度计。

2. 充气体的压力温度计

气体状态方程式 $pV=mRT$ 表明，对一定质量 m 的气体，如果它的体积 V 一定，则它的温度 T 与压力 p 呈正比。因此，在密封容器内充以气体，就构成充气体的压力温度计。工业上用的充气体的压力温度计通常充氮气，它能测量的最高温度可达 500～550℃，在低温下则充氢气，它的测温下限可达－120℃。在过高的温度下，温包中充填的气体会较多地透过金属壁而扩散，这样会使仪表读数偏低。

3. 充蒸汽的压力温度计

充蒸汽的压力温度计是根据低沸点液体的饱和蒸汽压只和气液分界面的温度有关这一原理制成的。其感温包中充入约占 2/3 容积的低沸点液体，其余容积则为充满液体的饱和蒸汽。当感温包温度变化时，蒸汽的饱和蒸汽压发生相应变化，这一压力变化通过一只插入感温包底部的毛细管进行传递，在毛细管和弹簧管中充满上述液体，或充满不溶于感温包中液体的在常温下不蒸发的高沸点液体，称为辅助液体，以传递压力。常用作工质的低沸点液体有氯甲烷、氯乙烷和丙酮等。

充蒸汽的压力温度计的优点是感温包的尺寸比较小、灵敏度高。其缺点是测量范围小、标尺刻度不均匀（向测量上限方向扩展），而且由于充入蒸汽的原始压力与大气压力相差较小，故其测量精度易受大气压力的影响。

压力温度计的主要特点是结构简单，强度较高，抗振性较好。

（三）电阻式温度传感器

热电阻温度传感器是利用导体或半导体的电阻率随温度的变化而变化的原理制成的，实现了将温度的变化转化为元件电阻的变化。它主要用于对温度和温度有关的参数进行检测。若按其制造材料来分，有金属（铂、铜和镍）热电阻及半导体热电阻（称为热敏电阻）。下面分别对其进行讲述。

1. 金属热电阻传感器

（1）热电阻类型　金属热电阻主要有铂电阻、铜电阻和镍电阻等，其中铂电阻和铜电阻最为常见。

①铂热电阻。铂易于提纯、复制性好，在氧化性介质中，甚至高温下，其物理化学性质极其稳定，但在还原性介质中，特别是在高温下很容易被从氧化物中还原出来的蒸汽所沾污，以致使铂丝变脆，并改变了它的电阻同温度的关系，此外，铂是一种贵金属，价格较贵，尽管如此，从对热电阻的要求来衡量，铂在极大的程度上能满足上述要求，所以仍然是制造基准热电阻、标准热电阻和工业用热电阻的最好材料。

②铜热电阻。铜热电阻的温度系数比铂大，价格低，而且易于提纯，但存在着电阻率小，机械强度差等弱点。在测量精度要求不是很高，测量范围较小的情况下，经常采用。

铜热电阻在－50～150℃的使用范围内其电阻值与温度的关系几乎是线性的，可表示为

$$R_t = R_0(1 + \alpha t) \tag{7.8}$$

式中：R_t 为 t 时的阻值；R_0 为 0℃时的阻值；α 为铜电阻的电阻温度系，$\alpha=(4.25\sim4.28)\times10^{-3}/℃$。

（2）热电阻的结构　热电阻主要由电阻体、绝缘套管和接线盒等组成。其结构如图 7-10 所示。电阻体主要由电阻丝、引出线、骨架等部分组成。

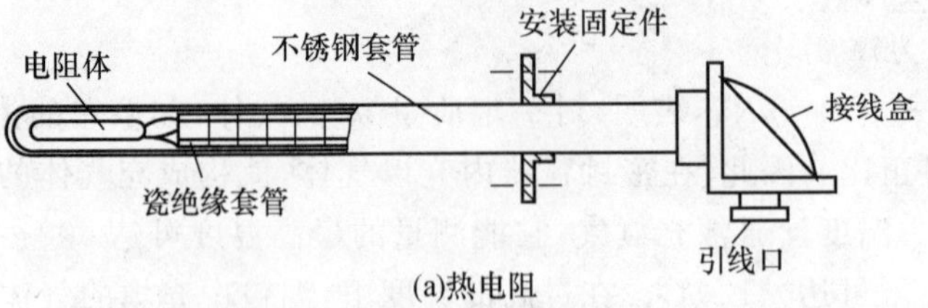

(a)热电阻

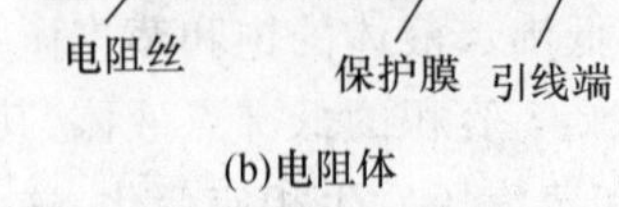

(b)电阻体

图 7-10　热电阻的结构

①电阻丝。由于铂的电阻率较大，而且相对机械强度较大，通常铂丝的直径在(0.03～0.07)mm±0.005 mm。可单层绕制，若铂丝太细，则强度低，但电阻体可做得小；若铂丝粗，则强度大，但电阻体大了，热惰性也大，成本高。由于铜的机械强度较低，电阻丝的直径需较大。一般用约 0.005 mm 的漆包铜线或丝包线分层绕在骨架上，并涂上绝缘漆而成。由于铜电阻的温度低，故可以重叠多层绕制，一般多用双绕法，即两根丝平行绕制，在末端把两个头焊接起来，这样工作电流从一根热电阻丝进入，从另一根丝反向出来，形成两个电流方向相反的线圈，其磁场方向相反，产生的电感就互相抵消，故又称无感绕法。这种双绕法也有利于引线的引出。

②骨架。热电阻线是绕制在骨架上的，骨架是用来支持和固定电阻丝的。骨架应使用电绝缘性能好，高温下机械强度高、体膨胀系数小，物理化学性能稳定，对热电阻丝无污染的材料制造，常用的是云母、石英、陶瓷、玻璃及塑料等。

③引线。引线的直径应当比热电阻丝大几倍，尽量减小引线的电阻，增加引线的机械强度和连接的可靠性，对于工业用的铂热电阻，一般采用 1 mm 的银丝作为引线。对于标准的铂热电阻则可采用 0.3 mm 的铂丝作为引线。对于铜热电阻则常用 0.5 mm 的铜线。在骨架上烧制好热电阻丝，并焊好引线之后，在其外面加上云母片进行保护，再装入外保护套管，并和接线盒或外部导线相连接，即得到热电阻传感器。

(3)热电阻传感器的测量电路　热电阻传感器的测量电路常用电桥电路，由于工业用热电阻安装在生产现场，离控制室较远，因此热电阻的引线对测量结果有较大影响。为了减小或消除引线电阻的影响，目前，热电阻引线的连接方式经常采用三线制和四线制(图 7-11)。

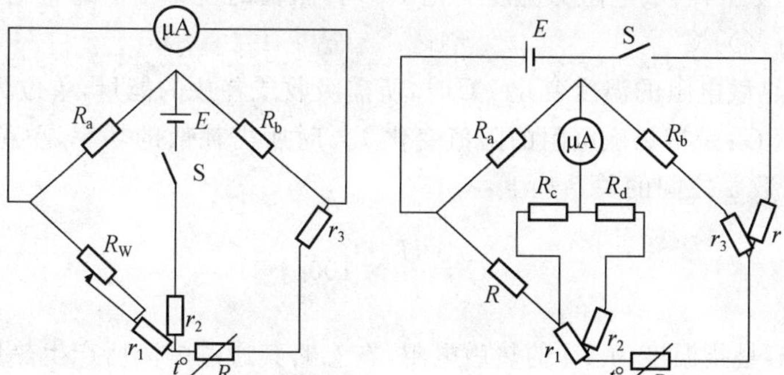

(a)三线制　　(b) 四线制

图 7-11　热电阻传感器的测量电路

①三线制。在电阻体的一端连接两根引线，另一端连接一根引线，此种引线形式称为三线制。当热电阻和电桥配合使用时，这种引线方式可以较好地消除引线电阻的影响，提高测量精度。所以工业热电阻多半采样这种方法。

②四线制。在电阻体的两端各连接两根引线称为四线制，这种引线方式不仅消除连接线电阻的影响，而且可以消除测量电路中寄生电势引起的误差。这种引线方式主要用于高精度温度测量。

2. 半导体热敏电阻传感器

热敏电阻是利用半导体材料的电阻率随温度变化而变化的性质制成的。其常用的半导体材料有铁、镍、锰、钴、钼、钛、镁、铜等的氧化物或其他化合物，根据产品性能不同，进行不同的配比烧结而成。

(1)特性　热敏电阻的主要特性有温度特性和伏安特性。

①温度特性。热敏电阻按其性能可分为负温度系数 NTC 型热敏电阻、正温度系数 PTC 型热敏电阻、临界温度 CTR 型热敏电阻三种。半导体热敏电阻就是利用热敏电阻的特性来测量温度的。现以负温度系数 NTC 型热敏电阻为例进行说明。

②伏安特性。我们把静态情况下热敏电阻上的端电压与通过热敏电阻的电流之间的关系称为伏安特性。热敏电阻只有在小电流范围内端电压和电流呈正比，因为电压低时电流也小，温度没有显著升高，它的电流和电压关系符合欧姆定律，但当电流增加到一定数值时，元件由于温度升高而阻值下降，故电压反而下降，因此，要根据热敏电阻的允许功耗线来确定电流，在测温中电流不能选得太高。

(2)热敏电阻的主要参数　选用热敏电阻除要考虑其特性、结构形式和尺寸、工作温度以及一些特殊要求外，还要重点考虑热敏电阻的主要参数，它不仅是设计的主要依据，也是正确指导使用的技术参数。

①标称电阻值 R_H：是指环境温度为 25℃±0.2℃时测得的电阻值，又称冷电阻，单位为 Ω。

②耗散系数 H：是指热敏电阻的温度变化与周围介质的温度相差 1℃时，热敏电阻所耗散的功率，单位为 W/℃。在工作范围内，当环境温度变化时 H 随之而变，此外 H 大小还和阻体结构、形状及所处环境(如介质、密度、状态)有关，因为这些会影响阻体的热传导。

③电阻温度系数 α：热敏电阻的温度变化 1℃时，阻值的变化率。通常指温度为 20℃时的温度系数，单位为(%)/℃。

④热容量 C：热敏电阻的温度变化 1℃时，所需吸收或释放的能量，单位为 J/℃。

⑤能量灵敏度 G：是指热敏电阻的阻值变化 1%时所需耗散的功率，单位为 W，与耗散系数 H，电阻温度系数 α 之间的关系如下：

$$G=\frac{H}{\alpha}\times 100 \tag{7.9}$$

⑥时间常数 τ：是指温度为 T_0 的热敏电阻，在忽略其通过电流所产生热量的作用下，突然置于温度为 T 的介质中，热敏电阻的温度增量达到 $\Delta T=0.63(T-T_0)$时所需时间，它与电容 C 和耗散系数 H 之间的关系如下：

$$\tau=\frac{C}{H} \tag{7.10}$$

⑦额定功率 P：热敏电阻在规定的条件下，长期连续负荷所允许的消耗功率，在此功率下，阻体自身温度不会超过其连续工作时所允许的最高温度，单位为 W。

(3)热敏电阻的特点　热敏电阻同其他测温元件相比具有以下特点。

①灵敏度高。半导体的电阻温度系数比金属大，一般是金属的十多倍，因此可大大降低对仪器、仪表的要求。

②体积小、热惯性小、结构简单，可根据不同要求，制成各种形状。

③化学稳定性好，机械性能强，价格低廉，寿命长。

④热敏电阻的缺点是复现性和互换性差，非线性严重。测温范围较窄，目前只能达到−50～300℃。

(4)热敏电阻的应用　由于热敏电阻具有许多优点，所以应用范围很广，可用于温度测量、温度控制、温度补偿、稳压稳幅、自动增益调整、气体和液体分析、火灾报警、过荷保护等方面。下面介绍几种主要用法。

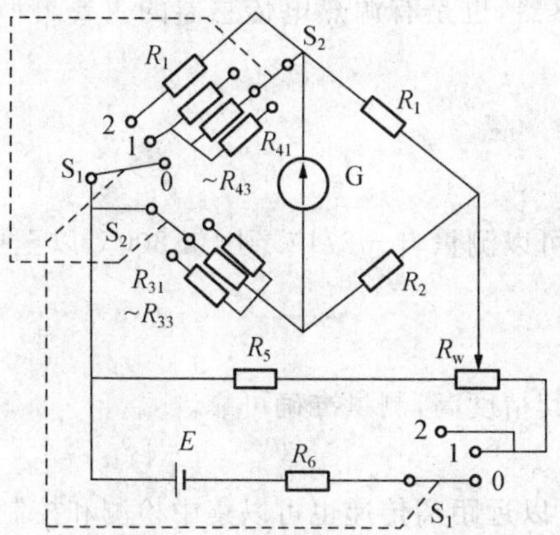

图 7-12　热敏电阻测温原理图

①温度测量。图 7-12 是热敏电阻测温原理图，测温范围为−50～300℃，误差小于±0.5℃，图中，S_0 工作选择开关，"0"，"1"，"2"分别为电压断开、校正、工作三个状态。工作前根据开关 S 选择量程，将开关 S_0 置于"1"处，调节电位计 R_W 使检流计 G 指示满刻度，然后将 S_0 置于"2"，热敏电阻被接入测量电桥进行测量。

②温度补偿。仪表中通常用的一些零件，多数是用金属丝制成的，例如线圈、线绕电阻等，金属一般具有正的温度系数，采用负的温度系数热敏电阻进行补偿，可以抵消由于温度变化所产生的误差。实际应用时，将负温度系数的热敏电阻与锰铜丝电阻并联后再与被补偿元件串联，如图 7-13 所示。

③温度控制。用热敏电阻与一个电阻相串联，并加上恒定的电压，当周围介质温度升到某一数值时，电路中的电流可以由十分之几毫安突变为几十毫安。因此可以用继电器的绕组代替不随温度变化的电阻。当温度升高到一定值时，继电器动作，继电器的动作反应温度的大小，所以热敏电阻可用作温度控制。

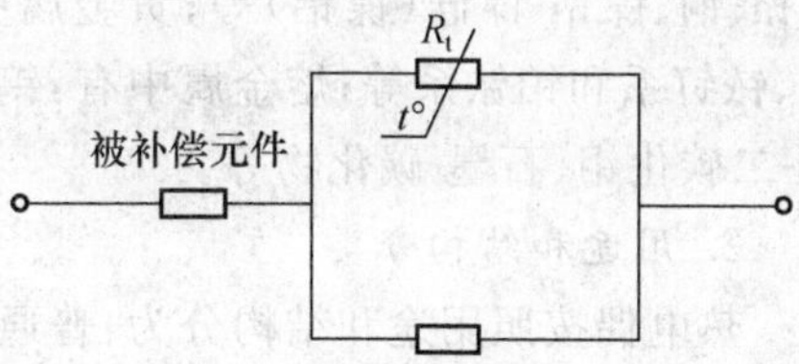

图 7-13　仪表中温度补偿

④过热保护。过热保护分直接保护和间接保护。对小电流场合，可把热敏电阻直接串入负载中，防止过热损坏以保护器件。对大电流场合，可通过继电器、晶体管电路等保护。不论哪种情况，热敏电阻都与被保护器件紧密结合在一起，充分热交换，一旦过热，则起保护作用。图 7-14 为几种过热保护实例。

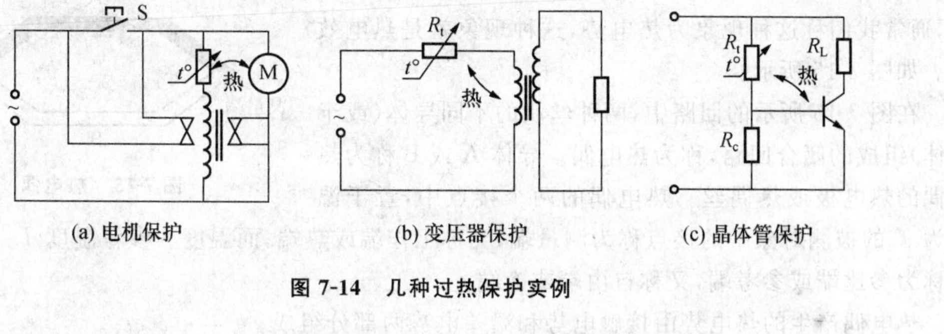

图 7-14　几种过热保护实例

四、热电偶温度计

热电偶是目前应用最广泛的、比较简单的温度传感器，也是有源热电传感器的主要类型，它在很多方面具备了一种理想温度传感器的条件。

(一)热电偶的特点

1. 温度测量范围宽

随着科学技术的发展，目前热电偶的品种较多，它可以测量自－271℃到＋2 800℃以至更高的温度。

2. 性能稳定、准确可靠

在正确使用的情况下，热电偶的性能是很稳定的，其精度高，测量准确可靠。

3. 可以远传和记录

由于热电偶能将温度信号转换成电压信号，因此可以远距离传递也可以集中检测和控制。此外热电偶的结构简单、使用方便。其测量端能做得很小，因此可以用它来测量"点"的温度，又由于它的热容量小，因此反应速度很快。

(二)热电偶的分类

1. 按热电偶材料分类

有廉金属、贵金属、难熔金属和非金属四大类。廉金属中有：铁-康铜、铜-康铜、镍铬-考铜、镍铬-铜、镍铬-镍硅(镍铝)等；贵金属中有：铂铑 10-铂、铂铑 30-铂铑 6 及有铂铑系以及铱铑系、铱钌系和铂铱系等；熔金属中有：钨铼系、钨钼系、铱钨系和铌钛系等；非金属中有：二碳化钨-二碳化钼、石墨-碳化物等。

2. 用途和结构分类

热电偶按照用途和结构分为：普通工业用和专用两类。

普通工业用的热电偶分为：直形、角形和锥形(其中包括无固定装置、螺纹固定装置和法兰固定装置等品种)。

专用的热电偶分为：钢水测温的消耗式热电偶、多点式热电偶和表面测温热电偶等。

(三)热电偶的测温原理

热电偶测温是基于热电效应。在两种不同的导体(或半导体)A 和 B 组成的闭合回路中，如果它们两个接点的温度不同，则回路中产生一个电动势，通常我们称这种现象为热电势，这种现象就是热电效应。如图 7-15 所示。

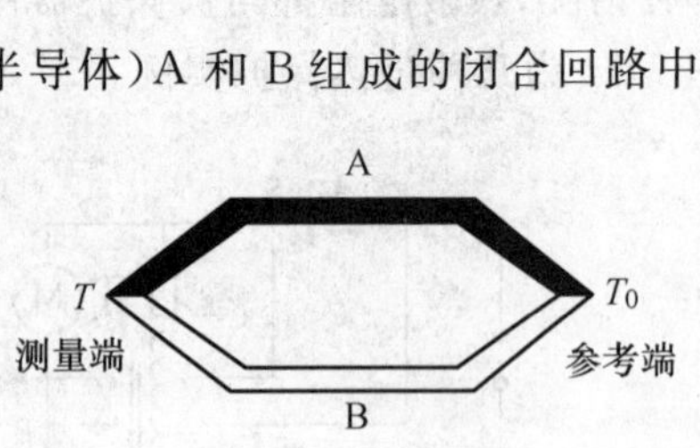

图 7-15 热电偶

在图 7-15 所示的回路中，两种丝状的不同导体(或半导体)组成的闭合回路，称为热电偶。导体 A 或 B 称为热电偶的热电极或热偶丝。热电偶的两个接点中，置于温度为 T 的被测对象中的接点称为测量端，又称工作端或热端；而温度为参考温度 T_0 的另一接点称为参比端或参考端，又称自由端或冷端。

热电偶产生的热电势由接触电势和温差电势两部分组成。

1. 接触电势

接触电势就是由于两种不同导体的自由电子密度不同而在接触处形成的电动势，又称帕尔贴(Peltier)电势。在两种不同导体 A、B 接触时，由于材料不同，两者有不同的电子密度，如 $N_A > N_B$，则在单位时间内，从导体 A 扩散到导体 B 的自由电子数比相反方向的来得多，即自由电子主要从导体 A 扩散到导体 B，这时 A 导体因失去电子而带正电，B 导体因得到电子而带负电，如图 7-16 所示。因而在接触面上形成了自 A 到 B 的内部静电场，产生了电位差，即接触电势。但它不会不断增加，而是很快地稳定在某个值，这是因为由电子扩散运动而建立的内部静电场或电动势将产生相反方向的飘移运动，加速电子反方向的转移，使从 B 到 A 的电子速率加快，并阻止电子扩散运动的继续进行，最后达到动态平衡，即单位时间内从 A 扩散的电子数目等于反方向飘移的电子数目，此时在一定温度(T)下的接触电势 $E_{AB}(T)$ 也就稳定在某值了。其大小可表示为

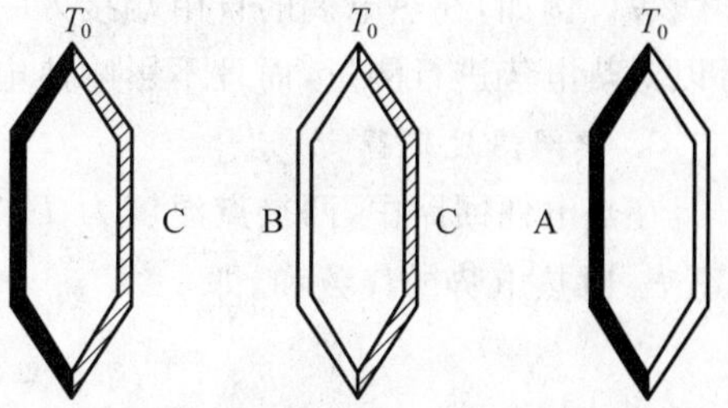

图 7-16 标准电极

$$E_{AB}(T) = \frac{kT}{e} \ln \frac{N_A(T)}{N_B(T)} \tag{7.11}$$

式中：e 为单位电荷，$e = 1.6 \times 10^{19}$ C；k 为玻耳兹曼常数，$k = 1.38 \times 10^{23}$ J/K；$N_A(T)$为材料 A 在温度为 T 时的自由电子密度；$N_B(T)$为材料 B 在温度为 T 时的自由电子密度。

由式(7.11)可知：接触电势的大小与温度高低及导体中的电子密度有关。温度越高，接触电势越大；两种导体电子密度的比值越大，接触电势也越大。

2. 温差电势

温差电势是在同一导体的两端因其温度不同而产生的一种热电势。又称汤姆(Thomson)电势，设导体两端的温度分别为 T 和 T_0($T > T_0$)，由于高温端(T)的电子能量比低温端(T_0)的电子能量大，因而从高温端跑到低温端的电子数比从低温端跑到高温端的电子数要多，结果高温端失去电子而带正电荷，低温端得到电子而带负电荷，从而形成了一个从高温端指向低温端的静电场。

(四)热电偶基本定律

1. 均质导体定律

由一种均质导体或半导体组成的闭合回路，不论其截面、长度如何以及各处的温度如何分布，都不会产生热电势。即热电偶必须采用两种不同材料作为电极。

2. 中间导体定律

在热电偶回路中，接入第三种导体 C，如图 7-16 所示，只要这第三种导体两端温度相同，则热电偶所产生的热电势保持不变。即第三种导体 C 的引入对热电偶回路的总电势没有影响。

热电偶回路接入中间导体 C 后热电偶回路的总热电势为：

$$E_{ABC}(T, T_0) = E_{AB}(T) E_{AB}(T_0) + E_B(T, T_0) E_A(T, T_0)$$

$$E(t, 0) = E(t, t_0) + E(t_0, 0) \tag{7.12}$$

同理，热电偶回路中接入多种导体后，只要保证接入的每种导体的两端温度相同，则对热电偶的热电势没影响。根据热电偶的这一性质，可以在热电偶的回路中引入各种仪表和连接

导线等。例如，在热电偶的自由端接入一只测量电势的仪表，并保证两个接点的温度相等，就可以对热电势进行测量，而且不影响热电势的输出。

3. 中间温度定律

在热电偶回路中，两接点温度为 T、T_0 时的热电势，等于该热电偶在接点温度为 T、T_0 和 T_a、T_0 时热电势的代数和，即

$$E_{AB}(T,T_0)=E_{AB}(T,T_a)+E_{AB}(T_a,T_0) \tag{7.13}$$

根据这一定律，只要给出自由端为 0℃时的热电势和温度的关系，就可以求出冷端为任意温度 T_0 的热电偶热电势即

$$E_{AB}(T,T_0)=E_{AB}(T,0)+E_{AB}(0,T_0) \tag{7.14}$$

4. 标准电极定律

当温度为 T_1、T_2 时，用导体 A、B 组成的热电偶的热电势等于 AC 热电偶和 CB 热电偶的热电势之代数和，即

$$E_{AC}(T_1,T_2)=E_{AB}(T_1,T_2)+E_{CB}(T_1,T_2) \tag{7.15}$$

导体 C 称为标准电极，故把这一定律称为标准电极定律。

(五)热电极材料及常用热电偶

1. 热电极材料

根据上述热电偶的测温原则，理论上任何两种导体均可配成热电偶，但因实际测温时对测量精度及使用等有一定要求，故对制造热电偶的热电极材料也有一定要求。除满足上述对温度传感器的一般要求外，还应注意如下要求：

(1)在测温范围内，热电性质稳定，不随时间和被测介质变化，物理化学性能稳定，不易氧化或腐蚀。

(2)导电率要高，并且电阻温度系数要小。

(3)它们组成的热电偶，热电势随温度的变化率要大，并且希望该变化率在测温范围内接近常数。

(4)材料的机械强度要高，复制性要好，复制工艺要简单，价格便宜。

完全满足上述条件要求的材料很难找到，故一般只根据被测温度的高低，选择适当的热电极材料。下面分别介绍国内生产的几种常用热电偶。它们又分为标准化与非标准化热电偶。标准化热电偶是指国家标准规定了其热电势与温度的关系和允许误差，并有统一的标准分度表。

2. 标准热电偶

(1)铂铑 10-铂热电偶(S 型)　这是一种贵金属热电偶，由直径为 0.5 mm 以下的铂铑合金丝(铂 90%，铑 10%)和纯铂丝制成。

由于容易得到高纯度的铂和铂铑，故这种热电偶的复制精度和测量准确度较高，可用于精密温度测量。在氧化性或中性具有较好的物理化学稳定性，在 1 300℃以下范围内，可长时间使用。其主要缺点是金属材料的价格昂贵；热电势小，而且热电特性曲线非线性较大；在高温时易受还原性气体所发出的蒸气和金属蒸气的侵害而变质，失去测量准确度。

(2)铂铑30-铂铑6热电偶(B型)　它也是贵金属热电偶，长期使用的最高温度可达1 600℃，短期使用可达1 800℃，它宜在氧化性和中性介质中使用，在真空中可短期使用。它不能在还原性介质及含有金属或非金属蒸气的介质中使用，除非外面套有合适的非金属保护管才能使用。它具有铂铑10-铂的各种优点，其抗污染能力强。其主要缺点是灵敏度低、热电势小，因此冷端在40℃以上使用时，可不必进行冷端温度补偿。

(3)镍铬-镍硅(镍铬-镍铝)热电偶(K型)　由镍铬与镍硅制成，热偶丝直径一般为1.2～2.5 mm。镍铬为正极，镍硅为负极，该热电偶化学稳定性较高，可在氧化性或中性介质中长时间地测量900℃以下的温度，短期测量可达1 200℃；如果用于还原性介质中，就会很快地受到腐蚀，在此情况下只能用于测量500℃以下的温度。

3. 普通型热电偶

普通型热电偶主要用于测量气体、蒸汽、液体等介质的温度。由于使用的条件基本相似，所以这类热电偶已做成标准型，其基本组成部分大致是一样的。通常都是由热电极、绝缘管、保护套管和接线盒等主要部分组成。

(1)热电极　热电偶常以热电极材料种类来命名，其直径大小是由价格、机械强度、导电率以及热电偶的用途和测量范围等因素来决定的。贵金属热电极直径大多是0.13～0.65 mm，普通金属热电极直径为0.5～3.2 mm。热电极长度由使用、安装条件，特别是工作端在被测介质中插入深度来决定，通常为350～2 000 mm，常用的长度为350 mm。

(2)绝缘管　又称绝缘子，用来防止两根热电极短路，其材料的选用要根据使用的温度范围和对绝缘性能的要求而定，常用的是氧化铝和耐火陶瓷。它一般制成圆形，中间有孔，长度为20 mm，使用时根据热电极的长度，可多个串起来使用。

(3)保护套管　为使热电极与被测介质隔离，并使其免受化学侵蚀或机械损伤，热电极在套上绝缘管后再装入套管内。

对保护套管的要求一方面是经久耐用，能耐温度急剧变化，耐腐蚀，不分解出对电极有害的气体，有良好的气密性及足够的机械强度；另一方面是传热良好，传导性能越好，热容量越小，能够改善电极对被测温度变化的响应速度。常用的材料有金属和非金属两类，应根据热电偶类型、测温范围和使用条件等因素来选择保护套管材料。

(4)接线盒　接线盒供热电偶与补偿导线连接用。接线盒固定在热电偶保护套管上，一般用铝合金制成，分普通式和防溅式(密封式)两类，为防止灰尘、水分及有害气体侵入保护套管内，接线端子上注明热电极的正、负极性。

4. 铠装热电偶

铠装热电偶是由热电极、绝缘材料和金属套管经拉伸加工而成的组合体，其断面结构如图7-17所示，分单芯和双芯两种。它可以做得长、很细，在使用中可以随测量需要进行弯曲。

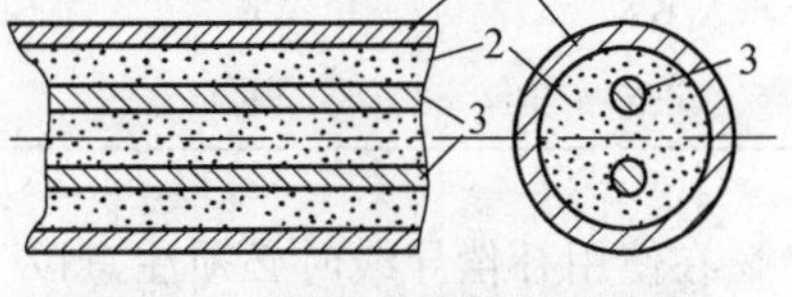

图7-17　铠装热电偶断面结构

1. 套管　2. 绝缘材料　3. 热电极

套管材料为铜、不锈钢或镍基高温合金等。热电极和套管之间填满了绝缘材料的粉末，目前常用的绝缘材料有氧化镁、氧化铝等。目前生产的铠装热电偶外径一般为0.25～12 mm，有多种规格。它的长短根据需要来定，最长的可达100 m以上。

铠装热电偶的主要特点是，测量端热容量小，动态响应快，机械强度高，抗性好，耐高压、耐强烈震动和耐冲击，可安装在结构复杂的装置上，因此已被广泛用在许多工业部门中。

(六)热电偶冷端温度补偿

由热电偶的作用原理可知，热电偶热电势的大小，不仅与测量端的温度有关，而且与冷端的温度有关，是测量端温度 t 和冷端温度 t_0 的函数差。为了保证输出电势是被测温度的单值函数，就必须使一个节点的温度保持恒定，而我们使用的热电偶分度表中的热电势值，都是在冷端温度为 0℃时给出的。因此，如果热电偶的冷端温度不是 0℃，而是其他某一数值，且又不加以适当处理，那么即使测得了热电势的值，仍不能直接应用分度表，即不可能得到测量端的准确温度，会产生测量误差。但在工业使用时，要使冷端的温度保持为 0℃是比较困难的，通常采用如下一些温度补偿办法。

1. 补偿导线法

随着工业生产过程自动化程度的提高，要求把温度测量的信号从现场传送到集中控制室里，或者由于其他原因，显示仪表不能安装在被测对象的附近，而需要通过连接导线将热电偶延伸到温度恒定的场所。由于热电偶一般做得比较短(除铠装热电偶外)，特别是贵金属热电偶就更短。这样热电偶的冷端离被测对象很近，使冷端温度较高且波动较大，如用很长的热电偶使冷端延长到温度比较稳定的地方，这种办法由于热电极线不便于敷设，且对于贵金属很不经济，因此是不可行的。所以，一般用一种导线(称补偿导线)将热电偶的冷端伸出来(图 7-18)，这种导线采用的廉价金属在一定温度范围内(0～100℃)具有和所连接的热电偶相同的热电性能。

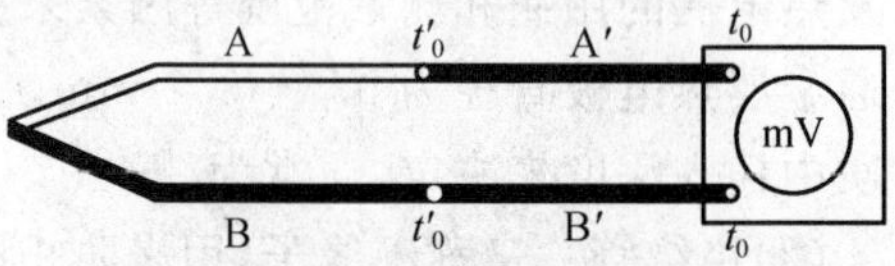

图 7-18 补偿导线在测温回路的连接

常用热电偶的补偿导线如表 7-3 所示。表中补偿导线型号的头一个字母与配用热电偶的型号相对应；第二个字母“X”表示延伸型补偿导线(补偿导线的材料与热电偶电极的材料相同)，字母“C”表示补偿型导线。

表 7-3 常用热电偶的补偿导线

补偿导线型号	配用热电偶型号	补偿导线		绝缘层颜色	
		正极	负极	正极	负极
SC	S	SPC(铜)	SNC(铜镍)	红	绿
KC	K	KPC(铜)	KNC(康铜)	红	蓝
KX	K	KPX(镍铬)	KNX(镍硅)	红	黑
EX	E	EPX(镍铬)	ENX(铜镍)	红	棕

在使用补偿导线时必须注意以下问题：

(1)补偿导线只能在规定的温度范围内(一般为 0～100℃)与热电偶的热电势相等或相近。

(2)不同型号的热电偶有不同的补偿导线。

(3)热电偶和补偿导线的两个接点处要保持同温度。

(4)补偿导线有正、负极，需分别与热电偶的正、负极相连。

(5)补偿导线的作用只是延伸热电偶的自由端，当自由端 $t_0 \neq 0$ 时，还需进行其他补偿与修正。

2. 计算法

当热电偶冷端温度不是0℃，而是 t_0 时，根据热电偶中间温度定律，可得热电势的计算校正公式：

$$E(t,0)=E(t,t_0)+E(t_0,0) \tag{7.16}$$

式中：$E(t,0)$ 为冷端为0℃而热端为 t 时的热电势；$E(t,t_0)$ 为冷端为 t_0 而热端为 t 时的热电势，即实测值；$E(t_0,0)$ 为冷端为0℃而热端为 t_0 时的热电势；即为冷端温度不为0℃时热电势校正值。

因此只要知道了热电偶参考端的温度 t_0，就可以从分度表查出对应于 t_0 的热电势 $E(t_0,0)$，然后将这个热电势值与显示仪表所测的读数值 $E(t,t_0)$ 相加，得出的结果就是热电偶的参比端温度为0℃时，对应于测量端的温度为 t 时的热电 $E(t,0)$，最后就可以从分度表查得对应于 $E(t,0)$ 的温度，这个温度的数值就是热电偶测量端的实际温度。

例如：S型热电偶在工作时自由端温度 $t_0=30$℃，现测得热电偶的电势为7.5 mV，欲求被测介质的实际温度。

因为，已知热电偶测得的电势为 $E(t,30)$，即 $E(t,30)=7.5$ mV，其中 t 为被测介质温度。

$$E(t,0)=E(t,30)+E(30,0)=(7.5+0.173)\ \text{mV}=7.673\ \text{mV}$$

$E(t,0)=7.673$ mV 对应的温度为830℃，则被测介质的实际温度为830℃。

3. 补偿电桥法

补偿电桥法是利用不平衡电桥产生的电势来补偿热电偶因冷端温度变化而引起的热电势变化值，如图7-19所示，不平衡电桥（即补偿电桥）由电阻 R_1、R_2、R_3（锰铜丝绕制）、R_{Cu}（铜丝绕制）四个桥臂和桥路稳压电源所组成，串接在热电偶测量回路中。热电偶冷端与电阻 R_{Cu} 感受相同的温度，通常取20℃时电桥平衡 $R_1=R_2=R_3=R_{Cu}$，此时对角线a、b两点电位相等（即 $U_{ab}=0$），电桥对仪表的度数无影响。当环境温度高于20℃时，R_{Cu} 增加，平衡被破坏，a 点电位高于 b 点，产生一不平衡电压 U_{ab}，与热端电势相叠加，一起送入测量仪表。适当选择桥臂电阻和电流的数值，可使电桥产生的不平衡电压 U_{ab} 正好补偿由于冷端温度变化而引起的热电势变化值，仪表即可指示出正确的温度，由于电桥是在20℃时平衡，所以采用这种补偿电桥须把仪表的机械零位调整到20℃。

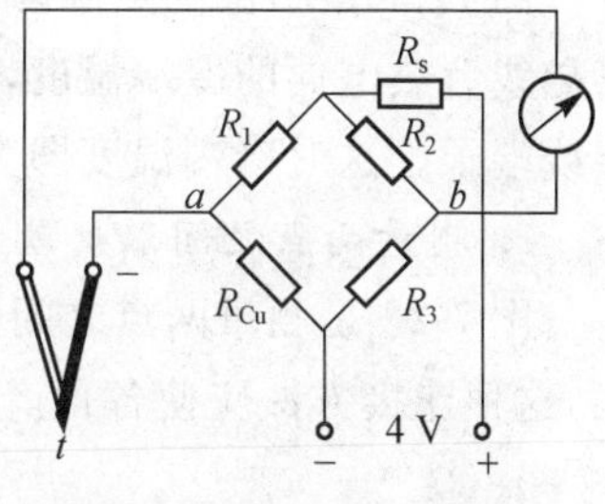

图7-19 冷端温度补偿电桥

4. 冰浴法

冰浴法是在科学实验中经常采用的一种方法，为了测温准确，可以把热电偶的冷端置于冰水混合物的容器里，保证使 $t_0=0$℃。这种办法最为妥善，然而不够方便，所以仅限于科学实验中应用。为了避免冰水导电引起 t_0 处的连接点短路，必须把连接点分别置于两个玻璃试管里，浸入同一冰点槽，使之互相绝缘，如图7-20所示。

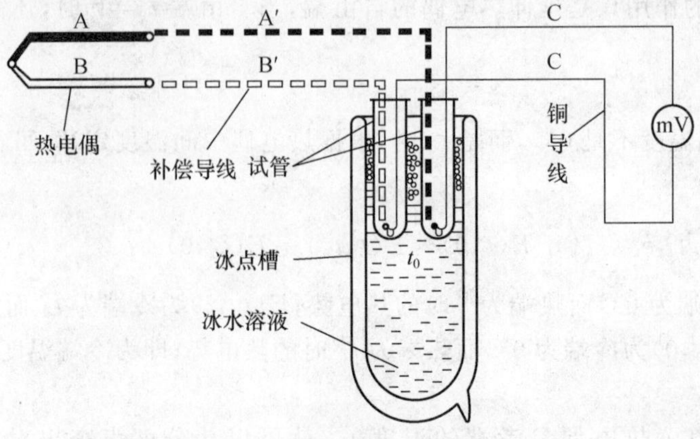

图 7-20　冰点槽

5. 软件处理法

对于计算机系统,不必全靠硬件进行热电偶冷端处理。例如冷端温度恒定但不为零的情况下,只要在采样后加一个与冷端温度对应的常数即可。对于 t_0 经常波动的情况,可利用热敏电阻或其他传感器把 t_0 输入计算机,按照运算公式设计一些程序,便能自动修正。后一种情况必须考虑输入的通道中除了热电势之外还应该有冷端温度信号,如果多个热电偶的冷端温度不相同,还要分别采样,若占用的通道数太多,宜利用补偿导线将所有的冷端接到同一温度处,只用一个温度传感器和一个修正的输入通道就可以了,冷端集中,对于提高多点巡检的速度也很有利。

(七)热电偶常用测温线路

1. 测量某点温度的基本电路

图 7-21 是测量某点温度的基本电路,图中 A、B 为热电偶,C、D 为补偿导线,t_0 为使用补偿导线后热电偶的冷端温度,E 为铜导线,在实际使用时就把补偿导线一直延伸到配用仪表的接线端子。这时冷端温度即为仪表接线端子所处的环境温度。

2. 测量两点之间温度差的测温电路

图 7-22 是测量两点之间温度差的测温电路,用两支相同型号热电偶,配以相同的补偿导线,这种连接方法应使各自产生的热电势互相抵消,仪表 G 可测两点之间的温度差。

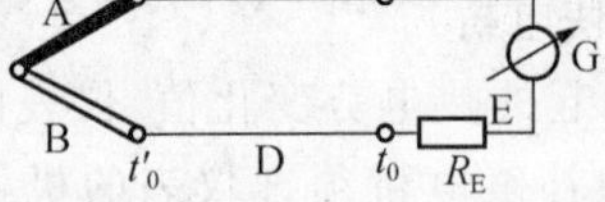

图 7-21　测量某点温度的基本电路

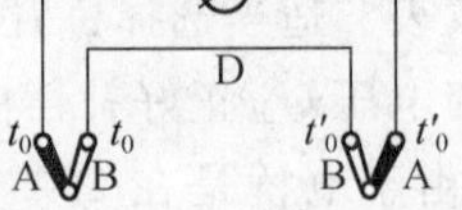

图 7-22　测量两点之间温度差的测温电路

3. 测量多点的测温线路

多个被测温度用多支热电偶分别测量,但多个热电偶共用一台显示仪表,它们是通过专用的切换开关来多点测量的,但各只热电偶的型号要相同,测温范围不要超过显示仪表的量程。

4. 测量平均温度的测量电路

用热电偶测量平均温度一般采用热电偶并联的方法,输入仪表两端的热电动势之总和,即

$E=E_1+E_2+E_3$，可直接从仪表读出平均值，此种电路的优点是，热电偶烧坏时可立即知道，还可获得较大的热电动势。

第三节　压力检测

在测量上所称的“压力”就是物理学中的“压强”，它是反映物质状态的一个很重要的参数。在压力测量中，常有表压、绝对压力、负压或真空度之分。工业上所用的压力指示值多数为表压，即压力表的指示值是绝对压力和大气压力之差，所以绝对压力为表压和大气压力之和。如果被测压力低于大气压，称为负压或真空。

压力在工业自动化生产过程中是重要工艺参数之一。因此，正确地测量和控制压力是保证生产过程良好地运行，达到优质高产、低消耗和安全生产的重要环节。

一、压力的概念及单位

压力是垂直而均匀地作用在单位面积上的力。它的大小由两个因素决定，即受力面积和垂直作用力的大小。其表达式为

$$p=\frac{F}{S} \tag{7.17}$$

式中：p 为压力，F 为作用力，S 为作用面积。

国际单位制(SI)中定义压力的单位是：1 N 的力垂直均匀地作用在 1 m^2 面积上，所形成的压力为一个“帕斯卡”，简称为“帕”，符号为 Pa。

目前，工程技术界广泛使用很多其他压力单位，考虑到短期内尚难完全统一，有必要了解现在通用的非法定压力计量单位，主要有下列几种。

1. 工程大气压

符号为 at，是工业上目前常用的单位。即 1 kg 力垂直而均匀地作用在 1 cm^2 面积上所产生的压力，用千克力/厘米^2 表示，故常记作 kgf/cm^2。

2. 标准大气压

符号为 atm，是指在纬度 45°的海平面上，0℃时的平均大气压力。

上述工程大气压和标准大气压两个名词中虽有“大气压”三个字，但并不受气象条件影响，而是作为计量单位使用的恒定值。

3. 约定毫米汞柱

符号为 mmHg，即在标准重力加速度下，0℃时 1 mm 高的水银柱在 1 cm^2 的底面上所产生的压力。

二、电阻应变效应

电阻丝在外力作用下发生机械变形时，其电阻值发生变化，这种现象叫作电阻应变效应。

设有一根电阻丝，电阻丝的电阻率为 ρ，长度为 l，截面积为 S，在未受力时的电阻值为

$$R=\rho\frac{l}{S} \tag{7.18}$$

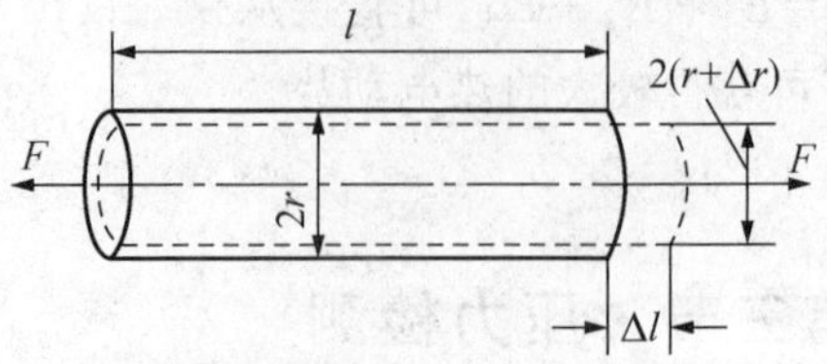

图 7-23　金属丝伸长后几何尺寸变化

如图 7-23 所示，电阻丝在拉力 F 作用下，长度 l 增加，截面积 S 减小，电阻率 ρ 也相应变化，将引起电阻变化 ΔR，其值为

$$\frac{\Delta R}{R}=\frac{\Delta l}{l}-\frac{\Delta S}{S}+\frac{\Delta\rho}{\rho} \tag{7.19}$$

三、压电式压力传感器

压电式传感器是以某些电介质的压电效应为基础的，在外力作用下，电介质的表面上产生电荷，从而实现对压力电测的目的。

(一)压电效应

某些电介质物体在沿一定方向受到压力或拉力作用而发生变形，并且在其表面上会产生电荷，若将外力去掉，它们又重新回到不带电的状态，这种现象称为压电效应。具有压电效应的物体称为压电材料或压电元件，如天然的石英晶体，人工制造的压电陶瓷、锆钛酸铅等。现以石英晶体为例来说明压电现象。

1. 石英晶体的压电效应

图 7-24(a)表示了天然结构的石英晶体外形，它是个正六面体，在晶体学中可以把它用 3 根互相垂直的轴来表示[图 7-24(b)]，其中纵向轴 Z—Z 称为光轴；经过正六面体棱线，并垂直于光轴的 X—X 轴称为电轴；与 X—X 轴和 Z—Z 轴同时垂直的 Y—Y 轴(垂直于正六面体的棱面)称为机械轴。通常把沿电轴 X—X 方向的力作用下产生的电荷的压电效应称为纵向压电效应，而把沿机械轴 Y—Y 方向的力作用下产生的电荷的压电效应称为横向压电效应，沿光轴 Z—Z 方向受力时则不产生压电效应。

从晶体上沿轴线切下的薄片称为晶体切片，如图 7-25 所示。当晶体片在沿 X 轴的方向上受到压力 F_X 作用时，晶体片将产生厚度变形，并在与 X 轴垂直的平面上产生电荷 Q_X，它的大小为

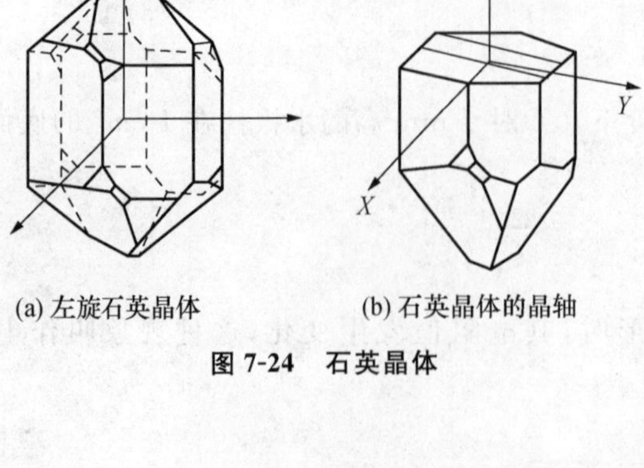

(a) 左旋石英晶体　　(b) 石英晶体的晶轴

图 7-24　石英晶体

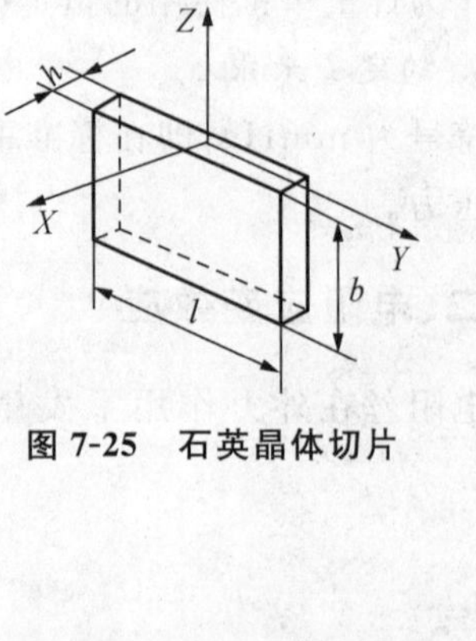

图 7-25　石英晶体切片

$$Q_X = d_{11}F_X \tag{7.20}$$

式中：d_{11}为压电系数，当受力方向和变形不同时，压电系数也不同。

在片状压电材料的两个电极面上，如果加以交流电压，那么压电片能产生机械振动，使压电片在电极方向上有伸缩现象。压电材料的这种现象称为电致伸缩效应。因为这种效应与压电效应相反，也叫作逆压电效应。

2. 压电效应的物理解释

为方便起见，以石英晶体为例阐述压电效应的微观机制。石英晶体的压电效应早在100年前已被发现，它之所以至今仍不失为最好的和最重要的压电晶体之一的原因，一方面是它的性能稳定，另一方面是它的频率温度系数低。压电晶体压电效应的产生是由于晶格在机械力的作用下发生的形变所引起的。

石英晶体的化学式为SiO_2，在每一个晶体单元中，有3个硅离子和6个氧离子，后者是成对的。硅离子有4个正电荷，氧离子有2个负电荷，1个硅离子和2个氧离子交替排列。石英晶体之所以能够产生压电效应，是与它的内部结构分不开的。

3. 压电材料

目前在测压传感器中常用的压电材料有压电晶体、压电陶瓷和压电半导体等。它们各自有着自己的特点。

(1)压电晶体

①石英晶体。石英晶体即二氧化硅(SiO_2)，有天然的和人工培养的两种。它的压电系数

$$d_{11} = 2.31 \times 10^{-12}\,\text{C/N}$$

在几百度的温度范围内，压电系数几乎不随温度而变。到575℃时，它完全失去了压电性质，这就是它的熔点。石英的熔点为1 750℃，密度为2.65×10^3 kg/m^3，有很大的机械强度和稳定的机械性质，可承受高达$(6.8 \sim 9.8) \times 10^7$ Pa的应力，在冲击力作用下漂移较小。鉴于上述性质及灵敏度低、没有热释电效应(由于温度变化导致电荷释放的效应)等特性，石英晶体主要用来测量大量值的力或用于准确度、稳定性要求高的场合和制作标准传感器。

②水溶性压电晶体。最早发现的是酒石酸钾钠($N_aKC_4H_4O_6 \cdot 4H_2O$)，它有很大的压电灵敏度和高的介电常数，压电系数$d_{11} = 3 \times 10^{-9}$ C/N，但是酒石酸钾钠易于受潮，它的机械强度低，电阻率也低，因此只限于在室温(<45℃)和湿度低的环境下应用。

自从酒石酸钾钠被发现以后，人工已培育一系列水溶性压电晶体，并且在实际中应用。

③铌酸锂晶体。1965年通过人工提拉法制成铌酸锂的大晶块，铌酸锂($LiNbO_2$)压电晶体和石英相同，也是一种单晶体，它的色泽为无色或浅黄色。由于它是单晶，所以时间稳定性远比多晶体的压电陶瓷为好。它是一种压电性能良好的电声换能材料，它的熔点温度为1 200℃左右，远比石英和压电陶瓷高，所以在耐高温的传感器上有广泛的应用前景。机械性能方面各向异性很明显，与石英晶体相比很脆弱，而且热冲击性很差，所以在加工装配和使用中必须小心谨慎，避免用力过猛和急热急冷。

(2)压电陶瓷　压电陶瓷是人工制备的压电材料，它需经外加电场极化处理后才具有很强的压电效应，其种类很多，目前在传感器中应用较多的是钛酸钡和锆钛酸铅，尤其是锆钛酸铅的应用更为广泛。常用压电晶体和压电陶瓷材料性能见表7-4。

表 7-4 常用压电晶体和压电陶瓷材料性能

压电材料性能参数		压电陶瓷					压电晶体	
		钛酸钡	锆钛酸铅系列			铌镁酸铅	铌酸锂	石英
		$BaTiO_3$	PZT-4	PZT-5	PZT-8	DMN	$LiNbO_3$	SiO_2
压电常数 (pC/N)	d_{15}	260	410	670	410		2 220	$d_{11}=2.31$
	d_{31}	−78	−100	−185	−90	−230	−25.9	$d_{14}=0.73$
	d_{33}	190	200	4.5	200	700	487	
相对介电常数		1 200	1 050	2 100	1 000	2 500	3.9	4.5
居里点温度/℃		115	310	260	300	260	1 210	573
密度/(10^3 kg/m^3)		5.5	7.45	7.5	7.45	7.6	4.64	2.65
弹性模量/(10^8 N/m^2)		110	83.3	117	123		24.5	80
机械品质因数		300	2 500	80	≥800		10^5	10^5～10^6
最大安全应力/(16^6 N/m^2)		81	76	76	83			95～100
体电阻率/(N·m)		10^{10}	10^{10}	10^{10}				$>10^{12}$
最高允许温度/℃		80	250	250				550

(3)压电半导体　近年来出现了多种压电半导体如硫化锌、氧化锌、硫化镉、砷化镓等这些材料的显著特点是既具有压电特性，又具有半导体特性，有利于将原件和线路集成一体，从而研制出新型的集成压电传感器测试系统。

(二)压电传感器及其特点

利用压电元件做成力电转换元件的关键是选择合适的压电材料、变形方式、串联或并联的晶片数、晶片的几何形状和合理的传力机构。压电元件的变形方式以利用纵向压电效应的厚度变形为最方便，压电材料的选择取决于被测力的大小、测量精度和工作环境等。结构上大多数采用机械串联而电气并联的一对或数对晶片，因为机械上并联的片数增加会给加工、安装带来困难。下面介绍几个测力传感器的实例。

1. 压电式三维测力传感器

图 7-26 表示的是一种压电式三维测力传感器的三组晶体片的组合情况，可同时测量三个互相垂直的 F_X、F_Y、F_Z 力分量。其中上、下两对晶片具有切变压电效应，用来测量水平方向的力 F_X 和 F_Y；中间那对为 $X0°$切片，具有纵向压电效应，用来检测力 F_Z。压电元件的接地端用导电片与传感器基座相连。为保证电极良好接触，F_Y 产生的剪切力造成滑移，对压电晶体片要加有足够大的预紧力。

2. 压电式单向测力传感器

图 7-27 是压电式单向测力传感器的结构图，这种传感器用于机床动态切削力的测量，晶体片为 $X0°$切片，上盖为传力元件，厚度为 0.1～0.5 mm，晶体片的尺寸为 $\phi 8$ mm×1 mm，最大测力为 500 kg。基座内外底面对其中心线的垂直度、上盖以及晶片、电极的上下底面的平行度与表面光洁度都有严格的要求，否则会使横向灵敏度增加或使片子因应力集中而过早破碎，为提高绝缘阻抗，传感器部件经多次净化后在超净环境下装配，加盖之后用电子束封焊。

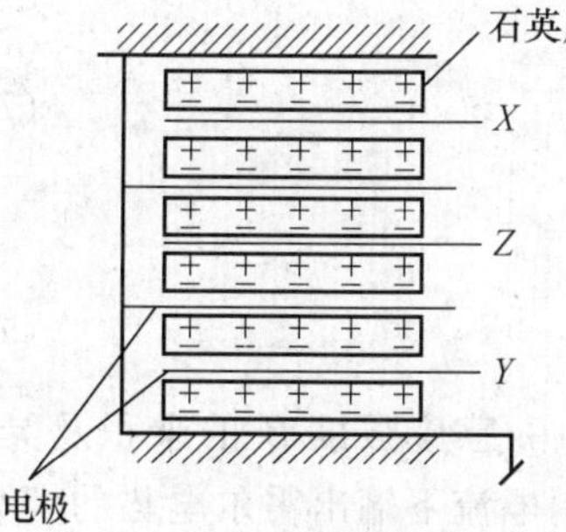

图 7-26 叠层式压电组件结构形式

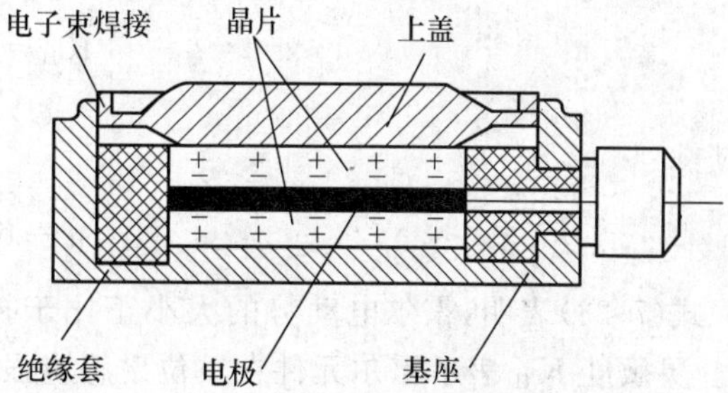

图 7-27 压电式单向测力传感器

3. 压电式测量均匀压力传感器

压电式测量均匀压力传感器是一种测量均匀压力的传感器结构。拉紧的薄壁管对晶体片施一预载力，而感受外部压力的是由挠性材料做成的很薄的膜片。预载筒外的空腔与冷却系统相连，以保证传感器工作在一定的环境温度条件下。这样就避免了因温度变化造成的预载力变化所引起的测量误差。

四、霍尔式压力计

霍尔式压力计是利用霍尔元件测量弹性元件变形的一种电测压力计。它结构简单、体积小、频率响应宽、动态范围(输出电势的变化)大、可靠性高、易于微型化和集成电路化。但信号转换效率低、温度影响大，使用于要求转换精度高的场合必须进行温度补偿。

(一)霍尔效应

能够产生霍尔效应的器件称为霍尔元件，它是由半导体材料制成的薄片，常用的材料有锗、锑化铟和砷化铟。如图 7-28 所示的霍尔元件，若在它的两端通过控制电流 I，并在薄片的垂直方向上施加磁感应强度为 B 的磁场，那么在垂直于电流和磁场的方向上(即霍尔元件输出端之间)将产生电动势 U_H(霍尔电动势或霍尔电压)。这种现象称为霍尔效应。

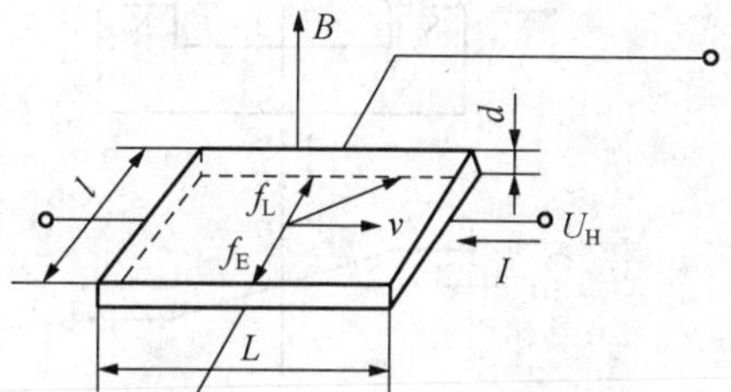

图 7-28 霍尔效应原理图

霍尔效应的产生是由于运动电荷受磁场中洛伦兹力作用的结果。假设在 N 型半导体薄片中通以控制电流 I，那么半导体中的载流子(电子)将沿着和电流相反的方向运动，若在垂直于半导体薄片平面的方向上加以磁场 B，则由于洛伦兹力的作用，电子向一边偏转，并使该边积累电子，而另一边则积累正电荷，于是产生电场。该电场阻止运动电子的继续偏转。当作用在电子上的电场力与洛伦兹力相等时，电子的积累达到动态平衡。这时，在薄片两横端面之间建立的电场称为霍尔电场，相应的电动势就称为霍尔电势 U_H，其大小为

$$U_H = \frac{R_H I B}{d} \tag{7.21}$$

式中：R_H 为霍尔常数；I 为控制电流强度；B 为磁感应强度；d 为霍尔元件的厚度。

霍尔元件的特性经常用灵敏度 K_H 表示，即

$$K_H = \frac{R_H}{d} \tag{7.22}$$

此时

$$U_H = K_H IB \tag{7.23}$$

式(7.23)表明，霍尔电动势的大小正比于控制电流 I 和磁感应强度 B 的乘积及灵敏度 K_H。灵敏度 K_H 表示霍尔元件在单位磁感应强度和单位控制电流下输出霍尔电势的大小，一般要求它越大越好。霍尔元件的灵敏度 K_H 大小与元件材料的性质和几何尺寸有关。由于半导体(尤其是 N 型半导体)的霍尔常数 R_H 要比金属的大得多，所以实际应用中，都是采用半导体材料制作的霍尔元件。此外，元件的厚度 d 对灵敏度的影响也很大，元件的厚度越薄，灵敏度就越高。所以霍尔元件一般都比较薄。

由式(7.23)还可看出，当控制电流的方向或磁场的方向改变时，输出电动势的方向也将改变。但当磁场与电流同时改变方向时，霍尔电动势并不改变原来的方向。

(二)霍尔式压力计工作原理

由式(7.23)可见，在控制电流不变的情况下，霍尔电势 U_H 与磁感器强度 B 呈正比。如果我们设法形成一个线性不均匀磁场，并且使霍尔元件在这个磁场中移动，很显然，这时将输出一个与位移大小呈正比的霍尔电势。采用两个相同的磁铁，如图 7-29 所示的布置，就可以得到一个线性的不均匀磁场。

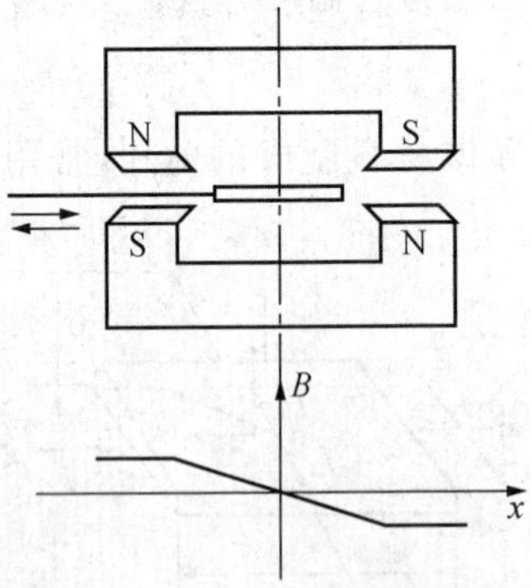

图 7-29　产生线性磁场的磁极

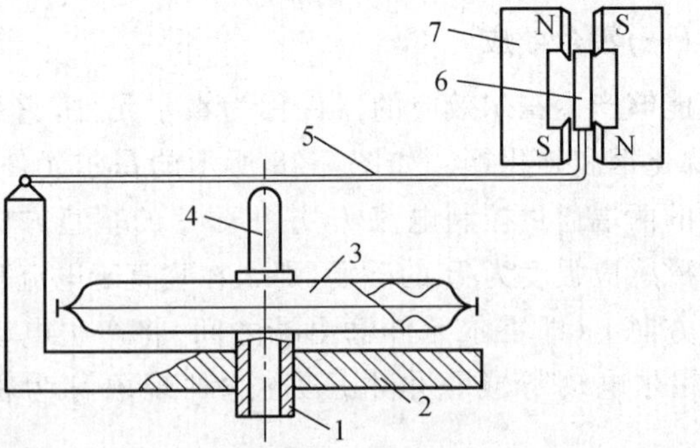

图 7-30　霍尔式压力计

图 7-30 是霍尔压力计结构原理图。图中 1 为管接头，2 为基座，3 为膜盒，4 为心杆，5 为杠杆，6 为霍尔元件，7 为磁铁。霍尔元件直接与弹性元件(弹簧管或膜盒等)的位移输出端相联系，弹性元件是一个膜盒，当被测压力发生变化时，膜盒顶端心杆将产生位移，推动带有霍尔片的杠杆，霍尔片在由四个磁极构成的线性不均匀磁场中运动，使作用在霍尔元件上的磁场变化。因此，输出的霍尔电势也随之变化。当霍尔片处于两对磁极中间对称位置时，由于在霍尔片两半通过的磁通量大小相等、方向相反，所以总的输出电势等于 0。当在压力的作用下使霍尔元件偏离中心平衡位置时，由于是非均匀磁场，这时霍尔元件的输出电势就不再是 0，而是与压力大小有关的某一数值。由于磁场是线性分布，所以霍尔元件的输出随位移(压力)的变化也是线性的。由图 7-30 中可见，被测压力等于 0 时，霍尔元件平衡。当输入压力是正压时，

霍尔元件向上运动;当输入压力是负压时,霍尔元件向下运动,此时输出的霍尔电势符号也发生变化。

(三)霍尔式压力计的误差及补偿

霍尔式压力计的误差主要由两部分组成,第一部分是弹性元件的变换误差;第二部分是霍尔元件的变换误差。下面重点分析由于霍尔元件某些特性引起的误差及修正措施。

1. 不等位电势及其补偿

如图 7-31 所示,霍尔电势是从电极 c、d 上引出的,在制作中工艺上不可能保证霍尔电极 c、d 完全位于同一个等位面上。图 7-31(a)所示,虽然 a、b 极间通以控制电流以后,得到均匀平行的等位面,但由于引出电极不在同一等位线上,或者如图 7-31(b)所示,由于制造霍尔片的材料不均匀,造成等位线不均匀,也使引出极 c、d 不在同一等位线上。由于以上两种原因,霍尔片中只要通以电流,就会在 c、d 两电极间出现电位差,这个电位差就称为不等位电势。

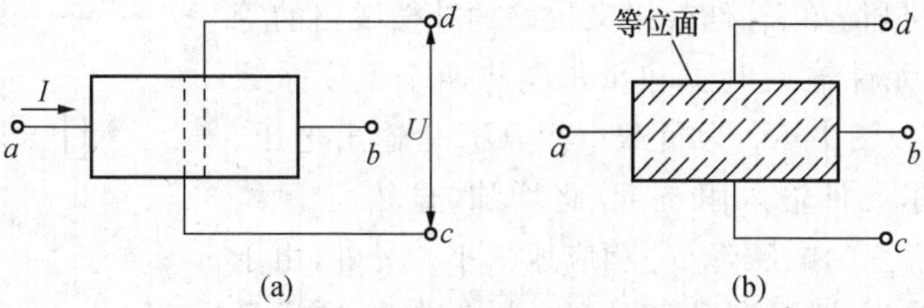

图 7-31 不等电位电势产生示意图

2. 霍尔电势的温度系数

引起霍尔电势随温度变化的因素很多,主要包括温差电势及灵敏度系数随温度变化两种情况。霍尔片与引出电极一般都是由不同性质的材料制成,当各接点温度不同时,将产生热电势。在实际使用中,由于接触电阻不同、材料不均匀、散热条件不同都可能造成霍尔元件温度场的不均匀,这就是产生温差电动势的根源。

为减小温差电势,除制作工艺应予以保证外,使用中还应保持良好的散热条件。

另一个引起霍尔电势随温度变化的因素就是温度对灵敏系数的影响。由于霍尔元件材料的电阻率、载流子浓度都随温度变化,所以霍尔元件一些性能也随温度变化。给出了各种材料霍尔电势随温度变化的曲线,图 7-32 中 U_{Ht} 和 U_{H0} 分别表示在 t 和 0℃时的霍尔电势。锑化铟(InSb)受温度影响最明显,而硅(Si)受温度影响最小。

3. 温度对内阻的影响

霍尔元件是由半导材料制成的,所以温度变化对霍尔元件的内阻影响很大,不同材料霍尔元件与温度的关系曲线示于图 7-33 中,R_t 和 R_0 分别表示温度为 t 和 0℃时的内阻。温度对内阻的影响与对霍尔电势的影响有相近的趋势。锑化铟(InSb)对温度最敏感,而砷化铟(InAs)的温度敏感度最小。

4. 温度补偿

如前所述可知,温度不但影响霍尔电势的输出,还影响输入、输出电阻的大小。也就是说,温度是霍尔元件最主要的误差来源。

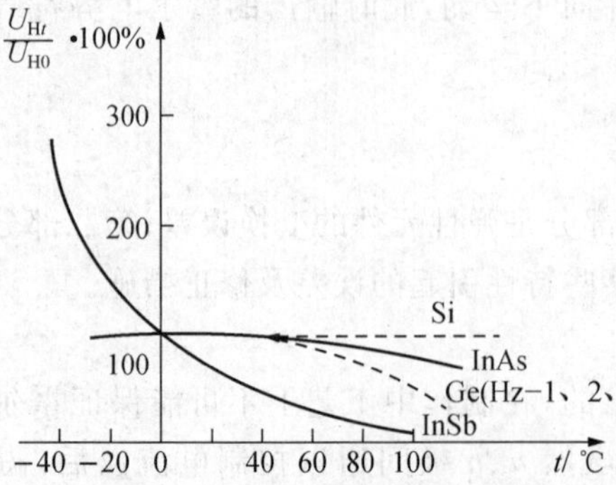

图 7-32　霍尔电势随温度变化的曲线

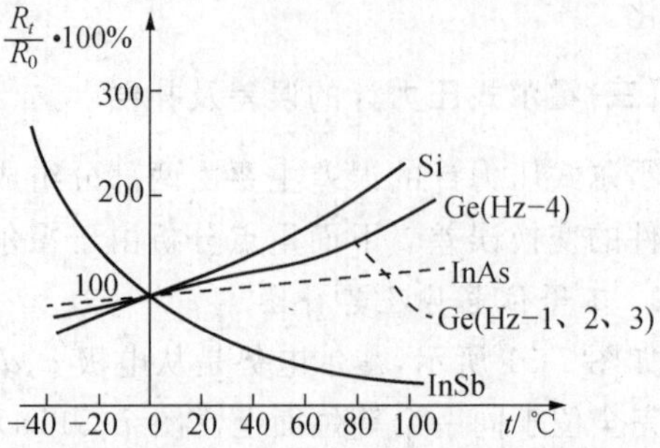

图 7-33　霍尔元件电阻与温度关系

温度对输入阻抗的影响最好是采用恒流源供电的方法加以补偿。由于采用了恒流源供电，尽管输入阻抗发生了变化，也不会影响控制电流 I 的变化。这样就可以保证输入阻抗的变化不会影响霍尔电势的输出。

图 7-34 是一种既简单、补偿效果又较好的补偿线路的等效电路。考虑霍尔元件输入电阻和霍尔电势两个温度系数都为正的补偿问题。图中 R_L 为负载电阻，U_L 是输出电压。当温度升高时，霍尔元件输入阻抗 R_i 将增加，显然由于 R_i 的增加将导致在 R_L 上的电压降 U_L 相应地减小。另外，由于 U_H 也具有正温度系数，即温度升高时 U_H 也将增加，这样又会使 U_L 增加。这两个温度影响因素在 R_L 上的影响正好相反，如果适当选择 R_L 的大小，影响可以互相抵消。

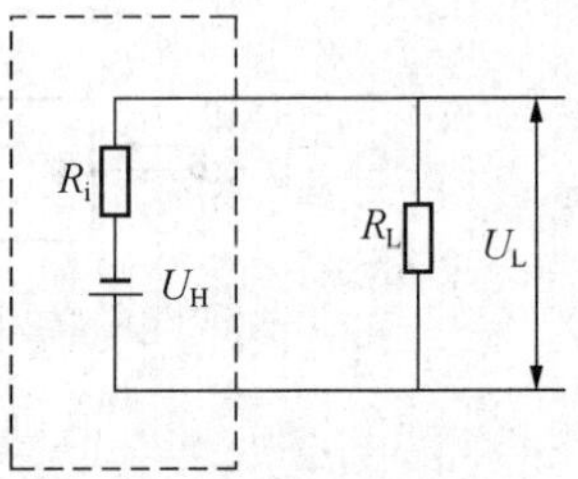

图 7-34　霍尔元件输出等效电路

第四节　物位检测

物位是液位、料位和相界面的统称。用来对物位进行测量的传感器称为物位传感器，由此制成的仪表称为物位计。物位计是液位计、料位计、界面计的统称。液位是指开口容器或密封容器中液体介质液面的高低，用来测量液位的仪表称为液位计；料位是指固体粉状或颗粒物在容器中堆积的高度，用来测量料位的仪表称为料位计；相界面是指两种液体介质的分界面。用来测量分界面的仪表称为界面计。

物位测量在现代工业生产过程中具有重要地位。一方面通过物位测量可确定容器里的原料、半成品或成品的数量，以保证能连续供应生产中各个环节所需的物料或进行经济核算；另一方面是通过测量，连续监视或调节容器内流入和流出物料的平衡，使之保持在一定的高度，使生产正常进行，以保证产品的质量、产量和安全。一旦物位超出允许的上、下限则报警，以便采取应急措施。

为满足生产过程物位测量的要求，目前已建立起各种各样的物位测量方法，如直读法、浮力法、静压法、电容法、核辐射法、超声波法以及激光法、微波法等。

一、恒浮力式物位检测

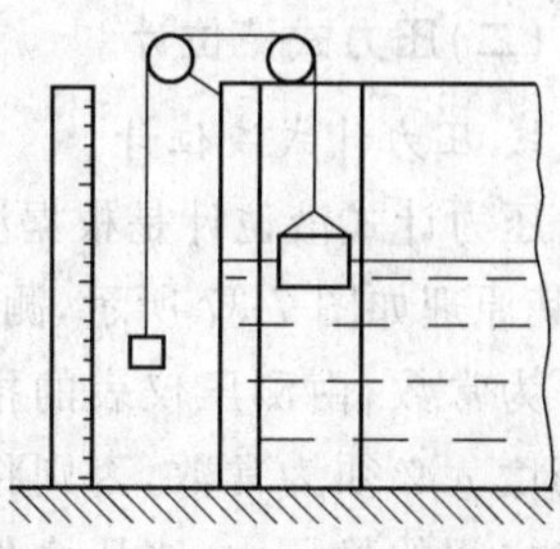

图 7-35 恒浮力式物位测量原理

图 7-35 所示的浮力液位计只能用于常压或敞口容器，通常只能就地指示，由于传动部分暴露在周围环境中，使用日久摩擦增大，液位计的误差就会相应增大，因此这种液位计只能用于不太重要的场合。

图 7-36(a)所示为在密闭容器中设置一个测量液位的通道。在通道的外侧装有浮标 1 和磁铁 2；通道内侧装有铁芯 3。当浮子随液位上下移动时，铁芯被磁体吸引而同步移动，通过绳索带动指针指示液位的变化。

图 7-36(b)所示为适用于高温、黏度大的液体的液位计，浮球 6 是不锈钢的空心球，通过连杆 7 和转动轴 8 连接，配合秤锤 9 用来调节液位计的灵敏度，使浮球刚好一半浸没在液体中。浮球随液位升降而带动转轴旋转，指针就在标尺上指示液位值。

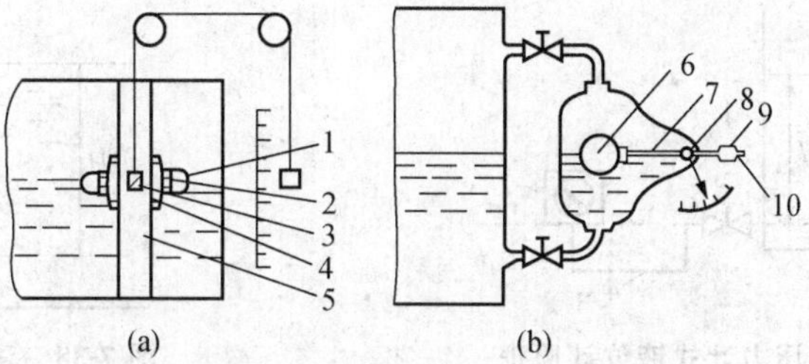

图 7-36 浮子式液位示意图

1. 浮标 2. 磁体 3. 铁芯 4. 导轮 5. 非导磁管 6. 浮球 7. 连杆 8. 转动轴 9. 秤锤 10. 杠杆

二、静压式物位检测

(一)静压式物位检测原理

静压式物位检测方法是根据液柱静压与液柱高度呈正比的原理来实现的。根据流体静力学原理可得，A、B 两点之间的压力差为

$$\Delta p = p_A - p_B = H\rho g \tag{7.24}$$

式中：p_A 为容器中 A 点的静压；p_B 为容器中 B 点的静压；H 为液柱的高度；ρ 为液体的密度。

当被测对象为敞口容器，则 p_A 为大气压，上式变为

$$p = p_A - p_B = H\rho g \tag{7.25}$$

式中：p 为 B 点的表压力。

在测量过程中，如果液体密度 ρ 为常数，则在密闭容器中 A、B 两点的压差与液面高度 H 呈正比；而在敞口容器中则 p 与 H 呈正比，也就是说测出 p 和 Δp 就可以知道敞口容器或密闭容器中的液位高度。因此，凡是能够测量压力的仪表，只要量程合适，皆可测量液位。

(二)压力式液位计

1. 压力计式液位计

压力计式液位计是根据测压仪表测量液位的原理制成的，用来测量敞口容器中的液位高度，其原理如图 7-37 所示，测压仪表通过取压导管与容器底部相连，由式(7.23)知，当液体密度 ρ 为常数，由测压仪表的指示值便可知道液位的高度。因此，用此法进行测量时，要求液体密度 ρ 必须为常数，否则将引起误差，另外，压力仪表实际指示的压力是液面至压力仪表入口之间的静压力，当压力仪表与取压点(零液位)不在同一水平位置时，应对其位置高度差而引起的固定压力进行修正，不然仪表指示值不能直接用式(7.23)和式(7.24)进行计算，得到液位。

2. 法兰式液位计

图 7-38 是用法兰式压力变送器测量物位的原理图，由于容器与压力表之间用法兰将管路连接，故称“法兰式液位计”。对于黏稠液体或有凝结性的液体，应在导压管处加隔离膜片，导压管内充入硅油，借助硅油传递压力。

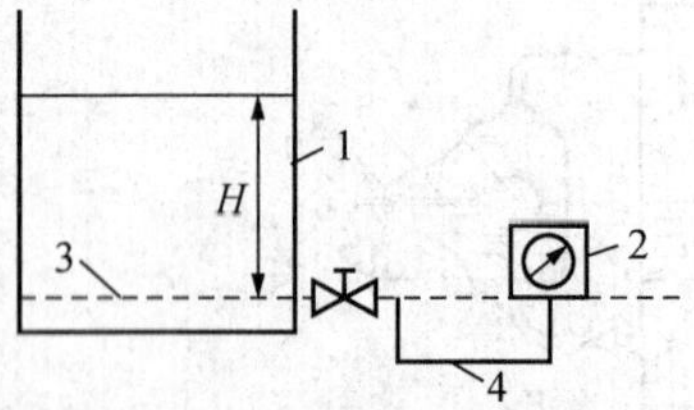

图 7-37　压力计式液位计原理

1. 容器　2. 压力表　3. 液位零面　4. 导压管

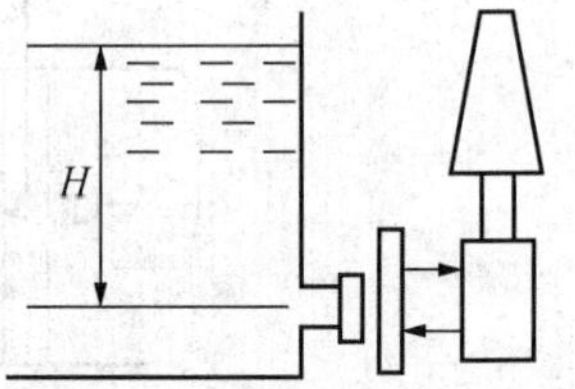

图 7-38　法兰式压力变送器测量物位的原理

3. 吹气式液位计

吹气式液位计的原理如图 7-39 所示，在敞口容器中插入一根导管，压缩空气经过过滤器 4、减压阀 3、节流元件 2、转子流量计 1，最后从导管下端敞口处逸出，当导管下端有微量气泡逸出时，导管内的气压几乎与液位静压基本相等，因此由压力表指示的压力值即可反映出液位高度 H。当液位高度上升或下降时，液位静压也随之上升或下降，致使从导管逸出的气量也随着减小或增加。由于节流元件的稳流作用，供气量是恒定不变的，则导管内的压力势必随液位静压的升降而升降，因此压力计 5 可以随时指示出液位的变化。

此法最适合于腐蚀性、高黏度、含有悬浮颗粒的液体，但是，对于闭口容器根本不能使用。另外，吹气流量不要过大，在液位最高时能有气泡升起即可，常用节流元件控制流量。

(三)量程迁移

无论是压力检测法还是差压检测法都要求取压口(零液位)与压力(差压)检测仪表的入口在同一水平高度，否则会产生附加静压误差。但是，在实际安装时不一定能满足这个要求。如地下储槽，为了读数和维护的方便，压力检测仪表不能安装在所谓零液位处的地方；采用法兰式差压变送器时，由于在从膜盒至变送器的毛细管中充以硅油，无论差压变送器在什么高度，一般均会产生附加静压。在这种情况下，可通过计算进行校正，更多的是对压力(差压)变送器进行零点调整，使它在只受附加静压(静压差)时输出为“0”，这种方法称为“量程迁移”。图 7-40 为差压式液位计示意图。

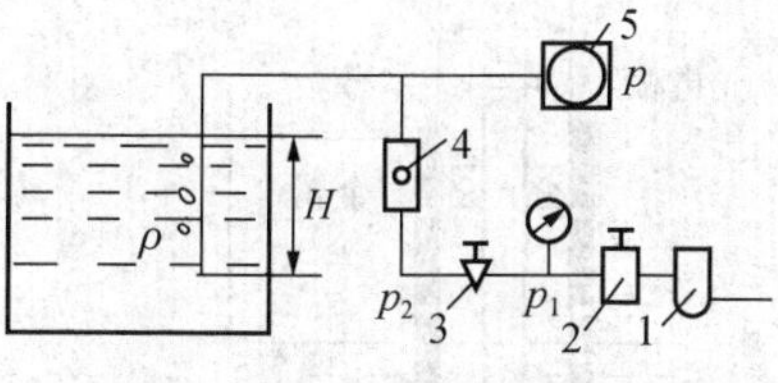

图 7-39 吹气式液位计原理

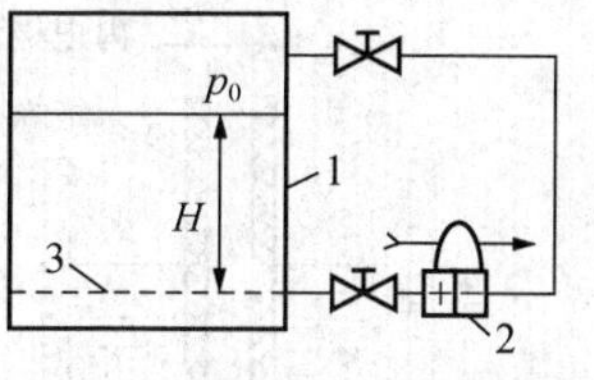

图 7-40 差压式液位计示意图

1. 容器 2. 差压计 3. 液位零面

差压变送器测量液位原理如图 7-41 所示，当将差压变送器的正、负压室分别与容器下部和上部的取压点相连通，如图 7-41(a)所示，如果被测液体的密度为 ρ_1，则作用于变送器正、负压室的差压为 $\Delta\rho = H\rho_1 g$。

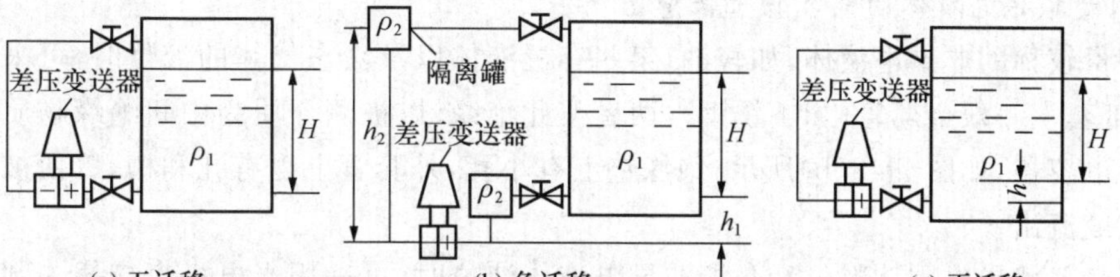

图 7-41 差压变送器测量液位原理

三、电容式物位计

电容式物位传感器是利用被测物的介电常数与空气(或真空)不同的特点进行检测的，电容式物位计由电容式物位传感器和检测电容的测量线路组成。它实用于各种导电、非导电液体的液位或粉状料位的远距离连续测量和指示，也可以和电动单元组合仪表配套使用，以实现液位或料位的自动记录、控制和调节。由于它的传感器结构简单，没有可动部分，因此应用范围较广。

(一)电容式物位传感器

由于被测介质的不同，电容式物位传感器也有不同的形式，现以测量导电液体的电容式物位传感器和测量非导电液体的电容物位传感器为例进行简介。

1. 测量导电液体的电容式物位传感器

该电容式物位传感器如图 7-42(a)所示，在液体中插入一根带绝缘套的电极。由于液体是导电的，容器和液体可看作为电容器的一个电极，插入的金属电极作为另一电极，绝缘套管为中间介质，三者组成圆筒电容器。

当液位变化时，就改变了电容器两极覆盖面积的大小，液位越高，覆盖面积就越大，容器的电容量就越大。当容器为非导电体时，必须引入一辅助电极(金属棒)，其下端浸至被测容器底部，上端与电极的安装法兰有可靠的导电连接，以使二电极中有一个与大地及仪表地线相连，保证仪表的正常测量。应注意，如液体是黏滞介质，当液体下降时，由于电极套管上仍黏附一层被测介质，会造成虚假的液位示值，使仪表所显示的液位比实际液位为高。

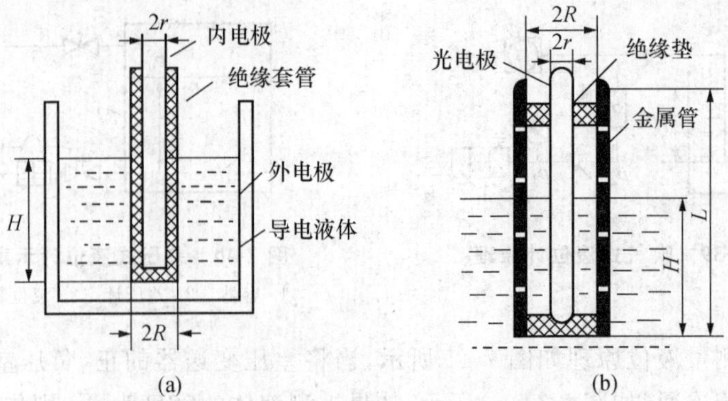

图 7-42　电容式物位传感器原理

2. 测量非导电液体的电容物位传感器

当测量较稀的非导电液体，如轻油、某些有机液体以及液态气体的液位时，可采用一个光电极，外部套上一根金属管(如不锈钢)，两者彼此绝缘，以被测介质为中间绝缘物质构成同轴套管筒形电容器，如图 7-42(b)所示，绝缘垫上有小孔，外套管上也有孔和槽，以便被测液体自由地流进或流出。

当测量粉状导电固体料位和黏滞非导电液体液位时，可采用光电极直接插入圆筒形容器的中央，将仪表地线与容器相连，以容器作为外电极，物料或液体作为绝缘物质构成圆筒形电容器，其测量原理与上述相同。

电容物位传感器主要由电极(敏感元件)和电容检测电路组成。可用于导电和非导电液体之间及二种介电常数不同的非导电液体之间的界面测量。因测量过程中电容的变化都很小，因此准确地检测电容量的大小是物位检测的关键。

(二)电容式物位传感器应用举例

现以晶体管电容料位指示仪为例进行简述。

晶体管电容料位指示仪是用来监视密封料仓内导电性不良的松散物质的料位，并能对加料系统进行自动控制。在仪器的面板上装有指示灯：红灯指示"料位上限"，绿灯指示"料位下限"。当红灯亮时表示料面已经达到上限，此时应停止加料；当红灯熄灭，绿灯仍然亮时，表示料面在上下限之间；当绿灯熄灭时，表示料面低于下限，这时应加料。

第五节　位移检测

位移及速度是机械量中最重要的两个参数，对这两个参数的测量不仅为机械加工、机械设计、安全生产以及提高产品质量提供了重要数据，同时也为其他参数测量，如转子测流量、浮子测液位等提供了基础。

位移可分为线位移和角位移。线位移是指物体沿某一直线移动的距离，一般称线位移的测量为长度测量。角位移是指物体绕着某一点转动的角度，一般称角位移的测量为角度测量。

根据位移测量范围变化的大小，可分为微小位移测量、小位移测量和大位移测量。根据传感器的转换结果，可分为两类，一类是将位移量转换为模拟量，如自感式位移传感器、差动变压器式位移传感器、电涡流传感器、电容传感器、霍尔传感器等。另一类是将位移量转换成数字量，如光栅式位移传感器，光电码盘、感应同步器、磁栅等。

物体运动的速度可分为线速度和角速度（转速）。随着生产过程自动化程度的提高，开发出了各种各样的测量线速度和角速度的方法，如磁电式速度计、光电转速计、电磁转速计、测速发电机、离心转速表、差动变压器测速仪等。

目前应用最广的是自感式位移计、差动变压式位移计、电位器式位移计、感应同步器、光栅、光电码盘、电涡流位移计、电容式位移计、磁电式速度计、光电式转速计、电磁式转速计、测速发电机等。本节介绍光栅位移测试。

很早以前，人们就将光栅的衍射现象应用于光谱分析、测量光波波长等方面。直到 20 世纪 50 年代，才开始利用光栅的莫尔条纹现象把光栅作为测量长度的计量元件，从而出现了光栅式位移传感器，现在人们把这种光栅称为计量光栅，由于它的原理简单、装置也不十分复杂、测量精度高、可实现动态测量、具有较强的抗干扰能力，被广泛应用于精密测量方面，光栅式位移传感器广泛应用于长度和角度计量。

一、光栅

光栅是在透明的玻璃上刻有大量相互平行等宽而又等间距的刻线。这些刻线是透明的和不透明的，或是对光反射的和不反射的。一块黑白型长光栅，平行等距的刻线称为栅线。设其中透光的缝宽为 a，不透光的缝宽为 b，一般情况下，光栅的透光缝宽等于不透光的缝宽，即 $a=b$。$d=a+b$ 称为光栅栅距（也称光栅节距或称光栅常数）。光栅栅距是光栅的一个重要参数。对于圆光栅来说，除了栅距之外，还经常使用栅距角。栅距角是指圆光栅上相邻两刻线所夹的角。

二、光栅的分类

在几何量精密测量领域内，光栅按其用途分长光栅和圆光栅两类。

刻画在玻璃尺上的光栅称为长光栅。也称光栅尺，用于测量。黑白型长光栅长度或几何位移。根据栅线型式的不同，长光栅分为黑白光栅和闪烁光栅。黑白光栅是指只对入射光波的振幅或光强进行调制的光栅。闪耀光栅是对入射光波的相位进行调制，也称相位光栅。根据光线的走向，长光栅还分为透射光栅和反射光栅。透射光栅是将栅线刻制在透明材料上，常用光学玻璃和制版玻璃。反射光栅的栅线刻制在有强反射能力的金属（如不锈钢）或玻璃镀金属膜（如铝膜）上，光栅也可刻制在钢带上再接在尺基上。

刻画在玻璃盘上的光栅称为圆光栅，也称光栅盘，用来测量角度或角位移。根据栅线刻画的方向，圆光栅分两种，一种是径向光栅，其栅线的延长线全部通过光栅盘的圆心，另一种是切向光栅，其全部栅线与一个和光栅盘同心的小圆相切。按光线的走向，圆光栅只有透射光栅。计量光栅的分类可归纳成图 7-43 所示的方框图。

三、光栅传感器的工作原理

光栅传感器由光栅、光路和光电元件以及转换电路等组成。下面以黑白透射光栅为例说

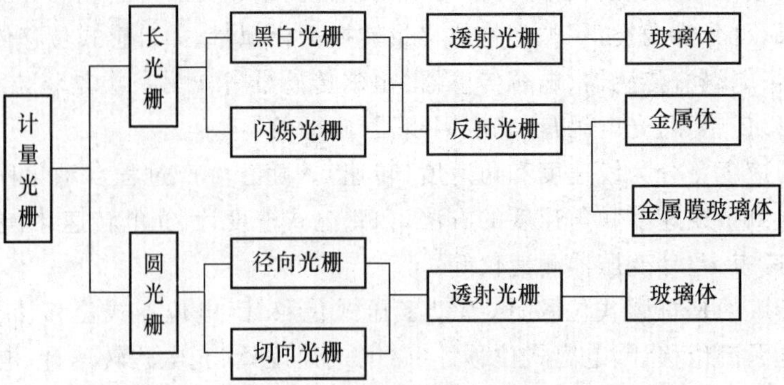

图 7-43　计量光栅的分类图

明光栅传感器的工作原理。

1. 光栅传感器的组成

如图 7-44 所示。主光栅比指示光栅长得多，主光栅与指示光栅之间的距离为 d，d 可根据光栅的栅距来选择，对于每毫米 25～100 线的黑白光栅，指示光栅应置于主光栅的“费涅耳第一焦面上”，即

$$d=\frac{w^2}{\lambda} \tag{7.26}$$

式中：w 为光栅栅距；λ 为有效光的波长；d 为两光栅的距离。

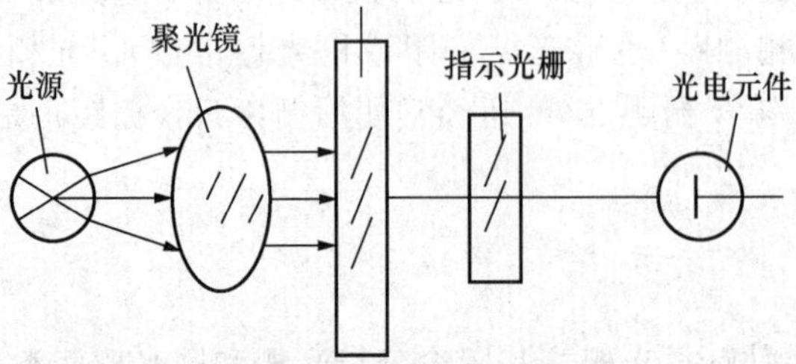

图 7-44　黑白透射光栅组成

主光栅和指示光栅两者在平行光的照射下，形成莫尔条纹。主光栅是光栅测量装置中的主要部件，整个测量装置的精度主要由主光栅的精度来决定。光源和聚光镜组成照明系统，光源放在聚光镜的焦平面上，光线经聚光镜成平行光投向光栅。光源主要有白炽灯的普通光源和不发光 GaAs 为主的固态光源。白炽灯的普通光源有较大的输出功率，较高的工作范围，而且价格便宜。

2. 莫尔条纹

光栅式传感器的基本工作原理是利用光栅的莫尔条纹现象来进行测量的。所谓莫尔条纹，是指当指示光栅与主光栅的线纹相交一个微小的夹角时，由于挡光效应或光的衍射，在与光栅线纹大致垂直的方向上，即两刻线交角的二等分线处，产生明暗相间的条纹。如图 7-45 所示。在刻线重合处，光从缝隙透过形成亮带，如图 7-45 中(a—a)，两块光栅的线纹彼此错开处，由于挡光作用而形成黑带，如图 7-45 中(b—b)。这时亮带、黑带之间就形成了明暗相间的条纹，即为莫尔条纹。莫尔条纹的方向与刻线的方向相垂直，故又称横向条纹。

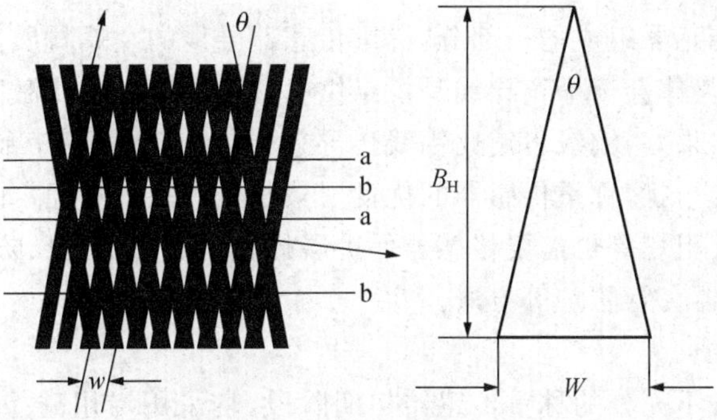

图 7-45 光栅和横向莫尔条纹

3. 条纹的特征

(1)对应关系 莫尔条纹的移动量和移动方向与主光栅相对于指示光栅的位移量和位移方向有着严格的对应关系。莫尔条纹通过光栅固定点(光电元件)的数量刚好与光栅所移动的刻线数量相等。光栅作反向移动时,莫尔条纹移动方向亦相反,从固定点观察到的莫尔条纹光强的变化近似于正弦波变化。光栅移动一个栅距,光强变化一个周期。

(2)减小误差作用 莫尔条纹是由光栅的大量栅线(常为数百条)共同形成的。对光栅的刻线误差有平均作用,从而能在很大程度上消除栅距的局部误差和短周期误差的影响。个别栅线的栅距或断线及疵病对莫尔条纹的影响很微小。

(3)位移放大作用 莫尔条纹的间距随着光栅线纹交角而改变,其关系如下:

$$B=\frac{W}{2\sin\frac{\theta}{2}}\approx\frac{W}{\theta} \tag{7.27}$$

式中:B 为相邻两根莫尔条纹之间的间距;W 为光栅栅距;θ 为两光栅线纹夹角。

从式(7.26)中可知,θ 越小,条纹间距 B 将变得越大,因莫尔条纹有放大作用,其放大倍数为

$$k=\frac{B}{W}\approx\frac{1}{\theta} \tag{7.28}$$

【拓展知识:称重传感器】

一、称重传感器的材料应用

称重传感器是近代工业应用的一种自动化测量工具,发展到今天已经是种类以及品牌多得眼花缭乱,但是归根结底,称重传感器的材料无非就是有以下六种组合而成。

第一,贴片黏合剂的材质。

称重传感器电阻应变片贴片用黏合剂主要采用双组分高分子环氧系列黏合剂,高分子化学产品的性能与各个组分的物理及化学指标密切相关,如纯度、分子链的结构和大小、储存时间、组分的配比、分子改性、混合方式、混合熟化使用时间、固化时间、固化温度、助剂及百分比等因素。

第二，称重传感器的导线材质。

导线依然是测力传感器组成的一部分，称重传感器导线的金属材质，由于家庭电器的电线使用，质量差异都有切身体会。毕竟导线是桥路供电、信号输出、长线激励电压补偿的通路，镀银线肯定比铜线传导效果好，铜线肯定比铝线传导效果好，其作用不言而喻。随着各种高频、无线电波等越来越多的干扰，称重传感器的优良屏蔽也是保护信号稳定的重要方法。另外，环境侵蚀、虫鼠侵害、防火阻燃等也需要传感器保护层的材料防腐、防虫、防火、防爆，甚至需要采用铠甲保护，称重传感器套管防护等方法。

第三，密封胶的材质。

在焊接技术及设备不充分的称重传感器初期阶段，均采用专用硅橡胶密封胶系列。硅橡胶具有长期化学稳定性，因此，防腐、防潮、耐老化、绝缘等各项性能优异，长期以来一直是所有密封胶的首选产品。

第四，导线密封材料及方式。

称重传感器的每个组成部分都会影响传感器最终的技术性能，一些测力传感器仅仅采用简单固定的方式避免传感器导线的移动而损伤传感器的电子电路固定，一些传导距离很短的称重传感器甚至仅仅依靠胶封固定。但较大体积、重量较大的称重传感器，如果没有适当导线固定或密封的方式，就是称重传感器最易产生故障的瓶颈。特别是加装密封头固定导线时，紧固件的材质及紧固力度也会给称重传感器的最终技术性能带来影响。观察者发现，很少有使用紧固件安装使用密封黏合剂的，这样可以避免依靠紧固力固定带来的残余应力，也不会由于紧固力不足而产生泄露的问题。

第五，应变片及电阻元件材料。

称重传感器电阻应变片的组成复杂，是复合型制造产品，应变片的基材和应变铜质的组合千变万化，根据其应变要求，目前，大约有近千种产品。一般基材采用高分子薄膜材料，应变材质为高纯度康铜。基材上的康铜通过光学处理后刻蚀不同感应形变的电阻栅丝。因此，电阻应变片的品质不仅与基材材质和复合的金属纯度有关，而且与复合工艺、刻蚀技术及工艺、刻蚀化学材料及后处理工艺和材料等等因素相关。

第六，弹性体的材料。

称重传感器弹性体材料，一般选用金属材质，可选用的材质大部分为铝合金材质、合金钢材质及不锈钢材质。合金材质既有刚度保证形变一致及形变恢复，又有良好的耐候防腐性能。弹性体的主要要求就是能够精确传递受力信息并保持在相同受力时的形变一致性和完全复位性。

二、称重传感器在国内外市场规模展望

称重传感器是衡器市场需求的动力，而使用体验、工业控制和汽车电子则是称重传感器高速发展的市场动力。

在政策的培育下，中国传感器产业在近两年都处于高速发展状况，部分产业的产值已经突破千亿元。

称重传感器在衡器市场应用领域非常的广泛，潜在需求量很大，从全球称重传感器产业来看，欧洲、美国、日本等国家具有很好的技术基础，而且上下游配套成熟，都已经形成完整的体系，许多厂商都已经实现了规模化生产，几乎垄断了“高、精、尖”称重传感器市场。

中国从事称重传感器研制生产的企业数量较多，但是高端传感器的关键核心技术尚未真正突破，其产品主要满足中低端市场需要，高端产品几乎100%从国外进口。只有国内企业实现传感器的国产化才能提升整个产业的整体实力，实现加快衡器产业的飞速发展。

中国计量科学院“十二五”科技规划发展方向，是走“瞄准需求、持续调研、完善规划、优化结构、协同创新、提高能力、支撑发展”的“七位一体”的称重传感器创新路径。这就要求称重传感器企业为其提供更多技术含量高、结构新、质量好的新产品，例如小型化、集成化、数字化、功能化称重传感器。

为此，称重传感器生产企业必须加强基础性研究和高技术研究，提高科技实力和自主创新能力，开发出具有自主知识产权的产品，在扩大国内市场的同时，不失时机地抓住机遇，尽快与国际市场融合，开拓国内外两个市场。

三、称重传感器的八大发展趋势

(1)称重传感器产业化发展模式。要加速形成从传感器研究开发到大生产一条龙的产业化发展模式，走自主创新和国际合作相结合的跨越式发展道路，使我国成为世界传感器的生产大国。

(2)称重传感器产品结构向全面、协调、持续发展。产品品种要向高技术、高附加值倾斜，尤其要填补“空白”品种。

(3)企业生产规模(年生产能力)向规模经济或适宜规模经济发展。量大面广的通用传感器的生产规模将以年亿只计，一些中档传感器的生产规模将以年产1 000万只(含以上)计；而一些高档传感器和专用传感器的生产规模将以年产几十万只至几百万只计。

(4)生产格局向专业化发展。专业化生产的内涵为：①生产传感器门类少而精；②专门生产某一应用领域需要的某一类传感器系列产品，以获得较高的市场占有率；③各传感器企业的专业化合作生产。

(5)称重传感器大生产技术向自动化发展。传感器的门类、品种繁多，所用的敏感材料各异，决定了传感器制造技术的多样性和复杂性。综观当前传感器工艺线的概况，多数工艺已实现单机自动化，但距离生产过程全自动化尚存在诸多困难，有待今后广泛采用CAD、CAM及先进的自动化装备和工业机器人，予以突破。

(6)企业的重点技术改造应加强从依赖引进技术向引进技术的消化吸收与自主创新的方向转移。

(7)企业经营要加快从国内市场为主向国内与国外两个市场相结合的国际化方向跨越发展。

(8)企业结构将向“大、中、小并举”、“集团化、专业化生产共存”的格局发展。

【练习题】

1. 利用直流激励的应变式传感器测量位移。

提示：(1)接线技能：①合理使用连接导线；②按图正确连接线路。电路原理如图7-46所示。

(2)调试技能：①差动放大器正确调零；②电桥网络正确调零。

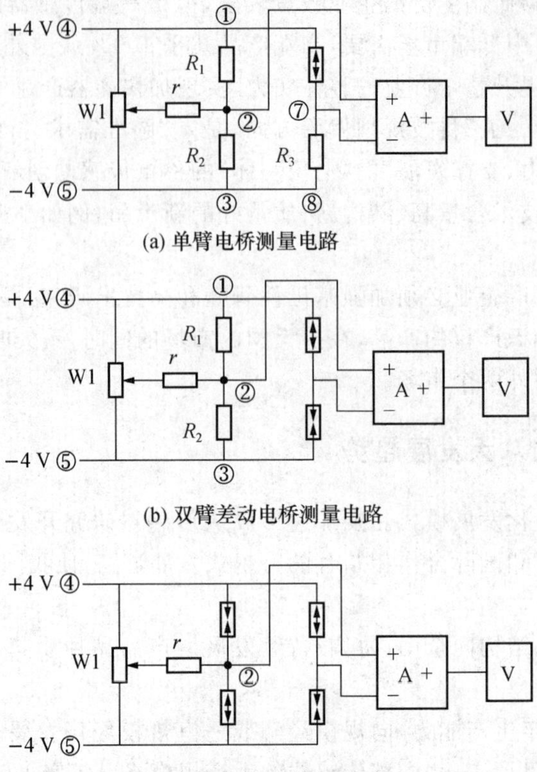

(a) 单臂电桥测量电路

(b) 双臂差动电桥测量电路

(c) 全差动电桥测量电路

图 7-46 应变式传感器测量电路原理

(3)测试技能：①正确使用螺旋测微器(操作与读数)；②正确采集数据。从悬臂梁目视水平位置向上提升 2 mm，再向下移动并采集 10 个数据。位移间隔：单臂电桥为 0.5 mm，双臂差动电桥为 0.5 mm，全差动电桥为 1 mm。数据采集表格式见表 7-5。

表 7-5 数据采集

X/mm											
U/mV											

(4)正确处理数据。画出传感器输入输出特性曲线，根据实际自标坐标参数。求出灵敏度、线性度和测量范围填入表 7-6。

表 7-6 数据处理

项目	灵敏度/mV	线性度/%	测量范围/mm
单臂电桥			
双臂差动电桥			
全差动电桥			

2. 利用差动螺管式电感传感器测量位移。

提示:(1)接线技能:①合理使用连接导线;②按图正确连接线路。电路原理如图 7-47 所示。

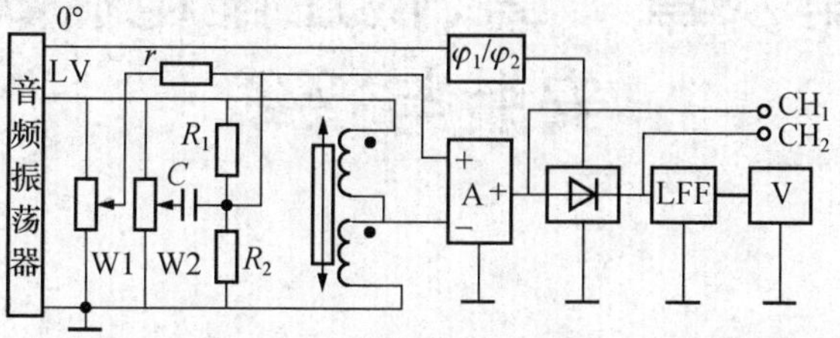

图 7-47 差动电感式位移传感器测量电路原理图

(2)调试技能:①音频振荡器输出调整;②衔铁中心位置调整;③电桥平衡网络正确调整;④相敏检波器调整。

(3)测试技能:①正确使用螺旋测微器(操作与读数);②正确采集数据。数据采集表格式见表 7-7;③正确处理数据。求出灵敏度、线性度和测量范围填入表 7-8。

表 7-7 数据采集

X/mm										
U/mV										

表 7-8 数据处理

灵敏度/mV	线性度/%	测量范围/mm

3. 光纤传感器位移特性测试(图 7-48、图 7-49)。

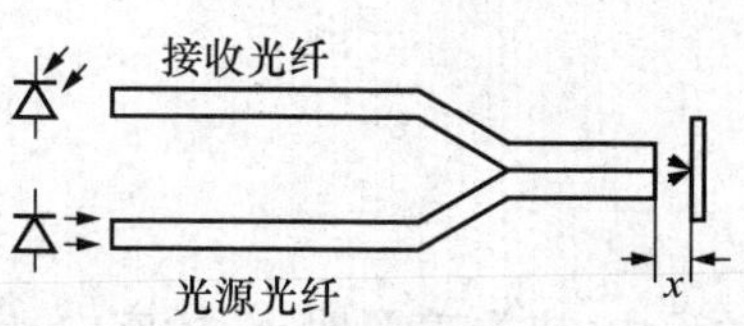

图 7-48 反射式光纤位移传感器原理

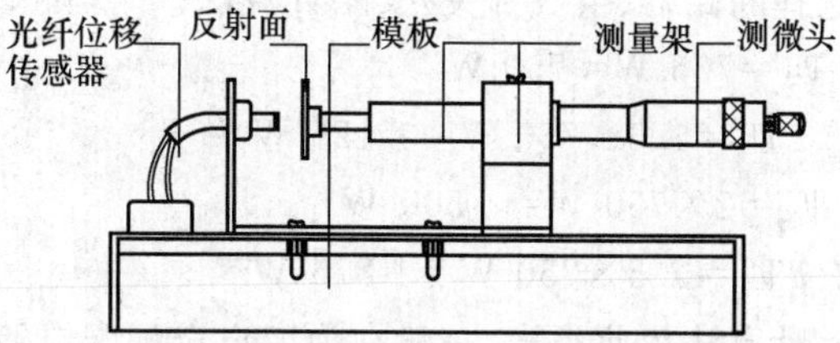

图 7-49 光纤位移传感器安装示意

提示:(1)分析原理图,读懂安装图。

(2)选择合适设备,按图正确连接线路。

(3)正确使用螺旋测微器(操作与读数),完成位移特性测试。

第八章　高、低压配电柜的安装与接线

【教学目标】

1. 完成配电柜、高低压开关柜等的接线、安装任务。

2. 能够根据图纸要求，进行各元件的接线。根据实际生产需要，进行高、低压配电柜的各元件的安装。

3. 掌握高、低压配电柜的接线原理、特点和使用；熟悉工厂变配电所的运行维护和检修。

【典型生产任务、作业流程及技能实训】

一、典型生产任务及作业流程

任务一　家用空气开关的选择

空气开关，又称断路器，也称自动开关，低压断路器。原理是当工作电流超过额定电流、短路、失压等情况下，自动切断电路。目前，家庭空气开关常用的是 DZ 系列，其规格为 C 16、C 25、C 32、C 40、C 63，其中 C 后面的数字表示脱扣电流，即起跳电流，单位为 A。

任务一实施流程

1. 计算各分支电流的值

选择断路器(空气开关)安培计算法。

1 匹＝735 W≈750 W

1.5 匹＝1.5×750 W＝1 125 W

2 匹＝2×750 W＝1 500 W

2.5 匹＝2.5×750 W＝1 875 W

此计算法依此类推，一般在为客户选配配电箱的过程中，应本着照明小、插座中、空调大的选配原则。

2. 断路器(空气开关)的极性和表示方法

单极 220 V 切断火线；

双极 220 V 火线与零线同时切断；

三级 380 V 三相线全部切断；

四级 380 V 三相火线一相零线全部切断。

3. 断路器(空气开关)的安装

现代家居用电应按照明回路、电源插座回路、空调回路分开布线，当其中一个回路(如插座回路)出现故障时，其他回路仍可以正常供电。插座回路须安装漏电保护装置，防止家用电器漏电造成人身电击事故。

(1)住户配电箱总开关一般选择双极 32～63 A 小型断路器或隔离开关。

(2)照明回路一般选择 10～16 A 小型断路器。

(3)插座回路一般选择 16～20 A 的漏电保护断路器。

(4)空调回路一般选择 16～25 A 小型断路器。

(5)采用双极或 1P+N(相线+中性线)断路器，当线路出现短路或漏电故障时，立即切断电源的相线和中性线，确保人身安全及用电设备的安全。

任务二 电气照明器具及配电箱(盘)安装

任务二实施流程

1. 配电箱安装

地下室照明箱明装底边距地 1.5 m，一层在走道安装的照明及配电箱底边距地 1.7 m，控制箱的安装高度为中心距地 1.5 m，挂墙明装的配电箱中心距地 1.3 m(箱体高度大于 0.8 m)或 1.5 m(箱体高度小于 0.8 m)，剪力墙内暗装配电箱要先用比配电箱稍大木盒预留洞口，安装配电箱体时必须拆除木盒。电气配管时，应将配电箱的电源、负载管由左至右顺序排列整齐。安装配电箱箱体时，应按需要打掉箱体敲落孔的压片，当箱体敲落孔数量不足或孔径与配管管径不相吻合时，可使用开孔机开孔，明装配电箱采用金属膨胀螺栓的方法进行安装。配电箱安装应横平竖直，在箱体放置后要用尺板找好箱体垂直度，使符合规定。箱体垂直度的允许偏差是：当箱体高度为 500 mm 以下时，不应大于 1.5 mm；当箱体高度为 500 mm 以上时，不应大于 3 mm；配管入箱应顺直，露出长度小于 5 mm。

配电箱内接线应整齐美观，安全可靠，管内导线引入盘面时应理顺整齐，并沿箱体的周边成把成束布置。导线与器具连接，接线位置正确，连接牢固紧密，不伤芯线。压板连接时，压紧无松动；螺栓连接时，在同一端子上导线不超过 2 根，防松垫圈等配件齐全，零线经汇流排(零线端子)连接，无纹接现象。配电箱面板四周边缘紧贴墙面，不能缩进抹灰层，也不能突出抹灰层。配电箱安装完毕后，应清理干净箱内杂物。

2. 灯具、开关插座安装

在灯具安装前，应对灯具进行外观检查，完好无损的灯具方可使用到工程中。具安装应牢固端正，位置正确，灯具底面与建筑物表面无缝隙，螺口灯头相线必须在中心接点的端子上，成排灯具安装前应先放线定灯位，安装后偏差不大于 5 mm。灯具的金属必须可靠接地。

开关、插座均为暗装式，开关均距地 1.5 m，地下室及公共用电房插座距地 1.5 m，空调插座为 2.0 m，其余插座均为距地 0.3 m。

开关、插座安装前，弹出 1 m 标高线，对不符合要求的盒子，在装修前进行调整。开关、插座的安装应位置统一，高度一致，同一室内安装的开关、插座高度差不宜大于 5 mm，并列安装的开关、插座高度差不宜大于 0.5 mm，面板垂直度不宜大于 0.5 mm。暗装开关、插座应有专用盒，严禁开关、插座无盒安装。饰面板(砖)工程，开关、插座盒处应用整砖套割吻合，不准用非整砖拼凑镶贴。开关、插座安装前应检查盒内管口是否光滑，钢管敷设管口处护口齐全，盒内应清洁无杂物。开关接线时，应仔细辨认识别好导线，导线分色应正确，应严格做到开关控制(即分断或接通)电源相线，使开关断开后灯具上不带电。插座接线时，应仔细地辨认识别盒内分色导线，正确再与插座进行连接，面对插座，单相双孔插座右孔接相；左孔接零线，单相三孔插座，上孔接保护接地线。固定开关、插座面板的螺丝应凹进面板表面的安装孔内，以增加美观，面板安装孔上的装饰帽应一并装好，面板四周应紧贴建筑物表面无缝隙，面板安装后表面应清洁。开关、插座的合格证应齐全。

任务三　高低压配电柜安装与接线

任务三实施流程

1. 设备要求

柜(盘)本体外观检查应无损伤及变形，油漆完整无损。柜(盘)内部检查：电器装置及元件、绝缘瓷件齐全，无损伤、裂纹等缺陷。

安装前应核对配电箱编号是否与安装位置相符，按设计图纸检查其箱号、箱内回路号。箱门接地应采用软铜编织线，专用接线端子。箱内接线应整齐，满足设计要求及验收规范(GB 50171—2012)的规定。

2. 作业条件

配电箱安装场所土建应具备内粉刷完成、门窗已装好的基本条件。预埋管道及预埋件均应清理好；场地具备运输条件，保持道路平整畅通。

3. 配电箱定位

根据设计要求现场确定配电箱位置以及现场实际设备安装情况，按照箱的外形尺寸进行弹线定位。

4. 基础型钢安装

(1)按图纸要求预制加工基础型钢架，并做好防腐处理，按施工图纸所标位置，将预制好的基础型钢架放在预留铁件上，找平、找正后将基础型钢架、预埋铁件、垫片用电焊焊牢。最终基础型钢顶部宜高出抹平地面 10 mm。

(2)基础型钢接地：基础型钢安装完毕后，应将接地线与基础型钢的两端焊牢，焊接面为扁钢宽度的 2 倍，然后与柜接地排可靠连接。并做好防腐处理。

5. 配电柜(盘)安装

(1)柜(盘)安装，应按施工图的布置，将配电柜按照顺序逐一就位在基础型钢上。单独柜(盘)进行柜面和侧面的垂直度的调整可用加垫铁的方法解决，但不可超过三片，并焊接牢固。成列柜(盘)各台就位后，应对柜的水平度及盘面偏差进行调整，应调整到符合施工规范的规定。

(2)挂墙式的配电箱可采用膨胀螺栓固定在墙上，但空心砖或砌块墙上要预埋燕尾螺栓或采用对拉螺栓进行固定。

(3)安装配电箱应预埋套箱，安装后面板应与墙面平。

(4)柜(盘)调整结束后，应用螺栓将柜体与基础型钢进行紧固。

(5)柜(盘)接地：每台柜(盘)单独与基础型钢连接，可采用铜线将柜内 PE 排与接地螺栓可靠连接，并必须加弹簧垫圈进行防松处理。每扇柜门应分别用铜编织线与 PE 排可靠连接。

(6)柜(盘)顶与母线进行连接，注意应采用母线配套扳手按照要求进行紧固，接触面应涂中性凡士林。柜间母排连接时应注意母排是否距离其他器件或壳体太近，并注意相位正确。

(7)控制回路检查，应检查线路是否因运输等因素而松脱，并逐一进行紧固，电器元件是否损坏。原则上柜(盘)控制线路在出厂时就进行了校验，不应对柜内线路私自进行调整，发现问题应与供应商联系。

(8)控制线校验后，将每根芯线揻成圆圈，用镀锌螺丝、垫圈、弹簧垫连接在每个端子板上。端子板每侧一般一个端子压一根线，最多不能超过两根，并且两根线间加垫圈。多股线应搪锡，不准有断股。

6. 柜(盘)试验调整

(1)高压试验应由当地供电部门许可的试验单位进行。试验标准符合国家规范、当地供电部门的规定及产品技术资料要求。

(2)试验内容：高压柜框架、母线、避雷器、高压瓷瓶、电压互感器、电流互感器、各类开关等。

(3)调整内容：过流继电器调整，时间继电器、信号继电器调整以及机械连锁调整。

(4)二次控制小线调整及模拟试验，将所有的接线端子螺丝再紧一次。

(5)绝缘测试：用 500 V 绝缘电阻测试仪器在端子板处测试每条回路的电阻，电阻必须大于 0.5 MΩ。

(6)二次小线回路如有三极管、集成电路、电子元件时，应使用万用表测试回路是否接通。

(7)接通临时的控制电源和操作电源。将柜(盘)内的控制、操作电源回路熔断器上端相线拆掉，接上临时电源。

(8)模拟试验：按图纸要求，分别模拟试验控制、连锁、操作、继电保护和信号动作，正确无误，灵敏可靠。

(9)拆除临时电源，将被拆除的电源线复位。

7. 电运行的条件

(1)安装作业应全部完毕，质量检查部门检查全部合格。试验项目全部合格，并有试验报告单。

(2)试验用的验电器、绝缘靴、绝缘手套、临时接地编织铜线、绝缘胶垫、粉末灭火器等应备齐。

(3)检查母线、设备上有无遗留下的杂物。

(4)做好试运行的组织工作，明确试运行指挥人、操作人和监护人。

(5)清扫设备及变配电室、控制室的灰尘。用吸尘器清扫电器、仪表元件。

(6)继电保护动作灵敏可靠，控制、连锁、信号等动作准确无误。

8. 送电

(1)由供电部门检查合格后，将电源送进建筑物内，经过验电、校相无误。

(2)由安装单位合进线柜开关，检查 PT 柜上电压表三相是否电压正常。

(3)合变压器柜开关，检查变压器是否有电。

(4)合低压柜进线开关，查看电压表三相是否电压正常。

(5)按以上顺序依次送电。

(6)在低压联络柜内，在开关的上下侧(开关未合状态)进行同相校核。用电压表或万用表电压挡 500 V，用表的两个测针，分别接触两路的同相，此时电压表无读数，表示两路电同一相。用同样方法，检查其他两相。

(7)验收：送电空载运行 24 h，无异常现象，办理验收手续，交建设单位使用。同时提交变更洽商记录、产品合格证、说明书、试验报告单等技术资料。

二、实训地点和设备

实训地点：高、低压配电柜实训室＋相关企业。

实训设备：高、低压配电柜、电工工具、导线等。

三、高、低压配电柜的安装规范

1. 安装前对准备工作的检查

在安装前，要检查进场道路是否畅通，必要时要求总包单位修建简易运输通道与各安装点连接，施工场地布置应满足安全文明施工的要求。同时还应检查安装单位的施工机具安排状况，督促安装单位对施工机具进行检查，确保状态良好。高压设备到达现场前，配电室、地沟、基础槽钢应已完全竣工。

(1)配电室　配电室施工前，要将建配电室所需的详细图纸交予施工方，并且在配电室建设过程中，技术人员要在现场监督，避免施工错误。

(2)地基　槽钢安放位置要与配电室预留的设备风道相对应，设备离墙的最小距离要明确(距离太近，设备的柜门打不开)。

(3)设备存放　配电室、地基若未建好，设备要有存放位置(要防雨或提供必要的防雨材料)。

2. 安装

(1)各配电房门窗须严密，房内清洁。

(2)配电盘安装稳固。盘内设备与各构件间连接牢固。

(3)盘、柜的接地应牢固良好。装有电器的可开启的盘、柜门，应以软导线与接地的金属构架可靠地连接。

(4)端子箱安装应牢固，封闭良好，安装位置应便于检查，成列安装时，应排列整齐。

(5)配电盘内布线要横平竖直，螺丝不能有松动，线头接触良好。

(6)盘内各元件固定可靠无松动，触头无氧化，无毛刺。

(7)二次回路的连接件均应采用铜质制品。接线的具体要求：

①电气回路的连接(螺栓连接、插接、焊接等)应牢固可靠。

②电缆芯线和所配导线的端部均应标明其回路编号；编号应正确，字迹清晰且不易脱色。

③配线整齐、清晰、美观；导线绝缘良好，无损伤。

④盘、柜内的导线不应有接头。

⑤每个端子板的每侧接线一般为一根，不得超过两根。

(8)400 V及以下的二次回路的带电体之间或带电体与接地间，其电气间隙不应小于4 mm。漏电距离不应小于6 mm。

(9)用于连接可动部位(门上电器、控制台板等)的导线还应符合下列要求：

①应采用多股软导线，敷设时应有适当余度。

②线束应有加强绝缘层(如外套塑料管等)。

③与电器连接时，端部应绞紧，不得松散、断股。

④在可动部位两端，应用卡子固定。

(10)引进盘、柜内的控制电缆及其芯线应符合下列要求：

①引进盘、柜的电缆应排列整齐，避免交叉，并应固定牢固，不使所接的端子板受到机械应力。

②铠装电缆的钢带不应进入盘、柜内；铠装钢带切断处的端部应扎紧。

③用于晶体管保护、控制等逻辑回路的控制电缆，当采用屏蔽电缆时，其屏蔽层应予接地；如不采用屏蔽电缆时，则其备用芯线应有一根接地。

④橡胶绝缘芯线应外套绝缘管保护。

⑤盘、柜内的电缆芯线，应接垂直或水平有规律地配置，不得任意歪斜交叉连接；备用芯应留有适当余度。

(11)在绝缘导线可能遭到油类污蚀的地方，应采用耐油的绝缘导线，或采取防油措施。

(12)配电装置的安全技术要求：

①两路及以上电源供电时，各路电源主进与联络开关之间应装设连锁装置。

②10 kV 室内成套设备的隔离开关和相应的断路器之间应装有连锁装置。

(13)配电装置的相色排列应符合下列规定：

①同一配电装置内各回路相色排列应尽量一致。

②硬母线应涂色，其色别为：A 相黄色；B 相绿色；C 相红色；D 零线黑色。

③软母线应标明相别。

④配电装置间隔内的导线应留有悬挂临时接地线的位置，此处不应涂相色漆。

(14)端子板的安装应符合下列要求：

①端子板应无损坏，固定牢靠，绝缘良好。

②端子板应便于更换且接线方便。

③回路电压超过 400 V 者，端子板应有足够的绝缘并涂以红色标志。

3. 检查

(1)巡检

①高低压配电室的通风、照明及安全防火装置是否正常。

②配电盘门严密无损坏现象，配电盘内清洁，无尘土。

③站内所有配电屏必须挂牌，以示警告。断路器和隔离开关的机械连锁是否灵活可靠，如采用电磁连锁装置，则需通电检查电磁锁动作是否灵活，开闭是否准确。

④信号装置回路的信号灯、电铃、事故电钟等应显示准确，工作可靠。

⑤配电柜内电机的电压、电流是否正常(不超出额定值的 5%)。

⑥母线和各接点是否有过热现象，示温蜡片是否熔化，绝缘胶木有无烧坏现象。

⑦开关柜中各电气元件在运行中有无异常气味和声响，瓷瓶、绝缘套管、穿墙套管等绝缘是否清洁，有无破损裂纹及放电痕迹。

⑧注油设备的油位是否正常，油色是否变深，有无渗漏油现象。

⑨仪表、信号、指示灯等指示是否正确，继电保护压板位置是否正确。

⑩继电器及直流设备运行是否良好，接地和接零装置的连接线有无松脱和断线。

(2)月检　每月对电机、配电柜的各操作部分和电气部分做一次全面检查、磁力启动器动合闸试验、继电器的灵敏度试验。

(3)年检　每三年对电机、配电柜做一次继电试验，由供电人员检定。

(4)检修及保养

①检修及保养每月进行一次。

②停电检修线路，必须先挂牌，后作业，以示警告。

③电机、电缆、配电屏必须接地良好，接地电阻不应大于4 Ω。

④电机测量直流阻抗，做交流耐压试验。电流互感器和电压互感器做耐压试验和变流比试验。

⑤电缆做直流耐压泄漏试验；继电器检修，重新整定。

⑥油开关做解体检查修理、调整、紧固；避雷器做耐压试验。

四、高压配电柜操作规程

高压配电设备的操作是高危作业，涉及人身和财产安全，必须由两名专业人员操作，一人操作，一人监护。严禁带电或带负荷分合隔离开关。

1. 运行前检查

(1)通电前先检查各柜内无杂物，手动分合是否正常。

(2)柜内所有紧固件有无松动脱落，进出线连接是否正常。

(3)检测各相之间，相零、相地之间绝缘、耐压是否满足要求。

2. 实验运行

(1)通入二次控制电源，空载使用各开关电动操作是否正常。

(2)空载使用开关互锁操作是否正常。

(3)柜与柜之间开关必须不能同时合闸。

3. 通电运行

完成以上各项程序，并检查确认无误后方可进行通电运行。

(1)首先断开所有真空断路器等所有负荷后，送入市电。

(2)查无异常后依次合进线隔离开关。

(3)检查确认无误后，合进线真空断路器。

(4)查无异常后合出线隔离开关。

(5)合出线真空断路器。

(6)通电运行。

4. 停电检查维护

(1)首先断开出线真空断路器等所有负荷。查无异常后依次断开出线隔离开关。

(2)检查确认无误后断开进线真空断路器。

(3)查无异常后断开进线隔离开关。

(4)合上接地夹，查验无电后方可开门进入柜内检查维护。

5. 倒闸运行

(1)首先断开进线真空断路器等所有负荷。

(2)查无异常后依次断开进线隔离开关。查无异常后合上进线空断路器。投入倒闸运行。

【必备的理论知识】

第一节　工厂变配电基本知识

一、工厂变配电所的主接线图

(一)概述

主接线图即主电路图，是表示系统中电能输送和分配路线的电路图，亦称一次电路图。而用来控制、指示、监测和保护一次电路及其设备运行的电路图，则称二次电路图，或二次接线图，通称二次回路图。二次回路是通过电流互感器和电压互感器与主电路相联系的。

1. 工厂变配电所主接线基本要求

(1)安全　应符合有关国家标准和技术规范的要求，能充分保证人身和设备的安全。

(2)可靠　应满足电力负荷特别是其中一、二级负荷对供电可靠性的要求。

(3)灵活　应能适应必要的各种运行方式，便于切换操作和检修，且适应负荷的发展。

(4)经济　在满足上述要求的前提下，尽量使主接线简单，投资少，运行费用低，并节约电能和有色金属消耗量。

2. 主接线图的两种绘制形式

(1)系统式主接线图是按照电力输送的顺序依次安排其中的设备和线路相互连接关系而绘制的一种简图。它全面系统地反映出主接线中电力的传输过程，但是它并不反映其中各成套配电装置之间相互排列的位置。这种主接线图多用于配电所的运行中。通常应用的变配电所主接线图均为这一形式。

(2)装置式主接线图是按照主接线中高压或低压成套配电装置之间相互连接关系和排列位置而绘制的一种简图，通常按不同电压等级分别绘制。从这种主接线图上可以一目了然地看出某一电压级的成套配电装置的内部设备连接关系及装置之间相互排列位置。这种主接线图多在变配电所施工图中使用。

(二)高压配电所的主接线图

1. 电源进线

《供电营业规则》规定：对 10 kV 及以下电压供电的用户，应配置专用的电能计量柜(箱)；对 35 kV 及以上电压供电的用户，应有专用的电流互感器二次线圈和专用的电压互感器二次连接线，并不得与保护、测量回路共用。根据以上规定，在两路电路进线的主开关(高压断路器)柜之前(在其后亦可)各装设一台 GG-1A-J 型高压计量柜，其中的电流互感器和电压互感器只用来连接计费的电能表。

装设进线断路器的高压开关柜，因为需与计量柜相连，因此采用 GG-1A(F)-11 型。由于进线采用高压断路器控制，所以切换操作十分灵活方便，而且可配以继电保护和自动装置，使供电可靠性大大提高。

考虑到进线断路器在检修时有可能两端来电，因此为保证断路器检修时的人身安全，断路器两侧都必须装设高压隔离开关。

2. 母线

母线(符号为 W 或 WB)又称汇流排,是配电装置中用来汇集和分配电能的导体。

高压配电所的母线,通常采用单母线制。如果是两路或以上电源进线时,则采用高压隔离开关或高压断路器(其两侧装隔离开关)分段的单母线制。母线采用隔离开关分段时,分段隔离开关可安装在墙上,也可采用专门的分段柜(亦称联络柜)如 GG-1A(F)-119 型柜。

高压配电所通常采用一路电源工作、一路电源备用的运行方式,因此母线分段开关通常是闭合的,高压并联电容器对整个配电所进行无功补偿。如果工作电源发生故障或进行检修时,在切除该进线后,投入备用电源即可恢复对整个配电所的供电。如果装设备用电源自动投入装置(APD),则供电可靠性可进一步提高,但这时进线断路器的操作机构必须是电磁式或弹簧式。

为了测量、监视、保护和控制主电路设备的需要,每段母线上都接有电压互感器,进线上和出线上都接有电流互感器。为了防止雷电过电压侵入配电所时击毁其中的电气设备,各段母线上都装设了避雷器。避雷器和电压互感器同装设在一个高压柜内,且共用一组高压隔离开关。

3. 高压配电出线

高压配电出线起到分配电能的作用,并把母线的电能通过出线的高压开关柜和输电线送到车间变电所。采用分段单母线式,出线端装有高压开关柜,每个高压开关柜上都有两个二次绕组的电流互感器,其中一个绕组接测量仪表,另一个接继电保护装置。

(三)车间和小型工厂变电所的主接线

车间变电所和小型工厂变电所,都是将高压 6～10 kV 降为一般用电设备所需低压 220/380 V 的降压变电所。其变压器容量一般不超过 1 000 kV·A,主接线方案通常比较简单。

1. 车间变电所的主接线图

车间变电所的主接线分两种情况:

(1)有工厂总降压变电所或高压配电所的车间变电所　其高压侧的开关电器、保护装置和测量仪表等,一般都安装在高压配电线路的首端,即总变配电所的高压配电室内,而车间变电所只设变压器室(室外为变压器台)和低压配电室,其高压侧多数不装开关,或只装简单的隔离开关、熔断器(室外为跌开式熔断器)、避雷器等,如图 8-1 所示。

由图可以看出,凡是高压架空进线,变电所高压侧必须装设避雷器,以防雷电波沿架空线路侵入变电所击毁电力变压器及其他设备的绝缘。而采用高压电缆进线时,避雷器是装设在电缆的首端的(图上未示出),而且避雷器的接地端要连同电缆的金属外皮一起接地。此时变压器高压侧一般可不再装设避雷器。如果变压器高压侧为架空线又经一段电缆引入时,则变压器高压侧仍应装设避雷器。

(2)工厂无总变、配电所的车间变电所　工厂内无总变、配电所时,其车间变电所往往就是工厂的降压变电所,其高压侧的开关电器、保护装置和测量仪表等,都必须配备齐全,所以一般要设置高压配电室。在变压器容量较小、供电可靠性要求不高的情况下,也可不设高压配电室,其高压侧的开关电器就装设在变压器室(室外为变压器台)的墙上或电杆上,而在低压侧计量电能;或者其高压开关柜(不多于 6 台时)就装在低压配电室内,在高压侧计量电能。

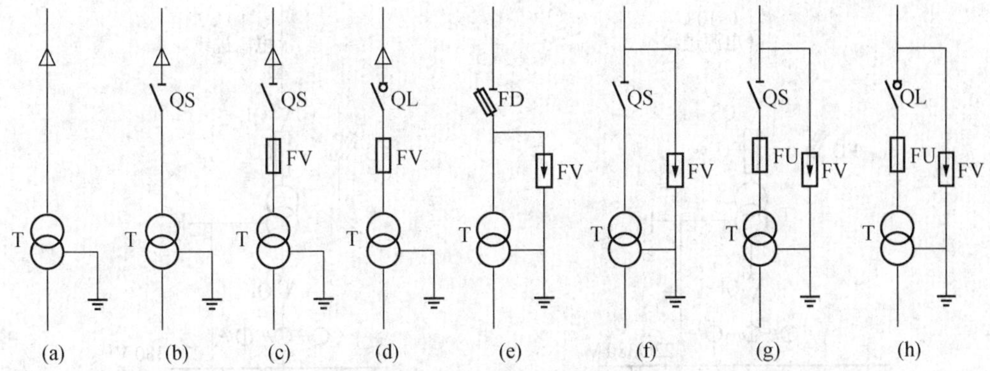

图 8-1 车间变电所高压侧主接线方案(示例)

(a)高压电缆进线,无开关 (b)高压电缆进线,装隔离开关 (c)高压电缆进线,装隔离开关-熔断器
(d)高压电缆进线,装负荷开关-熔断器 (e)高压架空进线,装跌开式熔断器和避雷器
(f)高压架空进线,装隔离开关和避雷器 (g)高压架空进线,装隔离开关-熔断器和避雷器
(h)高压架空进线,装负荷开关-熔断器和避雷器

2. 小型工厂变电所的主接线图

这里介绍一些常见的主接线方案。为使主接线图简明,下面的主接线图中未绘出电能计量柜的电路。

(1)只装有一台主变压器的小型变电所主接线图　只装有一台主变压器的小型变电所,其高压侧一般采用无母线的接线。根据其高压侧采用的开关电器不同,有以下三种比较典型的主接线方案。

高压侧采用隔离开关-熔断器或户外跌开式熔断器的变电所主接线图如图 8-2 所示。这种主接线受隔离开关和跌开式熔断器切断空载变压器容量的限制,一般只用于 500 kV · A 及以下容量的变电所中。这种变电所相当简单经济,但供电可靠性不高,当主变压器或高压侧停电检修或发生故障时,整个变电所要停电。由于隔离开关和跌开式熔断器不能带负荷操作,因此变电所送电和停电的操作程序比较麻烦,如果稍有疏忽,还容易发生带负荷拉闸的严重事故,而且在熔断器熔断后,更换熔体需一定时间,从而影响供电可靠性。但是这种主接线对于三级负荷的小容量变电所是相当适宜的。

高压侧采用负荷开关-熔断器或负荷型跌开式熔断器的变电所主接线图如图 8-3 所示。由于负荷开关和负荷型跌开式熔断器能带负荷操作,从而使变电所停、送电的操作比上述主接线(图 8-2)要简便灵活得多,也不存在带负荷拉闸的危险。但在发生短路故障时,只能是熔断器熔断,因此这种主结线仍然存在着在排除短路故障时恢复供电的时间较长的缺点,供电可靠性仍然不高。这种主接线一般也只用于三级负荷的变电所。

高压侧采用隔离开关-断路器的变电所主接线图如图 8-4 所示。这种主接线由于采用了高压断路器,因此变电所的停、送电操作十分灵活方便,而且在发生短路故障时,过电流保护装置动作,断路器会自动跳闸,如果短路故障已经消除,则可立即合闸恢复供电。如果配备自动重合闸装置(ARD),则供电可靠性更高。但是如果变电所只此一路电源进线时,一般也只用于三级负荷;如果变电所低压侧有联络线与其他变电所相连时,或另有备用电源时,则可用于二级负荷。如果变电所有两路电源进线,如图 8-5 所示,则供电可靠性相应提高,可供二级负荷或少量一级负荷。

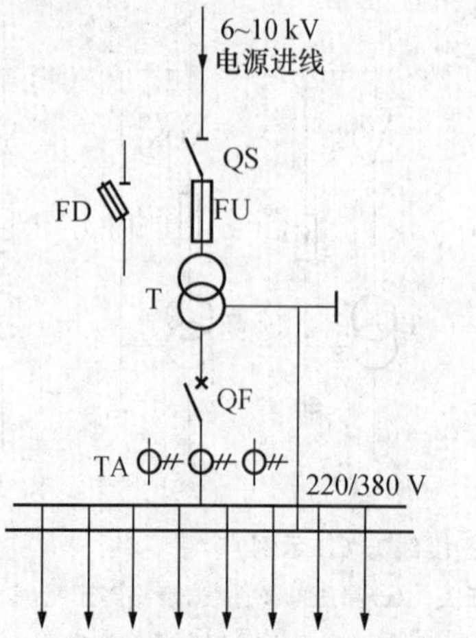

图 8-2　高压侧采用隔离开关-熔断器或跌开式熔断器的变电所主接线图

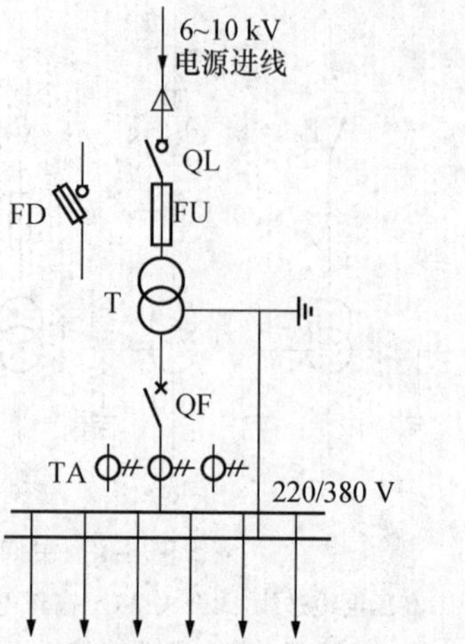

图 8-3　高压侧采用负荷开关熔断器或负荷型跌开式熔断器的变电所主接线图

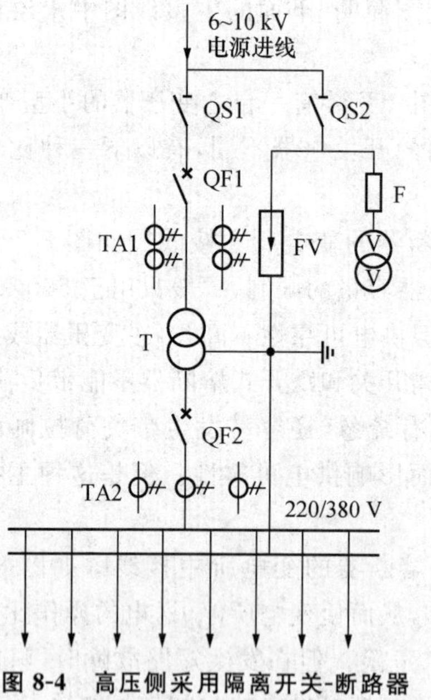

图 8-4　高压侧采用隔离开关-断路器的变电所主接线图

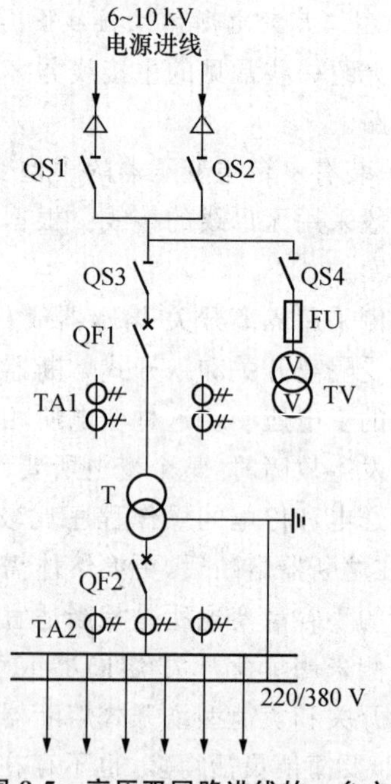

图 8-5　高压双回路进线的一台主变压器变电所主接线图

(2)装有两台主变压器的小型变电所主接线图　高压侧无母线、低压单母线分段的变电所主接线图如图 8-6 所示。

这种主接线的供电可靠性较高，当任一主变压器或任一电源进线停电检修或发生故障时，该变电所通过闭合低压母线分段开关，即可迅速恢复对整个变电所的供电。如果两台主变压器高压侧断路器装设互为备用的备用电源自动投入装置，则任一主变压器高压侧断路器因电源断电(失压)而跳闸时，另一主变压器高压侧的断路器在备用电源自动投入装置作用下自动合闸，恢复整个变电所的供电。这时该变电所可供一、二级负荷。

高压采用单母线、低压单母线分段的变电所主接线图如图 8-7 所示。这种主接线适用于装有两台及以上主变压器或具有多路高压出线的变电所，其供电可靠性也较高。任一主变压器检修或发生故障时，通过切换操作，即可迅速恢复对整个变电所的供电。但在高压母线或电源进线进行检修或发生故障时，整个变电所仍要停电。这时只能供电给三级负荷。如果有与其他变电所相连的高压或低压联络线时，则可供一、二级负荷。

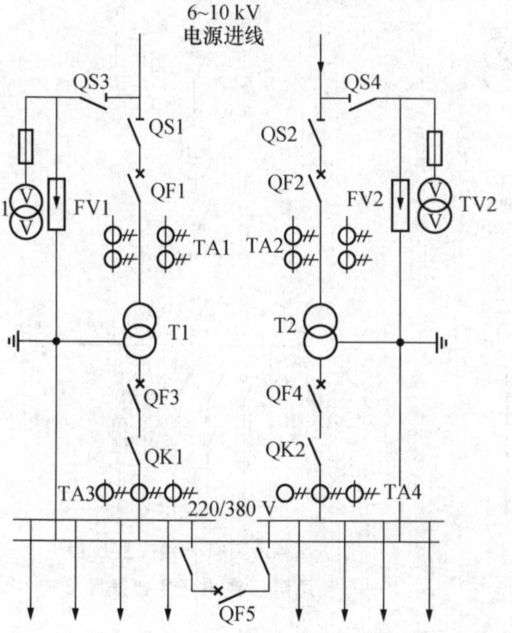

图 8-6 高压侧无母线、低压单母线分段的变电所主接线图

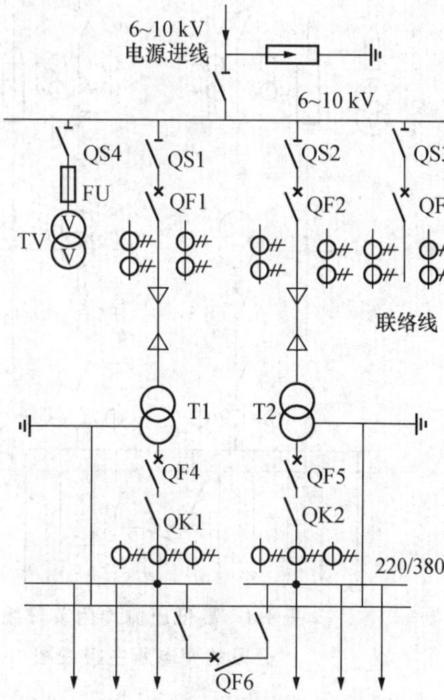

图 8-7 高压采用单母线、低压单母线分段的变电所主接线图

高低压侧均为单母线分段的变电所主接线图如图 8-8 所示。

这种变电所的两段高压母线，在正常时可以接通运行，也可以分段运行。任一台主变压器或任一路电源进线停电检修或发生故障时，通过切换操作，均可迅速恢复整个变电所的供电，因此供电可靠性相当高。可供一、二级负荷。

(四)工厂总降压变电所的主接线图

对于电源进线电压为 35 kV 及以上的大中型工厂，通常是先经工厂总降压变电所降为 6～10 kV 的高压配电电压，然后经车间变电所，降为一般低压用电设备所需的电压如 220/380 V。

下面介绍工厂总降压变电所几种较常见的主接线方案。为了使主接线图简明起见，图上省略了包括电能计量所需的所有电流互感器、电压互感器及避雷器等一次设备。

1. 只装有一台主变压器的总降压变电所主接线图

如图 8-9 所示，这种主接线的一次侧无母线、二次侧为单母线。其特点是简单经济，但供电可靠性不高，只适于三级负荷的工厂。

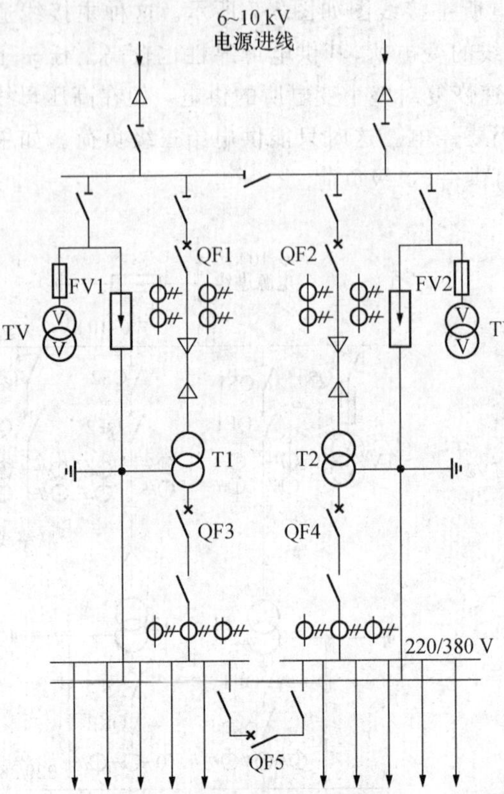

图 8-8　高低压侧均为单母线分段的变电所主接线图

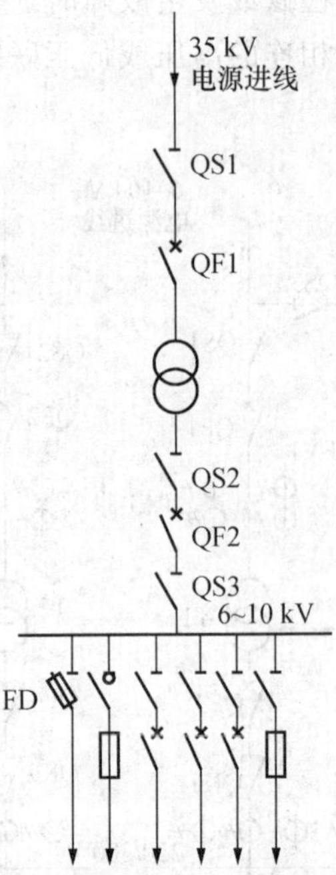

图 8-9　只装有一台主变压器的总降压变电所主接线图

2. 装有两台主变压器的总降压变电所主接线图

(1)一次侧采用内桥式接线、二次侧采用单母线分段的总降压变电所主接线图　这种主接线(图 8-10),其一次侧的高压断路器 QF10 跨接在两路电源进线之间,犹如一架桥梁,而且处在线路断路器 QF11 和 QF12 的内侧,靠近变压器,因此称为内桥式接线。这种主接线的运行灵活性较好,供电可靠性较高,适用一、二级负荷的工厂。如果某路电源例如 WL1 线路停电检修或发生故障时,则断开 QF11,投入 QF10(其两侧 QS 先合),即可由 WL2 恢复对变压器 T1 的供电。这种内桥式接线多用于电源线路较长因而发生故障和停电检修的机会较多、并且变压器不需经常切换的总降压变电所。

(2)一次侧采用外桥式接线、二次侧采用单母线分段的总降压变电所主接线图　这种主接线(图 8-11),其一次侧的高压断路器 QF10 也跨接在两路电源进线之间,但处在线路断路器 QF11 和 QF12 的外侧,靠近电源方向,因此称为外桥式接线。这种主接线的运行灵活性也较好,供电可靠性也较高,适用于一、二级负荷的工厂。但与上述内桥式接线适用的场合有所不同。如果某台变压器例如 T1 停电检修或发生故障时,则断开 QF11,投入 QF10(其两侧 QS 先合),使两路电源进线又恢复并列运行。这种外桥式接线适用于电源线路较短而变电所昼夜负荷变动较大、适于经济运行需经常切换变压器的总降压变电所。当一次电源线路采用环形接线时,也宜采用这种接线,使环形电网的穿越功率不通过断路器 QF11、QF12,这对改善线路断路器的工作及其继电保护的整定都极为有利。

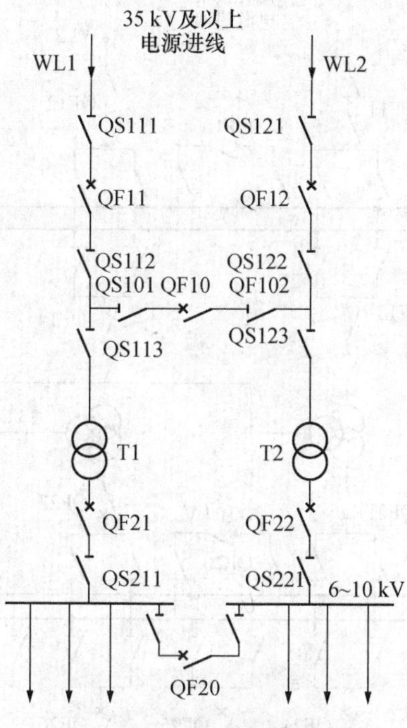

图 8-10　采用内桥式接线的总降压变电所主接线图

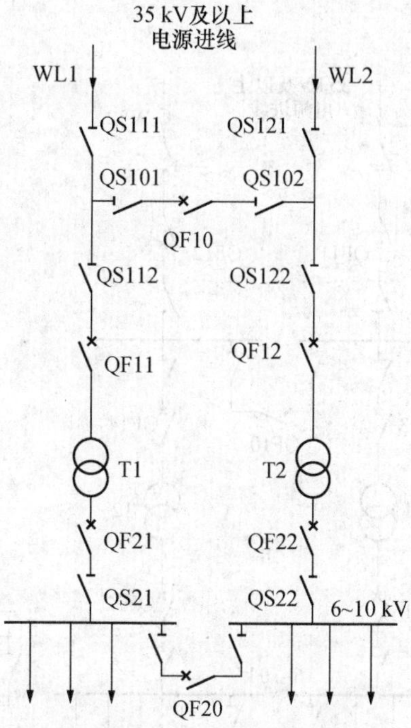

图 8-11　采用外桥式接线的总降压变电所主接线图

(3)一、二次侧均采用单母线分段的总降压变电所主接线图　这种主接线(图 8-12)兼有上述两种桥式接线运行灵活性的优点,但采用的高压开关设备较多。可供一、二级负荷,适于一、二次侧进出线较多的总降压变电所。

(4)一、二次侧均采用双母线的总降压变电所主接线图　采用双母线接线较之采用单母线接线,供电可靠性和运行灵活性大大提高,但开关设备也相应大大增加,从而大大增加了初投资,所以双母线接线在工厂变电所中很少应用,主要应用于电力系统中的枢纽变电站(图 8-13)。

二、工厂变配电所的所址、布置、结构及安装图

(一)变配电所所址的选择

1. 变配电所所址选择的一般原则

变配电所所址的选择,应根据下列要求并经技术经济分析比较后确定:

(1)尽量接近负荷中心,以降低配电系统的电能损耗、电压损耗和有色金属消耗量。

(2)进出线方便,特别是要便于架空进出线。

(3)接近电源侧,特别是工厂的总降压变电所和高压配电所。

(4)设备运输方便,特别是要考虑电力变压器和高低压成套配电装置的运输。

(5)不应设在有剧烈振动或高温的场所,无法避开时,应有防振和隔热的措施。

(6)不宜设在多尘或有腐蚀性气体的场所,无法远离时,不应设在污染源的下风侧。

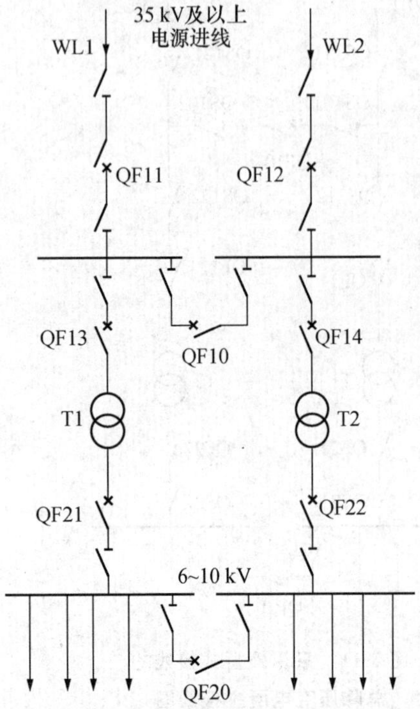

图 8-12 一、二次侧均采用单母线分段的总降压变电所主接线图

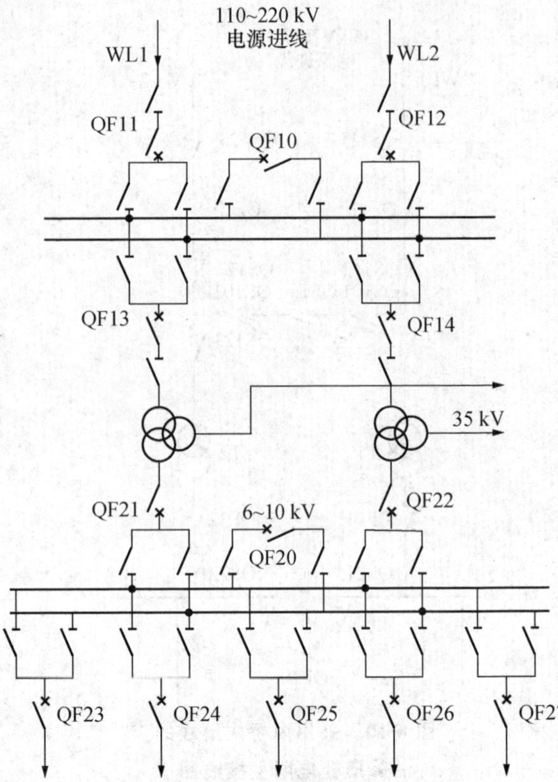

图 8-13 一、二次侧均采用双母线的总降压变电所主接线图

(7)不应设在厕所、浴室和其他经常积水场所的正下方,且不宜与上述场所相贴邻。

(8)不应设在有爆炸危险环境的正上方或正下方,且不宜设在有火灾危险环境的正上方或正下方。当与有爆炸或火灾危险环境的建筑物毗连时,应符合现行国家标准 GB 50058—2010《爆炸和火灾危险环境电力装置设计规范》的规定。

(9)不应设在地势低洼和可能积水的场所。

工厂或车间的负荷中心,可用下面介绍的负荷指示图或负荷功率矩法来近似地确定。

2. 负荷指示图

负荷指示图是将电力负荷按一定比例用负荷圆的形式标示在工厂或车间的平面图上,如图 8-14 所示。各车间(建筑)的负荷圆

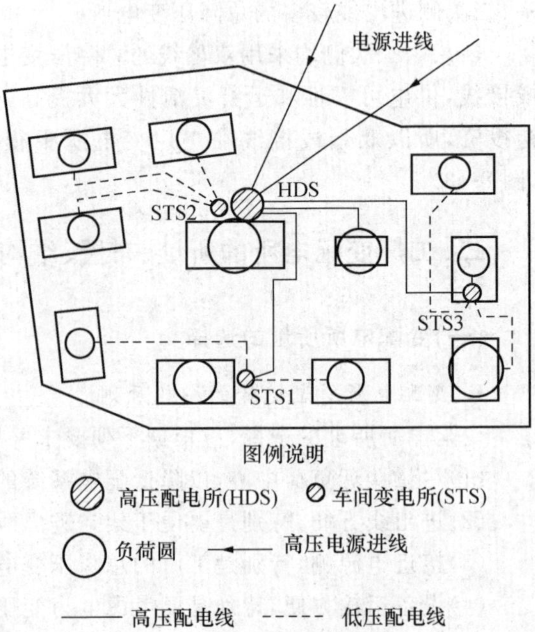

图 8-14 工厂的负荷指示图

的圆心应与车间(建筑)的负荷“重心”(负荷中心)大致相符。在负荷大体均匀分布的车间(建筑)内,这一重心就是车间(建筑)的中心。在负荷分布不均匀的车间(建筑)内,这一重心应偏向负荷集中的一侧。

负荷圆的半径 r,由车间(建筑)的计算负荷 $p_{30}=k\pi r^2$ 得

$$r=\sqrt{\frac{p_{30}}{k\pi}}$$

式中:p_{30} 为车间(建筑)内的有功计算负荷 kW;k 为负荷圆的比例 kW/mm^2。

由图 8-14 所示的工厂负荷指示图可以直观地大致确定工厂的负荷中心,但还必须结合其他条件,综合分析比较几个方案,最后择其最佳方案来确定变配电所的所址。

(二)变配电所的总体布置

1. 变配电所总体布置的要求

(1)便于运行维护和检修　有人值班的变配电所,一般应设值班室。值班室应尽量靠近高低压配电室,且有门直通。如值班室靠近高压配电室有困难时,则值班室可经走廊与高压配电室相通。

值班室也可以与低压配电室合并,但在放置值班工作桌的一面或一端,低压配电装置到墙的距离不应小于 3 m。

主变压器应靠近交通运输方便的马路侧。条件许可时,可单设工具材料室或维修间。昼夜值班的变配电所,宜设休息室。有人值班的独立变配电所,宜设有厕所和给排水设施。

(2)保证运行安全　值班室内不得有高压设备。值班室的门应朝外开。高低压配电室和电容器室的门应朝值班室开,或朝外开。

油量为 100 kg 及以上的变压器应装设在单独的变压器室内。变压器室的大门应朝马路开,但应避免朝向露天仓库。在炎热地区,应避免朝西开门。

变电所宜单层布置。当采用双层布置时,变压器应设在底层。

高压电容器组一般应装设在单独的房间内;但数量较少时,可装设在高压配电室内。低压电容器组可装设在低压配电室内,但数量较多时,宜装设在单独的房间内。

所有带电部分离墙和离地的尺寸以及各室维护操作通道的宽度等,均应符合有关规程的要求,以确保运行安全。

(3)便于进出线　如果是架空进线,则高压配电室宜位于进线侧。

考虑到变压器低压出线通常是采用矩形裸母线,因此变压器的安装位置(户内式变电所)即为变压器室,宜靠近低压配电室。

低压配电室宜位于其低压架空出线侧。

(4)节约土地和建筑费用　值班室可与低压配电室合并,这时低压配电室面积应适当增大,以便安置值班桌或控制台,满足运行值班的要求。

高压开关柜不多于 6 台时,可与低压配电屏设置在同一房间内,但高压柜与低压屏的间距不得小于 2 m。

不带可燃性油的高、低压配电装置和非油浸电力变压器,可设置在同一房间内。

具有符合 IP3X 防护等级外壳的不带可燃性油的高低压配电装置和非油浸电力变压器,

当环境允许时,可相互靠近布置在车间内。高压电容器柜数量较少时,可装设在高压配电室内。

周围环境正常的变电所,宜采用露天或半露天变电所。

高压配电所应尽量与邻近的车间变电所合建。

(5)适应发展要求　变压器室应考虑到扩建时有更换大一级容量变压器的可能。

高低压配电室内均应留有适当数量开关柜(屏)的备用位置,既要考虑到变配电所留有扩展的余地,又要不妨碍工厂或车间今后的发展。

2. 变配电所总体布置方案示例

变配电所总体布置的方案,应因地制宜,合理设计。布置方案的最后确定,应通过几个方案的技术经济比较。

值班室紧靠高低压配电室,而且有门直通,因此运行维护方便。高低压配电室和变压器室的进出线都较方便。所有大门都按要求方向开启,保证运行安全。高压电容器室与高压配电室相邻,既安全又配线方便。各室都留有一定的余地,以适应发展要求。

图 8-15 是工厂高压配电所与附设车间变电所合建的几种平面布置方案。

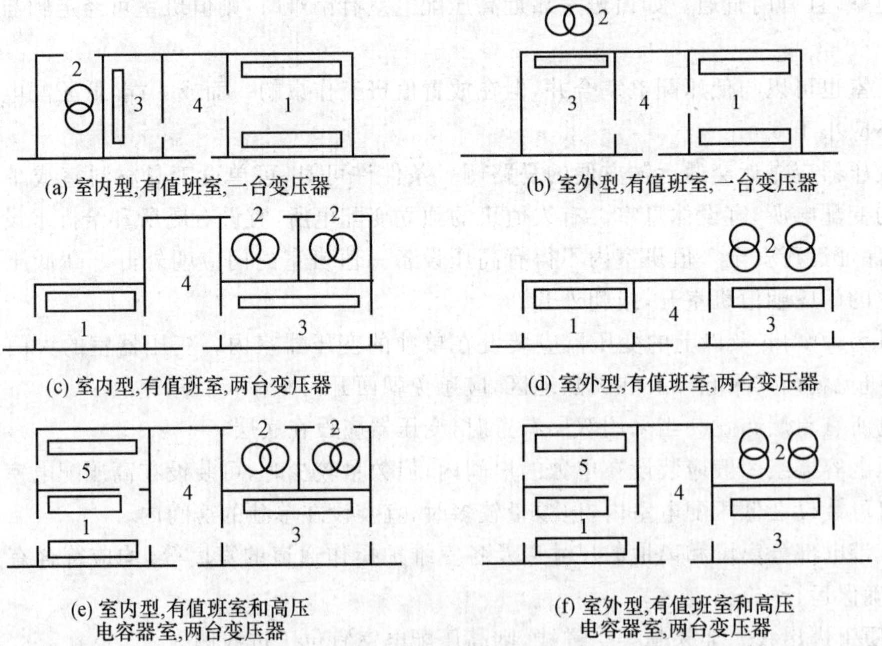

图 8-15　工厂高压配电所与附设车间变电所合建的平面布置方案(示例)

1. 高压配电室　2. 变压器室或室外变压器台　3. 低压配电室

4. 值班室　5. 高压电容器室

对于不设高压配电所和总降压变电所的工厂或车间变电所,其布置方案也与图 8-15 所示布置方案基本相同,只是高压开关柜数量较少,高压配电室相应小一些。如果不设高压配电室和高压电容器室,则取消这些室就可以了。

对于既无高压配电室又无值班室的车间变电所,其平面布置方案更简单,如图 8-16 所示。

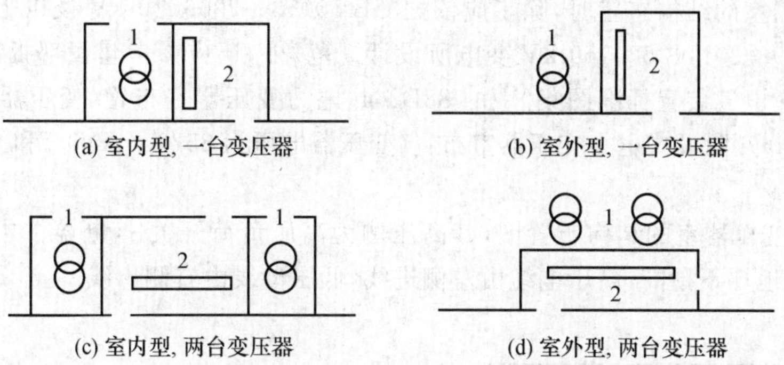

(a) 室内型，一台变压器　　(b) 室外型，一台变压器

(c) 室内型，两台变压器　　(d) 室外型，两台变压器

图 8-16　无高压配电室和值班室的车间变电所平面布置方案(示例)

1. 变压器室或室外变压器台　2. 低压配电室

(三)变配电所的结构

1. 变压器室和室外变压器台的结构

(1)变压器室的结构　变压器室的结构形式，决定于变压器的形式、容量、放置方式、主接线方案及进出线方式和方向等诸多因素，并应考虑运行维护的安全以及通风、防火等问题。考虑到发展，变压器室宜有更换大一级容量的可能性。

为保证变压器安全运行及防止变压器失火时故障蔓延，GB 50053—2009《10 kV 及以下变电所设计规范》规定，可燃油油浸变压器外廓与变压器室墙壁和门的最小净距应符合表 8-1 规定。

表 8-1　可燃油油浸变压器外廓与变压器室墙壁和门的最小净距

变压器容量/(kV·A)	变压器外廓与后壁、侧壁净距/mm	变压器外廓与门净距/mm
100～1 000	600	800
1 250 及以上	800	1 000

可燃油油浸变压器室的耐火等级应为一级，非燃或难燃介质变压器室的耐火等级不应低于二级。

可燃油油浸变压器室如果位于容易沉积可燃粉尘、可燃纤维的场所，或者变压器室附近有粮、棉及其他易燃物大量集中的露天场所，或变压器室下面有地下室时，变压器室应设置容量为 100%变压器油量的挡油设施，或设置容量为 20%变压器油量的挡油池并设置能将多余的油排到安全处所的设施。

变压器室的门要向外开。室内只设通风窗，不设采光窗。进风窗设在变压器室前门的下方，出风窗设在变压器室的上方，并应有防止雨、雪和蛇、鼠类小动物从门、窗和电缆沟等进入室内的设施。变压器室一般采用自然通风。夏季的排风温度不宜高于 45℃，进风和排风的温度差不宜大于 15℃。通风窗应采用非燃烧材料。

变压器室的布置方式，按变压器推进方向，分为宽面推进式和窄面推进式两种布置。

变压器室的地坪，按通风要求，分为地坪抬高和不抬高两种形式。变压器室的地坪抬高时，通风散热更好，但建筑费用较高。变压器容量在 630 kV·A 及以下的变压器室地坪，一般不抬高。

设计变压器室的结构布置时，除了应依据 GB 50053—2009《10 kV 及以下变电所设计规范》和 GB 50059—2011《35～110 kV 变电所设计规范》外，还应参考建设部批准的《全国通用建筑标准设计·电气装置标准图集》中的 88D264《电力变压器室布置(变压器电压为 6～10/0.4 kV)》、97D267《附设式电力变压器室布置(变压器电压为 35/0.4 kV)》和 99D268《干式变压器安装》等。

图 8-17 是变压器室的结构布置图，其高压侧为高压负荷开关-熔断器。本变压器室为窄面推进式，室内地坪不抬高，高压电缆由左侧进线，低压母线由右侧出线。

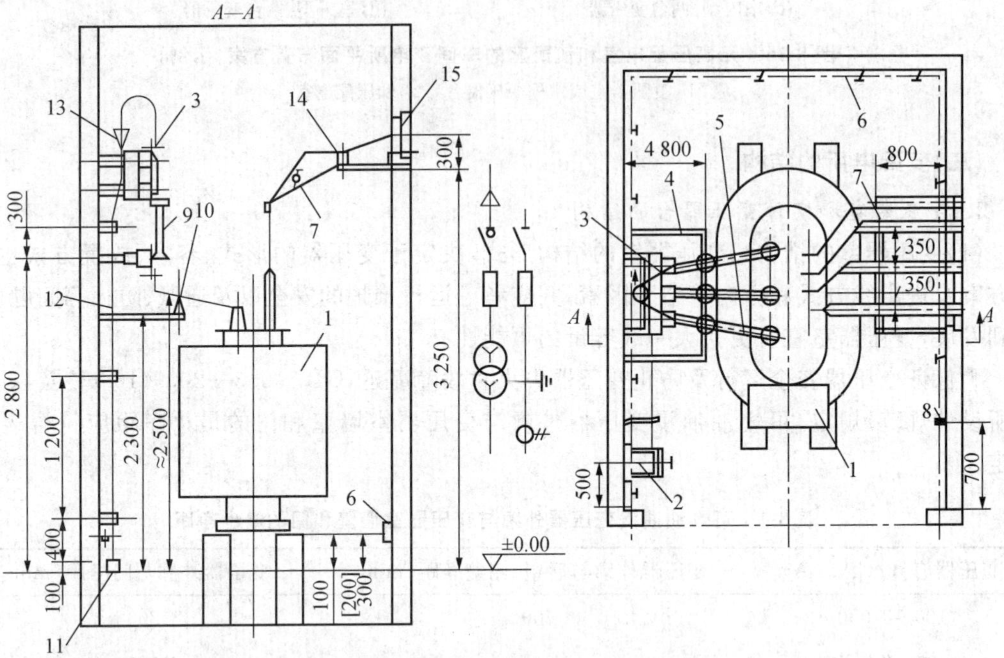

图 8-17 室内变电所变压器室结构(示例)

1. 变压器 2. 负荷开关操作机构 3. 负荷开关 4. 高压母线支架 5. 高压母线 6. 地线 7. 中性母线 8. 临时接地线接线端子 9. 熔断器 10. 压绝缘子 11. 缆保护管 12. 压电缆 13. 缆头 14. 压母线 15. 墙隔板

(2)室外变压器台的结构 露天或半露天变电所的变压器四周应设不低于 1.7 m 高的固定围栏(或墙)。变压器外廓与围栏(墙)的净距不应小于 0.8 m，变压器底部距地面不应小于 0.3 m，相邻变压器外廓之间的净距不应小于 1.5 m。

当露天或半露天变压器供给一级负荷用电时，相邻的可燃油油浸变压器的防火净距不应小于 5 m。若小于 5 m，应设置防火墙，防火墙应高出油枕顶部，且墙两端应大于挡油设施两侧各 0.5 m。

设计室外变电所时，应依据前述 GB 50053—2009 和 GB 50059—2011 等的设计规范。

图 8-18 室外变压器台的结构图。该变电所有一路架空进线，高压侧装有可带负荷操作的 RW10-10(F)型跌开式熔断器及避雷器。避雷器与变压器 400 V 侧中性点及变压器外壳共同接地，并将变压器的接地中性线(PEN 线)引入低压配电室内。

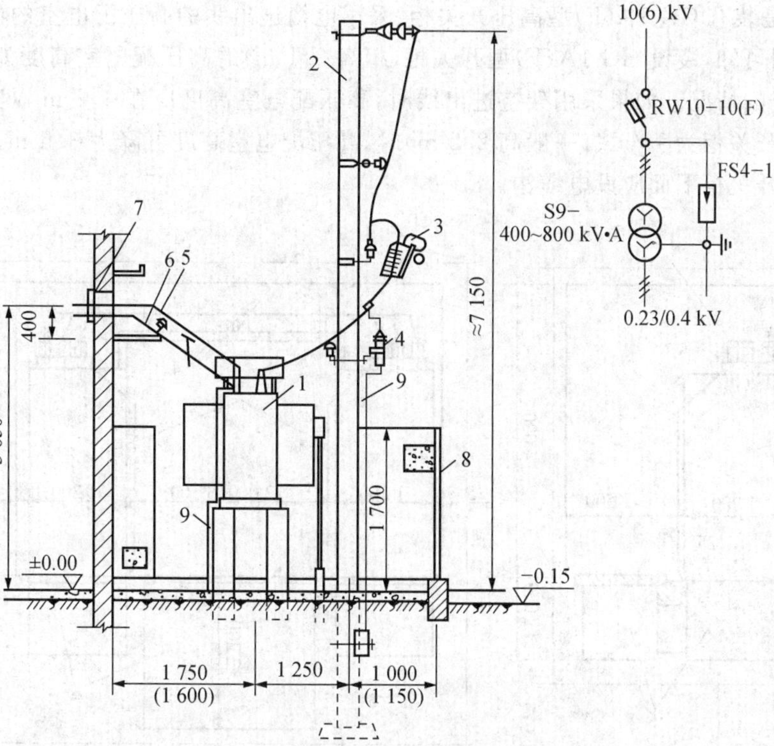

图 8-18 露天变电所变压器台结构(示例)

1. 变压器 2. 水泥电杆 3. RW10-10(F)型跌开式熔断器 4. 避雷器 5. 低压母线
6. 中性母线 7. 穿墙隔板 8. 围墙 9. 接地线

(注:图中括号内尺寸适于容量为 630 kV·A 及以下变压器)

当变压器容量在 315 kV·A 及以下、环境正常且符合用电负荷供电可靠性要求时,可考虑采用杆上变压器台的形式。设计时参考相应的标准图集。

2. 配电室、电容器室和值班室的结构

(1)高低压配电室的结构 高低压配电室的结构形式,主要决定于高低压开关柜(屏)的形式、尺寸和数量,同时要考虑运行维护的方便和安全,留有足够的操作维护通道,并且要照顾今后的发展,留有适当数量的备用开关柜(屏)的位置,但占地面积不宜过大,建筑费用不宜过高。

高压配电室内各种通道的最小宽度,按 GB 50053—2009 规定,如表 8-2 所示。

表 8-2 高压配电室内各种通道的最小宽度(GB 50053—2009)

开关柜布置方式	柜后维护通道/mm	柜前操作通道/mm	
		固定式柜	手车式柜
单列布置	800	1 500	单车长度+1 200
双列面对面布置	800	2 000	双车长度+900
双列背对背布置	1 000	1 500	单车长度+1 200

注:1. 固定式开关柜为靠墙布置时,柜后与墙净距应大于 50 mm,侧面与墙净距应大于 200 mm。

2. 通道宽度在建筑物的墙面遇有柱类局部凸出时,凸出部位的通道宽度可减少 200 mm。

3. 当电源从柜后进线且需在柜正背后墙上另设隔离开关及其手动操作机构时,柜后通道净宽不应小于 1.5 m;当柜背面的防护等级为 IP2X 时,可减为 1.3 m。

图 8-19 是装有 GG-1A(F)型高压开关柜、采用电缆进出线的高压配电室的两种布置方案剖面图。由图可知，装设 GG-1A(F)型开关柜（柜高 3.1 m）的高压配电室高度为 4 m，这是采用电缆进出线的情况。如果采用架空进出线时，高压配电室高度应在 4.2 m 以上。如采用电缆进出线，而开关柜为手车式（一般高 2.2 m）时，高压配电室高度可降为 3.5 m。为了布线和检修的需要，开关柜下面应设电缆沟。

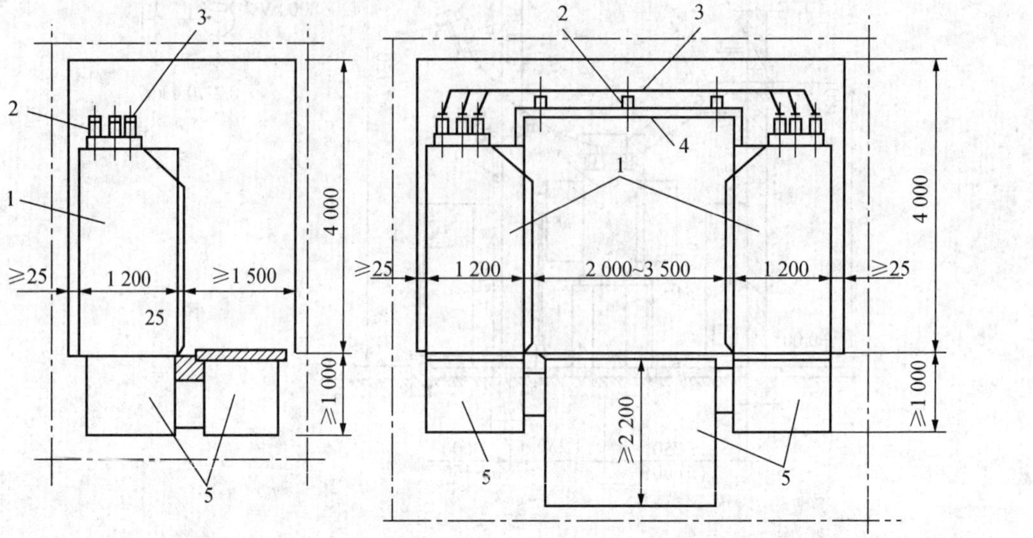

(a) 单列布置　　(b) 双列面对面布置

图 8-19　装有电缆进出线的 GG-1A(F)型高压开关柜的高压配电室的两种布置方案

1. 高压开关柜　2. 母线支柱瓷瓶　3. 高压母线　4. 母线桥架　5. 电缆沟

低压配电室内成列布置的配电屏，其屏前、屏后的通道最小宽度，按 GB 50053—2009 规定，如表 8-3 所示。

表 8-3　低压配电室内屏前后通道最小宽度

配电屏形式	配电屏布置方式	屏前通道/mm	屏后通道/mm
固定式	单列布置	1 500	1 000
	双列面对面布置	2 000	1 000
	双列背对背布置	1 500	1 500
抽屉式	双列面对面布置	2 300	1 000
	双列背对背布置	1 800	1 000

注：1. 当建筑物墙面遇有柱类局部凸出时，凸出部位的通道宽度可减少 200 mm。

2. 当低压屏正背面墙上另设有开关和手动操作机构时，屏后通道净宽不应小于 1.5 m；当屏背面的防护等级为 IP2X 时，可减为 1.3 m。

低压配电室的高度，应与变压器室综合考虑，以便变压器低压出线。当配电室与抬高地坪的变压器室相邻时，低压配电室高度不应低于 4 m；与不抬高地坪的变压器室相邻时，配电室高度不应低于 3.5 m。为了布线需要，低压配电屏下面也应设电缆沟。

高压配电室的耐火等级不应低于二级；低压配电室的耐火等级不应低于三级。

高压配电室宜设不能开启的自然采光窗，窗台距室外地坪不宜低于 1.8 m；低压配电室可设能开启的自然采光窗。配电室临街的一面不宜开窗。

高低压配电室的门应向外开。相邻配电室之间有门时，其门应能双向开启。

配电室也应设置防止雨、雪和蛇、鼠类小动物从采光窗、通风窗、门和电缆沟等进入室内的设施。

配电室的顶棚、墙面及地面的建筑装修应使之少积灰和不起灰，顶棚不应抹灰。

长度大于 7 m 的配电室应设两个出口，并宜布置在配电室的两端。

(2)高低压电容器室的结构　高低压电容器室采用的电容器柜，通常都是成套型的。按 GB 50053—2009 规定，成套电容器柜单列布置时，柜正面与墙面距离不应小于 1.5 m；当双列布置时，柜面之间距离不应小于 2.0 m。

高压电容器室的耐火等级不应低于二级，低压电容器室的耐火等级不应低于三级。

电容器室应有良好的自然通风。当自然通风不能满足排热要求时，可增设机械排风。电容器室应设温度指示装置。

电容器室的门也应向外开。

电容器室也应设置防止雨、雪和蛇、鼠类小动物从采光窗、通风窗、门和电缆沟等进入室内的设施。

电容器室的顶棚、墙面及地面的建筑要求与配电室相同。

(3)值班室的结构　值班室的结构形式，要结合变配电所的总体布置和值班工作要求全盘考虑，以利于运行值班工作。

值班室要有良好的自然采光，采光窗宜朝南。在采暖地区，值班室应采暖，采暖计算温度为 18℃，采暖装置宜采用排管焊接。在蚊子和其他昆虫较多的地区，值班室应装纱窗、纱门。值班室内除通往配电室、电容器室的门外，通往外边的门，应向外开。

3. 组合式成套变电所的结构

组合式成套变电所又称箱式变电所，其各个单元都由生产厂家成套供应、现场组合安装而成。这种成套变电所不必建造变压器室和高低压配电室等，从而减少土建投资，而且便于深入负荷中心，简化供配电系统。它全部采用无油或少油电器，因此运行更加安全，维护工作量小。这种组合式变电所已在高层建筑中广泛应用。

组合式成套变电所分户内式和户外式两大类。户内式目前主要用于高层建筑和民用建筑群的供电。户外式则用于工矿企业、公共建筑和住宅小区供电。

组合式成套变电所的电气设备一般分三部分(以上海华通开关厂生产的 XZN-1 型户内组合式成套变电所为例)：

(1)高压开关柜采用 GFC-10A 型手车式高压开关柜，其手车上装 ZN4-10C 型真空断路器。

(2)变压器柜主要装配 SC 或 SCL 型环氧树脂浇注干式变压器，防护式可拆装结构。变压器底部装有滚轮，便于取出检修。

(3)低压配电柜采用 BFC-10A 型抽屉式低压配电柜，开关主要为 ME 型低压断路器等。

某 XZN-1 型户内组合式成套变电所的平面布置如图 8-20 所示。变电装置的高度为 2.2 m。该变电所的装置式主接线图如图 8-21 所示。

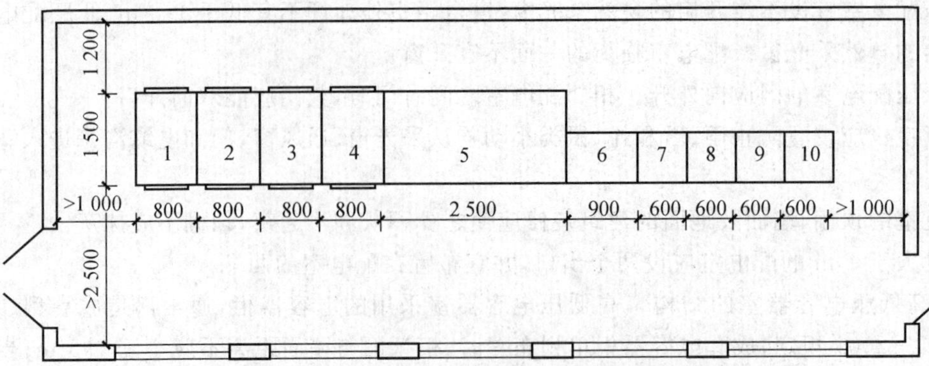

图 8-20 某 XZN-1 型户内组合式成套变电所平面布置

1～4. GFC-10A 型手车式高压开关柜 5. SC 或 ECL 型环氧树脂浇注干式变压器

6. 低压总进线柜 7～10. BFC-10A 型抽屉式低压配电柜

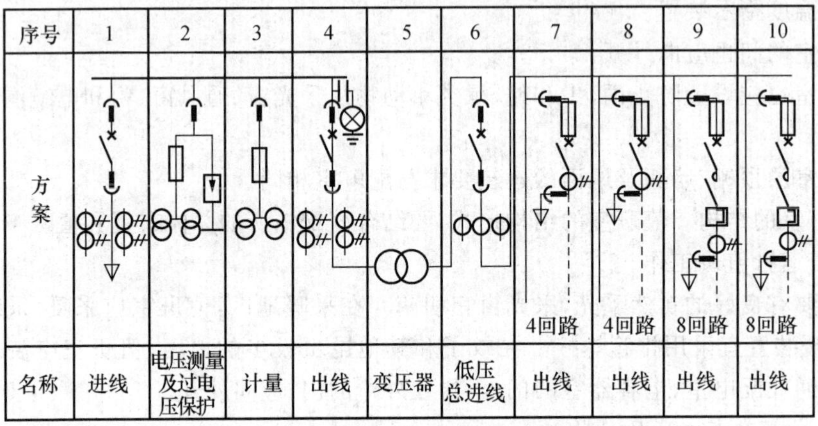

图 8-21 变电所的装置式主接线图

(四)变配电所的电气安装图

电气安装图又称电气施工图，是设计单位提供给施工单位进行电气安装所依据的技术图样，也是运行单位进行竣工验收以及运行维护和检修试验的重要依据。

绘制电气安装图，必须遵循有关国家标准的规定。例如，图形符号应按照 GB/T 4728.13—2008《电气简图用图形符号》，文字符号应按照 GB 7159《电气技术中的文字符号制订通则》，绘图方法应按照 GB/T 6988—2008《电气技术用文件的编制》(原为《电气制图》)。

变配电所的电气安装图包括：变配电所主接线图、二次回路图、平剖面图及无标准图样的安装大样图等。

(1)变配电所主接线图 即主电路图，一般绘成单线图，图上所有一次设备和线路均应进行标号，并注明其型号规格。

(2)变配电所二次回路图 包括二次回路原理图和二次回路安装接线图。

(3)变配电所平、剖面图 用适当比例(例如 1∶50 或 1∶100 等)绘制，具体表示出配电所的总体布置和一次设备的安装位置。设计时应依据有关设计规范和有关标准图集。

(4)无标准图样的构件安装大样图　有标准图样时，应采用标准图样，提出其标准图样代号即可。无标准图样的构件，应按设计要求绘制其安装大样图，图上注明比例、尺寸及有关材料和技术要求，以便制作单位按图制作和安装。

第二节　高压开关柜与低压配电柜

一、高压开关柜基本概念

(1)开关柜(又称成套开关或成套配电装置)是以断路器为主的电气设备，是指生产厂家根据电气一次主接线图的要求，将有关的高低压电器(包括控制电器、保护电器、测量电器)以及母线、载流导体、绝缘子等装配在封闭的或敞开的金属柜体内，作为电力系统中接受和分配电能的装置。

(2)高压开关设备主要是用于发电、输电、配电和电能转换的高压开关以及和控制、测量、保护装置、电气连接(母线)、外壳、支持件等组成的总称。

(3)开关柜防护要求中的“五防”：防止误分误合断路器、防止带电分合隔离开关、防止带电合接地开关、防止带接地分合断路器、防止误入带电间隔。

(4)母线排位置相序对应关系见表 8-4。

表 8-4　高压开关柜母线排位置

相别	漆色	母线安装相互位置		
		垂直	水平	引下线
A 相	黄	上	远	左
B 相	绿	中	中	中
C 相	红	下	近	右

(5)防护等级：外壳、隔板及其他部分防止人体接近带电部分和触及运动部件以及防止外部物体侵入内部设备的保护程度见表 8-5。

表 8-5　高压开关柜防护等级

防护等级	简称	定义
IP1X	防止直径大于 50 mm 的物体	1. 防止直径大于 50 mm 的固体进入壳内； 2. 防止人体某一大面积部分(如手)意外触及壳内带电部分或运动部件
IP2X	防止直径大于 12.5 mm 的物体	1. 防止直径大于 12.5 mm 的固体进入壳内； 2. 防止手触及壳内带电部分或运动部件
IP3X	防止直径大于 2.5 mm 的物体	1. 防止直径大于 2.5 mm 的固体进入壳内； 2. 防止厚度(直径)大于 2.5 mm 工具或金属线触及柜内带电部分或运动部件

续表8-5

防护等级	简称	定义
IP4X	防止直径大于1 mm的物体	1. 防止直径大于1 mm的固体进入壳内； 2. 防止厚度(直径)大于1 mm工具或金属线触及柜内带电部分或运动部件
IP5X	防尘	1. 能防止灰尘进入达到影响产品的程度； 2. 完全防止触及柜内带电部分或运动部件
IP6X	尘密	1. 完全防止灰尘进入壳内； 2. 完全防止触及柜内带电部分或运动部件

二、高压开关柜的主要特点

(1)有一、二次回路方案，这是开关柜具体的功能标志，包括电能汇集、分配、计量和保护功能电气线路。一个开关柜有一个确定的主回路(一次回路)方案和一个辅助回路(二次回路)方案，当一个开关柜的主方案不能实现时可以用几个单元方案来组合而成。

(2)开关柜具有一定的操作程序及机械或电气连锁机构，实践证明：无“五防”功能或“五防功能不全”是造成电力事故的主要原因。

(3)具有接地的金属外壳，其外壳有支承和防护作用。因此，要求它应具有足够的机械强度和刚度，保证装置的稳固性，当柜内产生故障时，不会出现变形，折断等外部效应。同时也可以防止人体接近带电部分和触及运动部件，防止外界因素对内部设施的影响；以及防止设备受到意外的冲击。

(4)具有抑制内部故障的功能，“内部故障”是指开关柜内部电弧短路引起的故障，一旦发生内部故障要求把电弧故障限制在隔室以内。

三、高压开关柜正常使用条件

(1)环境温度　周围空气温度上限为40℃，一般地区下限为－5℃，严寒地区可以为－15℃。环境温度过高，一方面金属的导电率会减低，电阻增加，表面氧化作用加剧；另一方面过高的温度，也会使柜内的绝缘件的寿命大大缩短，绝缘强度下降。反之，环境温度过低，在绝缘件中会产生内应力，最终会导致绝缘件的破坏。

(2)海拔高度　一般不超过1 000 m。对于安装在海拔高于1 000 m处的设备，外绝缘的绝缘水平应将所要求的绝缘耐受电压乘以修正系数K_a($K_a=\frac{1}{1.1-H\times10^{-4}}$，$H$为海拔高度，单位m)来决定。由于高海拔地区空气稀薄，电器的外绝缘易击穿，所以采用加强绝缘型电器，加大空气绝缘距离，或在开关柜内增加绝缘防护措施。

(3)环境湿度　日平均相对湿度不大于95%，月平均相对湿度不大于90%。

(4)地震烈度　不超过8度。

(5)其他条件　没有火灾、爆炸危险，没有严重污染、化学腐蚀及剧烈振动的场所。

四、低压开关柜结构特点

(1)GGD型交流低压配电柜的柜体采用通用式的形式，构架用C型型材组装而成，以保证柜体的精度和质量。通用柜的零部件按模块原理设计，并有25模的安装孔，通用系数高。

(2)GGD柜设计时应充分考虑到柜体运行的散热问题，在柜体上下两端均有一定数量的散热孔。

(3)GGD柜按照现代工业产品造型设计的要求，采用黄金分割比的方法设计柜体外形和各个部件的分割尺寸，使整柜美观大方，面目一新。

(4)柜门用转轴式活动铰链与构架相连，安装、拆卸方便。门的折边处均嵌有一根山形橡胶条，关门时门与构架之间的嵌条有一定的压缩行程，能防止门与柜直接碰撞，也提高门的防护等级。

(5)装有电气元件的仪表用多股软铜线与构架相连，柜内的安装与构架用滚花螺钉连接，整柜构成完整的接地保护电路。

(6)柜体面漆选用聚酯型烘漆，附着力强，质感好。

(7)配电盘带有起重吊耳和基座，基座用点焊方式固定到预埋的基础槽钢上。

(8)母线的搭接面采用搪锡工艺处理。垂直母线通过特殊连接件与主母线连接并在抽屉接口用绝缘罩保护，防止偶然接触。

母线相序排列从配电盘正面观察，符合表8-6的规定。

表8-6 母线相序排列(从配电盘正面)规定

类别		垂直排列	水平排列	前后排列	母线颜色
交流	A相	上	左	远	黄色
	B相	中	中	中	绿色
	C相	下	右	近	红色
	中性线	最下	最右	最近	带黑色条纹

(9)开关柜防护等级为IP3X(或IP4X)。柜体结构已考虑运行中的通风、散热和方便巡视、检修。

五、低压配电柜的结构与功能

1. 低压配电柜的结构

低压配电柜柜门和内部结构如图8-22所示。

2. 低压配电柜的功能

低压配电柜是成套开关设备中的一种，适用于660 V以下、50 Hz交流三相五线系统，作为变电所、工矿企业和民用建筑中的动力及照明配电之用，是具有对供电线路及电力用户进行电能测量、控制保护、测量和监视等功能的一种配电装置。

六、低压配电柜的装配工艺

(一)配线工艺

(1)按图施工，接线正确。

(2)导线与电气元件间采用螺栓连接、插接、焊接或压接等，均应牢固可靠。

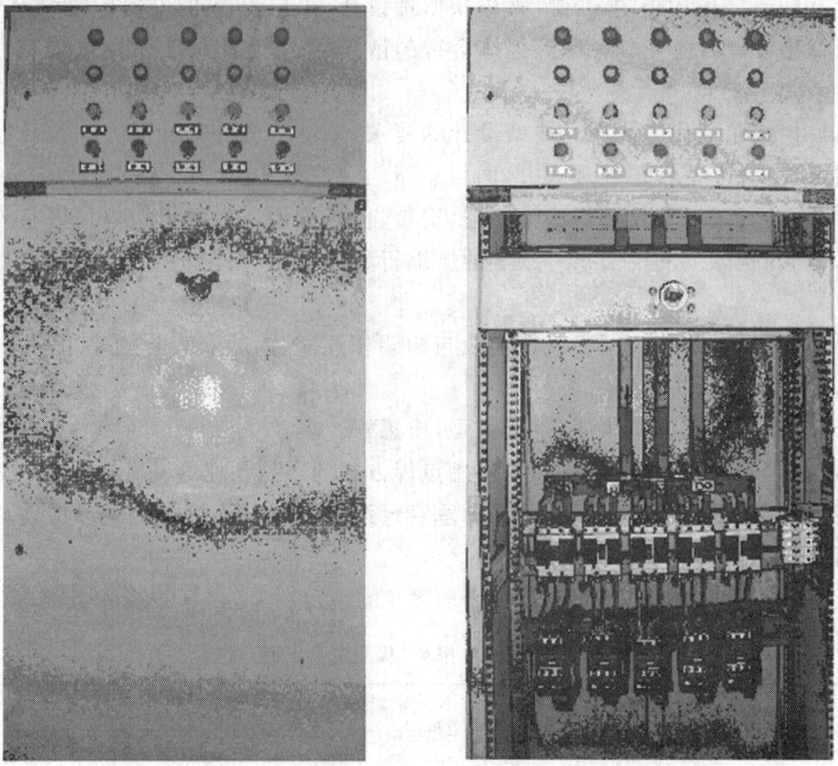

(a)柜门　　　　(b)内部结构

图 8-22　低压配电柜的柜门和内部结构

(3)布线应横平竖直,分布均匀,变换走向时应垂直。

(4)柜内导线不应有接头,导线心线应无损伤。

(5)所有二次回路的仪表电器元件端子排均应放标号头,编号应正确,字迹清晰且不脱色。

(6)每个接线端子的每侧接线为一根,不得超过两根。对于插接式端子,不同截面积的两根导线不得接在同一端子上;对于螺栓连接端子,当接两根导线时,中间应加平整片。

(7)仪表门上的导线(活动部分)与柜内的连线必须用多股铜芯软线,并且用线夹固定。

(8)配线应整齐、清晰、美观,导线绝缘应良好,无损伤。线束在行线时横平竖直,层次分明,整齐美观。

(9)绝缘导线不应贴近具有不同单位的裸露带电部件或贴近带有尖角的边缘敷设,不在喷弧区或发热区的上方或附近敷设。

(10)所有从一个接线端子(或接线桩)到另一个接线端子(或接线桩)的导线必须连续,中间无接头。同一元器件、同一回路不同接点的导线间距离应保持一致。

(11)同一合同单号,二次接线相同,元器件布置相同,使用同一、二次施工图所配制的二次线,走向和颜色要一致。

(12)接线通道尽可能少,同时并行导线按主、控制回路分类集中,单层密排,紧密布线。

(13)同一平面的导线应高低一致或前后一致,不能交叉。非交叉不可时,该根导线应在接线端子引出时,就水平架空跨越,但必须走线合理。

(14)二次回路接地应设专用螺栓。

(二)二次配线导线的要求

(1)配电柜中的测量、控制、保护回路应采用额定绝缘电压不低于500 V的铜芯绝缘导线。当设备、仪表和端子上装有专用于连接铝芯的接头时,可采用铝芯绝缘导线。

(2)电流回路的铜芯绝缘导线截面面积不应小于2.5 mm^2,电压回路不应小于1.5 mm^2配电柜控制回路不应小于1.0 mm^2。顾客有特殊要求的,按顾客要求,但不能低于以上标准。

(3)导线颜色规定为计量回路用黄色线(A相)、绿色线(B相)、红色线(C相)、蓝色线(N线);控制回路全部采用黑色线。

(4)柜门上的导线(活动部分)与柜内连接线必须用多股铜芯软线,并用线夹固定,导线固定处应用缠绕管缠绕,导线应留有开门的余量;与电器连接时,端部应绞紧,并应加终端附件或搪锡,不得松散、断股。

(5)计量导线的长度,剪线时应留出200~300 mm,导线中间不许有断线接头,若导线长度不够时,必须抽出更换。

(三)二次配线的接线要求

(1)根据导线的走向,将导线捆扎成圆线束,圆线束内导线走向的原则是:线束不松动,无交叉,无麻花;外层先出,里层后出;线束固定后,后侧先出,前面后出。

(2)圆线束的捆扎:把下好的导线拉直,一端固定,一端用钳子夹住,用力向后拉,使导线成直线。根据圆线束内导线走向原则依次排列。用尼龙扎带固定,线束上尼龙扎带的固定间距应为等间距,其间距不得超过150 mm。

(3)圆线束的敷设

①主线束必须用过线夹或吸盘固定,线束固定点间距:水平走向不得大于300 mm,垂直走向不得大于400 mm,不能晃动。

②线束通过金属板孔时,必须有保护导线绝缘不受损的措施(套橡胶圈、套保护管或缠绕塑料带)。

③绝缘导线及线束不应贴近裸露带电部件或带有尖角的边缘敷设,不应在喷弧区或发热区的上方或附近敷设。

④线束在弯曲时,其弯曲半径不得小于10 mm,并用尼龙扎带距弯曲线束内侧50 mm处固定线束。

⑤活动线束多于18根导线时,可采用分束捆扎,要固定牢固,在最大最小极限范围活动时,不允许出现线束松动,拉伸和破坏绝缘等现象。

⑥主线束固定后,需要分线时,分线应从主线的背面出线,在不能从背面出线时,可在最外侧出线,但不允许从主线束中间出线。

⑦在分线时,在分线束打弯处用尼龙扎带扎紧,扎带距打弯线束内侧50 mm。

⑧在分线束出线时应靠近接线元件的一侧出线,当不能在元件近的一侧出线时,应从另一侧出线,但不允许从正面跨越线束出线。

(4)行线槽的敷设

①按接线图及材料表要求的规格准备好行线槽。

②根据安装接线图及实际情况确定行线槽的走向,做到横平竖直。

③行线槽连接方式有以下三种:45°角接、T形连接、45°对接。将行线槽按照走向量好的

尺寸，用手锯锯断，断面应整齐、规整。

④用 M5 螺钉把行线槽固定在安装梁或安装板上，固定孔距应均等，但不能大于 400 mm，端头固定孔距不小于 30 mm。

⑤把下好料的塑料线整理成线束，放入行线槽内。

⑥按元件位置分别从行线槽的出线孔分别将出线引出，当出线线束较多时，将线槽出线孔扩大后将线引出，扩大的断面应平整。

⑦配线结束后，将行线槽槽盖扣上，并保证接头对严，如图 8-23 所示。

(5)校线及套线号。根据线束内导线走线原则，用万用表或校验灯(图 8-24)校线，可校出 1 根导线，按图样的线号在导线两侧分别套线号，不能套错。

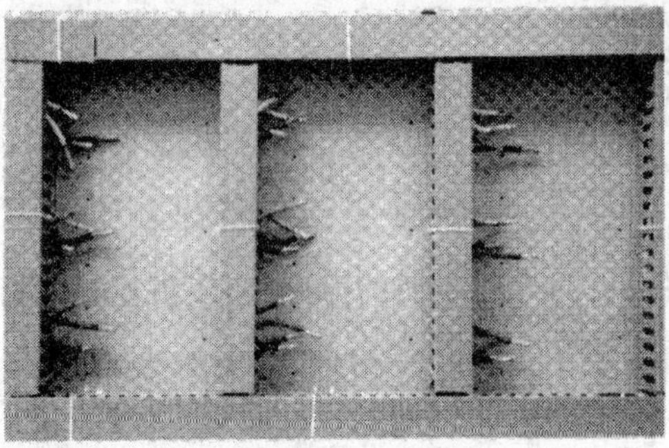

图 8-23　行线槽

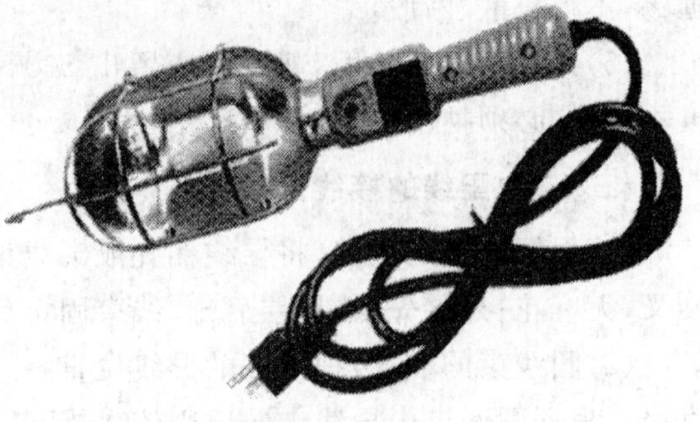

图 8-24　校验灯

线号上的号码朝向一致，易读。

(6)导线的连接及固定

①当所有导线从线束中分列元件至接线端子处，留余 25～50 mm 的裕量剪断。

②对 BV 导线用剥线钳把导线的塑料绝缘皮剥掉。

③将裸露铜芯线弯成圆环，圆环内径应大于固定螺钉 1 mm，线头圆环绕制方向应同螺母旋转方向一致。

④对多股塑料软线剖削后，将多股铜芯线拧成一股，套上护套，把铜线插入冷压接端头，用专用压接钳压紧，用手拉导线不松动为准。

⑤二次导线与母线相接时，需在母线处钻直径 6 mm 孔，用 M5 螺钉、垫片、弹垫、螺母紧固。

⑥接线端子的接线裕量，走向半径必须一致，平整，用于固定连接导线的螺钉必须旋紧，并要求有防松动装置。

⑦一套屏、柜的走向方式应当一致。

⑧配好线后用缠绕管把线束套好，以加强绝缘。

(四)接线的注意事项

(1)当主线束用行线槽时，按行线槽工艺进行加工。

(2)在分线后，用校验灯或万用表测试每根导线，确认后两端分别套入线号。

(3)在剖削时，注意不能将铜芯线划伤；接线时严禁损伤线芯和导线绝缘层。

(4)二次回路全部使用黑色线，接地线采用黄绿双色或多股软铜线，而且接线端保证接触良好，接触电阻＜0.01 Ω。

(5)安装时，行线遇有灭弧装置时应避让出电弧喷出的距离，以免烧毁塑料绝缘层。

七、元器件的安装工艺

(1)组合开关、熔断器的受电端子应安装在控制板的外侧，并使熔断器的受电端子为底座的中心端。

(2)各元器件的安装位置应整齐，匀称，间距合理，便于元器件的更换。

(3)低压配电柜内的元器件布局要合理。其总的原则是:连接导线最短，导线交叉最少。

(4)紧固各元器件时要用力均匀，紧固程度适当。在紧固熔断器、接触器等易碎元器件时，应用手按住元器件一边轻轻摇动，一边用螺钉旋具旋紧对角线上的螺钉，直到手摇不动后，再适当旋紧即可。

八、低压配电柜的装配步骤与检查

(一)低压配电柜的装配步骤

(1)识读低压配电柜的一次回路图和控制电路图。

(2)根据电气图选择元器件。

(3)进行配电柜内元器件的布局。

(4)固定元器件。

(5)开始接线，先接控制电路，再接主电路。

(6)按照电气图检查配电柜的接线，查看有无接错的线路。

(7)进行低压配电柜的机械和电气试验，检查有无故障。

(8)判断故障并进行故障的排除。

(二)低压配电柜的检查

1. 元器件装配质量检查

(1)所用元器件的型号、规格、数量是否符合图样的要求。

(2)元器件的安装、布局是否符合工艺要求。

(3)面板上的指示灯、按钮、仪表均应横平竖直(设计时，还应考虑人机工程学的要求，面板上的指示灯、按钮、仪表等不能安装在太高或太低的位置，否则操作和观察均不方便)。

(4)元器件是否有完整的标志、铭牌，标牌上内容是否正确;元器件安装是否牢靠、合理、符合元器件生产厂的安装要求(例如有的元件只能竖装，不允许横装，有的不允许倾斜等)。

(5)检查元器件和功能单元中带电部件的电气间隙和爬电距离是否符合规定，断路器、交流接触器的飞弧距离是否合格。

(6)检查元器件的裸露带电端子等带电导体距金属构件(如框架、隔板、门板等)的距离不得小于 20 mm，如达不到要求，必须采取绝缘措施。

2. 接线工序的检查

(1)线束要横平竖直，配制的线束坚固，整齐美观，且横向不大于 300 mm，竖向不大于 400 mm，线束固定在金属架上应牢固可靠。

(2)按照图样检查接线是否正确，导通良好，导线连接是否牢靠。

(3)二次导线与端子连接应牢固，保证接触良好，并检测接地线接触电阻。

(4)用于固定连接导线的螺钉应旋紧，并按照要求有防松动装置。

(5)检查所有仪表、继电器、电气设备、端子排及连接导线是否有完善清晰、牢固的符号和标号头。

(6)每个端子只允许连接一根导线(必要时允许连接两根导线)。

(7)绝缘导线穿越金属构件,应有保护导线不受损伤的措施。

(8)交流回路的导线穿越金属隔板时,该电路所有相线和中性线均应从同一孔中穿过,以防止涡流发热。

(9)在可移动的地方,必须采用多股铜芯绝缘导线,并留有长度余量。

(10)接地保护在连接框架、面板等涂覆件时,必须采用刮漆垫圈,并拧紧固件,以尽量减少接触电阻。

九、注意事项

(1)有元件外接引线均经端子排接入或引出。所有端子均为螺栓型,带有弹簧压板、隔板。供电流互感器接线用的端子排是电流型端子。

(2)控制导线采用铜导线,截面面积不小于 1.5 mm^2,用于电流互感器的单线截面面积不小于 2.5 mm^2,额定电压不低于 500 V。

(3)端子上连接的导线一般为一根,当为跳线时,则最多可以为两根。

(4)每一个断路器、接触器的合闸、跳闸(控制)回路除交流操作的中性线外,均设置熔断器或断路器作保护,柜内交流操作的中性线从本柜中性线母线上独立取出。

(5)为保证互换性,开关柜同类设备(断路器、接触器等)的单元二次接线和二次插头具有相同的接线和排列。

第三节　工厂变配电所的运行维护和检修

一、变配电所的值班制度和值班员职责

(一)变配电所的值班制度

工厂变配电所的值班制度,主要有轮换值班制和无人值班制。采用无人值班制,可以节约人力,减少运行费用,但需要有一定的物质条件,如有较完善的监测信号系统和自动装置等,才能确保变配电所的安全运行。从发展方向来说,工厂变配电所肯定要向自动化和无人值班的方向发展。但在当前,我国大多数工厂变配电所仍以三班轮换的值班制度为主,即全天分为早、中、晚三班,而值班人员则分为若干组,轮流值班,全年都不间断。这种值班制度对于确保变配电所的安全运行有很大的好处,但人力耗用较多。一些小型工厂的变配电所和大中型工厂的一些车间变电所,则往往采用无人值班制,仅由工厂的维修电工或工厂总变配电所的值班电工每天定时巡视检查。

有高压设备的变配电所,为保证安全,一般应不少于两人值班。但按电力行业标准《电业安全工作规程》(发电厂和变电所电气部分)规定:当室内高压设备的隔离室设有遮栏,遮栏的高度在 1.7 m 以上,安装牢固并加锁者,且室内高压开关的操作机构用墙或金属板与该开关

隔离，或装有远方操作机构者，可由单人值班。单人值班时，不得单独从事修理工作。

(二)变配电所值班员的职责

(1)遵守变配电所值班工作制度，坚守工作岗位，做好安全保卫工作，确保变配电所的安全运行。

(2)积极钻研本职工作，认真学习和贯彻有关规程包括《电业安全工作规程》，熟悉变配电所的设备和接线及其运行维护方法和倒闸操作要求，掌握安全用具和消防器材的使用方法及触电急救法，了解变配电所现在的运行方式、负荷情况及负荷调整、电压调节等措施。

(3)监视所内各种设备的运行情况，定期巡视检查，按照规定抄报各种运行数据，记录运行日志。发现设备缺陷和运行不正常时，及时处理，并做好有关记录，以备查考。

(4)按上级调度命令进行操作，发生事故时进行紧急处理，并做好有关记录，以备查考。

(5)保管所内各种资料图表、工具仪器和消防器材等，并做好和保持所内设备和环境的清洁卫生。

(6)按规定进行交接班。值班员未办好交接手续时，不得擅离岗位。在处理事故时，一般不得交接班。接班的值班员可在当班的值班员要求和主持下，协助处理事故。如果事故一时难以处理完毕，在征得接班的值班员同意或上级同意后，可进行交接班。

这里必须指出：不论高压设备带电与否，值班员不得单独移开或越过遮栏进行工作；如有必要移开遮栏时，必须有监护人在场，并符合 GB 26860—2011 规定的设备不停电时的安全距离在 10 kV 及以下为 0.7 m，20～35 kV 为 1 m。在雷雨天巡视露天高压设备时，必须穿绝缘靴，并不得靠近避雷器和避雷针。当高压设备发生接地故障时，室内不得接近故障点 4 m 以内，室外不得接近故障点 8 m 以内。进入上述范围的人员必须穿绝缘靴，接触设备的外壳和构架时，应戴绝缘手套。

二、变配电所的送电和停电操作

(一)操作的一般要求

为了确保运行安全，防止误操作，按 GB 26860—2011，倒闸操作必须根据值班调度员或值班负责人命令，受令人复诵无误后执行。倒闸操作由操作人员填写操作票。单人值班时，操作票由发令人用电话向值班员传达，值班员应根据传达，填写操作票，复诵无误，并在“监护人”签名处填入发令人的姓名。闸操作票格式如表 8-7 所示。

表 8-7　倒闸操作票格式

<table>
<tr><td colspan="2">操作开始时间：　年　月　日　时　分</td><td>操作终了时间：　年　月　日　时　分</td></tr>
<tr><td colspan="3">操作任务</td></tr>
<tr><td>√</td><td>顺序</td><td>操作项目</td></tr>
<tr><td></td><td></td><td></td></tr>
<tr><td></td><td></td><td></td></tr>
<tr><td colspan="3">备注：</td></tr>
</table>

操作人：　　监护人：　　值班负责人：　　值长：

操作票内应填入下列项目：应拉合的断路器和隔离开关，检查断路器和隔离开关的位置，检查接地线是否拆除，检查负荷分配，装拆接地线，安装或拆除控制回路或电压互感器回路的熔断器，切换保护回路以及检验是否确无电压等。

操作票应填写设备的双重名称，即设备名称及其编号。

操作票应该用钢笔或圆珠笔填写，票面应清楚整洁，不得任意涂改。操作人和监护人应根据模拟图板或接线图核对所填写的操作项目，并分别签名，然后经值班负责人审核签名，特别重要和复杂的操作还应由值长审核签名。

开始操作前，应先在模拟图板上进行核对性模拟预演，无误后，再实地进行设备操作。操作前应核对设备名称、编号和位置。操作中应认真执行监护复诵制。发布操作命令和复诵操作命令都应严肃认真，声音应洪亮清晰。必须按操作票填写的顺序逐项操作。每操作完一项，应检查无误后在操作票该项前画一"√"做记号。全部操作完毕后还应进行复查。

倒闸操作一般应由两人执行，其中一位对设备较为熟悉者做监护。单人值班的变配电所，倒闸操作可由一人执行。特别重要和复杂的倒闸操作，由熟练的值班员操作、值班负责人或值长监护。操作中发生疑问时，应立即停止操作，并向值班调度员或值班负责人报告，弄清问题后再进行操作。不准擅自更改操作票。用绝缘棒拉合隔离开关或经传动机构拉合隔离开关和断路器，均应戴绝缘手套。雨天操作露天高压设备时，绝缘棒应有防雨罩，并应穿绝缘靴。接地网电阻不符合要求的，晴天也应穿绝缘靴。雷电时，禁止进行倒闸操作。

在发生人身触电事故时，为了解救触电人，可以不经许可，即行断开有关设备的电源，但事后必须立即报告上级。其他事故处理、拉合断路器的单一操作及拉开接地刀闸等，也可不用操作票，但应记入操作记录簿内。

(二)变配电所的送电操作

变配电所送电时，一般应从电源侧的开关合起，依次合到负荷侧开关。按这种程序操作，可使开关的闭合电流减至最小，比较安全，万一某部分存在故障，也容易发现。但是在高压隔离开关-断路器电路及低压刀开关-断路器(自动开关)电路中，送电时，一定要按照先合母线侧隔离开关或刀开关、再合线路侧隔离开关或刀开关、最后合高低压断路器的顺序依次操作。

如果变配电所是事故停电后的恢复送电操作，则操作程序应视开关类型而有不同。若电源进线是装设的高压断路器，则在高压母线发生短路故障时，断路器自动跳闸。在故障消除后，直接合上断路器即可恢复送电。若电源进线是装设的高压负荷开关，则在故障消除并更换熔断器熔管后，可合上负荷开关恢复送电。如果电源进线装设的是高压隔离开关-熔断器，则在故障消除、更换熔断器熔管后，先断开所有出线开关，然后合隔离开关，最后合上所有出线开关才能恢复送电。若电源进线是装设的一般跌开式熔断器，则其操作程序与上述装隔离开关-熔断器的操作程序相同；若装设的是负荷型跌开式熔断器，则其操作程序与上述装负荷开关的操作程序相同。

(三)变配电所的停电操作

变配电所停电时，一般应从负荷侧的开关拉起，依次拉到电源侧开关。按这种程序操作，可使开关的开断电流减至最小，也比较安全。但在高压隔离开关-断路器电路及低压刀开关-断路器(自动开关)电路中，停电时，一定要按照先拉高低压断路器、再拉线路侧隔离开关或刀开关、最后拉母线侧隔离开关或刀开关的顺序依次操作。

线路或设备停电以后，为了安全，一般规定要在主开关的操作手柄上悬挂"禁止合闸，有人工作"之类的标示牌。如有线路或设备检修时，应在电源侧（如有可能两侧来电时，应在其两侧）安装临时接地线。装接接地线时，应先接接地端，后接线路端；而拆除接地线时，应先拆线路端，后拆接地端。

三、电力变压器的运行维护

（一）一般要求

电力变压器是变电所内最关键的设备，做好变压器的运行维护工作是十分重要的。在有人值班的变电所内，应根据控制盘或开关柜上的仪表信号来监视变压器的运行情况，并每小时抄表一次。如果变压器在过负荷下运行，则至少每 30 min 抄表一次。安装在变压器上的温度计，应于巡视时检视和记录。

无人值班的变电所，应于每次定期巡视时，记录变压器的电压、电流和上层油温。变压器应定期进行外部检查。有人值班的变电所，每天至少检查一次，每周进行一次夜间检查。无人值班的变电所，变压器容量大于 315 kV・A 的，每月至少检查一次；容量在 315 kV・A 及以下的，可两个月检查一次。根据现场的具体情况，特别是在气候骤变时，应适当增加检查次数。

（二）巡视项目

（1）检查变压器的音响是否正常。变压器的正常音响应是均匀的嗡嗡声。如果其音响较平常正常时沉重，说明变压器过负荷。如果其音响尖锐，说明电源电压过高。

（2）检查油温是否超过允许值。油浸变压器的上层油温一般不应超过 85℃，最高不应超过 95℃。油温过高，可能是变压器过负荷引起，也可能是变压器内部故障。

（3）检查油枕及瓦斯继电器的油位和油色，检查各密封处有无渗油和漏油现象。油面过高，可能是冷却装置运行不正常或变压器内部故障等所引起。油面过低，可能有渗油漏油现象。变压器油正常时应为透明略带浅黄色。如果油色变深变暗，则说明油质变坏。

（4）检查瓷套管是否清洁，有无破损裂纹和放电痕迹；检查高低压接头的螺栓是否紧固，有无接触不良和发热现象。

（5）检查防爆膜是否完好无损；检查吸湿器是否畅通，硅胶是否吸湿饱和。

（6）检查接地装置是否完好。

（7）检查冷却、通风装置是否正常。

（8）检查变压器及其周围有无其他影响其安全运行的异物（例如易燃易爆和腐蚀性物品等）和异常现象。

在巡视中发现的异常情况，应记入专用的记录簿内，重要情况应及时汇报上级，请示处理。

四、电力变压器的检修试验

电力变压器的检修，分大修、小修和临时检修。按电力行业标准 DLT 573—2010《电力变压器检修导则》规定：变压器在投入运行后的 5 年内及以后每隔 10 年应大修一次。变压器存在内部故障或严重渗漏油时，或其出口短路后经综合诊断分析有必要时，也应进行大修。小修一般是每年一次。临时检修视具体情况而定。

（一）变压器的大修

变压器的大修，是指变压器的吊芯检修。变压器的大修应尽量安排在室内进行，室温应在

10℃以上。如在寒冷季节，室温应比室外气温高出10℃以上。室内应清洁干燥，无腐蚀性气体和灰尘。

为防止变压器芯子(器身)吊出后，暴露在空气中时间过长而使绕组受潮，应避免在阴雨天吊芯，而且吊出的芯子暴露在空气中的时间：干燥空气中(相对湿度不大于65%)不超过16 h；潮湿空气中(相对湿度不大于75%)不超过12 h。

吊芯前，应先对外壳、套管、散热管、防爆管、油枕和放油阀等进行外部检查，然后放油，拆开变压器顶盖，吊出芯子，将芯子放置在平整牢靠的方木上或其他物体上，但不得直接放在地上。

接着仔细检查芯子，包括铁芯、绕组、分接开关、接头部分和引出线等。对变压器绕组，应根据其色泽和老化程度来判断绝缘的好坏。根据经验，变压器绝缘老化的程度可分四级，如表8-8所示。

表8-8 变压器绝缘老化的分级

级别	绝缘状态	说明
1	绝缘弹性良好，色泽新鲜均匀	绝缘良好
2	绝缘稍硬，但手按时无变形，且不裂纹不脱落，色泽稍暗	尚可使用
3	绝缘已经发脆，手按时有轻微裂纹，但变形不太大，色泽较暗	绝缘不可靠，应酌情更换绕组
4	绝缘已炭化发脆，手按时即出现较大裂纹或脱落	不能继续使用，应更换

对变压器铁芯上及油箱内的油泥，可用铲刀刮除，再用不易脱毛的干布擦干净，最后变压器油冲洗。对变压器绕组上的油泥，只能用手轻轻剥脱；对绝缘脆弱的绕组，尤其要细心，以防损坏绝缘。擦洗后，用强油流冲洗干净。变压器内的油泥，不可用碱水刷洗，以免碱水冲洗不净时，残留在芯子中影响油质。

对变压器铁芯的穿芯螺杆，可用1 000 V的兆欧表来测量它与铁芯间的绝缘电阻。6～10 kV及以下变压器的穿芯螺杆对铁芯的绝缘电阻，一般不应小于2 MΩ。如果不满足要求应拆下绝缘纸管检修，必要时予以更换。

对分接开关，主要是检修其触头表面和接触压力情况。触头表面不应有烧结的疤痕。触头烧损严重时，应予拆换。触头的接触压力应平衡。如果分接开关的弹簧可调时，可适当调节触头压力。运行较久的变压器，触头表面往往有氧化膜和污垢。这种情况，轻者可将触头在各个位置上往返切换多次，使氧化膜和污垢自行清除；重者则可用汽油擦洗干净。有时绝缘油的分解物在触头上结成有光泽的薄膜，看似黄铜的光泽，其实是一种绝缘，应该用丙酮擦洗干净。此外，应检查顶盖开关的标示位置是否与其触头的实际接触位置一致，并检查触头在每一位置的接触是否良好。

对变压器上的所有接头都应检查是否紧固；如松动，应予紧好。对焊接的接头，如有脱焊情况，应予补焊。瓷套管如有破损时，应予更换。对变压器上的测量仪表、信号和保护装置，也应进行检查和修理。变压器如有漏油现象，应查明原因。变压器漏油，一般有焊缝漏油和密封漏油两种。焊缝漏油的修补办法是补焊。密封漏油如系密封垫圈放得不正或压得不紧，则应放正或压紧。如系密封垫圈老化(发黏、开裂)或损坏，则必须更换密封材料。

变压器大修时，应滤油或换油。换的油必须先经过试验，合格的油才能注入变压器。运行中的变压器大修时一般不必干燥；只有经试验证明受潮，或检修中超过允许暴露时间导致器身绝缘下降时，才需进行干燥。最后清扫外壳，必要时进行油漆；然后装配还原，并进行规定的试验，合格后即可持久运行。

(二)变压器的小修

变压器的小修，主要指变压器的外部检修，不需吊芯的检修。

变压器小修的项目包括：①处理发现的可就地消除的缺陷；②放出油枕下部的污油；③检修油位计，调整油位；④检修冷却装置，必要时吹扫冷却器管束；⑤检修安全保护装置，包括油枕、防爆管、瓦斯继电器等；⑥检修油保护装置、测温装置和调压装置等；⑦检查接地系统；⑧检修所有阀门和塞子，检查全部密封系统，处理渗漏油；⑨清扫油箱及附件，必要时进行补漆；⑩清扫绝缘套管，检查接头；按有关规程规定进行测量和试验。如满足规定要求，即可投入运行。

五、配电装置的运行维护

(一)一般要求

配电装置应定期进行巡视检查，以便及时发现运行中出现的设备缺陷和故障，如导体接头部分发热、绝缘瓷瓶破损、油断路器漏油等，并设法采取措施予以消除。

在有人值班的变配电所内，配电装置应每班或每天进行一次外部检查。在无人值班的变配电所内，配电装置应至少每月检查一次。如遇短路引起开关跳闸或其他特殊情况(如雷击时)，应对设备进行特别检查。

(二)巡视项目

(1)由母线及接头的外观或其温度指示装置(如变色漆、示温蜡等)的指示，检查母线及接头的发热温度是否超过允许值。

(2)开关电器中所装的绝缘油颜色和油位是否正常，有无漏油现象，油位指示器有无破损。

(3)绝缘瓷瓶是否脏污、破损，有无放电痕迹。

(4)电缆及其接头有无漏油及其他异常现象。

(5)熔断器的熔体是否熔断，熔断器有无破损和放电痕迹。

(6)二次系统的设备如仪表、继电器等的工作是否正常。

(7)接地装置及 PE 线、PEN 线的连接处有无松脱、断线的情况。

(8)整个配电装置的运行状态是否符合当时的运行要求。停电检修部分有没有在其电源侧断开的开关操作手柄处悬挂“禁止合闸，有人工作”之类的标示牌，有没有装设必要的临时接地线。

(9)高低压配电室及电容器室的通风、照明及安全防火装置等是否正常。

(10)配电装置本身和周围有无影响安全运行的异物(如易燃易爆和腐蚀性物品等)和异常现象。

在巡视中发现的异常情况，应记入专用记录簿内，重要情况应及时汇报上级，请示处理。

六、配电装置的检修

配电装置的检修，也分大修和小修。按《电力工业技术管理法规》规定，配电装置应按下列

期限进行大修(内部检修):

(1)高压断路器及其操动机构,每 3 年至少一次。低压断路器及其操作机构,每 2 年至少一次。高低压断路器在断开 4 次短路故障后要进行临时性检修;但根据运行情况并经有关领导批准,可适当增减此项断开次数。

(2)高压隔离开关及其操作机构,每 3 年至少一次。

(3)配电装置其他设备的大修期限,按预防性试验和检查的结果而定。

以检查操作机构动作和绝缘状况为主的小修,其期限一般为每年至少一次。

下面着重介绍 SN10-10 型高压少油断路器的停电内部检修,其一般要求也适用于其他少油断路器。

①油箱的检修:油箱最常见的毛病是渗漏油。其原因大多是油封问题。如果是油封(密封垫圈)老化裂纹或损坏时,应予以更换,一般可用耐油橡皮配制。如果是油箱有砂眼时,应进行补焊。如果外壳脱漆时,应按原色油漆。

②灭弧室的检修:应采用干净布片擦去残留在灭弧室表面的烟灰和油垢。灭弧室烧伤严重时,应拆下进行清洗和修理。检修完毕后,应装配复原,注意对好各条灭弧沟道和喷口方向。

③触头的检修:动触头(导电杆)端部的黄铜触头有轻微烧伤时,可用细锉刀锉平。为保持端面圆滑,可用零号砂布打磨。动触头端部的黄铜触头严重烧伤时,可用机床车光或更换触头。

④断路器的整体调整:调整断路器的转轴或拐臂从合闸到分闸的回转角度,恢复到原来设计的要求(110°～120°)。

调整动触头(导电杆)的行程,也使之达到原来设计的要求(约 160 mm)。在调整动触头行程时,应同时进行三相触头合闸同时性的调整。检查断路器触头三相合闸同时性的电路如图 8-25 所示。检查时,缓慢地用手操动合闸,观察三灯是否同时亮。如果合闸时三灯同时亮,说明三相触头是同时接通的。如果三灯不同时亮,则应调节有关动静触头的相对位置,直至三相触头基本上同时接通即三灯基本上同时亮为止。

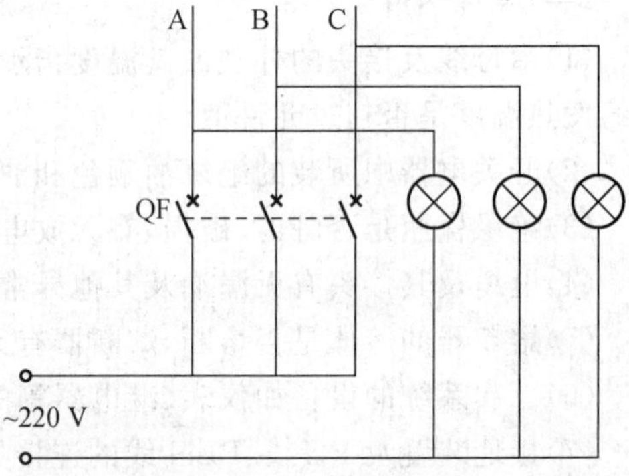

图 8-25 断路器三相合闸同时性检查电路

总的来说,断路器的总体调整应使其符合产品规定的技术要求。

【拓展知识:供配电系统设计】

一、配电系统设计说明

1. 概况说明

说明建筑概况(包括楼层数、建筑高度、各层用途、建筑定性等),工业类建筑还应说明厂房或库房的生产性质及危险性等级(通用厂房应注明现设计按丙类厂房,且未考虑设置火灾自动报警系统,若今后生产性质确定,需增加进一步消防设计,应由业主另行委托,并报消防部门审核)，设计任务范围以及本建筑设计电源引入电压等级、电缆电线敷设方式等。

2. 用电负荷等级的确定

根据工艺资料说明及相关规范要求，除办公楼内的消防、弱电设备为二级负荷外，其余各子项目内的用电设备均为三级负荷。

3. 供电区域的划分

供电区域的划分原则上根据项目的总图布置，按照低压供电半径(允许的线路电压损失)进行划分。

二、配电箱或控制箱系统图、控制原理图

配电箱或控制箱系统图，应标示箱编号，进线回路编号；标示各元器件型号、规格(包括整定参数)；配出回路编号、导线型号规格，单相负荷应标明相别，有控制要求的回路应提供控制原理图；供电回路宜标明用电设备名称；配电箱应标注负荷计算数据。

三、配电平面图及照明平面图

(1)绘制总室外照明灯布置平面图，标明配电箱及其编号、干线、分支线、回路编号、敷设方式等。

(2)绘制总附属用房的配电平面及照明平面图。

四、变、配电站系统设计

1. 变配电主接线图

绘制从高压电源进线，直至低压母线段的主接线图，并应表达一、二级负荷的供电方式及相应连锁控制的要求。标注变压器及发电机的编号和容量，母线段编号及电压等级。

2. 高压配电系统图(一次线路图)

图中应注明母线型号、规格，电压等级；标明开关、断路器、互感器、电工仪表(包括计量仪表)等型号、规格、整定值等参数。

图下方表格标注自上而下依次为：开关柜编号、开关柜型号、回路编号、设备容量、计算电流、电缆型号及规格、敷设方法、用户名称、二次原理图号或继保要求。

3. 继电保护及信号原理图

继电保护及信号二次原理方案，可选用标准图。当需要对所选用标准图进行修改时，应绘制修改部分并说明修改内容。

控制柜、直流电源及信号箱(柜)均应选用符合国家标准产品，图中标示相关产品型号、规格和要求；应有盘(柜)外部电缆连线图，标明连线编号、型号、规格、敷设方式等。

4. 低压配电系统图(一次线路图)

图中应注明母线型号、规格；变压器及柴油发电机组型号、规格、电压等级；标明开关、断路器、互感器、电工仪表(包括计量仪表)等型号、规格、整定值等参数。

图下方表格标注自上而下依次为：开关柜编号、开关柜型号、回路编号、设备容量、K_c 和 $\cos\theta$ 参数、计算电流、导线或电缆型号及规格、敷设方法、用户名称(当选用分格式开关柜时，可增加小室高度或模数等相应栏目)。

5. 平、剖面图

按比例绘制变压器、发电机、开关柜、控制柜、直流及信号柜、母线槽、电缆桥架、支架、地沟等平、剖面布置图，标注层高、标高、安装尺寸等，当选用标准图时，应标示标准图编号、页次。

标示进出线回路编号、外引控制电缆编号、敷设安装方法。

6. 照明及接地图

应绘制照明和接地装置平面图，并标明设备及材料的规格，接地装置敷设方式和要求，标明所涉及的标准图和安装图的编号、页次。

7. 相应图纸说明

图中表达不清楚需要说明的内容，可附在图中。

五、低压配电干线系统图

以建(构)筑物为单位，自电源配出线开始，宜至第三级配电箱止，按设备所处相应楼层绘制，应标注配电箱位置编号、回路编号、接地干线规格。

六、配电箱或控制箱系统图、控制原理图

配电箱或控制箱系统图，应标示箱编号，进线回路编号；标示各元器件型号、规格(包括整定参数)；配出回路编号、导线型号规格，单相负荷应标明相别，有控制要求的回路应提供控制原理图；供电回路宜标明用电设备名称；配电箱应标注总负荷计算数据。终端配电箱应标注分路负荷计算数据。

七、配电平面图及照明平面图

(1)配电平面图应包括建筑门窗、墙体、轴线、主要尺寸、房间名称、工艺设备编号及容量；布置配电箱、控制箱，并注明编号；绘制线路平面位置(包括控制线路)，标示回路编号。

(2)照明平面图，应包括建筑门窗、墙体、轴线、主要尺寸、房间名称，绘制配电箱、灯具、开关插座、线路等平面布置，标明配电箱编号、干线及分支线回路编号等，必要时应注明敷设方式；凡需二次装修部位，其照明随二次装修设计，但配电或照明平面图上应相应标示预留的配电箱位置。

(3)图中表达不清楚需要说明的内容，可附在图中。

(4)各平面图的图号排列宜从最底层开始，到建(构)筑物的最顶层终止。

【练习题】

1. 断路器出现哪些异常情况需要停电处理?

提示：(1)油位情况，支持绝缘子、套管等。

(2)连接处。

(3)SF6 断路器压力、弹簧机构等。

2. 断路器检修时为什么必须把二次回路电源断开? 应断开的电源包括哪些? 依次操作演示。

提示：(1)原因(安全角度)。

(2)应断开的电源(控制回路电源;主合闸电源;信号回路电源;重合闸回路电源等)。

3. 操作演示高压厂用母线电压互感器停、送电操作应注意什么?

提示:(1)高压厂用母线电压互感器停电时注意事项(继电保护及自动装置、熔断器等)。

(2)高压厂用母线电压互感器送电时注意事项(继电保护及自动装置、熔断器、电压互感器、二次侧熔断器等)。

第九章　常用机床电气控制

【教学目标】

1. 通过本章的学习，能够完成常用机床电气控制任务，举一反三。

2. 掌握典型机床控制电路的接线和检查、排除等技能。

3. 学会分析普通车床、普通铣床、平面磨床等的电气控制线路和常见故障。

【典型生产任务、作业流程及技能实训】

一、典型生产任务及作业流程

任务一　CA6140型车床电气控制线路的安装

任务一实施流程

(1)逐个检验电气设备和元件其规格和质量是否合格。

(2)正确选配导线的规格、导线通道类型和数量、接线端子板型号等。

(3)在控制板上安装电器元件，并在各电器元件附近做好与电路图上相同代号的标记。

(4)按照控制板内布线的工艺要求进行布线和套编码套管。

(5)选择合理的导线走向，做好导线通道的支持准备，并安装控制板外部的所有电器。

(6)进行控制箱外部布线，并在导线线头上套装与电路图相同线号的编码套管。对于可移动的导线通道应放适当余量，使金属软管在运动时不承受拉力，并按规定在通道内放好备用导线。

(7)检查电路的接线是否正确和接地通道是否具有连续性。

(8)检查热继电器的整定值是否符合要求。各级熔断器的熔体是否符合要求，如不符合要求应予以更换。

(9)检查电动机的安装是否牢固，与生产机械传动装置的连接是否可靠。

(10)检测电动机及线路的绝缘电阻，清理安装场地。

(11)点动控制各电动机启动、转向是否符合要求。

(12)通电空转试验时，应认真观察各电器元件、线路、电动机及传动装置的工作情况是否正常。如不正常，应立即切断电源进行检查，在调整或修复后方能再次通电试车。

任务二　CA6140型车床电气控制线路的检修

任务二实施流程

(1)在操作师傅的指导下对车床进行操作，了解车床的各种工作状态及操作方法。

(2)在教师的指导下，参照电器位置图和机床接线图，熟悉车床电器元件的分布位置和走线情况。

(3)在CA6140型车床上人为设置自然故障点。故障设置时应注意以下几点。

①人为设置的故障必须是模拟车床在使用中,由于受外界因素影响而造成的自然故障。

②切忌设置更改线路或更换电器元件等由于人为原因而造成的非自然故障。

③对于设置一个以上故障点的线路，故障现象尽可能不要相互掩盖。如果故障相互掩盖，按要求应有明显检查顺序。

④设置的故障必须与学生应该具有的修复能力相适应。随着学生检修水平的逐步提高，再相应提高故障的难度等级。

⑤应尽量设置不容易造成人身或设备事故的故障点,如有必要时,教师必须在现场密切注意学生的检修动态,随时做好采取应急措施的准备。

(4)教师示范检修。教师进行示范检修时,可把下述检修步骤及要求贯穿其中,直至故障排除。

①用通电试验法引导学生观察故障现象。

②根据故障现象,依据电路图用逻辑分析法确定故障范围。

③采取正确的检查方法查找故障点,并排除故障。

④检修完毕进行通电试验,并做好维修记录。

(5)教师设置让学生事先知道的故障点，指导学生如何从故障现象着手进行分析，逐步引导学生采用正确的检修步骤和检修方法。

任务三　普通铣床的电气控制线路常见故障分析

任务三实施流程

(1)在操作师傅的指导下对普通铣床进行操作,了解普通铣床的各种工作状态及操作方法。

(2)在教师的指导下,参照电器位置图和机床接线图,熟悉普通铣床电器元件的分布位置和走线情况。

(3)在普通铣床上人为设置自然故障点。故障设置时应注意以下几点:

①人为设置的故障必须是模拟普通铣床在使用中,由于受外界因素影响而造成的自然故障。

②切忌设置更改线路或更换电器元件等由于人为原因而造成的非自然故障。

③对于设置一个以上故障点的线路,故障现象尽可能不要相互掩盖。如果故障相互掩盖,按要求应有明显检查顺序。

④设置的故障必须与学生应该具有的修复能力相适应。随着学生检修水平的逐步提高,再相应提高故障的难度等级。

⑤应尽量设置不容易造成人身或设备事故的故障点,如有必要时,教师必须在现场密切注意学生的检修动态,随时做好采取应急措施的准备。

(4)教师示范检修。教师进行示范检修时,可把下述检修步骤及要求贯穿其中,直至故障排除。

①用通电试验法引导学生观察以下故障现象。

A. 漏电保护断路器合不上。

B. 指示灯h1不亮。

C. 指示灯亮，但各电动机均不能启动。

D. 主轴电动机不能启动。

E. 主轴电动机启动后不能自锁　这时按下启动按钮，电动机就能启动；松开按钮，电动机就自行停止。此时故障的原因是 KM1 上自锁用的辅助触点接触不好或接线松开，在修好该触点后，该电动机就可以启动。

F. 按下停止按钮，主轴电动机不会停止。

G. 冷却泵电动机不能启动。

H. 快速移动电动机不能启动。

I. 照明灯不亮。

J. 指示灯不亮。

②根据故障现象，依据电路图用逻辑分析法确定故障范围。

③采取正确的检查方法查找故障点，并排除故障。

④检修完毕进行通电试验，并做好维修记录。

(5)教师设置让学生事先知道的故障点，指导学生如何从故障现象着手进行分析，逐步引导学生采用正确的检修步骤和检修方法。

二、实训地点和设备

实训地点：维修电工实训室。

实训设备：高级维修电工实训考核装置、工具测电笔、电工刀、剥线钳、尖嘴钳、螺钉旋具等；万用表、5050 型兆欧表；器材控制板、走线槽、各种规格软线和紧固体、金属软管、编码套管等；电工工具、导线等。

三、机床电气控制线路的安全规程

(1)不要漏接接地线。严禁采用金属软管作为接地通道。

(2)在控制箱外部进行布线时，导线必须穿在导线通道内或敷设在机床底座内的导线通道里。所有的导线不允许有接头。

(3)在导线通道内敷设的导线进行接线时，必须集中思想，做到查出一根导线，立即套上编码套管，接上后再进行复验。

(4)在进行快速进给时，要注意将运动部件处于行程的中间位置，以防止运动部件与车头或尾架相撞产生设备事故。

(5)在安装、调试过程中，工具、仪表的使用应符合要求。

(6)通电操作时，必须严格遵守安全操作规程。

(7)熟悉 CA6140 型车床电气控制线路的基本环节及控制要求。

(8)检修所用工具、仪表应符合使用要求。

(9)排除故障时，必须修复故障点，但不得采用元件代换。

(10)检修时，严禁扩大故障范围或产生新的故障。

(11)带电检修时，必须有指导教师监护，以确保安全。

【必备的理论知识】

第一节 电气控制线路的绘图原则及标准

电气控制线路是由各种有触头电器,如继电器、接触器、行程开关、按钮等组成的具有一定功能的控制电路。为了表示电气控制线路的组成、工作原理及安装、调试、维修等技术要求,需要用统一的工程语言,即用工程图的形式来表示,这种图就是电气控制系统图。

电气控制系统图一般有三种:电气原理图、电气布置图、电气安装接线图。电气图的绘制必须按照规定和标准进行,下面就各种电气图的作用、绘图原则和标准做简单介绍。

一、电气控制系统图中的图形符号、文字符号及接线端子标记

(一)图形符号、文字符号

在电气控制系统图中,各种电气元件的图形符号和文字符号必须符合统一的国家标准。我国在1990年以前采用旧标准(即GB 312—1964和GB 315—1964)的规定绘制电气图。随着我国改革开放的不断深入,逐步引进了许多国外先进设备。为了便于掌握引进的先进技术和先进设备,加强国际交流,国家标准局颁布了GB/T 4728—2000《电气简图用图形符号》及GB/T 6988—1993《电气制图》和GB/T 7159—1987《电气技术中的文字符号制订通则》。国家规定从1990年1月1日起,电气系统图中的文字符号和图形符号必须符合新的国家标准。

(二)接线端子标记

电气控制系统图中各电器接线端子用字母数字符号标记,符合国家标准GB/T 22112—2008的规定。

三相交流电源引入线用L_1、L_2、L_3、N、PE标记。直流系统的电源正、负、中间线分别用L+、L−、M标记。三相动力电器引出线分别按U、V、W顺序标记。

三相感应电动机的绕组首端分别用U_1、V_1、W_1,标记,绕组尾端分别用U_2、V_2、W_2标记,电动机绕组中间抽头分别用U_3、V_3、W_3标记。

对于数台电动机,其三相绕组接线端标以1U、1V、1W;2U、2V、2W;…来区别。三相供电系统的导线与三相负荷之间有中间单元时,其相互连接线用字母U、V、W后面加数字来表示,且用从上至下由小至大的数字表示。

控制电路各线号采用三位或三位以下的数字标志,其顺序一般为从左到右,从上到下,凡是被线圈、触点、电阻、电容等元件所间隔的接线端点,都应标以不同的线号。

二、电气原理图

电气原理图是根据控制线图工作原理绘制的,具有结构简单、层次分明、便于研究和分析线路工作原理的特性。在电气原理图中只包括所有电气元件的导电部件和接线端点之间的相互关系,不按各电气元件的实际布置位置和实际接线情况来绘制,也不反映电气元件的大小。现以图9-1所示CW6132型车床的电气原理图为例来说明电气原理图绘制的基本规则和应注

意的事项。

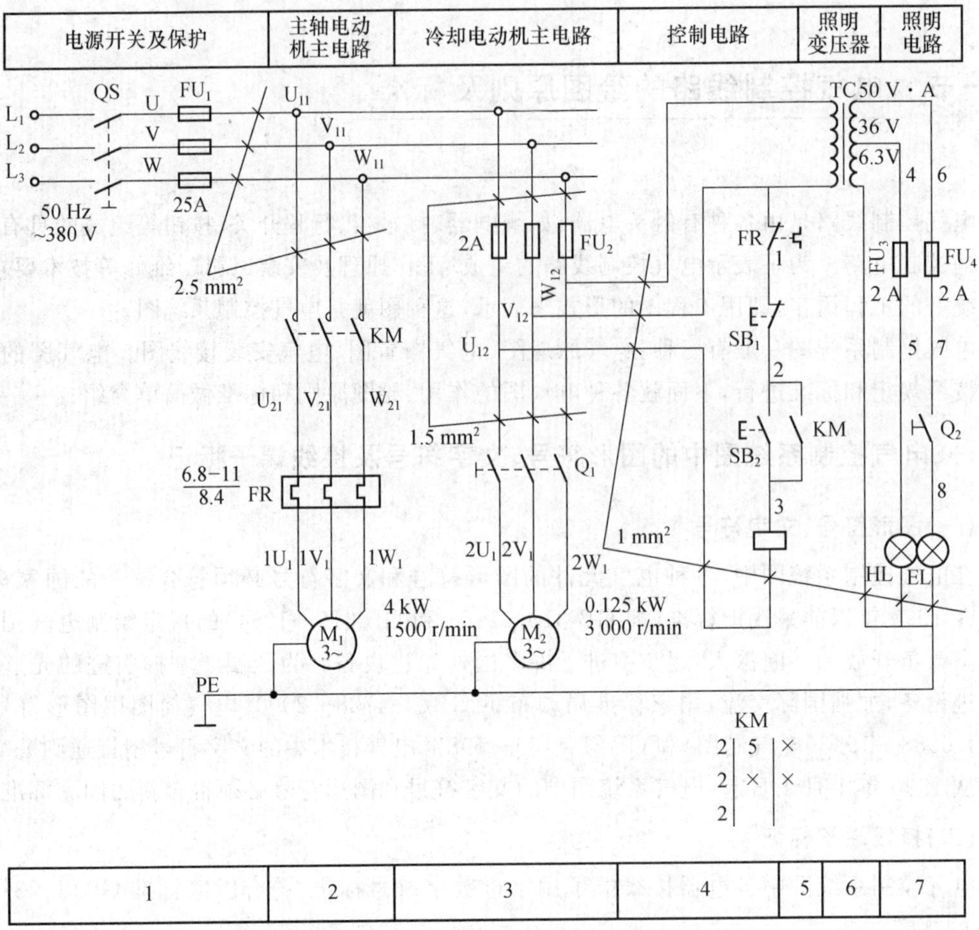

图 9-1 CW6132 型车床电气原理图

(一)绘制电气原理图的基本规则

(1)原理图一般分主电路和辅助电路两部分画出。主电路指从电源到电动机绕组的大电流通过的路径。辅助电路包括控制电路、照明电路、信号电路及保护电路等,由继电器的线圈和触头,接触器的线圈和辅助触点、按钮、照明灯、控制变压器等电气元件组成。通常主电路用粗实线表示,画在左边(或上部);辅助电路用细实线表示,画在右边(或下部)。

(2)各电器元件不画实际的外形图,而采用国家规定的统一标准来画,文字符号也采用国家标准。属于同一电气的线圈和触头,都要采用同一文字符号表示。对同类型的电器,在同一电路中的表示可在文字符号后加注阿拉伯数字序号来区分。

(3)各电气元件和部件在控制线路中的位置,应根据便于阅读的原则安排,同一电器元件的各部件根据需要可不画在一起,但文字符号要相同。

(4)所有电器的触头状态,都应按没有通电和没有外力作用时的初始开、关状态画出。例如继电器、接触器的触头,按吸引线圈不通电时的状态画,控制器按手柄处于零位时的状态画,按钮、行程开关触头按不受外力作用时的状态画出等等。

(5)无论是主电路还是控制电路,各电气元件一般按动作顺序从上到下,从左到右依次排列,可水平布置或者垂直布置。

(6)有直接电联系的交叉导线的连接点,要用黑圆点表示,无直接电联系的交叉导线,交叉处不能画黑圆点。

(二)图面区域的划分

电气原理图上方的1、2、3、…数字是图区编号,是为了便于检索电气线路,方便阅读分析,避免遗漏而设置的。此外,图区编号也可以设置在图的下方。

图区编号下方的“电源开关及保护……”字样,表明对应区域下方元件或电路的功能,使读者能清楚地知道某个元件或某部分电路的功能,以利于理解整个电路的工作原理。

(三)符号位置的索引

符号位置的索引用图号、页次和图区号的组合索引法,索引代号的组成见图9-2。

当某图号仅有一页图样时,只写图号和图区的行、列号,在只有一个图号多页图样时,则图号可省略,而元件的相关触头只出现在一张图样上时,只标出图区号(无行号时,只写列号)。

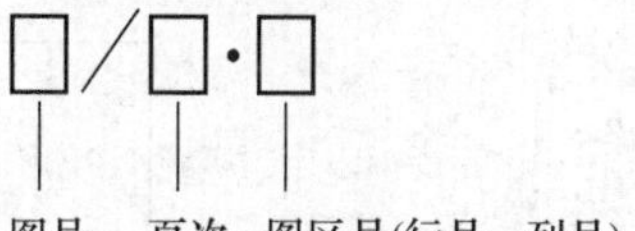

图9-2　索引代号

在电气原理图中,接触器和继电器线圈与触头的从属关系应用附图表示,即在原理图中相应线圈的下方,给出触头的图形符号,并在其下面注明相应触头的索引代号,对未使用的触头用“X”表明,有时也可采用省去触头图形符号的表示法。

(四)电气原理图中技术数据的标注

电气元件的技术数据,除在电气元件明细表中标明外,也可用小号字体注在其图形符号的旁边。

三、电气元件布置图

电气元件布置图主要用来表明各种电气设备在机械设备上和电气控制柜中的实际安装位置,为机械电气控制设备的制造、安装、维护、维修提供必要的资料。各电气元件的安装位置是由机床的结构和工作要求决定的,如电动机要和被拖动的机械部件在一起。

行程开关应放在要取得信号的地方,操作元件要放在操纵箱等操作方便的地方,一般电气元件应放在控制柜内。

机床电气元件布置主要由机床电气设备布置图、控制柜及控制板电气设备布置图、操作台及悬挂操纵箱电气设备布置图等组成。图9-3所示为CW6132型车床电气位置图。

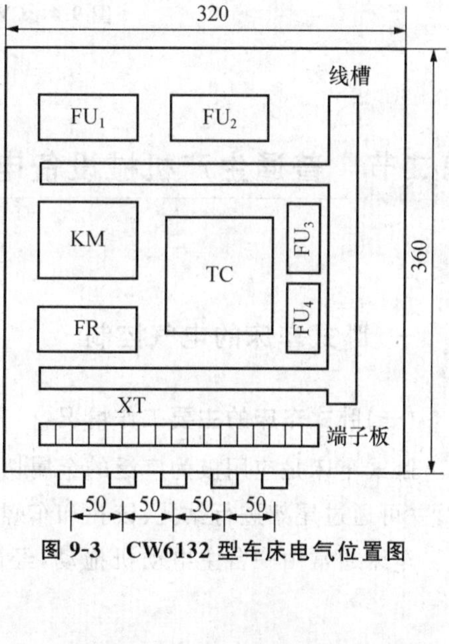

图9-3　CW6132型车床电气位置图

四、电气安装接线图

为了进行装置、设备或成套装置的布线或布缆,必须提供其中各个项目(包括元件、器件、组件、设备等)之间电气连接的详细信息,包括连接关系、线缆种类和敷设路线等。用电气图的方式表达的图称为接线图。

安装接线图是检查电路和维修电路不可缺少的技术文件。根据表达对象和用途不同,接线图有单元接线图、互连接线图和端子接线图等。

(1)在接线图中,一般都应标出项目的相对位置、项目代号、端子间的电连接关系、端子号、导线号、导线类型、截面积等。

(2)同一控制盘上的电气元件可直接连接,而盘内元器件与外部元器件连接时必须绕接线端子板进行。

(3)接线图中各电气元件图形符号与文字符号均应以原理图为准,并保持一致。

(4)互连接线图中的互连关系可用连续线、中断线或线束表示,连接导线应注明导线根数,导线截面面积等。一般不表示导线实际走线途径,施工时由操作者根据实际情况选择最佳走线方式。图 9-4 为 CW6132 型车床电气互连接线图。

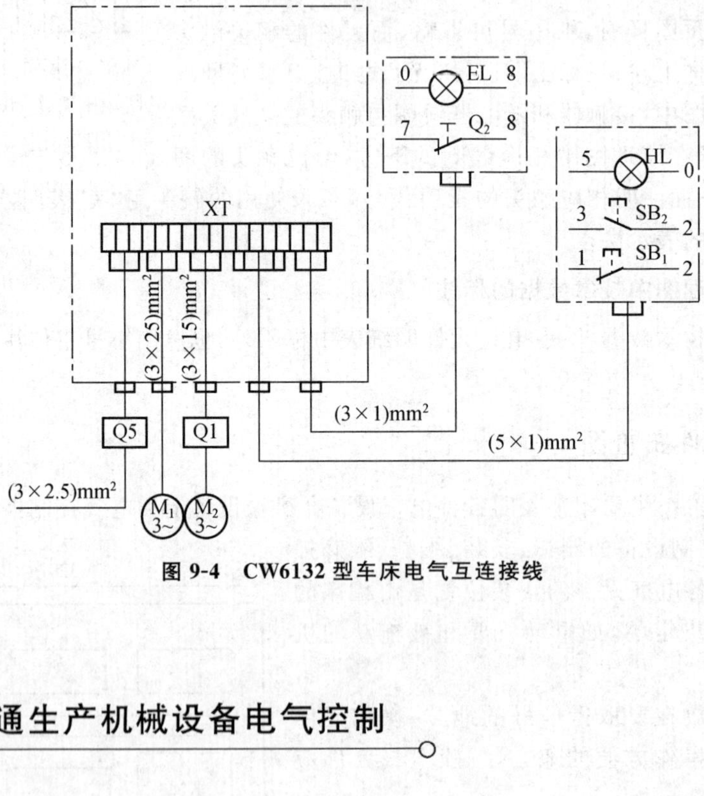

图 9-4 CW6132 型车床电气互连接线

第二节 普通生产机械设备电气控制

一、卧式车床的电气控制

(一)卧式车床的主要工作情况

卧式车床是应用极为广泛的金属切削机床,主要用于车削外圆、内圆、端面螺纹和定型表面,并可通过尾架进行钻孔、铰孔和车螺纹等切削加工。

车床通常由一台主电动机拖动,经由机械传动链,实现切削主运动和刀具进给运动的输出，其运动速度由变速齿轮箱通过手柄操作进行切换。刀具的快速移动、冷却泵和液压泵等常采用单独的电动机驱动。不同型号的卧式车床，其主电动机的工作要求不同，因而由不同的控制线路构成。本节以 C650 型卧式车床电气控制系统为例，进行控制线路分析。

（二）C650 型卧式车床

C650 型卧式车床主要由床身、主轴、刀架、溜板箱和尾座等部分组成（图 9-5）。该车床有两种主要运动：一种是安装在床身主轴箱中的主轴转动，称为主运动；另一种是溜板箱中的溜板带动刀架的直线运动，称为进给运动。刀具安装在刀架上，与滑板一起随溜板箱沿主轴轴线方向实现进给移动，主轴的转动和溜板箱的移动均由主电动机驱动。由于加工的工件比较大，加工时其转动惯量也比较大，需停车时不易立即停止转动，因此必须有停车制动的功能，较好的停车制动是采用电气制动方法。为了加工螺纹等工件，主轴需要正反转，主轴的转速应随工件的材料、尺寸、工艺要求及刀具的种类不同而变化，所以要求在相当宽的范围内可进行速度调节。在加工过程中，还需提供切削液，并且为减轻工人的劳动强度和节省辅助工作时间，要求带动刀架移动的溜板能够快速移动。

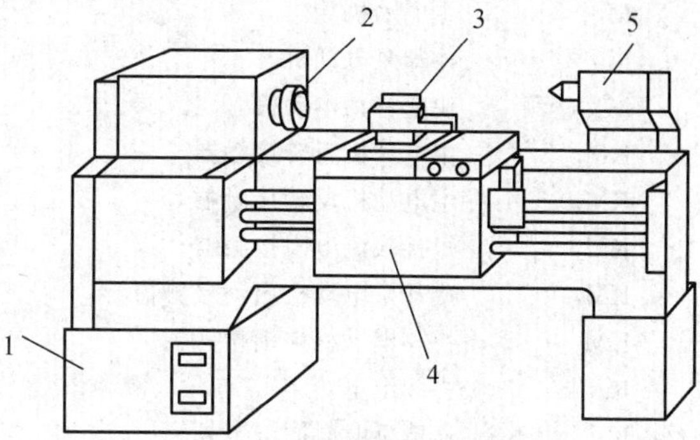

图 9-5　C650 型卧式车床结构

1. 床身　2. 主轴　3. 刀架　4. 溜板箱　5. 尾座

（三）C650 型卧式车床电气控制线路分析

图 9-6 为 C650 型卧式车床的电气控制线路原理图。

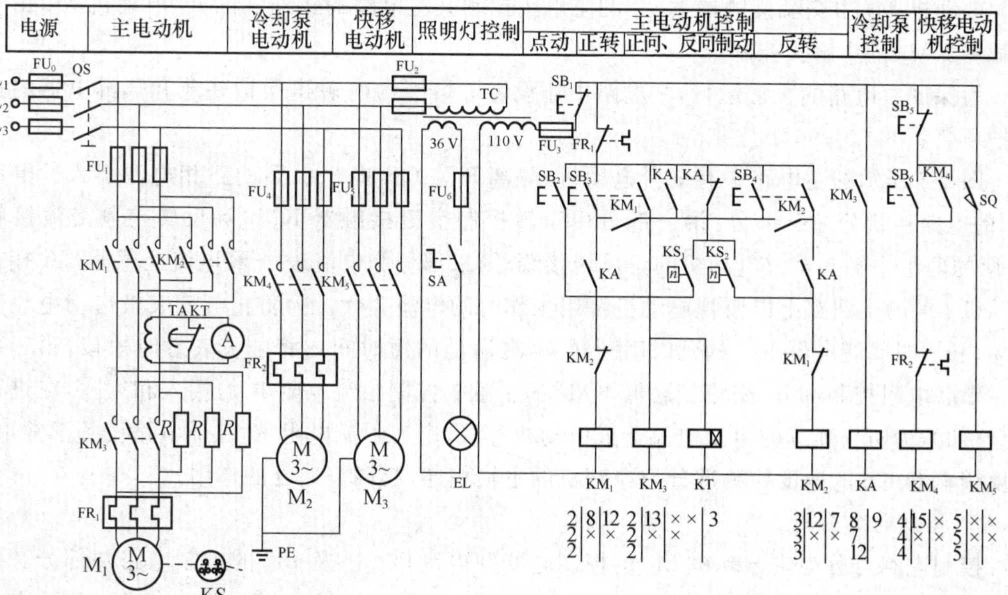

图 9-6　C650 型卧式车床控制线路原理图

车床共有三台电动机：M_1 为主轴电动机，拖动主轴旋转并通过进给机构实现进给运动。M_2 为冷却电动机，提供切削液。M_3 为快速移动电动机，拖动刀架的快速移动。图中使用的各电器元件符号及功能说明见表 9-1。

表 9-1 电器元件符号及功能说明表

符号	名称及用途	符号	名称及用途
M_1	主电动机	SB_1	总停按钮
M_2	冷却泵电动机	SB_2	主电动机正向点动按钮
M_3	快速移动电动机	SB_3	主电动机正向启动按钮
KM_1	主电动机正转接触器	SB_4	主电动机反向启动按钮
KM_2	主电动机反转接触器	SB_5	冷却泵电动机停止按钮
KM_3	短接限流电阻接触器	SB_6	冷却泵电动机启动按钮
KM_4	冷却泵电动机启动接触器	TC	控制变压器
KM_5	快移电动机启动接触器	$FU_{0\sim6}$	熔断器
KA	中间继电器	FR_1	主电动机过载保护热继电器
KT	通电延时时间继电器	FR_2	冷却泵电动机过载保护热继电器
SQ	快移电动机点动行程开关	R	限流电阻
SA	开关	EL	照明灯
KS	速度继电器	TA	电流互感器
A	电流表	QS	隔离开关

1. 主电路分析

同轴相连，在停车制动过程中，当主电动机转速低于 KS 的动作值时，其常开触头可将控制电路中反接制动的相应电路切断，完成停车制动。

电动机 M_2 由交流接触器 KM_4 的主触头控制其主电路的接通和断开，电动机 M_3 由交流接触器 KM_5 的主触头控制。

为保证主电路的正常运行，主电路中还设置了熔断器的短路保护环节和热继电器的过载保护环节。

图 9-6 所示的主电路中有三台电动机，隔离开关 QS 将 380 V 的三相电源引入。电动机 M_1 的电路接线分为三部分：第一部分由正转控制交流接触器 KM_1 和反转控制交流接触器 KM_2 的两组主触头构成电动机的正反转接线；第二部分为电流表 A 经电流互感器 TA 接在主电动机 M_1 的主回路上以监视电动机绕组工作时的电流变化。为防止电流表被启动电流冲击损坏，利用时间继电器 KT 的延时动断触头，在启动的短时间内将电流表暂时短接；第三部分为一串联电阻控制部分，交流接触器 KM_3 的主触头控制限流电阻 R 的接入和切除，在进行点动调整时，为防止连续的启动电流造成电动机过载，串入限流电阻 R，保证电路设备正常工作。速度继电器 KS 的速度检测部分与电动机的主轴相连，起调节速度的作用。

2. 控制电路分析

控制电路可分为主电动机 M_1 的控制电路和电动机 M_2 及 M_3 的控制电路两部分。由于主电动机控制电路比较复杂，因而还可进一步将主电动机控制电路分为正、反转启动、点动和停车制动等局部控制电路，它们的控制电路如图 9-7 所示。下面对各部分控制电路进行分析。

(1)主电动机正、反转启动与点动控制电路　由图 9-7(a)可知，当正转启动按钮 SB_3 压下

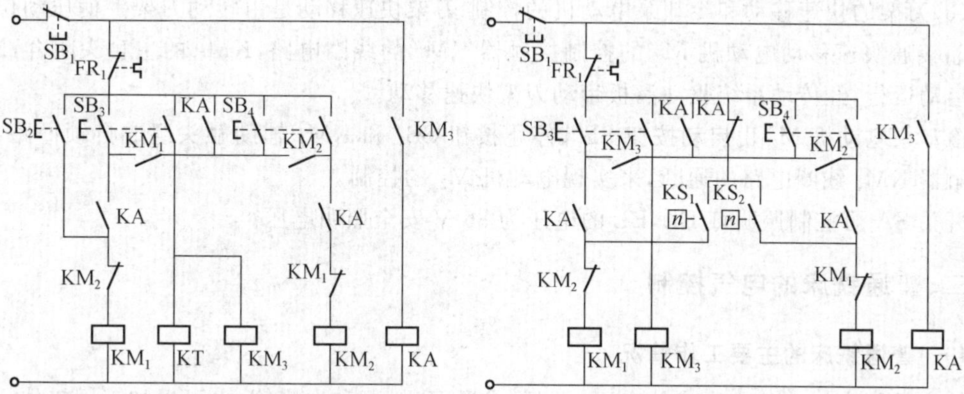

(a)主电动机正、反转启动与点动控制电路　　(b)主电动机反接制动控制电路

图 9-7　控制主电动机的基本控制电路

时,其两常开触头同时闭合,一常开触头接通交流接触器 KM_3 的线圈电路和时间继电器 KT 的线圈电路,时间继电器的常闭触头在主电路中短接电流表 A,以防止电流对电流表的冲击,经延时断开后,电流表接入电路正常工作。KM_3 的主触头将主电路中限流电阻短接,其辅助动合触头同时将中间继电器 KA 的线圈电路接通,KA 的常闭触头将停车制动的基本电路切除,其动合触头与 SB_3 的动合触头均在闭合状态,控制主电动机的交流接触器 KM_1 的线圈电路得电工作并自锁,其主触头闭合,电动机正向直接启动并结束。KM_1 的自锁回路由它的常开辅助触头和 KM_3 线圈上方的 KA 的常开触头组成自锁回路,来维持 KM_1 的通电状态。反向直接启动控制过程与其相同,只是启动按钮为 SB_4。

SB_2 为主电动机点动控制按钮。按下 SB_2 点动按钮,直接接通 KM_1 的线圈电路,电动机 M_1 正向直接启动,这时 KM_3 线圈电路并没有接通,因此其主触头不闭合,限流电阻 R 接入主电路限流,其辅助动合触头不闭合,KA 线圈不能得电工作,从而使 KM_1 线圈电路形不成自锁,松开按钮,M_1 停转,实现了主电动机串联电阻限流的点动控制。

(2)主电动机反接制动控制电路　图 9-7(b)所示为主电动机反接制动控制电路的构成。C650 型卧式车床采用反接制动的方式进行停车制动,停车按钮按下后开始制动过程。当电动机转速接近零时,速度继电器的触头打开,结束制动。以原工作状态为正转时进行停车制动过程为例,说明电路的工作过程。当电动机正向转动时,速度继电器 KS 的动合触头 KS_1 闭合,制动电路处于准备状态,压下停车按钮 SB_1,切断控制电源,KM_1、KM_3、KA 线圈均失电,此时控制反接制动电路工作与不工作的 KA 动断触头恢复原状闭合,与 KS_1 触头一起,将反向启动交流接触器 KM_2 的线圈电路接通,电动机 M_1 接入反向序电流,反向启动转矩将平衡正向惯性转动转矩,强迫电动机迅速停车。当电动机速度趋近于零时,速度继电器触头 KS_2 复位打开,切断 KM_2 的线圈电路,完成正转的反接制动。在反接制动过程中,KM_3 失电,所以限流电阻 R 一直起限制反接制动电流的作用。反转时的反接制动工作过程相似,此时反转状态下,KS_2 触头闭合,制动时,接通交流接触器 KM_1 的线圈电路,进行反接制动。

另外,接触器 KM_3 的辅助触头数量是有限的,故在控制电路中使用了中间继电器 KA,因为 KA 没有主触头,而 KM_3 辅助触头又不够,所以用 KM_3 来带一个 KA,这样解决了在主电路中使用主触头,而控制电路辅助触头不够的问题。

(3)刀架的快速移动和冷却泵电动机的控制 刀架快速移动是由转动刀架手柄压动位置开关 SQ,接通快速移动电动机 M_3 的控制接触器 KM_5 的线圈电路,KM_5 的主触头闭合,M_3 电动机启动运行,经传动系统驱动溜板带动刀架快速移动。

冷却泵电动机 M_2 由启动按钮 SB_6、停止按钮 SB_5 和 KM_4 辅助触头组成自锁回路,并控制接触器 KM_4 线圈电路的通断,来实现电动机 M_2 的控制。

开关 SA 可控制照明灯 EL,EL 的电压为 36 V 安全照明电压。

二、普通铣床的电气控制

(一)普通铣床的主要工作情况

铣床是用来加工各种形式的表面、平面、成形面、斜面和沟槽等,也可以加工回转体。

铣床的主运动为主轴带动刀具的旋转运动,它有顺铣和逆铣两种运动方式。进给运动为工件相对铣刀的移动,即工作台的进给运动。进给运动有水平工作台左右(纵向),前后(横向)以及上下(垂直)方向的运动以及圆形工作台的旋转运动。这里以 X62W 型卧式铣床为例,分析其电气控制线路。

(二)X62W 型卧式普通铣床的主要结构和运动形式

X62W 型卧式普通铣床具有主轴转速高、调速范围宽、操作方便和工作台能循环加工等特点,其结构简图如图 9-8 所示。

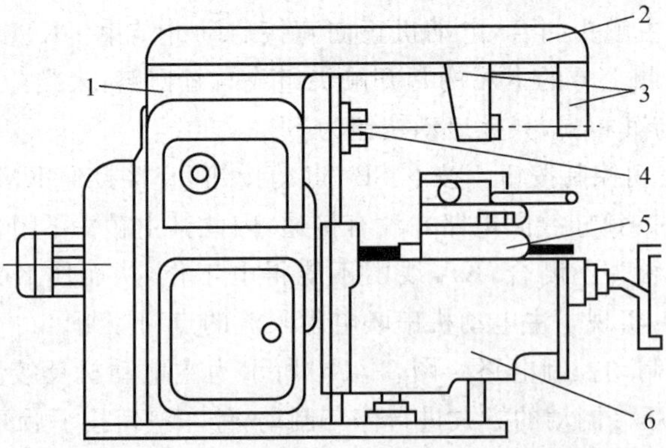

图 9-8 X62W 型卧式普通铣床结构简图

1. 床身 2. 悬梁 3. 刀杆支架 4. 主轴 5. 工作台 6. 升降台

该机床主要由床身、悬梁、刀杆支架、工作台和升降台等结构组成。刀杆支架上安装有与主轴相连的刀杆、铣刀,以利于切削加工,顺铣时刀具为一转动方向,逆铣时为另一方向;床身前有垂直导轨,升降台带动工作台可沿垂直导轨上下移动,完成垂直方向的进给;升降台上的水平工作台还可以在垂直于轴线方向上移动(纵向移动,即左右移动)和平行于主轴方向移动(横向移动,即前后移动);回转工作台也可单向转动。进给电动机经机械传动链传动,通过机械离合器在选定的进给方向驱动工作台移动进给。

(三)X62W 型卧式普通铣床电气控制线路分析

图 9-9 为 X62W 型卧式普通铣床的电气控制线路原理图。

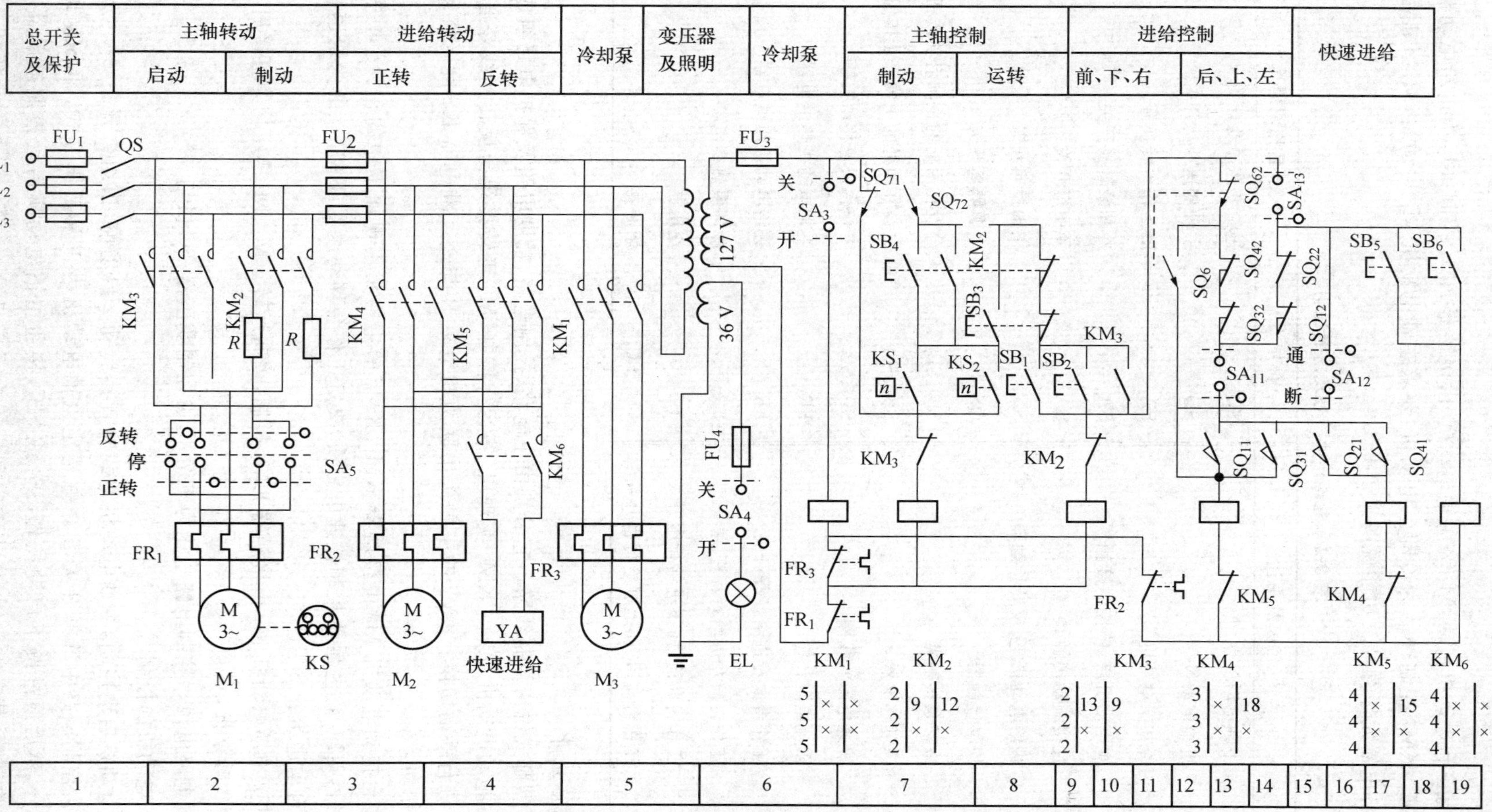

图 9-9 X62W 型卧式普通铣床电气控制线路原理

铣床共有三台电动机拖动：M_1 为主轴电动机，由接触器 KM_1 控制；M_2 为进给电动机，其正反转由 KM_3、KM_4 控制；M_3 为冷却泵电动机，要求主轴电动机 M_1 启动后，M_3 才能启动。图中使用的各电器元件符号及功能说明见表 9-2。

表 9-2 电器元件符号及功能说明

符号	名称及用途	符号	名称及用途
M_1	主轴电动机	SQ_6	进给变速冲动开关
M_2	进给电动机	SQ_7	主轴变速冲动开关
M_3	冷却泵电动机	SA_1	圆工作台转换开关
KM_3	主电动机启、停控制接触器	SA_3	冷却泵转换开关
KM_2	反接制动接触器	SA_4	照明灯开关
KM_4、KM_5	进给电动机正、反转接触器	SA_5	主轴换向开关
KM_6	快移接触器	QS	电源隔离开关
KM_1	冷却泵接触器	SB_1、SB_2	分设在两处的主轴启动按钮
KS	速度继电器	SB_3、SB_4	分设在两处的主轴停止按钮
YA	快速电磁铁线圈	SB_5、SB_6	工作台快速移动按钮
R	限流电阻	FR_1	主轴电动机热继电器
SQ_1	工作台向右进给行程开关	FR_2	进给电动机热继电器
SQ_2	工作台向左进给行程开关	FR_3	冷却泵热继电器
SQ_3	工作台向前、向下进给行程开关	TC	变压器
SQ_4	工作台向后、向上进给行程开关	FU_1-FU_4	熔断器

1. 主电路分析

X62 W 型卧式铣床控制线路。它分别由主电路、控制电路、辅助电路及保护电路组成。

(1)主轴拖动电动机 M_1 由 KM_3 实现启、停运行控制，M_1 正转接线与反转接线是通过组合开关 SA_5 进行手动切换。KM_2 的主触头串联两相电阻 R 与速度继电器 KS 配合实现 M_1 的停车反接制动。

(2)工作台拖动电动机 M_2 由接触器 KM_4、KM_5 的主触头实现加工中的正、反向进给控制，并由接触器 KM_6 的主触头控制快速电磁铁，决定工作台移动速度，KM_6 接通为快速移动，断开为慢速自动进给。

(3)冷却泵拖动电动机 M_3 由接触器 KM_1 控制，单向运转。M_1、M_2、M_3 均为直接启动。

2. 控制线路分析

(1)控制电路电源　控制电路电压为 127 V，由控制变压器 TC 供给。

(2)主轴电动机的控制

①主轴电动机启动控制：主轴电动机空载时直接启动。启动前，由组合开关 SA_5 选定电动机的转向。控制电路中选择开关 SQ_7 并选定主轴电动机为正常工作方式，即 SQ_{71} 断开，SQ_{72} 触头闭合，然后通过按下启动按钮 SB_1 或 SB_2，接通主轴电动机启动控制接触器 KM_3 的线圈电路并自锁，其主触头闭合，主轴电动机按给定方向启动旋转，按下停止按钮 SB_3 或

SB_4，主轴电动机停转。$SB_1 \sim SB_4$ 分别位于两个操作板上，从而实现主轴电动机的两地操作控制。

②主轴电动机制动控制：为使主轴能迅速停住，采用速度继电器 KS 实现反接制动。制动时，按停止按钮 SB_3 或 SB_4，使接触器 KM_3 断电，这时速度继电器 KS 仍高速转动，其常开触头 KS_1 或 KS_2 闭合，接触器 KM_2 通电并自锁，使电动机 M_1 串电阻 R 实现反接制动。当电动机速度趋近于零时，使速度继电器 KS 常开触头 KS_1 复位，接触器 KM_2 断电最终使 M_1 停转，反接制动结束。

③主轴变速时的冲动控制：主轴变速可在主轴不动时进行，也可在主轴旋转时进行。变速时，拉出变速手柄使冲动开关 SQ_7 短时动作，即 SQ_{72} 分断，SQ_{71} 闭合，使接触器 KM_3 断电，电动机 M_1 失电；M_2 得电，M_1 反接制动，转速迅速降低。以保证变速过程的顺利进行。变速完成后，推回手柄，再次启动电动机 M_1，主轴将在新的转速下旋转。

(3)进给电动机 M_2 的控制　进给电动机 M_2 的控制电路分为两部分：第一部分为顺序控制部分，当主轴电动机启动后，其控制启动接触器 KM_3 的辅助触头闭合，进给电动机控制接触器 KM_4 与 KM_5 的线圈电路方能通电工作；第二部分为工作台各进给运动之间的连锁控制部分，可实现水平工作台各运动之间的连锁，也可以实现水平工作台与圆工作台之间的连锁。

①水平工作台纵向进给运动控制：工作台纵向进给运动时十字手柄应放在"中间"位置，圆形工作台转换开关放在"断开"位置，水平工作台纵向进给由操作手柄与行程开关 SQ_1 和 SQ_2 组合控制。纵向操作手柄有左右两个工作位和一个中间停止位。手柄扳到工作位时，带动机械离合器，接通纵向进给运动的机械传动链，同时压动行程开关。行程开关触头闭合使接触器 KM_4 或 KM_5 线圈得电，其主触头闭合，进给电动机正转或反转，驱动工作台向右或向左移动进给，各个行程开关的动断触头在运动连锁控制电路部分构成连锁控制功能。工作台纵向进给的控制过程如图 9-10 所示。电路由 KM_3 辅助动合触头开始，工作电流经 $SQ_{62} \rightarrow SQ_{42} \rightarrow SQ_{32} \rightarrow SA_{11} \rightarrow SQ_{11} \rightarrow KM_4$ 线圈→KM_5 常闭触头（右移），或者由 $SA_{11} \rightarrow SQ_{21} \rightarrow KM_5$ 线圈→KM_4 常闭触头（左移）。

纵向手柄扳在右位 ——
- 合上纵向进给机械离合器
- 压下SQ_1(SQ_{12}断开,SQ_{11}闭合),使KM_4线圈得电,则电动机M_2正转,工作台右移

纵向手柄扳在左位 ——
- 合上纵向进给机械离合器
- 压下SQ_2(SQ_{22}断开,SQ_{21}闭合),使KM_5线圈得电,则电动机M_2正转,工作台左移

图 9-10　工作台纵向进给控制过程

手柄扳到中间位置时，纵向机械离合器脱开，行程开关 SQ_1 与 SQ_2 不受压，因此进给电动机不转动，工作台停止移动。工作台两端安装有限位撞块，当工作台运行到达终点位时，撞块撞击手柄，使其回到中间位置，实现工作台终点停车。

②水平工作台横向和升降进给运动控制：水平工作台横向和升降进给运动时，手柄应放在中间位置，圆形工作台转换开关放在"断开"位置。工作台进给运动的选择和连锁是通过十字复式手柄开关 SQ_3、SQ_4 组合来实现的。操作手柄有上、下、前、后四个工作位置和一个不工作

位置。扳动手柄到选定运动方向的工作位，即可接通该运动方向的机械传动链，同时压动行程开关 SQ_3 或 SQ_4，行程开关的动合触头闭合，使控制进给电动机转动的接触器 KM_4 或 KM_5 的线圈得电，电动机 M_2 转动，工作台在相应方向上移动。行程开关的动断触头如纵向行程开关一样，在连锁电路中，构成运动的连锁控制。工作台横向与垂直方向进给控制过程如图 9-11 所示。控制电路由接触器 KM_3 的辅助动合触头开始，工作电流经 $SA_{13} \to SQ_{22} \to SQ_{12} \to SA_{11} \to SQ_{31} \to KM_4$ 线圈 $\to KM_5$ 的常闭触头（向上或向前），或者由 SA_{11} 经 $SQ_{41} \to KM_5$ 线圈到 KM_4 的常闭触头（向下或向后）。

十字复合手柄扳在下方——
- 合上垂直进给机械离合器
- 压下SQ_3(SQ_{32}断开,SQ_{31}闭合),使KM_4线圈得电,则电动机M_2正转,工作台上移

十字复合手柄扳在上方——
- 合上垂直进给机械离合器
- 压下SQ_4(SQ_{42}断开,SQ_{41}闭合),使KM_5线圈得电,则电动机M_2正转,工作台下移

十字复合手柄扳在右方(前)——
- 合上垂直进给机械离合器
- 压下SQ_3(SQ_{32}断开,SQ_{31}闭合),使KM_4线圈得电,则电动机M_2正转,工作台前移

十字复合手柄扳在左方(后)——
- 合上垂直进给机械离合器
- 压下SQ_4(SQ_{42}断开,SQ_{41}闭合),使KM_4线圈得电,则电动机M_2正转,工作台后移

图 9-11　工作台横向与垂直方向进给控制过程

十字复式手柄扳到中间位置时，横向与垂直方向的机械离合器脱开，行程开关 SQ_3 与 SQ_4 均不受压，因此进给电动机停转，工作台停止移动。固定在床身上的挡块在工作台移动到极限位置时，撞击十字手柄，使其回到中间位置，切断电路，使工作台在进给终点停车。

每个方向的移动都有两种速度，上面介绍的六个方向的进给都是慢速自动进给移动。需要快速移动时，可在慢速移动中按下 SB_5 或 SB_6，则 KM_6 得电吸合，快速电磁铁 YA 通电，工作台便按原移动方向快速移动，快速移动为短时冲动。松开 SB_5 或 SB_6，快速移动停止，工作台将按原方向继续慢速进给。

③水平工作台进给运动的连锁控制：由于操作手柄在“工作”位置时，只存在一种运动选择。因此铣床直线进给运动之间的连锁只要满足两个操作手柄之间的连锁即可实现。连锁控制电路由两条电路并联组成，纵向手柄控制的行程开关 SQ_1、SQ_2 动断触头串联在一条支路上，十字复式手柄控制的行程开关 SQ_3、SQ_4 动断触头串联在另一条支路上，扳动任何一个操作手柄，只能切断其中一条支路，另一条支路仍能正常通电，使接触器 KM_4 或 KM_5 的线圈不失电。若同时扳动两个操作手柄，则两条支路均被切断，接触器 KM_4 或 KM_5 断电，工作台立即停止移动，从而防止机床运动干涉造成设备事故。

④圆形工作台控制：为了扩大机床的加工能力，可在工作台上安装圆形工作台。在使用圆形工作台时，工作台纵向及十字操作手柄都应置于中间位置。在机床开动前，先将圆形工作台转换开关 SA_1 扳到“接通”位置，此时 SA_{12} 闭合、SA_{11} 和 SA_{13} 断开。电流的路径为 $SQ_{62} \to SQ_{42} \to SQ_{32} \to SQ_{12} \to SQ_{22} \to SA_{12} \to KM_4$ 线圈 $\to KM_5$ 常闭触头。电动机 M_2 正转并带动圆形工作

台单向运转，其旋转速度也可通过变速手轮进行调节。由于圆形工作台的控制电路中串联了 SQ_1～SQ_4 的常闭触头，所以在扳动工作台任一方向的进给操作手柄时，都将使圆形工作台停止转动，这就起到圆形工作台转动与工作台三个方向运动的连锁保护。

(4)冷却泵电动机 M_3 的控制　由转换开关 SA_3 和控制触器 KM_1 来控制冷却泵电动机 M_3 的启动和停止。

(5)辅助电路及保护环节分析　机床的局部照明由变压器 T 供给 36 V 安全电压，转换开关 SA_4 控制照明灯。

M_1 M_2、M_3 为连续工作制，由 FR_1、FR_2、FR_3 热继电器的常闭触头串在控制电路中实现过载保护。当主轴电动机 M_1 过载时，FR_1 动作后便切除整个控制电路的电源；冷却泵电动机 M_3 过载时，FR_3 动作后便切除 M_2、M_3 的控制电源；进给电动机 M_2 过载时，FR_2 动作后便切除自身控制电源。

由 FU_1、FU_2 实现主电路的短路保护，FU_3 实现控制电路的短路保护，FU_4 作为照明电路的短路保护。

三、Z35 摇臂钻床电气控制

(一)Z35 摇臂钻床的结构

Z35 的外形如图 9-12 所示，主要由底座、工作台，主轴、摇臂、主轴箱、内主柱、外立柱等部分组成。

内立柱固定不动安装在底座上，外立柱套在内立柱外，并可以绕内立柱作 360°回转，摇臂的一端套在外立柱上，借助丝杠的正转或者反转，摇臂可以沿外立柱上升或者下降，但摇臂不能和外立柱做相对回转运动，它只能跟外立柱一起绕内立柱回转，主轴箱安装在摇臂的水平导转轨上，通过手轮操作可以使其沿导轨做径向移动，当需要钻削加工时，利用夹紧机构将外立柱紧固在内立柱上，将摇臂固定在外立柱上，将主轴箱固定在摇臂上。

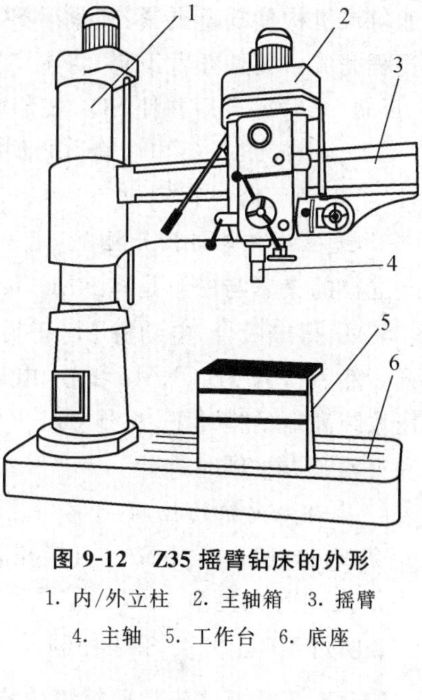

图 9-12　Z35 摇臂钻床的外形

1. 内/外立柱　2. 主轴箱　3. 摇臂　4. 主轴　5. 工作台　6. 底座

(二)Z35 摇臂钻床的运动形式

Z35 摇臂钻床的主运动包括，主轴带动刀具的旋转运动和主轴带动刀具的轴向进给运动。

Z35 摇臂钻床的辅助运动包括外立柱绕内立柱的回转运动、摇臂沿外立柱的上升下降、主轴箱沿摇臂的水平径向移动以及夹紧动作等。

(三)Z35 摇臂钻床的控制要求

(1)由于运动部件较多，故采用多台电动机拖动，以简化装置。

(2)为满足攻螺纹的需要，要求主轴能够实现正反转和调速，而主轴电动只有 1 个接触的控制，只能单方向转动，所以主轴的正反轴由机械来完成。

(3)摇臂的上升和下降要有限位保护。

(4)摇臂的夹紧与放松由机械和电气联合完成。立柱和主轴箱的夹紧与放松是由电动机配合液压装置来完成的。

(5)钻削加工时需要对刀具及工件进行冷却。

(6)要有零压保护。

(四)Z35 摇臂钻床的电气控制分析

Z35 摇臂钻床电气原理图如图 9-13 所示。

1. 主轴电动机的控制

将十字开关 SA_3 扳到左边，其触头(2-3)闭合，KV 得电吸合并自锁，然后将 SA 扳到右边，触头 SA_3(3-4)闭合，KM_1 吸合，主轴电动机转动。

将十字开关 SA_3 扳到中间位置，SA 的所有触头均断开，KM_1 释放，主轴电机也随之停止。

2. 摇臂的升降控制和夹紧

摇臂升降的松开和夹紧由机械和电气联合自动完成，要想摇臂上升，将十字开关 SA_3 向上扳，触头 SA_3(3-5)闭合，KM_2 得电吸合，摇臂升降电动机正转，但此时由于摇臂还未松开，摇臂不会马上上升，而是通过机械机构使摇臂松开，并使得开关 SQ_2 的一对触头 SQ_2(3-9)闭合，为夹紧做好准备，摇臂松开后，摇臂开始上升，当摇臂升到所需的位置时，将十字开关 SA_3 扳到中间位置，SA_3 所有触点都断开，KM_2 释放，其常闭触点 KM_2(9-10)闭合，通过 SQ_2(3-9)→KM_2(9-10)→KM_3 线圈，使 KM_3 得电吸合，摇臂升降电动机反转，但摇臂此时不会下降，而是通机械机构使摇臂夹紧，夹紧后 SQ_2(3-9)断开，KM_3 失电释放，电动机 M_3 停止，摇臂的上升过程完成。要使摇臂下降，将十字开关向下扳，十字开关 SA_3(3-8)闭合 KM_3 得电，电动机 M_3 反转，摇臂松开后并使 SQ_2(3-5)闭合，当摇臂下降到所需位置时，将十字开关扳到中间位置，KM_3 断电，KM_2 得电吸合，电动机 M_2 正转将摇臂夹紧，并使 SQ_2(3-5)断开，KM_2 失电释放，M_2 停止，下降过程完成。

3. 立柱的夹紧与松开控制

立柱的夹紧与松开是靠 KM_4、KM_5 控制立柱松紧电动机 M_4 拖动液压泵来完成的，按下 SB_1，KM_4 得电吸合，电动机 M_4 正转，带动液压泵输出高压油，通过油路和传动机构使外立柱松开。然后松开 SB_1，KM_4 释放，电动机 M_4 停转。按下 SB_2，KM_5 吸合，电动机 M_4 反转，在液压系统高压的推动下，将外立柱夹紧，然后松开 SB_2，KM_5 失电释放，M_4 停止。主轴箱的松开和夹紧跟立柱同时进行。

4. 冷却泵电机的控制

冷却泵电机由开关 SA_1 直接控制，SA_1 闭合，M_1 转动，SA_1 断开，M_1 停止。

5. 照明灯的控制

照明灯 EL 由开关 SA_2 控制。

(五)Z35 摇臂钻床常见故障的检修

1. 主轴电动机不能启动

主轴电动机 M_2 不能启动，首先要检查电源开关 QS 是否正常，其次检查十字开关 SA_3 的触头，接触器 KM_1 的和继电器 KV 的触头是否接触良好，若中间继电器 KA 的自锁触头接触不良，则将十字开关 SA_3 扳到左面位置时，中间继电的能吸合，但当十字开关手柄离开左边

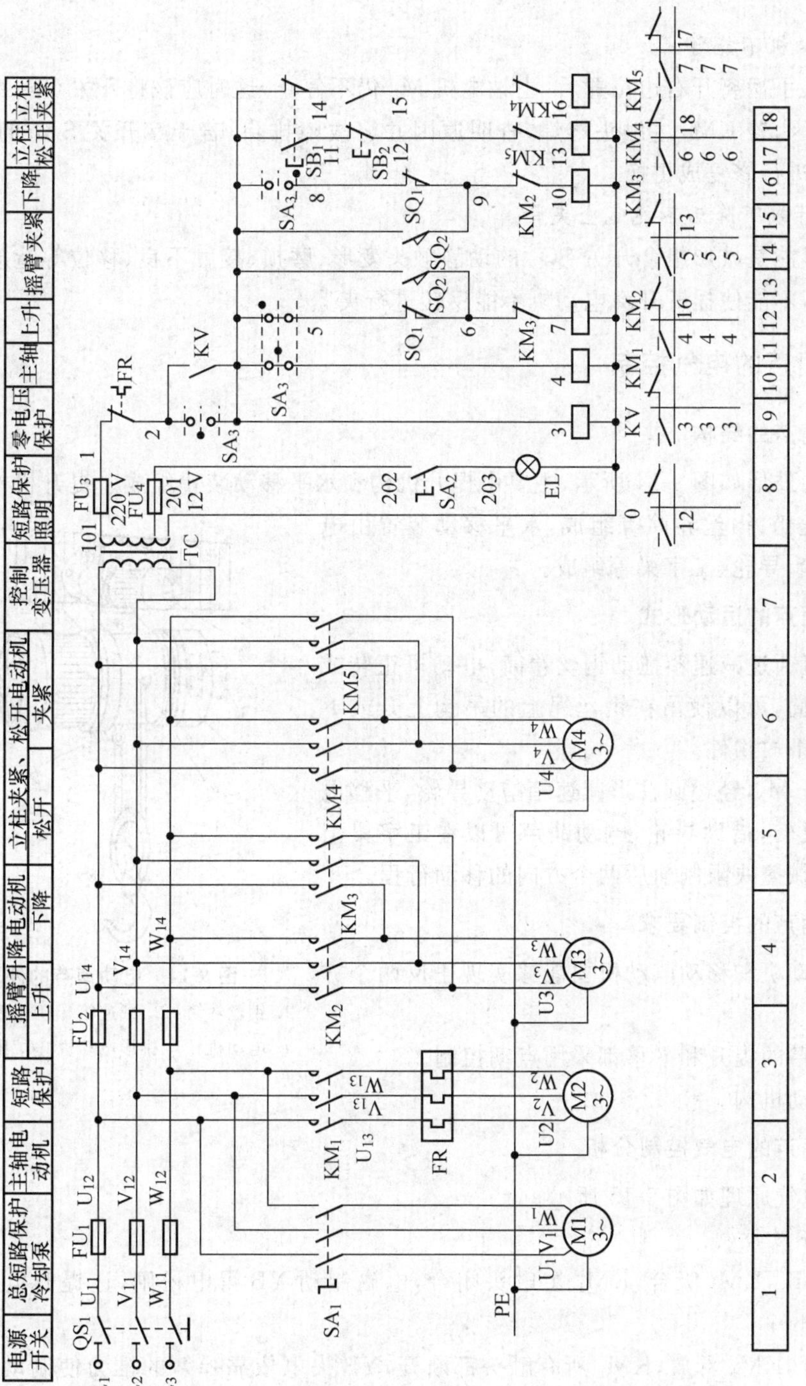

图 9-13 Z35 摇臂钻床电气原理图

位置时，KA由于接触不良不能自锁而释放，如果是开关SA_3触头SA_3(3-4)接触不良，在KV吸合后，将SA_3扳到右边，KM_1也不能吸合，此外还要检查KM_1线圈是否开路，有无接线松动脱落的现象。

2. 主轴电动机不能停止

当十字开关手柄离开右边位置后，主轴电机M_2仍不停止，这时应该将开关QS_1断开以切断电源，检查原因，若KM_1主触头熔焊，查明原因并将故障排除，若十字开关SA_3的触头(3-4)失控，则对其进行修复成更换。

3. 摇臂上升或下降后不能完全夹紧

故障原因可能是鼓形组合开关SQ_2的动静触头变形、磨损、接触不良、移位等造成摇臂上升或下降到位后不能使摇臂升降电动机不能反转进行夹紧。

四、电动葫芦的电气控制

(一)电动葫芦的结构

电动葫芦的外形如图9-14所示，主要由提升机构和水平移动装置组成。提升机构由锥形电动机M_1、减速箱、钢丝卷筒等组成，水平移动装置由电动机M_2、减速箱、导轮、工字梁等组成。

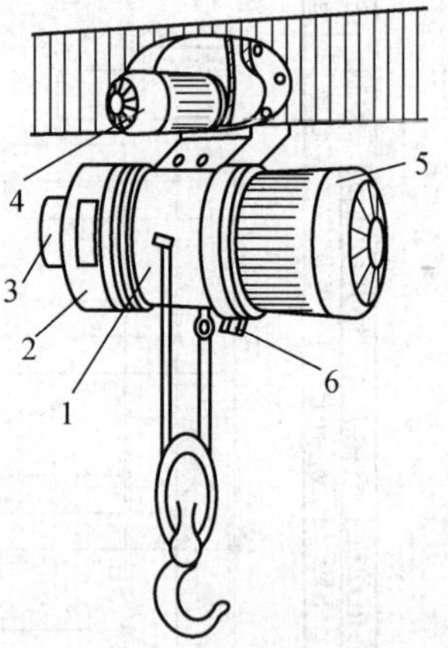

图9-14 电动葫芦的外形

1. 钢丝卷筒 2. 减速箱 3. 电磁制动器 4. 电动机 5. 锥形电动机 6. 限位开关

(二)电动葫芦的运动形式

提升电动机通过减速箱拖动钢丝卷筒，电动机正转或者反转，拖动卷筒，可以使吊在钢丝绳上的吊钩上升或下降，实现提升和下放物件。

平移电动机M_2，经过圆柱形减速箱拖动导轮，平移电动机正转或者反转，借助导轮，电动葫芦可以在工字梁上来回移动，用机械撞块限制前后两个方向的移动行程。

(三)电动葫芦的控制要求

(1)提升电动机和移动电动机要能够实现正反两个方向运转。

(2)电动葫芦的提升和平移都采用点动控制。

(3)要有制动机构。

(四)电动葫芦的电气控制分析

电动葫芦电气原理如图9-15所示。

1. 提升和下放控制

按下按钮SB_1，KM_1吸合，KM_1主触头闭合，电磁制动YB得电松闸，让提升电动机M_1转动将物件提升。

将SB_1松开，KM_1释放，KM_1所有触头都断开，YB失电依靠弹簧的推力使制动器抱闸，使电动机M和卷筒不能再转动。

要下放物件时，将SB_2按下，KM_2得电吸合，其主触头闭合，YB得电松闸，电动机M_1反转下放物件。

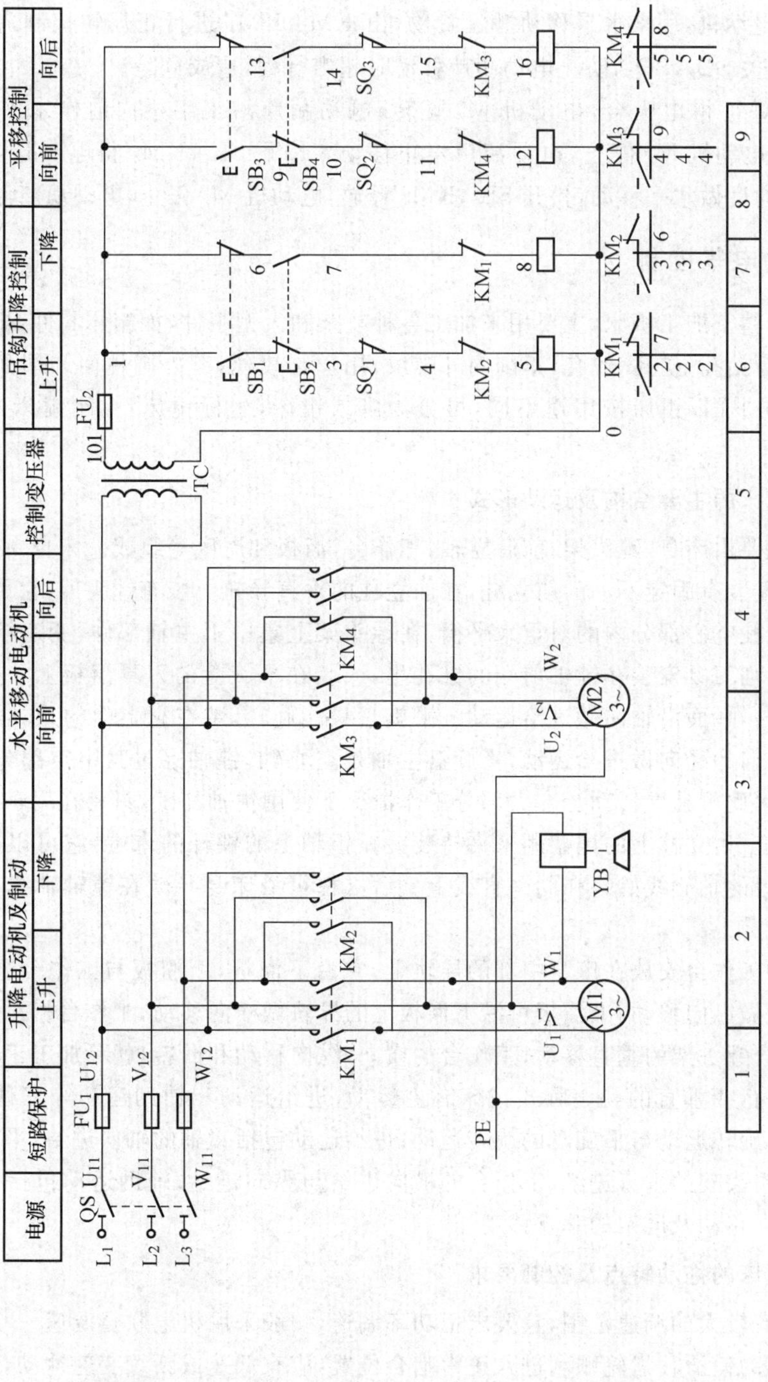

图 9-15　电动葫芦电气原理图

松开 SB_2，KM_2 断电释放，主角触头断开，YB 失电抱闸。

SQ_1 为上限位开关，当提升到极限位置时，会将 SQ_1 压下，其触头 $SQ_{1(3-4)}$ 断开，KM1 失电，YB 抱闸，电动机 M_1 停止。

2. 水平移动控制

M_2 为移动电动机，用来水平移动搬运货物，由 KM_3、KM_4 进行正反转控制，控制电路中设有限位保护开关 SQ_2，SQ_3，防止电动葫芦移动时超出行程，造成危险。

按下 SB_3，KM_3 得电吸合，电动机 M_2 正转，电动葫芦沿工字梁向前作水平移动，松开 SB_3，KM_3 释放，电动机 M_2 停止，电动葫芦停止移动。按下 SB_4，KM_4 得电吸合，电动机 M_2 反转，电动葫芦向后做水平移动，松开 SB_4，KM_4 释放，电动机 M_2 停止，电动葫芦停止移动。

五、镗床的电气控制

镗床是一种精密加工机床，主要用来加工各种复杂和大型工件，如箱体零件，机体等，除了镗孔外，还可进行钻孔，扩孔，铰孔，车削内外螺纹，用丝锥攻丝，车外圆柱面和端面，用端铣刀或圆柱铣刀铣削平面，镗床按用途不同，可分为卧式镗床，坐标镗床，金刚镗床及专门化镗床等。

（一）卧式镗床的主要结构及运动形式

卧式镗床主要由床身，镗头架，前后立轴，工作台，溜板和尾座等组成。床身由整体的铸件制成，在它的一端装有固定不动的前立柱，在前立柱的垂直导轨上装有镗头架，它可上下移动，并由悬挂在前立柱空心部分内的对重来平衡，在镗头架上集中了主轴部件，变速箱，进给箱与操纵机构等。切削刀具安装在镗轴前端的锥孔里，或装在平旋盘的刀具溜板上。在工作过程中，镗轴一面旋转，一面沿轴向做进给运动。平旋盘只能旋转，装在它上面的刀具溜板可在垂直于主轴轴线方向的径向做进给运动，平旋盘主轴是空心轴，镗轴穿过其中空部分，通过各自的传动链传动，因此可独立转动。在大部分工作情况下使用镗轴加工，只有在用车刀切削端面时才使用平旋盘。后立柱上的尾架用来夹持装夹在镗轴上的镗杆的末端，它可以随镗头架同时升降，因而两者的轴心线始终在同一直线上。后立柱可沿床身导轨在镗轴轴线方向上调整位置。

安装工件的工作台安放在床身中部的导轨上，它由下溜板，上溜板与工作台组成，其下溜板可沿床身导轨做纵向移动，上溜板可沿下溜板上的导轨做横向移动，工作台相对于上溜板可回转。这样，配合镗头架的垂直移动，工作台的横向，纵向移动和回转，就可加工工件上一系列与轴心线相互平行或垂直的孔。卧式镗床有主运动，进给运动和辅助运动等三种运动形式。主运动是镗轴的旋转运动与平旋盘的旋转运动；进给运动包括镗轴的轴向进给，平旋盘刀具溜板的径向进给，镗头架的垂直进给，工作台的横向进给与纵向进给；辅助运动包括工作台的回转，后立柱的轴向移动及尾架的垂直移动。

（二）卧式镗床的拖动特点及控制要求

(1)主轴应有较大的调速范围，且要求恒功率调速，一般采用机电联合调速。

(2)变速时，为使滑移齿轮顺利进入正常啮合位置，应有低速或断续变速冲动。

(3)主轴能做正反转低速调整，要求主轴电动机实现正反转。

(4)为使主轴迅速，准确停车，主轴电动机应具有电气制动。

(5)由于进给运动直接影响切削量,而切削量又与主轴转速,刀具,工件材料,加工精度等因素有关,所以一般卧式镗床主运动与进给运动由一台电动机拖动,由各自传动链传动。主轴和工作台除工作进给外,为缩短辅助时间,还应有快速移动,由另一台快速移动电动机拖动。

(6)由于镗床运动部件较多,应设置必要的连锁与保护,并使操作尽量集中。

(三)T68 型卧式镗床电气控制

1. 线路组成及动作原理

图 9-16 中 M_1 为主轴与进给电动机,它是一台 4/2 极的双速电动机,绕组接法为△/YY。M_2 为快速移动电动机。电动机 M_1 由 5 只接触器控制,其中 KM_1、KM_2 为电动机正、反转接触器,KM_3 为制动电阻短接接触器,KM_4 为低速运转接触器,KM_5 为高速运转接触器(KM5 是一只双线圈接触器或由两只接触器并联使用)。主轴电动机正反转停车时,均由速度继电器 KV 控制实现反接制动,另外还设有短路保护和过载保护。电动机 M_2 由接触器 KM_6,KM_7 实现正反转控制,设有短路保护。因快速移动为点动控制,所以 M_2 为短时运行,无须过载保护。

(1)主轴电动机的正反转启动控制　合上电源开关 Q,信号灯 HL 亮,表示电源接通。调整好工作台和镗头架的位置后,便可启动主轴电动机 M_1,拖动镗轴或平旋盘正反转启动运行。由正,反转启动按钮 SB_2、SB_3,中间继电器 KA_1、KA_2 和正反转接触器 KM1、KM2 等组成主轴电动机正反转启动控制环节,另设有高,低速选择开关 SQ。主轴低速运转时,将速度选择手柄置于低速挡,此时与速度选择手柄有联动关系的行程开关 SQ 不受压,触点 $SQ_{(11\text{-}13)}$ 断开。如要使主轴电动机正转启动,则可按下正转启动按钮 SB_2。

主轴低速运转时,将速度选择手柄置于高速挡,经联动机构将行程开关 SQ 压下,触点 $SQ_{(11\text{-}13)}$ 闭合,这样,在 KM_3 通电的同时,时间继电器 KT 也通电。于是,电动机 M_1 在低速△接启动并经一定时限后,因 KT 通电延时断开的触点 $KT_{(14\text{-}23)}$ 断开,使 KM_4 断电;触点 $KT_{(14\text{-}21)}$ 延时闭合,使 KM_5 通电。从而使电动机 M_1 由低速△接自动换接成高速 YY 接。构成了双速电动机高速运转启动时的加速控制环节,即电动机按低速启动再自动换接成高速运转的自动控制。

(2)主轴电动机的点动控制　主轴电动机由正反转点动按钮 SB_4、SB_5,接触器 KM_1、KM_2 和低速接触器 KM_4 构成正反转低速点动控制环节,实现低速点动调整。点动控制时,由于 KM_3 未通电,所以电动机串入电阻接成△接低速启动。点动按钮松开后,电动机自然停车,若此时电机转速较高,则可按下停止按钮 SB_1,但要按到底,以实现反接制动,实现迅速停车。

(3)主轴电动机的停车与制动控制　主轴电动机 M_1 在运行中,按下停止按钮 SB_1,可实现主轴电动机的停止并反接制动(当将 SB_1 按到底时)。由 SB_1、KV、KM_1、KM_2 和 KM_3 构成主轴电动机正反转反接制动控制环节。以主轴电动机运行在低速正转状态为例,此时 KA_1、KM_1、KM_3、KM_4 均通电吸合,速度继电器触点 $KV_{(14\text{-}19)}$ 闭合,为正转反接制动做准备。当停车时,按下 SB_1,触点 $SB1_{(4\text{-}5)}$ 断开,使 KA_1、KM_3 断电释放,触 $KA_{1(15\text{-}18)}$,$KM_{3(5\text{-}18)}$ 断开,使 KM_1 断电,切断了主轴电动机正向电源。而另一触点 $SB_{1(4\text{-}14)}$ 闭合,经 $KV_{(14\text{-}19)}$ 触点使 KM_2 通电,其触点 $KM_{2(4\text{-}14)}$ 闭合,使 KM_4 通电,于是主轴电动机定子串入限流电阻进行反接制动。当电动机转速降低到 KV 释放值时,触点 $KV_{(14\text{-}19)}$ 释放,使 KM_2,KM_4 相继断电,反接制动结束,M_1 自由停车至零。

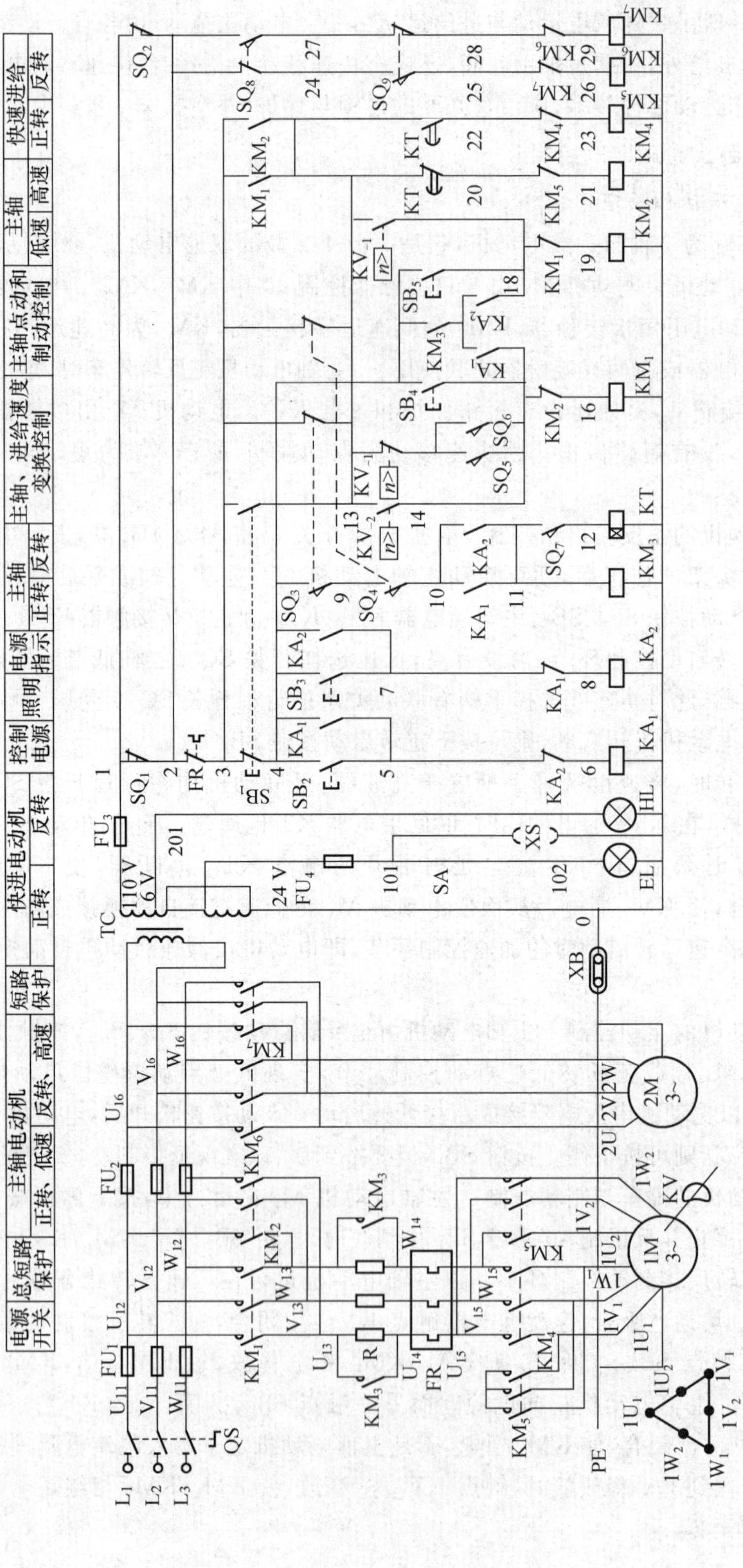

图 9-16 T68 镗床电气原理图

若主轴电动机已运行在高速正转状态，当按下 SB_1 后，立即使 KA_1、KM_3、KT 断电，再使 KM1 电，KM_2 通电，同时 KM_5 断电、KM_4 通电。于是主轴电动机串入限流电阻，接成△接，进行反接制动，直至 KV 释放，反接制动结束，以后自由停车至零。停车操作时，务必将 SB_1 按到底，否则将无反接制动，只是自由停车。

(4)主运动与进给运动的变速控制　T68 镗床主运动与进给运动速度变换，是通过"变速操纵盘"改变传动链的传动比来实现的。它可在主轴与进给电机未启动前预选速度，也可在运行中进行变速。下面以主轴变速为例说明其变速控制。

①变速操作过程：主轴变速时，首先将"变速操纵盘"上的操纵手柄拉出，然后转动变速盘，选好速度后，将变速操纵手柄推回，在拉出或推回变速操纵手柄的同时，与其联动的行程开关 SQ_1（主轴变速时自动停车与启动开关），SQ_2（主轴变速齿轮啮合冲动开关）相应动作，在手柄拉出时开关 SQ_1 不受压，SQ_2 受压。推上手柄时压合情况正好相反。

②主轴运行中的变速控制过程：主轴在运行中需要变速，可将主轴变速操纵手柄拉出，这时与变速操纵手柄有联动关系的行程开关 SQ_1 不再受压，触点 SQ_1(5-10)断开，KM_3、KM_1 断电，将限流电阻串入 M_1 定子电路；另一触 SQ_1(4-10)闭合，且 KM1 已断电释放，于是 KM_2 经 KV(14-19)触点而通电吸合，使电动机定子串入电阻 R 进行反接制动。若电动机原运行在低速挡，则此时 KM4 仍保持通电，电动机接成△接串入 R 进行反接制动；若电动机原运行在高速挡，则此时将 YY 接换接成△接，串入 R 进行反接制动。

然后转动变速操纵盘，转至所需转速位置，速度选好后，将变速操纵手柄推回原位，若此时因齿轮啮合不上变速手柄推不上时，行程开关 SQ_2 受压，触点 SQ_2(17-15)闭合，KM_1 经触 $KV_{(14\text{-}17)}$，$SQ_{1(14\text{-}4)}$ 接通电源，同时 KM_4 通电，使主轴电动机串入 R，接成△接低速启动，当转速升到速度继电器动作值时，触点 $KV_{(14\text{-}17)}$ 断开，使 KM1 断电释放；另一触点 $KV_{(14\text{-}19)}$ 闭合，使 KM_2 通电吸合，对主轴电动机进行反接制动，使转速下降。当速度降至速度继电器释放值时，触点 $KV_{(14\text{-}19)}$ 断开，$KV_{(14\text{-}17)}$ 闭合，反接制动结束。若此时变速操纵手柄仍推合不上，则电路再重复上述过程，从而使主轴电动机处于间歇启动和制动状态，获得变速时的低速冲动，便于齿轮啮合，直至变速操纵手柄推合为止。手柄推合后，压下 SQ_1，而 SQ_2 不再受压，上述变速冲动才结束，变速过程才完成。此时由触点 $SQ_{2(17\text{-}15)}$ 切断上述瞬动控制电路，而触点 $SQ_{1(5\text{-}10)}$ 闭合，使 KM_3、KM_1 相继通电吸合，主轴电动机自行启动，拖动主轴在新选定的转速下旋转。至于在主轴电动机未启动前预选主轴速度的操作方法及控制过程与上述完全相同，不再复述。T68 型卧式镗床进给变速控制与主轴变速控制相同。它是由进给变速操纵盘来改变进给传动链的传动比来实现的。

(5)镗头架工作台快速移动控制　由快速电动机 M_2 经传动机构拖动镗头架和工作台做各种快速移动。运动部件及其运动方向的预选由装设在工作台前方的操纵手柄进行，而控制则用镗头架上的快速操作手柄控制。当扳动快速操作手柄时，将压合行程开关 SQ_7（或 SQ_8），接触器 KM_6（或 KM_7）通电，实现 M_2 的正转（或反转），再通过相应的传动机构使运动部件按选定方向作快速移动。当快速移动操作手柄复位时，行程开关 SQ_7（或 SQ_8）不再受压，KM_6（或 KM_7）断电释放，M_2 停止旋转，快速移动结束。

(6)机床的连锁保护　T68 型卧式镗床具有较完善的机械和电气连锁保护。如当工作台或镗头架自动进给时，不允许主轴或平旋盘刀架进行自动进给，否则将发生事故，为此设置了两个连锁保护行程开关 SQ_5 和 SQ_6。其中 SQ_5 是与工作台和镗头架自动进给手柄联动的行程开关，SQ_6 是与主轴和平旋盘刀架自动进给手柄联动的行程开关。将 SQ_5、SQ_6 动断触点并联后串接在控制电路中，若扳动两个自动进给手柄，将使触点 SQ_5(3-4)与 SQ_6(3-4)断开，切断控制电路，使主轴电动机、快速移动电动机均不能启动或运转，实现连锁保护。

2. 常见故障及处理

(1)主轴实际转速比变速盘指示转速多 1 倍或少 1 倍　主轴是依靠电气、机械变速来获得 18 种速度的，主轴电动机高，低速的转换则通过与高低速选择手柄联动的行程开关 SQ 来控制。SQ 安装在主轴变速操纵手柄旁，当主轴变速机构转动时，将推动撞钉，再由撞钉去推动簧片去压合 SQ，实现触点 SQ(11-13)的通与断。所以在安装调整时，应使撞钉动作与变速盘指示转速相对应。否则出现主轴实际转数比变速盘指示数多 1 倍或少 1 倍的情况。

(2)主轴电动机只有高速而无低速，或只有低速而无高速　常见的有时间继电器 KT 不动作；或因行程开关 SQ 安装位置移动，造成 SQ 始终处于接通或断开的状态。若 SQ 常通，则主轴电动机只有高速，否则只有低速。

(3)主轴变速后推上变速操纵手柄，主轴电动机无变速冲动，或运行中进行变速，变速完成后主轴电动机不能自行启动，主要原因是行程开关 SQ_1 或 SQ_2 安装不牢，位置偏移，触点接触不良等。甚至有时因 SQ_1 开关绝缘性能差，触点 SQ_1(5-10)发生短路。

(4)双速电动机定子电源接线错误　高速挡时，双速电动机接成 YY，电源应从端子 4、5、6 引入，而端子 1、2、3 短接。低速挡时，双速电动机接成△，电源应由端子 1、2、3 引入，端子 4、5、6 断开。

【拓展知识：M1720 平面磨床电气控制线路的安装与调试】

一、训练工具、仪表及器材

所需设备、工具、材料见表 9-3。

表 9-3　所需设备、工具、材料

名称	型号或规格	单位	数量
常用电工工具	验电笔、旋具(一字、十字起)、钢丝钳、断线钳、电工刀、斜口钳、剥线钳等	套	1
万用表	MF-47	块	1
兆欧表	ZC25 型、500 V	个	1
钳形电流表	MG24，0～50 A	只	1
校验灯	3 V	只	1
车床	CA6140	台	1
主轴电动机 M_1	Y132M-4-B3 7.5 kW、1 450 r/min	台	1
冷却泵电动机 M_2	AOB-25、90 W、3 000 r/min	台	1
快速移动电动机 M_3	AOS5634、250 W 1 360 r/min	台	1
热继电器 FR_1	JR16-20/3D、15.4 A	只	1
热继电器 FR_2	JR16-20/3D、0.32 A	只	1

续表9-3

名称	型号或规格	单位	数量
交流接触器 KM	CJ0-20B、线圈电压 110 V	只	1
中间继电器 KA_1	JZ7-44、线圈电压 110 V	只	1
中间继电器 KA_2	JZ7-44、线圈电压 110 V	只	1
按钮 SB_1	LAY3-01ZS/1	只	1
按钮 SB_2	LAY3-10/3.11	只	1
按钮 SB_3	LA9	只	1
旋钮开关 SB_4	LAY3-10X/2	只	1
位置开关 SQ_1、SQ_2	JWM6-11	只	2
信号灯 HL	ZSD-0、6 V	只	1
断路器 QF	AM2-40、20 A	只	1
控制变压器 TC	JBK2-100 380 V/110 V/24 V/6 V	台	1
机床照明灯 EL	JC11	只	1
旋钮开关 SB	LAY3-01Y/2	只	1
熔断器 FU_1	BZ001、熔体 6 A	只	3
熔断器 FU_2	BZ001、熔体 1 A	只	1
熔断器 FU_3	BZ001、熔体 1 A	只	1
熔断器 FU_4	BZ001、熔体 2 A	只	1

二、安装步骤及工艺要求

(1)按照材料列表配齐电气设备和元件(或类似型号、规格的元件),并逐个检验其规格和质量是否合格。

(2)根据电动机容量、线路走向及要求和各元件的安装尺寸,正确选配导线的规格、导线通道类型和数量、接线端子板型号及节数、控制板、管夹、束节、紧固体等。

(3)在控制板上安装电器元件,并在各电器元件附近做好与电路图上相同代号的标记。

(4)按照控制板内布线的工艺要求进行布线和套编码套管。

(5)选择合理的导线走向,做好导线通道的支持准备,并安装控制板外部的所有电器。

(6)进行控制板外部布线,并在导线线头上套装与电路图相同线号的编码套管。

(7)检查电路的接线是否正确和接地通道是否具有连续性。

(8)检查热继电器的整定值是否符合要求。各级熔断器的熔体是否符合要求,如不符合要求应予以更换。

(9)检测电动机及线路的绝缘电阻,清理安装场地。

(10)接通电源开关,点动控制各电动机启动,以检查各电动机的转向是否符合要求。

(11)通电空转试验时,应认真观察各电器元件、线路、电动机的工作情况是否正常。如不正常,应立即切断电源进行检查,在调整或修复后方能再次通电试车。

(12)M1720平面磨床电气控制线路安装的评分标准见表9-4。

表9-4 安装的评分标准

项目内容	配分	评分标准		得分
装前检查	10	电器元件漏检或错检	每处扣1分	
器材选用	10	(1)导线选用不符合要求 (2)穿线管选用不符合要求 (3)编码套管等附件选用不当	每处扣4分 每处扣3分 每项扣2分	
元件安装	20	(1)控制板内部元件安装不符合要求 (2)控制板外部电器元件安装不牢固 (3)损坏电器元件	每处扣3分 每处扣3分 每只扣5分	
安装接线	20	(1)不按电路图接线 (2)控制板内外导线敷设不符合要求 (3)通道内导线敷设不符合要求 (4)漏接接地线	扣20分 每根扣3分 每根扣3分 扣10分	
通电试车	30	(1)位置开关安装不合适 (2)整定值未整定或整定错 (3)熔体规格选错 (4)实际钻床操作不熟练 (5)通电不成功一次 通电不成功二次 通电不成功三次	扣5分 每只扣5分 扣3分 扣5分 扣10分 扣20分 扣30分	
实训报告	10	没按照报告要求完成、内容不正确	扣10分	
总计得分				

三、故障分析与检修

排除磨床的电气故障,编写维修记录。

当需要打开配电盘壁龛门进行带电检修时,将SQ_2开关的传动杆拉出,断路器QF仍可合上。关上壁龛门后,SQ_2复原,恢复保护作用。用电压分段测量法检修如表9-5所示。

表9-5 用电压分段测量法检测故障点并排除

故障现象	测量状态	5-6	6-7	7-0	故障点	排除方法
按下SB_2时,KM不吸合,按下SB_3时,KA_2吸合	按下SB_2不放	110 V	0 V	0 V	SB_1接触不良或接线脱落	更换按钮SB_1或将脱落线接好
		0 V	110 V	0 V	SB_2接触不良或接线脱落	更换按钮SB_2或将脱落线接好
		0 V	0 V	110 V	KM线圈开路或接线脱落	更换同型号线圈或将脱落线接好

1. 检修步骤

(1)在教师的指导下对车床进行操作,了解 M1720 平面磨床的各种工作状态及操作方法。

(2)在教师的指导下,参照电器位置图和机床接线图,熟悉 M1720 平面磨床电器元件的分布位置和走线情况。

(3)在 M1720 平面磨床上人为设置自然故障点。

(4)教师示范检修。教师进行示范检修时,可把下述检修步骤及要求贯穿其中,直至故障排除。

(5)教师设置让学生事先知道的故障点,指导学生如何从故障现象着手进行分析,逐步引导学生采用正确的检修步骤和检修方法。

(6)教师设置故障点,由学生检修。

2. 检修评分

检修评分标准见表 9-6。

表 9-6 检修评分标准

项目内容	配分	评分标准			得分
故障分析	20	(1)标不出故障线段或错标在故障回路以外 每个故障点扣 10 分 (2)不能标出最小故障范围 每个故障点扣 5~10 分			
排除故障	50	(1)停电不验电 扣 5 分 (2)测量仪器和工具使用不正确 每次扣 5 分 (3)排除故障的方法不正确 扣 10 分 (4)损坏电器元件 每个扣 20 分 (5)不能排除故障点 每个扣 25 分 (6)扩大故障范围或产生新故障 每个扣 20 分			
实训报告	10	没按照报告要求完成、内容不正确 扣 5 分			
团结协作精神	10	小组成员分工协作不明确、不能积极参与 扣 10 分			
安全文明生产	10	违反安全文明生产规程 扣 5~10 分			
时间要求	定额时间:30 min,每超时 5 min 以内以扣 5 分计算				
备注	除定额时间外,各项目的最高扣分不应超过配分				
开始时间		结束时间		实际时间	
总计得分					

四、注意事项

(1)确保电动机和线路可靠接地。

(2)控制箱外部的导线必须穿在导线通道或敷设在机床底座内的导线通道里,导线的中间不允许有接头。

(3)注意运动部件的位置,一般置于行程的中间位置,以免在快速进给时,运动部件与车头或尾架相撞。

(4)试车时,要先合上电源开关,后启动按钮;停车时,要先按停止按钮,后断电源开关。

(5)通电试车必须在教师的监护下进行,必须严格遵守安全操作规程。

(6)本次实训项目完成后,经指导老师确认并评定成绩后,才能进行下一个实训项目。

【练习题】

1. C6140 型普通车床电气控制线路故障排除。

(1)用通电试验方法发现故障现象,进行故障分析,并在电气原理图中用虚线标出最小故障范围。

(2)按图排除 C6140 型普通车床主电路或控制电路中,人为设置的两个电气自然故障点。

提示:

①先熟悉原理,再进行正确的通电试车操作。

②熟悉电器元件的安装位置,明确各电器元件作用。

③教师示范故障分析检修过程(故障可人为设置)。

④教师设置让学生知道的故障点,指导学生如何从故障现象着手进行分析,逐步引导到采用正确的检查步骤和检修方法。

⑤教师设置人为的自然故障点,由学生检修。

2. M1720 平面磨床电气控制线路故障排除。

(1)用通电试验方法发现故障现象,进行故障分析,并在电气原理图中用虚线标出最小故障范围。

(2)按图排除 M1720 平面磨床主电路或控制电路中,人为设置的两个电气自然故障点。

提示:

①先熟悉原理,再进行正确的通电试车操作。

②熟悉电器元件的安装位置,明确各电器元件作用。

③教师示范故障分析检修过程(故障可人为设置)。

④教师设置让学生知道的故障点,指导学生如何从故障现象着手进行分析,逐步引导到采用正确的检查步骤和检修方法。

⑤教师设置人为的自然故障点,由学生检修。

3. Z35 摇臂钻床电气控制线路故障排除。

(1)用通电试验方法发现故障现象,进行故障分析,并在电气原理图中用虚线标出最小故障范围。

(2)按图排除 X62W 万能铣床主电路或控制电路中,人为设置的两个电气自然故障点。

提示:

①先熟悉原理,再进行正确的通电试车操作。

②熟悉电器元件的安装位置,明确各电器元件作用。

③教师示范故障分析检修过程(故障可人为设置)。

④教师设置让学生知道的故障点,指导学生如何从故障现象着手进行分析,逐步引导到采用正确的检查步骤和检修方法。

⑤教师设置人为的自然故障点,由学生检修。

第十章　自动化生产线的安装与调试

【教学目标】

1. 能够进行气动控制类回路、气动机械手装置等的安装任务。

2. 熟悉自动化生产线调试的常用方法，会一般气动系统安装与调试。

3. 了解自动化生产线调试过程及维护方法；学会光机电一体化实训考核装置的应用和气动系统的安装与调试。

【典型生产任务、作业流程及技能实训】

一、典型生产任务及作业流程

任务一　自动化生产线调试

任务一实施流程

1. 自动化生产线调试的一般步骤

自动化生产线调试的一般步骤为：单机通电、单机空载试车、单机加料试车、整体联动空车加电，整体生产线投料试车。

单机通电运行前，对电气部分重新检查，确保无短路和断路、接地良好等，使设备在独立的工作状态，断开与相关设备的连接。

整体联动时，要注意设备的机械传动是否有噪声、异响、电动机负荷异常，温度传感器、位移传感器等在控制面板的指示是否正常，工作步骤的逻辑关系是否正确，成品的温度、外观、成型等参数是否符合工艺要求等。

2. YL-335B 型自动生产线的调试步骤

YL-335B 型自动生产线系统的工作模式分为单站工作和全线运行模式。

从单站工作模式切换到全线运行方式的条件是：各工作站均处于停止状态，各站的按钮/指示灯模块上的工作方式选择开关置于全线模式，此时若人机界面中选择开关切换到全线运行模式，系统进入全线运行状态。

要从全线运行方式切换到单站工作模式，仅限当前工作周期完成后人机界面中选择开关切换到单站运行模式才有效。

在全线运行方式下，各工作站仅通过网络接受来自人机界面的主令信号，除主站急停按钮外，所有本站主令信号无效。

3. 单站运行调试

手动工作模式（单站工作模式）可以对各单元进行分步测试。测试步骤如下。

(1)分拣单元的手动测试。

(2)供料单元的手动测试。

(3)加工单元的手动测试。

(4)装配单元的手动测试。

(5)输送单元的手动测试。

4. 系统正常的全线运行模式调试

全线运行模式下各工作站部件的工作顺序以及对输送站机械手装置运行速度的要求,与单站运行模式一致。全线运行步骤如下。

(1)系统在上电,PPI 网络正常后开始工作。触摸人机界面上的复位按钮,执行复位操作,在复位过程中,绿色警示灯以 2 Hz 的频率闪烁。红色和黄色灯均熄灭。

复位过程包括:使输送站机械手装置回到原点位置和检查各工作站是否处于初始状态。

各工作站初始状态是指:各工作单元气动执行元件均处于初始位置;供料单元料仓内有足够的待加工工件;装配单元料仓内有足够的小圆柱零件;输送站的紧急停止按钮未按下。

当输送站机械手装置回到原点位置,且各工作站均处于初始状态,则复位完成,绿色警示灯常亮,表示允许启动系统。这时若触摸人机界面上的启动按钮,系统启动,绿色和黄色警示灯均常亮。

(2)供料站的运行。系统启动后,若供料站的出料台上没有工件,则应把工件推到出料台上,并向系统发出出料台上有工件信号。若供料站的料仓内没有工件或工件不足,则向系统发出报警或预警信号。出料台上的工件被输送站机械手取出后,若系统仍然需要推出工件进行加工,则进行下一次推出工件操作。

(3)输送站运行。当工件推到供料站出料台后,输送站抓取机械手装置应执行抓取供料站工件的操作。动作完成后,伺服电动机驱动机械手装置移动到加工站加工物料台的正前方,把工件放到加工站的加工台上。

(4)加工站运行。加工站加工台的工件被检出后,执行加工过程。当加工好的工件重新送回待料位置时,向系统发出冲压加工完成信号。

(5)输送站运行。系统接收到加工完成信号后,输送站机械手应执行抓取已加工工件的操作。抓取动作完成后,伺服电动机驱动机械手装置移动到装配站物料台的正前方,然后把工件放到装配站物料台上。

(6)装配站运行。装配站物料台的传感器检测到工件到来后,开始执行装配过程。装入动作完成后,向系统发出装配完成信号。如果装配站的料仓或料槽内没有小圆柱工件或工件不足,应向系统发出报警或预警信号。

(7)输送站运行。系统接收到装配完成信号后,输送站机械手应抓取已装配的工件,然后从装配站向分拣站运送工件,到达分拣站传送带上方入料口后把工件放下,然后执行返回原点的操作。

(8)分拣站运行。输送站机械手装置放下工件、缩回到位后,分拣站的变频器即启动,驱动传动电动机以 80%输入运行频率(由人机界面指定)的速度,把工件带入分拣区进行分拣,工件分拣原则与单站运行相同。当分拣气缸活塞杆推出工件并返回后,应向系统发出分拣完成信号。

(9)仅当分拣站分拣工作完成,并且输送站机械手装置回到原点,系统的一个工作周期才认为结束。如果在工作周期期间没有触摸过停止按钮，系统在延时 1 s 后开始下一周期工作。如果在工作周期期间曾经触摸过停止按钮，系统工作结束，警示灯中黄色灯熄灭，绿色灯仍保持常亮。系统工作结束后若再按下启动按钮，则系统又重新工作。

5. 异常工作状态测试

(1)工件供给状态的信号警示　如果产生来自供料站或装配站的“工件不足够”的预报警信号或“工件没有”的报警信号，则系统动作如下。

①如果发生“工件不足够”的预报警信号，警示灯中红色灯以 1 Hz 的频率闪烁，绿色和黄色灯保持常亮，系统继续工作。

②如果发生“工件没有”的报警信号，警示灯中红色灯以亮 1 s，灭 0.5 s 的方式闪烁；黄色灯熄灭，绿色灯保持常亮。

若“工件没有”的报警信号来自供料站，且供料站物料台上已推出工件，系统继续运行，直至完成该工作周期尚未完成的工作。当该工作周期工作结束，系统将停止工作，除非“工件没有”的报警信号消失，系统不能再启动。

若“工件没有”的报警信号来自装配站，且装配站回转台上已落下小圆柱工件，系统继续运行，直至完成该工作周期尚未完成的工作。当该工作周期工作结束，系统将停止工作，除非“工件没有”的报警信号消失，系统不能再启动。

(2)急停与复位　系统工作过程中按下输送站的急停按钮，则输送站立即停车。在急停复位后，应从急停前的断点开始继续运行。但若急停按钮按下时，机械手装置正在向某一目标点移动，则急停复位后输送站机械手装置应首先返回原点位置，然后再向原目标点运动。

6. 自动生产线全线运行模式下的故障分析

故障测试步骤如下。

(1)检查通信网络系统、主控制回路和警示灯。

(2)对系统的复位功能进行检测。

(3)通过运行指示灯检测系统启动运行情况。

(4)检测供料单元供给工件情况。

(5)检查输送站能否准确抓取供料站上的工件情况。

(6)检测输送站机械手抓取工件从供料站输送到加工站的情况。

(7)检查加工单元对工件进行加工的情况。

(8)检查输送站将工件从加工站取走的情况。

(9)检测输送站的机械手能否将工件准确送到装配单元。

(10)检测装配单元的工件装配过程。

(11)检测输送单元从装配单元把工件运送到分拣站的过程。

(12)测试分拣站的分拣工件过程。

(13)检测分拣站工作完成后，输送单元的复位过程。

7. 注意事项

(1)只有分拣站分拣工作完成，并且输送站机械手装置回到原点，系统的一个工作周期才认为结束。如果在工作周期没有按下过停止按钮，系统在延时 1 s 后开始下一周期工作。如果在工作周期曾经按下过停止按钮，系统工作结束，警示灯中黄色灯熄灭，绿色灯仍保持常亮。系统工作结束后若再按下启动按钮，则系统又重新工作。

(2)为保证生产线的工作效率和工作精度，检测要求每一工作周期不超过 30 s，伺服电动机每转使 12 齿同步轮转一周。

任务二　光机电一体化实训考核装置实现气动系统的安装与调试

任务二实施流程

(1)实训前准备；

(2)根据工艺流程把设备归到生产状态；

(3)对空气压缩机查找、清理、安装、接线；

(4)机械构件的装配与调整；

(5)计算机编程；

(6)线路的接线；

(7)气动方向控制回路的安装；

(8)气动速度控制回路的安装；

(9)摆动控制回路的安装；

(10)气动顺序控制回路的安装；

(11)气动机械手装置的安装；

(12)机电设备的安装与调试；

(13)电路安装；

(14)气动系统的安装与调试；

(15)自动生产线的安装与调试；

(16)通电试运行；

(17)试车成功。

任务三　自动化生产线维护

任务三实施流程

1. 自动化生产线的各个工作站的维护

(1)电路、气路、油路及机械传动部位(如导轨等)工作前后要检查、清理。

(2)工作过程要巡检，重点部位要抽检，发现异样要记录，小问题工作前处理(时间不长)，大问题做好配件准备。

(3)统一全线停机维修，做好易损件计划，提前更换易损件，防患于未然。

(4)使用软布或刷子对以下部分进行清洁：光电式传感器的镜头、光纤和反射器、接近式传感器的接近面、整个工作站。

2. 自动化生产线的气动系统的维护

(1)气动系统使用注意事项

①应严格管理压缩空气的质量，开车前后要放掉系统中的冷凝水，定期清洗分水滤气器的滤芯。

②开车前要检查各调节手柄是否在正确位置，行程阀、行程开关、挡块的位置是否正确、牢固，对导轨、活塞杆等外露部分的配合表面应预先擦拭。

③熟悉元件控制机构的操作特点，要注意各元件调节手柄的旋向与压力、流量大小变化的关系，严防调节错误造成事故。

④系统使用中应定期检查各部件有无异常现象，各连接部位有无松动；油雾器、气缸、各种

阀的活动部位应定期加润滑油。

⑤阀的密封元件通常用丁腈橡胶制成，应选择对橡胶无腐蚀作用的透平油作为润滑油(ISOVG32)。即使对无油润滑的元件，一旦用了含油雾润滑的空气后，就不能中断使用。因为润滑油已将原有油脂洗去，中断后会造成润滑不良。

⑥设备长期不用时，应将各手柄放松，以免弹簧失效而影响元件的性能。

⑦气缸拆下长期不使用时，所有加工表面应涂防锈油，进排气口加防尘塞。

⑧元件检修后重新装配时，零件必须清洗干净，特别注意防止密封圈剪切、损坏，注意唇形密封圈的安装方向。

(2)气动系统的维护　为使气动系统能长期稳定地运行，应采取下述定期维护措施。

①每天应将过滤器中的水排放掉。检查油雾器的油面高度及油雾器调节情况。

②每周应检查信号发生器上是否有铁屑等杂质沉积。查看调压阀上的压力表。检查油雾器的工作是否正常。

③每3个月检查管道连接处的密封，以免泄漏。更换连接到移动部件上的管道。检查阀口有无泄漏。用肥皂水清洗过滤器内部，并用压缩空气从反方向将其吹干。

④每6个月检查气缸内活塞杆的支承点是否磨损，必要时需更换。同时应更换刮板和密封圈。

3. 自动化生产线的液压系统的维护

(1)定期对油箱内的油进行检查、过滤、更换。

(2)检查冷却器和加热器的工作性能，控制油温。

(3)定期检查更换密封件，防止液压系统泄漏。

(4)定期检查清洗或更换液压件、滤芯、定期检查清洗油箱和管路。

(5)严格执行日常点检制度，检查系统的泄漏、噪声、振动、压力、温度等是否正常。

二、实训地点和设备

实训地点：实训室、企业。

实训设备：可编程控制器实训装置、工业自动化控制实训装置、计算机、触摸屏和变频器、机电一体化设备；光机电一体化实训考核装置、空气压缩机、电源、电工工具等。

三、自动化生产线安装与调试安全规程

(1)检查各种仪器、设备、引线、接地线等是否完好。

(2)严禁带电操作，严禁双手同时接触任意两接线柱，各分路保险装置，其熔断丝规格不得大于0.5 A，严禁用其他金属丝应急代替。

(3)如遇触电事故，应首先切断电源(注意绝缘操作)；如遇其他意外事故发生，应保持冷静，听从指挥处理，并逐级上报。

(4)检查实训场地的电源插座及有关设备有无不安全因素。

(5)操作者必须熟悉和学习仪器、仪表的基本性能、注意事项和操作方法后方准许启用。

(6)调试用仪表接好线后，经检查无误后方可使用。通电后操作者要坚守岗位，不得擅自离开，必须离开时，须切断电源。

【必备的理论知识】

第一节 自动化生产线简介

一、自动化生产线的定义

生产线的种类按范围大小分为产品生产线和零部件生产线;按节奏快慢分为流水生产线和非流水生产线;按自动化程度分为自动化生产线和非自动化生产线。

自动化生产线是产品生产过程所经过的路线,即从原料进入生产现场开始,经过加工、运送、装配、检验等一系列生产线活动所构成的路线。把机床按工艺顺序依次排列,用自动输送装置和其他辅助装置将它们联系起来,使之成为一个整体,并用液压或气动系统与电气控制系统将各个部分的动作联系起来,使其按照规定的程序自动地进行工作,使原料、毛坯或半成品(在装配时是零部件)根据控制系统要求,以一定节拍,按工艺顺序自动地经过各工位,完成预定的工艺过程,最后成为合乎设计要求的制品。这种自动工作的机床系统就称为自动化生产线。

自动化生产线的发展趋势体现在以下几个方面。

(1)继续向大型化发展。大型化包括大输送能力、大单机长度和大输送倾角等几个方面。水力输送装置的长度已达 440 km 以上;带式输送机的单机长度已近 15 km,并已出现由若干台组成联系甲乙两地的“带式输送道”。有些国家正在探索长距离、大运量连续输送物料的更完善的输送机结构。

(2)扩大输送机的使用范围。发展能在高温、低温条件下,有腐蚀性、放射性、易燃性物质的环境中工作,以及能输送炽热、易爆、易结团、黏性的物料的输送机。使输送机的构造满足物料搬运系统自动化控制对单机提出的要求。如邮局所用的自动分拣包裹的小车式输送机应能满足分拣动作的要求等。

(3)降低能量消耗以节约能源,已成为输送技术领域内科研工作的一个重要方面。已将 1 t 物料输送1 km 所消耗的能量作为输送机选型的重要指标之一。

(4)减少各种输送机在作业时所产生的粉尘、噪声和排放的废气。

自动化生产线具有三个方面的特点:具有较高的自动化程度;统一的控制系统;具有严格的生产节奏。

二、自动化生产线的组成

自动化生产线一般由工艺设备、质量检查装置、辅助设备和控制系统等四个部分组成,如图 10-1 所示。

(一)工艺设备

工艺设备是完成工艺过程的主要生产装置,自动化生产线上的工艺设备包括机床、刀具、夹具和必要的辅助器具。机床是将金属毛坯加工成机器零件的机器,精度要求较高和表面粗糙度要求较细的零件一般都需在机床上用切削的方法进行最终加工。在一般的制造过程中,

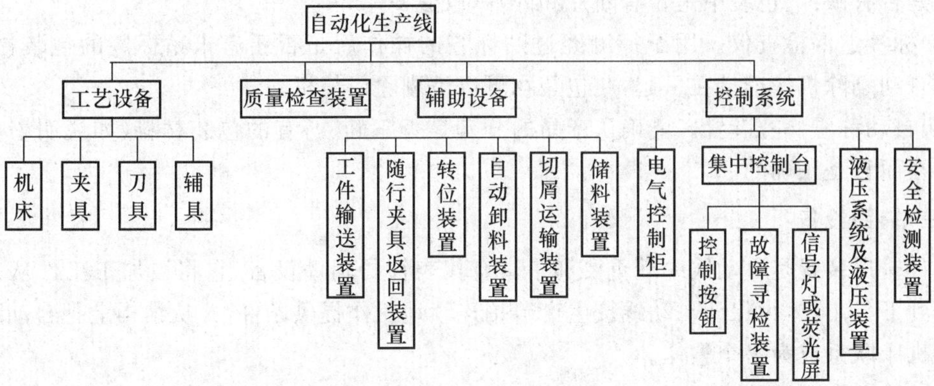

图 10-1　自动化生产线的组成

机床所担负的加工工作量占总工作量的 40%～60%，机床在国民经济现代化的建设中起着重大作用。

机床的种类繁多，在自动化生产线上广泛使用各种数控机床、加工中心、组合机床等设备。近 20 年来，组合机床自动化生产线技术取得了长足进步。组合机床和组合机床自动化生产线是一种专用高效自动化技术装备。目前，由于它仍是大批量机械产品实现高效、高质量和经济性生产的关键装备，因而被广泛应用于汽车、内燃机和压缩机等许多工业生产领域。十多年来，组合机床柔性化进展迅速。组合机床的柔性化主要是通过采用数控技术来实现的。开发柔性组合机床和柔性自动化生产线的重要前提是开发数控加工模块，而有着较长发展历史的加工中心技术为开发数控加工模块提供了成熟的经验。由数控加工模块组成的柔性组合机床和柔性自动化生产线，可通过应用和改变数控程序来实现自动换刀、自动更换多轴箱和改变加工行程、工作循环、切削参数以及加工位置等，以适应变型品种的加工。自动化生产线在加工精度、生产效率、利用率、柔性化和综合自动化等方面的巨大进步，标志着组合机床自动化生产线技术发展达到的高水平。

(二)质量检查装置

在自动化生产线上采用自动测量系统对生产过程中的加工质量进行监控。由于自动化生产线节拍时间的日益缩短、被测工件的精度要求越来越高以及测量又要在生产条件下进行，因此，自动测量系统不仅要具有很高的工作速度和很高的工作精度，并且要具有较强的抗环境干扰(如切屑、尘埃、冷却液蒸气、油液、振动和温度等)能力或测量系统具有对某些干扰量能进行自动补偿的性能。

质量检查装置已经成为自动化生产线上不可或缺的组成部分，它可以及时发现生产过程中各种质量问题，以便加工人员及时解决，同时可以剔除不合格的产品，以免有缺陷的产品进入市场。

质量检查装置的具体实现可以使用各种现代化的检测技术。例如某制药企业在药品灌装前的自动质量保证检查设备可包含下列几种设备。

(1)条形码系统。在线检查每种包装材料是否有特定的条形码出现，并判断此识别码是否正确。

(2)视频系统。视频检查系统是一种光电扫描装置，它可以辨识药片的真伪(例如有错片混入)、是否有缺片、包装中是否有断片和碎片(胶囊)等。

(3)标签遗漏检查仪。用于探测经过贴标签的操作后是否还有未贴标签的包装物存在。如果与自动剔除机构连接在一起,此包装物可以被剔除或停机。

(4)自动称重检查装置。能确认产品的分量是否正确、所有的包装材料(如说明书、单盒)是否存在而且是正确的。

(三)辅助设备

工件输送装置是自动线中最重要和最富有代表性的辅助设备,它将被加工工件从一个工位传送到下一工位,为保证自动线按生产节拍连续地工作提供条件,并从结构上把自动线的各台自动机床联系成为一个整体。

自动线上所采用的夹具可归纳为两种类型,即固定式夹具与随行夹具。所谓固定式夹具,即夹具附属于每一加工工位,不随工件的输送而移动,或安装于机床的某一部件上,或安装于专用的夹具底座上。随行夹具适用于结构形状比较复杂的工件,这类工件缺少可靠的输送基面,在组合机床自动线上较难用步伐式输送带直接输送。

工件在加工过程中,有时需要翻转或转位以改换加工面。在通用机床或专用机床自动线中加工中小型工件时,其翻身或转位常常在输送过程或自动上料过程中完成。在组合机床自动线中,则需设置专用的转位装置,这种装置可用于工件的转位,也可以用于随行夹具的转位。

在自动线中设置必要的储料装置,以保持工序间(或工段间)具有一定的工件储备量,可使自动化生产线在各工序的节拍不平衡的情况下连续工作一段较长的时间,或者在某台机床更换、调整刀具或发生故障而停歇时,保证其他机床仍能正常工作。

对于节拍很短的或加工笨重零件的自动化生产线,设置自动化的或半自动化的上下料装置,可以减轻工人的劳动强度。

断屑与排屑是自动化生产线生产中的关键问题之一,特别是加工钢件等塑性材料工件所产生的锋利带状切屑,如不及时折断,就会缠绕在刀具、机床部件及回转的工件上。这不但会积聚大量的热量,产生热变形,影响加工质量,降低刀具耐用度,而且会严重妨碍自动化生产线正常运转,甚至会危害操作人员与设备的安全。目前较常用的断屑方法有:采用特殊的刀具几何角度;在刀具上增添断屑器;在刀具的切削部分做出断屑槽;变化切削截面积,使切屑折断等。

(四)控制系统

自动化生产线的控制系统主要用于保证线内的机床、工件传送系统,以及辅助设备按照规定的工作循环和连锁要求正常工作,并设有故障寻检装置和信号装置。为适应自动线的调试和正常运行的要求,控制系统有三种工作状态:调整、半自动和自动。在调整状态时,可手动操作和调整,实现单台设备的各个动作;在半自动状态时,可实现单台设备的单循环工作;在自动状态时自动化生产线能连续工作。

控制系统有"预停"控制机能,自动化生产线在正常工作情况下需要停车时,能在完成一个工作循环、各机床的有关运动部件都回到原始位置后才停车。自动线的其他辅助设备是根据工艺需要和自动化程度设置的,如有清洗机工件自动检验装置、自动换刀装置、自动排屑系统和集中冷却系统等。为提高自动线的生产率,必须保证自动线的工作可靠性。影响自动化生产线工作可靠性的主要因素是加工质量的稳定性和设备工作可靠性。自动线的发展方向主要是提高生产率和增大多用性、灵活性。为适应多品种生产的需要，将发展能快速调整的可调自动线。

数字控制机床、工业机器人和电子计算机等技术的发展，以及成组技术的应用，将使自动线的灵活性更大，可实现多品种、中小批量生产的自动化。多品种可调自动化生产线，降低了自动化生产线生产的经济批量，因而在机械制造业中的应用越来越广泛，并向更高度自动化的柔性制造系统发展。

三、自动化生产线的类型

自动化生产线的类型是多种多样的，根据不同的特征，有多种不同的分类方法。从研究和掌握自动化生产线的结构特点出发，可以从下面两个方面进行分类。

1. 按工艺设备类型分类

(1)通用机床自动化生产线。一般是在流水线基础上，利用现有通用机床进行自动化改造后连成的。

(2)专用(非组合)机床自动化生产线。这类生产线所选用设备以专用机床为主，建设费用较高，适用于产品结构稳定，产量比较大的场合。

(3)组合机床自动线。这类自动化生产线是用组合机床连成的，在大批量生产中得到广泛的应用，收到了较好的使用效果和经济效益。组合机床自动化生产线多用来进行钻、扩、铰、镗、攻丝和铣削等工序的加工。

2. 按储料装置分类

(1)刚性连接的自动化生产线。在这类自动化生产线中没有储料装置，机床按照工艺顺序依次排列，工件由输送装置强制性地从一个工位移动到下一个工位，直到加工完毕。这种自动化生产线和特点是所有的机床由输送设备的控制系统联成整体，工件的加工和输送过程有严格的节奏性。当某机床发生故障时，就会导致全线的停工。为了保证自动化生产线的生产效率，所选用的机床和各种设备都应具有较好的稳定性和可靠性。

(2)柔性连接的自动化生产线。在这类自动化生产线中设有必要的储料装置，根据实际需要，可以在每台机床之间设置储料装置，也可相隔若干台机床设置储料装置，并将自动化生产线分为若干段。当某一台机床(或某一段机床)发生故障时，其余的机床在一定的时间与可继续工作。

四、自动化生产线应用现状及发展趋势

自动化生产线在电力、冶金、机械制造、汽车、轻纺、交通运输、食品加工、医药、化工：等各行各业中得到应用，如电缆桥架自动化生产线、矿泉水包装生产线、面包自动化生产线、汽车自动化生产线。

中国工业控制自动化的发展，大多是在引进成套设备的同时进行消化吸收，然后进行二次开发和应用。目前中国工业控制自动化技术、产业和应用都有了很大的发展，工业计算机传统行业已经形成，工业控制自动化技术正在向智能化、网络化和集成化方向发展。

1. 以工业 PC 为基础的低成本工业控制自动化将成为主流

20 世纪 90 年代以来，由于 PC-based 的工业计算机(简称工业 PC)的发展，以工业 PC、I/O装置、监控装置、控制网络组成的 PC-based 的自动化系统得到了迅速普及，成为实现低成

本工业自动化的重要途径。例如，重庆钢铁公司这样的大企业，几乎全部大型加热炉拆除了原来 DCS 或单回路数字式调节器，改用工业 PC 来组成控制系统，并采用模糊控制 算法，并获得了良好效果。

2. PLC 在向微型化、网络化、PC 化和开放性方向发展

长期以来，PLC 始终处于工业控制自动化领域的主战场，为各种各样的自动化控制设备提供非常可靠的控制方案，与 DCS 和工业 PC 形成了三足鼎立之势。同时，PLC 也承受着来自其他技术产品的冲击，尤其是工业 PC 所带来的冲击。微型化、网络化、PC 化和开放性是 PLC 未来发展的主要方向。在基于 PLC 自动化的早期，PLC 体积大而且价格昂贵，但在最近几年，微型 PLC(小于 32 I/O)已经出现，价格只有几百欧元。随着软 PLC(soft PLC)控制组态软件的进一步完善和发展，软 PLC 组态软件和 PC-based 控制的市场份额将逐步得到增长。

3. 面向测控管一体化设计的 DCS 系统

集散控制系统(distributed control system，DCS)问世于 1975 年，生产厂家主要集中在美、日、德等国。中国从 20 世纪 70 年代中后期起，首先由大型进口设备成套引入国外的 DCS，有化纤、乙烯、化肥等进口项目。当时，中国主要行业(如电力、石化、建材和冶金等)的 DCS 基本全部进口。20 世纪 80 年代初期，在引进、消化和吸收的同时，开始了研制国产化 DCS 的技术攻关。

小型化、多样化、PC 化和开放性是未来 DCS 发展的主要方向。目前，小型 DCS 所占有的市场已逐步与 PLC、工业 PC、FCS 共享。今后小型 DCS 可能首先与这三种系统融合，而且"软 DCS"技术将首先在小型 DCS 中得到发展。PC-based 控制将更加广泛地应用于中小规模的过程控制，各 DCS 厂商也将纷纷推出基于工业 PC 的小型 DCS 系统。开放性的 DCS 系统将同时向上和向下双向延伸，使来自生产过程的现场数据在整个企业内部自由流动，实现信息技术与控制技术的无缝连接，向测控管一体化方向发展。

4. 控制系统正在向现场总线(FCS)方向发展

由于 3C(computer、control、communication)技术的发展，过程控制系统将由 DCS 发展到 FCS(fieldbus control system)。FCS 可以将 PID 控制彻底分散到现场设备(field device)中。基于现场总线的 FCS 是全分散、全数字化、全开放和可互操作的新一代生产过程自动化系统，它将取代现场一对一的模拟信号线，给传统的工业自动化控制系统体系结构带来革命性的变化。

第二节　自动化生产线的控制单元

一、机械传动机构

(一)机械传动机构的概念及功能

利用机械运动方式传递运动和动力的机构称为机械传动机构。

机械传动机构的功能是：将原动机的输出速度降低或增高，以适合工作机的需要；实现变

速传动，以满足工作机的经常变速要求；将原动机的输出的转矩变换为工作机的转矩或力；将原动机输出的等速旋转运动转变为工作机所需要的、速度按某种规律变化的旋转或其他类型的运动；实现由一个或多个原动机驱动若干个相同或不同速度的工作机；受机体外形、尺寸限制，为了安全与操作方便，工作机不宜与原动机直接连接时，需要用传动装置来连接。

(二)常用传动机构及其特点

根据各种运动方案，选择合适的常用传动机构。常用传动机构及其特点如下。

(1)实现运动形式的变换原动件的运动形式都是匀速回转运动，而工作机构所要求的运动形式却是多种多样的。传动机构可以将匀速回转运动转变为移动、摆动、间歇运动和平面复杂运动等各种各样的运动形式。

(2)实现运动转速(或速度)的变化当需要获得较大的定传动比时，可用多级齿轮传动、带传动、蜗杆传动和链传动等组合来满足速度变化的需要。

(3)实现运动的合成与分解采用各种差动轮系进行运动的合成与分解。

(4)获得较大的机械效益根据一定功率下减速增矩的原理，通过减速传动机构可以实现用较小驱动转矩产生较大的输出转矩，即获得较大的机械效益。

(三)自动化生产线中的机械传动机构

1. 用于步进、伺服电动机驱动的机械传动机构分类

(1)滚珠丝杠(直接连接)用于距离较短的高精度定位。电动机和滚珠丝杠只用联轴节连接，没有间隙，如图 10-2 所示。

(2)滚珠丝杠(减速)选择减速比，可加大向机械系统传递的转矩。由于产生齿轮侧隙，需要采取补偿措施，如图 10-3 所示。

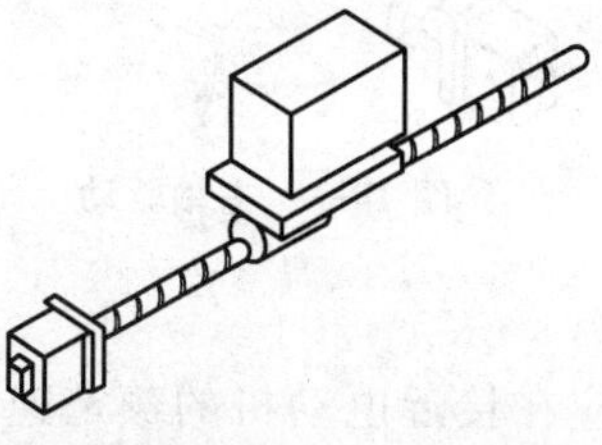

图 10-2 滚珠丝杠(直接连接)

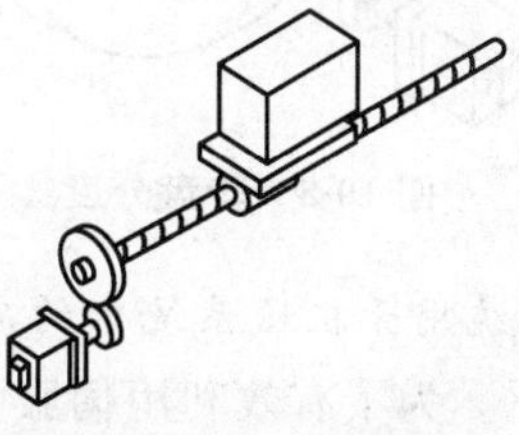

图 10-3 滚珠丝杠(减速)

(3)齿条和小齿轮用于距离较长的(台车驱动等)定位。小齿轮转动一圈包含了 π 值，因此需要修正，如图 10-4 所示。

(4)同步皮带(传送带)与链条比较，形态上的自由度变大，主要用于轻载。皮带轮转动一圈的移动量中包含 π 值，因此需要修正，如图 10-5 所示。

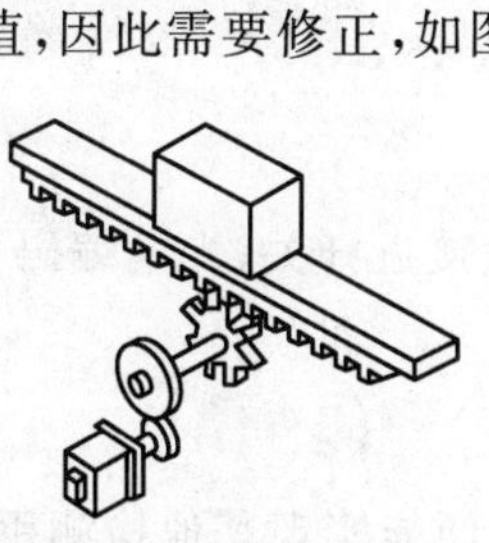

图 10-4 齿条和小齿轮

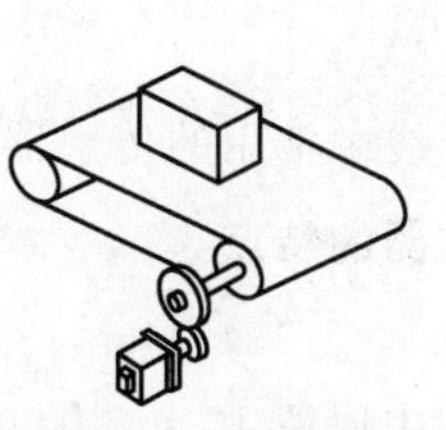

图 10-5 同步皮带

(5)链条驱动多用于输送线上。必须考虑链条本身的伸长并采取相应的措施。在减速比较大的状态下使用，机械系统的移动速度小，如图 10-6 所示。

(6)进料辊将板带上的材料夹入辊间送出。由于未严密确定辊子直径，在尺寸长的物件上将产生误差，需进行 π 补偿。如果急剧加速，将产生打滑，送出量不足，见图 10-7 所示。

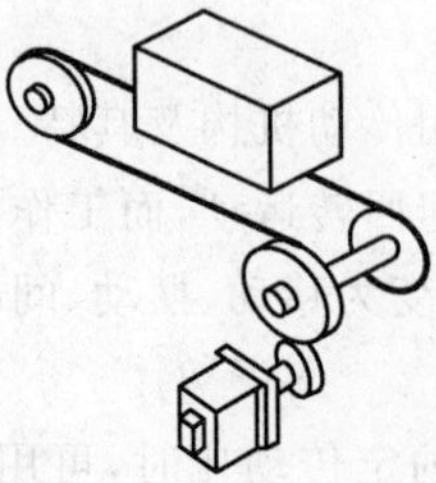

图 10-6 链条驱动

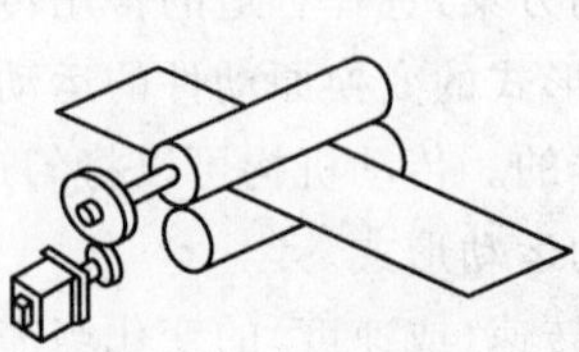

图 10-7 进料辊

(7)转盘分度转盘的惯性矩大，需要设定足够的减速比。转盘的转速低，多使用蜗轮蜗杆，见图 10-8。

(8)主轴驱动在卷绕线材时，由于惯性矩大，需要设定足够的减速比。在等圆周速度控制中，必须把周边机械考虑进来研究，见图 10-9。

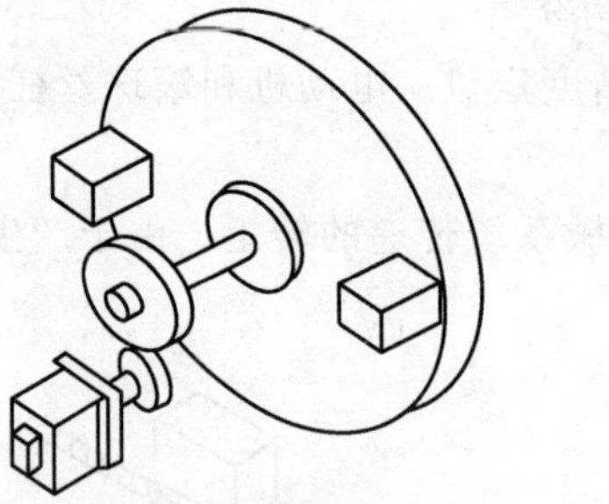

图 10-8 转盘分度

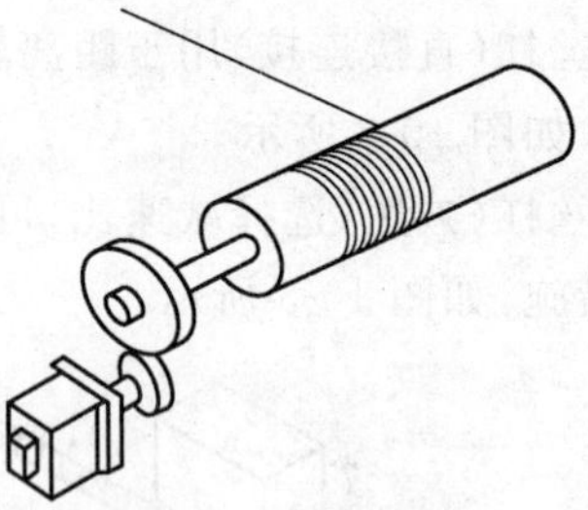

图 10-9 主轴驱动

2. 伺服系统用于机械系统中的应注意事项

(1)减速比。为了有效利用伺服电动机的功率，应在接近电动机的额定速度(最高旋转速度)数值的范围使用。在最高旋转速度下连续输出转矩，还是比额定转矩小。

(2)预压转矩。对丝杠加预压力，刚性增强，负载转矩值增大。由预压产生的摩擦转矩，请参照滚珠丝杠规格书。

(3)保持转矩升降机械在停止时，伺服电动机继续输出保持力。在时间充裕的场合，建议使用保持制动。

二、传感器

在自动化生产线中常用的传感器有光电开关、接近开关、光电编码器等。

(一)光电传感器的特点

1. 检测距离长

如果在对射型中保留 10 m 以上的检测距离，便能实现其他检测手段(磁性、超声波等)无法达到的长距离检测。

2. 对检测物体的限制少

由于以检测物体引起的遮光和反射为检测原理，所以不像接近传感器等将检测物体限定在金属，而它可对玻璃、塑料、木材、液体等几乎所有物体进行检测。

3. 响应时间短

光本身为高速，并且传感器的电路都由电子零件构成，所以不包含机械性工作时间，响应时间非常短。

4. 分辨率高

能通过高级设计技术使投光光束集中在小光点，或通过构成特殊的受光光学系统，来实现高分辨率。也可进行微小物体的检测和高精度的位置检测。

5. 可实现非接触的检测

可以无须机械性地接触检测物体实现检测，因此不会对检测物体和传感器造成损伤，因此传感器能长期使用。

6. 可实现颜色判别

通过检测物体形成的光的反射率和吸收率，根据被投光的光线波长和检测物体的颜色组合而有所差异。利用这种性质，可对检测物体的颜色进行检测。

7. 便于调整

在投射可视光的类型中，投光光束是眼睛可见的，便于对检测物体的位置进行调整。

(二)光电传感器的应用

近年来，随着光电技术的发展，光电传感器已成为系列产品，其品种及产量日益增加，用户可根据需要选用各种规格产品，在自动化生产线中获得广泛的应用。如 YL-335B 自动化生产线的分拣单元中，当工件进入分拣输入带时，分拣站上光电开关发出的光线遇到工件反射回自身的光敏元件，光电开关输出信号启动输送带运转。

(三)光电编码器的工作原理

光电编码器是一种通过光电转换将输出轴上的机械几何位移量转换成脉冲或数字量的传感器。这是目前应用最多的传感器，光电编码器由光栅盘和光电检测装置组成。光栅盘是在一定直径的圆板上等分地开通若干个长方形孔。由于光电码盘与电动机同轴，电动机旋转时，光栅盘与电动机同速旋转，经发光二极管等电子元件组成的检测装置检测输出若干脉冲信号。

通过计算每秒光电编码器输出脉冲的个数就能反映当前电动机的转速。此外，为判断旋转方向，码盘还可提供相位相差 90°的脉冲信号。

根据检测原理，编码器可分为光学式、磁式、感应式和电容式。根据其刻度方法及信号输出形式，可分为增量式、绝对式以及混合式三种。

光电编码器是一种角度(角速度)检测装置，它将输入给轴的角度量，利用光电转换原理转换成相应的电脉冲或数字量，具有体积小、精度高、工作可靠、接口数字化等优点。

(四)光电编码器的应用

如 YL-335B 自动化生产线中的分拣单元就使用了这种具有 A、B 两相 90°相位差的旋转编码器，用以计算工件在传送带上的位置。

(五)接近开关

1. 接近开关工作原理

接近开关是一种不需与运动部件进行机械接触而可以操作的位置开关，当物体接近开关的感应面到动作距离时，不需要机械接触及施加任何压力即可使开关动作，从而驱动交流或直流电器或给计算机装置提供控制指令。接近开关是一种开关型传感器(即无触点开关)，它即有行程开关、微动开关的特性，同时又具有传感性能，且动作可靠、性能稳定、频率响应快、应用寿命长、抗干扰能力强，并具有防水、防振、耐腐蚀等特点。产品有电感式、电容式、霍尔式、交直流型。

接近开关又称无触点接近开关，是理想的电子开关量传感器。当金属检测体接近开关的感应区域，开关就能无接触、无压力、无火花、迅速发出电气指令，准确反映出运动机构的位置和行程。它广泛地应用于机床、冶金、化工、轻纺和印刷等行业。在自动控制系统中可作为限位、计数、定位控制和自动保护环节。接近开关具有使用寿命长、工作可靠、重复定位精度高、无机械磨损、无火花、无噪声、抗振能力强等特点。到目前为止，接近开关的应用范围日益广泛，其自身的发展和创新的速度也是极其迅速的。

2. 接近开关的主要功能

(1)检验距离　检测电梯以及升降设备的停止、启动、通过位置；检测车辆的位置，防止两物体相撞检测；检测工作机械的设定位置、移动机器或部件的极限位置；检测回转体的停止位置、阀门的开或关位置；检测气缸或液压缸内的活塞移动位置。

(2)尺寸控制　金属板冲剪的尺寸控制装置；自动选择与鉴别金属件长度；检测自动装卸时堆物高度；检测物品的长、宽、高和体积。

(3)检测物体存在　检测生产包装线上有无产品包装箱；检测有无产品零件。

(4)转速与速度控制　控制传送带的速度；控制旋转机械的转速；与各种脉冲发生器一起控制转速和转数。

(5)计数及控制　检测生产线上流过的产品数；高速旋转轴或盘的转数计量；零部件计数。

(6)检测异常　检测瓶盖有无；产品合格与不合格判断；检测包装盒内的金属制品是否缺乏；区分金属与非金属零件；检测产品有无标牌；起重机危险区报警；安全扶梯自动启停。

(7)计量控制　产品或零件的自动计量；检测计量器、仪表的指针范围而控制数量或流量；检测浮标控制的测面高度、流量；检测不锈钢桶中的铁浮标；仪表量程上限或下限的控制；流量控制，水平面控制等。

(8)识别对象　根据载体上的码识别是与非。

(9)信息传送　ASI(总线)连接设备上各个位置上的传感器在生产线(50～100 m)中的数据往返传送等。

3. 接近开关分类及结构

接近开关的作用是当某物体与接近开关接近并达到一定距离时，能发出信号，它不需要外力施加，是一种无触点式的主令电器。它的用途已远远超出行程开关所具备的行程控制及限位保护。接近开关可用于高速计数、检测金属体的存在、测速、液位控制、检测零件尺寸以及用作无触点式按钮等。

目前应用较为广泛的接近开关按工作原理可以分为以下几种类型。

①高频振荡型：用以检测各种金属体。

②电容型：用以检测各种导电或不导电的液体或固体。

③光电型：用以检测所有不透光物质。

④超声波型：用以检测不透过超声波的物质。

⑤电磁感应型：用以检测导磁或不导磁金属。

按其外形形状可分为圆柱形、方形、沟型、穿孔（贯通）型和分离型。

圆柱形比方形安装方便，但其检测特性相同；沟型的检测部位是在槽内侧，用于检测通过槽内的物体；贯通型在中国很少生产，而日本则应用较为普遍，可用于小螺钉或滚珠之类的小零件和浮标组装成水位检测装置等。

接近开关按供电方式可分为：直流型和交流型。按输出形式又可分为直流两线制，直流三线制，直流四线制，交流两线制和交流三线制。

①两线制接近开关两线制接近开关安装简单、接线方便；应用比较广泛，但却有残余电压和漏电流大的缺点。

②三线制接近开关三线制接近开关的输出形式有 NPN 和 PNP 两种，20 世纪 70 年代日本的产品绝大多数是 NPN 输出，西欧各国 NPN、PNP 两种输出型都有。PNP 输出接近开关一般应用在 PLC 或计算机作为控制指令较多，NPN 输出接近开关用于控制直流继电器较多，在实际应用中要根据控制电路的特性进行选择。

4. 接近开关应用

如 YL-335B 自动化生产线供料单元中，为了检测待加工工件是否为金属材料，安装了电感式传感器，用以识别有无金属物体接近。

三、气动控制单元

气压传动是以气体作为工作介质，依靠密封工作系统对气体挤压产生的压力能来进行能力转换、传递、控制和调节的一种传动方式。其结构简单、成本低廉、使用方便，所以在各行业中都可以应用。

气动系统由气源装置、执行元件、控制元件、辅助元件等组成。

(1)气源装置是压缩空气的发生装置以及压缩空气的存储、净化的辅助装置，为系统提供合乎质量要求的压缩空气。

(2)执行元件是指将气体压力能转换成机械能并完成做功动作的元件，如气缸、气马达。

(3)控制元件是指控制气体压力、流量及运动方向的元件，以保证执行元件具有一定的输出力（转矩）和速度（转速），如各种阀类。

(4)辅助元件是指对保证系统可靠、稳定地工作起着重要作用的元件，如冷却器、除油等。

具体元件及回路介绍见液压与气压传动课程内容。

四、执行机构

(一)步进电动机

步进电动机是一种将电脉冲信号转换成角位移或线位移的机电元件。步进电动机的输入量是脉冲序列，输出量则为相应的增量位移或步进运动。正常运动情况下，它每转一周具有固定的步数；做连续步进运动时，其旋转转速与输入脉冲的频率保持严格的对应关系，不受电压波动和负载变化的影响。由于步进电动机能直接接受数字量的控制，所以特别适宜采用计算机进行控制。

目前常用的有三种步进电动机。

(1)反应式步进电动机(VR) 反应式步进电动机结构简单，生产成本低，步距角小；但动态性能差。

(2)永磁式步进电动机(PM) 永磁式步进电动机出力大，动态性能好；但步距角大。

(3)混合式步进电动机(HB) 混合式步进电动机综合了反应式、永磁式步进电动机两者的优点，它的步距角小，出力大，动态性能好，是目前性能最高的步进电动机。它有时也称作永磁感应子式步进电动机。

(二)电磁阀

电磁阀是用来控制流体的方向的自动化基础元件，属于执行器，通常用于机械控制和工业阀门上面，对介质方向进行控制，从而达到对阀门开关的控制。

1. 电磁阀的选型原则

(1)适用性 管路中的流体必须和选用的电磁阀系列型号中标定的介质一致。流体的温度必须小于选用电磁阀的标定温度。电磁阀允许液体黏度一般在 20 cst(1 cst=1 mm^2/S)以下，大于 20 cst 应注明。工作压差，管路最高压差小于 0.04 MPa 时，应选用如 ZS、2 W，ZQDF、ZCM 等系列直动式和分步直动式；最低工作压差大于 0.04 MPa 时，可选用先导式(压差式)电磁阀；最高工作压差应小于电磁阀的最大标定压力；一般电磁阀都是单向工作，因此要注意是否有反压差，如有安装止回阀。流体清洁度不高时，应在电磁阀前安装过滤器，一般电磁阀对介质要求清洁度要好。注意流量孔径和接管口径；电磁阀一般只有开关两位控制；条件允许可安装旁路管，便于维修；有水锤现象时要定制电磁阀的开闭时间调节。注意环境温度对电磁阀的影响；电源电流和消耗功率应根据输出容量选取，电源电压变化一般允许±10% 必须注意交流启动时伏安值较高。

(2)可靠性 电磁阀分为常闭和常开两种。一般选用常闭型，通电打开，断电关闭；但在开启时间很长、关闭时间很短时，要选用常开型。寿命试验，工厂一般属于型式试验项目。中国还没有电磁阀的专业标准，因此选用电磁阀厂家时要慎重。动作时间很短、频率较高时，一般选取直动式，大口径选用快速系列。

(3)安全性 一般电磁阀不防水，在条件允许时选用防水型，工厂可以定做。电磁阀的最高标定公称压力一定要超过管路内的最高压力，否则使用寿命会缩短或产生其他意外情况。有腐蚀性液体的应选用全不锈钢型，强腐蚀性流体宜选用塑料王(SLF)电磁阀，爆炸性环境必须选用相应的防爆产品。

(4)经济性 有很多电磁阀可以通用，但在能满足以上三点的基础上应选用最经济的产品。

电磁阀选型首先应该依次遵循安全性，可靠性，适用性，经济性四大原则，其次是根据六个方面的现场工况(即管道参数、流体参数、压力参数、电气参数、动作方式、特殊要求)进行选择。

2. 选型依据

可根据管道参数、流体参数、压力参数、电压规格等选择电磁阀，这里不详述。

(三)伺服电动机

伺服电动机也称执行电动机,在自动控制系统中作为执行元件,其任务是把接收的电信号转变为轴上的角位移或角速度。这种电动机有信号时就动作,没有信号时就立即停止。伺服电动机分为直流伺服电动机和交流伺服电动机。伺服电动机的工作条件与一般动力用电动机有很大区别,它的启动、制动和反转十分频繁,多数时间电动机转速处在零或低速状态等过渡过程中。因此对伺服电动机的性能有如下要求。

(1)无"自转"现象。即当信号电压为零时,电动机应迅速自行停转。

(2)具有下垂的机械特性。在控制电压改变时,电动机能在较宽的转速范围内稳定运行。

(3)具有线性的机械特性和调节特性。

(4)快速响应。即对信号反应灵敏,机电时间常数要小。

五、人机界面及组态技术

人机界面(human machine interaction,HMI)是人与计算机之间传递、交换信息的媒介和对话接口,是计算机系统的重要组成部分,是指人和机器在信息交换和功能上的接触,或互相影响的领域,或称界面。

人机界面是在操作人员和机器设备之间作双向沟通的桥梁,用户可以自由地组合文字、按钮、图形、数字等来处理或监控管理,及时应付随时可能变化信息的多功能显示屏幕。随着机械设备的飞速发展,以往的操作界面需由熟练的操作员才能操作,而且操作困难,无法提高工作效率。但是使用人机界面能够明确指示并告知操作员机器设备目前的状况,使操作变得简单生动,并且可以减少操作上的失误,即使是新手也可以很轻松地操作整个机器设备。使用人机界面还可以使机器的配线标准化、简单化,同时也能减少 PLC 控制器所需的 I/O 点数,降低生产的成本。由于面板控制的小型化及高性能,相对地提高了整套设备的附加价值。

触摸屏作为一种新型的人机界面,从出现就受到关注。它的简单易用,强大的功能及优异的稳定性使它非常适合用于工业环境,甚至可以用于日常生活之中。例如,自动化停车设备、自动洗车机、天车升降控制、生产线监控等。

随着科技的飞速发展,越来越多的机器与现场操作都趋向于使用人机界面,PLC 控制器强大的功能及复杂的数据处理也呼唤各种功能与之匹配且操作又简便的人机界面的出现,触摸屏的应运而生无疑是 21 世纪自动化领域里的一个巨大的革新。

MT500 系列触摸屏是专门面向 PLC 应用的,它不同于简单的仪表式或其他的一些简单的控制 PLC 的设备,其功能非常强大,使用非常方便,非常适合现代工业越来越庞大的工作量及功能的需求,日益成为现代工业必不可少的设备之一。

六、可编程控制器

可编程控制器是自动化生产线装置中最核心的器件,在自动化生产线中应用广泛。如 YL-335B 自动化生产线中,每一个工作站都安装有一个西门子 S7-200 系列的可编程控制器,控制着机械手、控制气爪按要求动作。

七、工业控制计算机的功能

工业控制计算机分为大、中、小和微型四类,它们被用于工业控制对象的实时控制和工厂、企业的信息管理，能完成如下六项功能。

(1)巡回检测和数据处理　对数以百计的过程物理参数周期性地或随机地进行测量显示、打印记录，对于间接指标或参数可进行计算处理。

(2)顺序控制和数值控制　对复杂的生产过程可按一定顺序进行启、停、开、关等操作，或对工件加工的尺寸进行精密数值控制。

(3)操作指导　对生产过程进行测量，根据测量结果与预期目的做出比较判断，决定下一步应该怎样改变生产进程，将这种决定打印或显示出来供操作人员执行或参考。

(4)直接数字控制　对生产过程直接进行反馈或前馈控制，代替常规的自动调节器或控制装置，一台工业控制计算机可以同时控制众多的生产环节。

(5)监督控制　对生产过程不进行直接控制，只监督生产过程的进行，根据生产过程的状态、环境、原料等因素，按照过程的数字模型(或控制算法)计算出最优状况或当时应采取的控制措施，把这种措施交给在现场起直接控制作用的计算机或常规控制仪表执行(整定其给定值)。

(6)工厂管理或调度　对车间或全厂的自动生产线或生产过程进行调度管理。

八、现场总线技术

现场总线是近年来迅速发展起来的一种工业数据总线，它主要解决工业现场的智能化仪器仪表、控制器、执行机构等现场设备间的数字通信以及这些现场控制设备和高级控制系统之间的信息传递问题。

现场总线技术作为工厂数字通信网络的基础，沟通了生产过程现场及控制设备之间及其与更高控制管理层次之间的联系。它不仅是一个基层网络，而且还是一种开放式、新型全分布控制系统。这项以智能传感、控制、计算机、数字通信等技术为主要内容的综合技术，已经受到世界范围的关注，成为自动化技术发展的热点，并将导致自动化系统结构与设备的深刻变革。国际上许多有实力、有影响的公司都先后在不同程度上进行了现场总线技术与产品的开发。现场总线设备的工作环境处于过程设备的底层，作为工厂设备级基础通信网络，要求具有协议简单、容错能力强、安全性好、成本低的特点；具有一定的时间确定性和较高的实时性要求，还具有网络负载稳定，多数为短暂传送，信息交换频繁等特点。

第三节　典型自动化生产线介绍

一、典型自动化生产线及其应用

塑壳式断路器自动化生产线，包括自动上料、自动铆接、5 次通电检查、瞬时特性检查、延时特性检查、自动打标等工序，采用可编程控制器控制，每个单元都有独立的控制、声光报警等功能，采用网络技术将生产线构成一个完善的网络系统。

某汽车配件厂的制动器自动化装配线，该生产线考虑到设备性能、生产节拍、总体布局、物流传输等因素，采用标准化、模块化设计，选用各种机械手及可编程自动化装置，实现零件的自动供料、自动装配、自动检测、自动打标、自动包装等装配过程自动化，采用网络通信监控、数据管理实现控制与管理。

某饮料厂的自动化灌装线，主要完成上料、灌装、封口、检测、打标、包装、码垛等几个生产过程，实现集约化大规模生产的要求。

二、认识 YL-335A 型自动化生产线

1. YL-335A 型自动化生产线的基本结构认知

亚龙 YL-335A 型自动化生产线实训考核装备由安装在铝合金导轨式实训台上的供料单元、加工单元、装配单元、输送单元和分拣单元这 5 个单元组成。各工作站均设置一台 PLC 承担起控制任务，各 PLC 之间通过 RS-485 串行通信实现互联，构成分布式的控制系统。

YL-335A 型自动化生产线的工作目标是：将供料单元料仓内的工件送往加工单元的物料台，完成加工操作后，把加工的工件送往装配单元的物料台，然后把装配单元料仓内的白色和黑色两种不同颜色的小圆柱工件嵌入物料台上的工件中，完成装配后的成品送往分拣单元分拣输出。

其中，每一工作单元都可自成一个独立的系统，同时也都是一个机电一体化的系统。各个单元的执行机构基本上以气动执行机构为主，但输送单元的机械手装置整体运动则采取步进电机驱动、精密定位的位置控制，该驱动系统具有长行程、多定位点的特点，是一个典型的一维位置控制系统。分拣单元的传送带驱动则采用了通用变频器驱动三相异步电动机的传动装置。位置控制和变频器技术是现代工业企业应用最为广泛的电气控制技术。

在 YL-335A 型设备上应用了多种类型的传感器，分别用于判断物体的运动位置、物体通过的状态、物体的颜色及材质等。传感器技术是机电一体化技术中的关键技术之一，是现代工业实现高度自动化的前提之一。

在控制方面，YL-335A 型采用了基于 RS-485 串行通讯的 PLC 网络控制方案，即每一工作单元由一台 PLC 承担其控制任务，各 PLC 之间通过 RS-485 串行通信实现互联的分布式控制方式。用户可以根据需要选择不同的厂家的 PLC 及其所支持的 RS-485 通信模式，组建成一个小型的 PLC 网络。掌握基于 RS-485 串行通信的 PLC 网络技术，将为进一步学习现场总线技术、工业以太网技术等知识打下良好的基础。

2. 供料单元的基本结构功能认知

供料单元主要由工作库、工件紧锁装置和工件推出装置组成。主要配置有井式工件库、直线气缸、光电传感器、工作定位装置等。供料单元的基本功能是按照需要将放置在料仓中待加工的工件自动送到物料台上，以便输送单元的抓取机械手装置将工件抓取送往其他工作单元。

3. 输送单元的基本结构功能认知

输送单元主要包括直线移动装置和工件取送装置。主要配置有步进电动机、薄型气缸、气动摆台、双导杆气缸、气动手指、行程开关和磁性开关等。

输送单元的基本功能：该单元能实现到指定单元的物料台精确定位，并在该物料台上抓取工件，把抓取到的工件输送到指定地点然后放下的功能。

4. 加工单元的基本结构功能认知

加工单元主要包括工件搬运装置和工件加工装置，主要配置有导轨、直线气缸、薄型气缸、工作夹紧装置等。

加工单元的基本功能：把该单元物料台上的工件（工件由输送单元的抓取机械手装置送来）送到冲压机构下面，完成一次冲压加工动作，然后再送回到物料台上，待输送单元的抓取机械手装置取出。

5. 装配单元的基本结构功能认知

装配单元主要包括装配工件库和装配工作搬运装置。装配装置主要配置有工件库、摆台、导杆气缸、气动手指、直线气缸、光电传感器等。

装配单元的基本功能：完成将该单元料仓内的黑色和白色小圆柱工件嵌入已加工的工件中的装配过程。

6. 分拣单元的基本结构功能认知

成品分拣单元主要包括皮带输送线和成品分拣装置。主要配置有直线传送带输送线、直线气缸、三相异步电动机、变频器、光电传感器、光纤传感器等。

分拣单元的基本功能：将上一单元送来的已加工、装配的工件进行分拣，使不同颜色的工件从不同的料槽分流。

7. YL-335A 的特点、参数及实训项目认知

YL-335A 设备是一套半开放式的设备，学习时在一定程度上可以根据自已的需要选择设备组成单元的数量、类型，最多可由 5 个单元组成，最少时 1 个单元即可自成 1 个独立的控制系统。对由多个单元组成的系统而言，采用 PLC 网络的控制方案可以体现出自动生产线的控制特点。

YL-335A 主要技术参数如下：

交流电源：三相五线制，AC380×(1±10%)V/220(1±10%)V 50 Hz；

环境温度：−10～+40℃；湿度：≤90%(25℃)；

实训桌外形尺寸：长×宽×高＝1 920 mm×960 mm×840 mm；

整机功耗：≤1.5 kV·A；

气源工作压力：最小 0.6 Mbar，最大 1 Mbar。(1 bar＝10^5 Pa)

安全保护措施：具有接地保护、漏电保护动能，安全性符合相关的国家标准。采用高绝缘的安全型插座及戴绝缘护套的高强度安全型实验导线。

利用 YL-335A 可以完成以下实训任务：

(1)自动检测技术使用实训；

(2)气动技术应用实训；

(3)可编程控制器编程实训；

(4)PLC 网络组建实训；

(5)电气控制电路实训；

(6)变频器应用实训；

(7)步进电动机驱动和位置控制实训；

(8)自动控制技术教学与实训；

(9)机械系统安装和调试实训；

(10)系统维护与故障检测实训。

8. 主要完成的工作任务

(1)设备安装　完成 YL-335A 自动线供料、加工、装配、分拣单元和输送单元的部分器件

装配工作,并把这些工作单元安装在 YL-335A 的工作桌面上。

(2)气路连接 根据生产线工作任务对气动元件的动作要求和控制要求连接气路。

(3)电路设计和电路连接 根据控制要求,设计输送单元的电气控制电路,并根据所设计的电路图连接电路。

按照给定的 I/O 分配表,连接供料、加工和装配单元控制电路。对于分拣单元,按照给定 I/O 分配表预留给变频器的 I/O 端子,设计和连接变频器主电路和控制电路,并连接分拣单元的控制电路。

根据该生产线的网络控制要求,连接通信网络。

(4)程序编制和程序调试 根据该生产线正常生产的动作要求和特殊情况下的动作要求,编写 PLC 的控制程序和设置步进电动机驱动器参数及变频器参数。

调试机械部件、气动元件、检测元件的位置和编写的 PLC 控制程序,满足设备的生产和控制要求。

【拓展知识:自动化生产线安装】

一、自动化生产线安装的一般要求

1. 安装步骤

(1)按照原件清单清点元器件并检测元器件的质量和状态是否满足要求。

(2)生产线的各个单元(供料、加工、装配、分拣、输送)的装配。

(3)将各个工作单元安装到工作台上。

2. 注意事项

(1)在空白的自动化生产线工作台上首先安装输送单元的两根直线导轨。

(2)将输送单元在工作台上安装好之后,再依次安装供料单元、加工单元、装配单元、分拣单元,各单元的间距要以 YL-335B 自动化生产线工作单元安装位置图为准。

(3)以输送单元气动机械手爪完全伸出长度为基准,以其气动摆台旋转 90°、垂直与导轨时手爪中心为基准点,分别与供料单元的物料台挡料导向件中心、加工单元的物料台气动手爪中心、装配单元物料台定位导向座中心对中;分拣单元传送带工件导向件中心与气动摆台旋回的气动手爪中心对中,以此确定各分站底板的间距。

(4)经微调后将各单元用地脚螺栓固定在工作台上。地脚螺栓要先初步固定,待位置确定后再上紧,要注意底板螺栓对角固定。

二、自动化生产线气路的连接的一般要求

1. YL-335B 自动化生产线对气路气源的要求

(1)空压机气缸体积应该大于 50 L,压力为 0.6～1.0 MPa,输出压力为 0～0.8 MPa 可调。输出的压缩空气通过快速三通接头和气管输送到各工作单元。

(2)气源的气体需经油水分离器过滤。

(3)自动化生产线的空气工作压力要求为 0.6 MPa,要求气体洁净、干燥,无水分、油气、灰尘。

(4)自动生产线使用压缩空气注意安全生产，在通气前应先检查气路的气密性。

2. YL-335B 自动生产线主气路连接

(1)先仔细读懂总气路图。

(2)自空气压缩机的管路出口，用专用气管与油水分离器的入口连接。

(3)自油水分离器的出口，与主快速三通接头(也可为快速六通接头)的入口连接。

(4)快速三通的出口之一与装配单元电磁阀组汇流排的入口连接；另一出口与分拣单元电磁阀组汇流排的入口相连。

(5)快速三通的出口之一与供料单元电磁阀组汇流排的入口连接。

(6)快速三通的出口之一与加工单元电磁阀组汇流排的入口连接；另一出口与输送单元电磁阀组汇流排入口连接。

3. YL-335B 自动生产线各单元的气路连接

从油水分离器出口的快速接头开始，进行自动线各生产单元的气路连接。气动控制回路作为自动线的执行机构，其逻辑控制功能由 PLC 按照工作任务书要求编程实现。

(1)分拣单元气路的连接。

(2)装配单元气路的连接。

(3)供料单元气路的连接。

(4)加工单元气路的连接。

(5)输送单元气路的连接。

注意事项如下：

(1)气路连接必须按照自动生产线气路图进行。

(2)气管不能够有漏气现象。

(3)气路中的气缸节流阀调整要适当，以不推倒工件为准。

(4)气路气管在连接时不能交叉打折。

(5)电磁阀组与气体汇流板的连接要求密封良好，无泄漏。

(6)调节回转摆回转角度或摆动位置精度时，回转缸调成 90°固定角度旋转。

三、自动化生产线电路连接的一般要求

YL-335B 型自动化生产线的供电电源：外部供电电源为三相五线制 AC 380 V/220 V，总电源开关选用 DZ47LE-32/C32 型三相四线漏电开关。各生产单元电路的连接如下。

1. 供料单元、加工单元、装配单元的电路连接注意事项

(1)PLC 侧接线端口的接线端子采用两层端子结构。

(2)供料单元侧的接线端口的接线端子采用三层端子结构。

(3)供料单元侧接线端口中，输入信号端子的上层端子(+24 V)只能作为传感器的正电源端。

(4)为接线方便，一般应该先接下层端子，后接上层端子。

(5)导线端应该处理干净，无线芯外露，裸露铜线不得超过 2 mm。

(6)导线走向应该平顺有序，不得重叠挤压折曲。

(7)供料(加工、装配)单元的按钮/指示灯模块，按照端子接口的规定连接。

2. 分拣单元的电路连接注意事项

(1)PLC 上层端子连接各信号线,底层端子连接 DC 24 V 电源的+24 V 端和 0 V 端。

(2)分拣单元上层端子连接 DC 24 V 电源的+24 V 端,底层端子连接 DC 24 V 电源的 0 V 端。

(3)分拣单元侧接线端口中,输入信号上层端子(+24 V)只能作为传感器的正电源端。

(4)导线端应该处理干净,无线芯外露,裸露铜线不得超过 2 mm。

(5)导线走向应该平顺有序,不得重叠挤压折曲,顺序凌乱。

(6)分拣单元变频器模块面板上的 L1、L2、L3 插孔接三相电源,三相电源线单独布线;三个电动机与三相减速电动机的接线,不能接错电源,否则会损坏变频器。

(7)变频器的模拟量输入端按照 PLC I/O 规定的模拟量输出端口连接。

(8)分拣单元变频器接地插孔要有可靠保护地线。

(9)传送带主动轴同轴旋转编码器的 A、B、Z 相输出线电源输入为 DC 24 V。

(10)分拣单元的按钮/指示灯模块,按照端子接口的规定连接。

3. 输送单元的电路连接注意事项

(1)PLC 侧接线端子采用两层端子结构,上层端子连接各信号线,底层端子连接DC 24 V 电源的+24 V 端和 0 V 端。

(2)输送单元侧接线端子采用三层端子结构,上层端子用以连接 DC 24 V 电源的+24 V 端,底层端子用以连接 DC 24 V 电源的 0 V 端,中间层端子用以连接各信号线。

(3)输送单元侧的接线端口和 PLC 侧的接线端口之间通过专用电缆连接。其中 25 针接头电缆连接 PLC 的输入信号,15 针接头电缆连接 PLC 的输出信号。

(4)输送单元工作的 DC 24 V 直流电源,是通过专用电缆由 PLC 侧的接线端子提供,经接线端子排引到加工站上。

(5)按照输送单元 PLC 的 I/O 接线原理图和规定的 I/O 地址接线。

(6)导线线端应该处理干净,无线芯外露,裸露铜线不得超过 2 mm。导线在端子上的压接,以用手稍用力外拉不动为宜。

(7)导线走向应该平顺有序,不得重叠挤压折曲,顺序凌乱。

(8)电气管线在拖拽中不能相互交叉、打折、纠结,要有序排布,并用尼龙扎带绑扎。

(9)进行松下 MINAS A4 系列伺服电动机驱动器接线时,驱动器上的 L1、L2 要与 AC220 V 电源相连;U、V、W、D 端与伺服电动机电源端连接。接地端一定要可靠连接保护地线。

(10)TPC7062K 人机界面(触摸屏)可以通过 SIEMENS S7-200 系列 PLC(包含 CPU 221/CPU 222/CPU 224/CPU 226 等型号)CPU 单元上的编程通信口(PPI 端口)与 PLC 连接。

【练习题】

1. 在操作 YL-335B 自动化生产线时,如果发生来自供料站或装配站的"工件不足够"的预报警信号或"工件没有"的报警信号,则系统动作是什么?

提示:(1)如果发生"工件不足够"的预报警信号时进行观察。

(2)如果发生"工件没有"的报警信号时进行观察。

2. 在操作 YL-335B 自动化生产线时，若在检查工件装配是否到位时，发现工件装配不到位，应如何处理？

提示：按一下输送站的 SB_2 按钮，指示灯 HL_1 熄灭，然后机械手后退到加工单元，执行一次压紧加工工作。压紧加工完成后，输送站机械手抓取已装配到位的工件，从加工单元向分拣站运送工件。

3. 简述 YL-335B 自动化生产线更换损坏的电磁阀的步骤。

提示：从卸下已经损坏的电磁阀到装上新的电磁阀，调试，检查气缸动作情况等方面考虑。

第十一章　企业顶岗实训

【教学目标】

1. 能够承担机电控制类的基本岗位工作。

2. 能够根据生产需要完成基本低压配电柜的柜体接线，独立进行常用配电柜的安装与调试；熟悉自动生成线控制的维护与调试。

3. 培养学生仔细、认真、严谨和吃苦耐劳的工作态度；通过学习使学生建立起经济观点，质量观点和理论联系实际的科学态度；对学生进行思想作风教育，使其在生产劳动中遵守纪律，爱护国家财产。

【典型生产任务、作业流程及技能实训】

一、典型生产任务及作业流程

任务一　配电柜设计接线

任务一实施流程

(1)准备；

(2)图纸设计；

(3)提出工艺方案；

(4)工厂制造技术指导；

(5)低压配电柜产品制造；

(6)仔细查看控制柜的图纸；

(7)明白其工作原理；

(8)根据要求备料；

(9)检查电气元件是否正常；

(10)安装电气元件到盘上；

(11)按图纸要求配线，保证工艺无误、美观；

(12)通电试车；

(13)检查；

(14)试车成功。

任务二　配电柜安装与调试

任务二实施流程

(1)调研市场需求；

(2)与客户技术交流；
(3)鉴定技术要求；
(4)产品设计计算；
(5)优化设计计算方案；
(6)图纸设计；
(7)提出工艺方案；
(8)产品安装；
(9)产品鉴定；
(10)产品现场运行。

任务三　自动生成线控制

任务三实施流程
(1)生成线类型判断；
(2)与客户技术交流；
(3)鉴定技术要求；
(4)生产线功能分析；
(5)生成线维护与调试；
(6)电路调试；
(7)气动系统的安装与调试；
(8)自动生产线的安装与调试；
(9)通电试运行；
(10)试车成功。

二、实训地点、使用设备、量具、工具

(1)实训地点：电气控制、电气设备类企业。
(2)实训使用设备、量具、工具：结合实训企业选择。

三、企业顶岗实训引导文

(1)配电柜安装完毕后如何检查？
(2)验收设备的资料和文件有哪些？
(3)详述配电柜的检测标准。
(4)低压配电柜的接线图的表示方法有几种？
(5)柜内有功、无功电能表的安装注意事项是什么？
(6)安装电压表、电流表的注意事项有哪些？
(7)安装电流互感器的注意事项有哪些？
(8)安装配电柜常用的工具有哪些？
(9)安装接线过程中有哪些注意事项？
(10)配电柜中主要有哪些回路？如何布线？
(11)简述硬母线的安装工艺过程。
(12)母线刷相色漆时要注意哪些事项？

(13)试举例说明传感器在自动化生产线上的应用。

(14)PLC在哪些企业应用较为广泛？试举例。

(15)在真实的企业环境里，如何利用身边资源完成信息的收集与查阅、信息的整理与分析？

(16)在企业里如何处理好工人师傅、班组长、工段长、车间主任以及学校的关系？

(17)作为学生、“准员工”的双身份的自己，如何适应社会和企业，要想成为一名正式员工需要从哪几方面进行改善？

四、制订完成工作任务计划

填写计划单(表11-1)。

表11-1 计划单

工作任务名称					
类别		任务名称		学时	
实训企业名称			所在岗位		
小组成员					
完成任务完整流程					
任务涉及的专业知识					
所需材料及工具					
所在岗位计划完成的任务及步骤					
计划评价	组长		第 组	日期	
	评语：				

五、实施并做好生产岗位工作记录

填写实施记录单(表11-2)。

表 11-2 实施记录单

工作任务名称						
类别		任务名称		学时		
实施方式	由小组共同完成实施，每人填写此单					
序号	所在岗位完成项目名称	具体实施流程		所需材料设备	完成时间	
注意事项						
组长		第 组		日期		
教师签字						

六、生产岗位工作质量检查

由指导教师、企业专家、技术人员对学生进行考核(表 11-3)。

表 11-3 考核单

工作任务名称				
序号	考核内容	考核形式	得分	考核人员
1	专业能力 40%	书面考核 30%(通过完成计划单、项目报告等形式主要考核观察、分析问题的能力及能力运用的相关知识的掌握情况)		指导教师、企业专家、技术人员
2		职业现场考核 70%(主要依靠企业或机构的力量，用完成实际任务的方式完成，主要考核学生的实际操作能力与相关知识的综合运用能力)		
小计				
3	方法能力 30%	工作态度与规范 计划能力(计划单制订情况) 决策能力(处理问题等能力) 创新能力		
4	社会能力 30%	职业素养 评判能力		
合计				

七、生产岗位工作总结评估

进行生产岗位工作总结，填写总结评价单(表 11-4)。

表 11-4 总结评价单

<table>
<tr><td>任务名称</td><td colspan="2"></td></tr>
<tr><td>类别</td><td colspan="2"></td></tr>
<tr><td rowspan="5">完成任务情况总结</td><td>专业知识掌握情况</td><td></td></tr>
<tr><td>企业规章制度遵守情况</td><td></td></tr>
<tr><td>工具、设备的使用与维护情况</td><td></td></tr>
<tr><td>安全及其他</td><td></td></tr>
<tr><td>存在的问题</td><td></td></tr>
<tr><td rowspan="2">完成任务情况评价</td><td>自我评价</td><td></td></tr>
<tr><td>小组评价</td><td></td></tr>
<tr><td colspan="2">对完成此项任务的其他说明</td><td></td></tr>
<tr><td colspan="2">教师评价</td><td></td></tr>
</table>

八、对学生综合能力评估

(1)企业指导教师和专业教师对学生学习情况的评估(表 11-5)。

表 11-5 企业指导教师和专业教师对学生学习情况的评估

<table>
<tr><td>姓名</td><td></td><td>考勤</td><td colspan="2">请假 天</td></tr>
<tr><td>序号</td><td>项目</td><td>内容</td><td>分值</td><td>企业指导教师和专业教师打分</td></tr>
<tr><td>1</td><td>考勤</td><td>全勤、请假</td><td>20</td><td></td></tr>
<tr><td>2</td><td>态度与方法</td><td>学习态度、工作态度、处理问题能力、创新能力等</td><td>20</td><td></td></tr>
<tr><td>3</td><td>专业知识水平</td><td>元器件的识别、基本电路图的看图、读图能力等</td><td>20</td><td></td></tr>
<tr><td>4</td><td>技能操作水平</td><td>完成给定任务的能力,实际动手操作能力等</td><td>40</td><td></td></tr>
<tr><td colspan="4">合计</td><td></td></tr>
<tr><td colspan="2">企业指导教师和专业教师评价及签名</td><td colspan="3"></td></tr>
</table>

(2)学生自我对课程学习情况的评估(表 11-6)。

表 11-6　学生课程学习总结评价表

姓名		班级		第　组
课程总结	本课程理论知识掌握情况			
	本课程实践技能掌握情况			
	本课程方法能力掌握情况			
	本课程社会能力掌握情况			
课程评价	课程设计方面	学习情境设计情况		
		典型任务选择情况		
		专业知识是否够用		
	课程实施方面	典型任务能否实施		
		实训条件如何		
		企业环境能否满足教学		
	教师能力方面	专职教师	完成课程内容情况	
			动手操作情况	
			处理专业问题情况	
		企业指导教师	师傅参与教学情况	
			师傅指导学生情况	
	学生学习方面	自主学习情况		
		小组协作学习情况		
其他建议				

第十二章　职业岗位与资格

【教学目标】

1. 熟悉维修电工职业岗位定义、特征、工作范围、等级及要求。

2. 通过复习总结本课程学习内容，考取中级及其以上职业资格证书。

一、职业定义

从事机械设备和电气系统线路及器件等的安装、调试与维护、修理的人员。

二、职业能力特征

具有一定的学习、理解、观察、判断、推理和计算能力，手指、手臂灵活，动作协调，并能高空作业。

三、从事的工作范围

(1)对电气设备与原材料进行选型；

(2)安装、调试、维护、保养电气设备；

(3)架设与接通送、配电线路与电缆；

(4)对电气设备进行大修、小修，修理或更换有缺陷的零部件；

(5)对机床等设备的电器装量、电工器材进行维护保养、修理；

(6)对室内电器线路和照明灯具进行安装、调试与修理；

(7)维护保养电工工具、器具及调试仪表；

(8)填写安装、运行，检修设备技术记录。

四、职业等级

本职业共设五个等级，分别为：初级(国家职业资格五级)、中级(国家职业资格四级)、高级(国家职业资格三级)、技师(国家职业资格二级)、高级技师(国家职业资格一级)。

五、基本文化程度和培训要求

(1)基本文化程度：初中毕业。

(2)培训要求：全日制职业学校教育，根据其培养目标和教学计划确定、晋级培训期限：初级不少于500标准学时；中级不少于400标准学时；高级不少于300标准学时；技师不少于300标准学时；高级技师不少于200标准学时。

六、鉴定要求

1. 适用对象

从事或准备从事本职业的人员。

2. 申报条件

——初级(具备以下条件之一者)

(1)经本职业初级正规培训达规定标准学时数,并取得毕(结)业证书。

(2)在本职业连续见习工作3年以上。

(3)本职业学徒期满。

——中级(具备以下条件之一者)

(1)取得本职业初级职业资格证书后,连续从事本职业工作3年以上、经本职业中级正规培训达规定标准学时数,并取得毕(结)业证书。

(2)取得本职业初级职业资格证书后,连续从事本职业工作5年以上。

(3)连续从事本职业工作7年以上。

(4)取得经劳动保障行政部门审核认定的、以中级技能为培养目标的中等以上职业学校本职业(专业)毕业证书。

——高级(具备以下条件之一者)

(1)取得本职业中级职业资格证书后,连续从事本职业工作4年以上,经本职业高级正规培训达规定标准学时数,并取得毕(结)业证书。

(2)取得本职业中级职业资格证书后,连续从事本职业工作8年以上。

(3)取得高级技工学校或经劳动保障行政部门审核认定的、以高级技能为培养目标的高等职业学校本职业(专业)毕业证书。

(4)取得本职业中级职业资格证书的大专以上本专业或相关专业毕业生、连续从事本职业工作3年以上。

——技师(具备以下条件之一者)

(1)取得本职业高级职业资格证书后,连续从事本职业工作5年以上,经本职业技师正规培训达规定标准学时数,并取得毕(结)业证书。

(2)取得本职业高级职业资格证书后,连续从事本职业工作10年以上。

(3)取得本职业高级职业资格证书的高级技工学校本职业(专业)毕业生和大专以上本专业或相关专业毕业生,连续从事本职业工作满2年。

——高级技师(具备以下条件之一者)

(1)取得本职业技师职业资格证书后,连续从事本职业工作3年以上,经本职业高级技师正规培训达规定标准学时数,并取得毕(结)业证书。

(2)取得本职业技师职业资格证书后,连续从事本职业工作5年以上。

七、基本要求

(一)职业道德

1. 职业道德基本知识

掌握职业道德的基本知识。

2. 职业守则

(1)遵守法律、法规和有关规定。

(2)爱岗敬业、具有高度的责任心。

(3)严格执行工作程序、工作规范、工艺文件和安全操作规程。

(4)工作认真负责,团结合作。

(5)爱护设备及工具、夹具、刀具、量具。

(6)着装整洁符合规定;保持工作环境清洁有序,文明生产。

(二)基础知识

1. 电工基础知识

(1)直流电与电磁的基本知识。

(2)交流电路的基本知识。

(3)常用变压器与异步电动机。

(4)常用低压电器。

(5)半导体二极管、晶体三极管和整流稳压电路。

(6)晶体管基础知识。

(7)电工读图的基本知识。

(8)一般生产设备的基本电气控制线路。

(9)常用电工材料。

(10)常用工具(包括专用工具)、量具和仪表。

(11)供电和用电的一般知识。

(12)防护及登高用具等使用知识。

2. 钳工基础知识

(1)锯削

①手锯。

②锯削方法。

(2)锉削

①锉刀。

②锉削方法。

(3)钻孔

①钻头简介。

②钻头刃磨。

(4)手工加工螺纹

①内螺纹的加工工具与加工方法。

②外螺纹的加工工具与加工方法。

(5)电动机的拆装知识

①电动机常用轴承种类简介。

②电动机常用轴承的拆卸。

③电动机拆装方法。

3. 安全文明生产与环境保护知识

(1)现场文明生产要求。

(2)环境保护知识。

(3)安全操作知识。

4. 质量管理知识

(1)企业的质量方针。

(2)岗位的质量要求。

(3)岗位的质量保证措施与责任。

5. 相关法律,法规知识

(1)劳动法相关知识。

(2)合同法相关知识。

(三)相关知识比重表

相关知识比重表见表12-1和表12-2。

表12-1 理论知识

项目			初级/%	中级/%	高级/%	技师/%	高级技师/%
基本要求	职业道德		5	5	5	5	5
	基础知识		22	17	14	10	10
相关知识	工艺准备	劳动保护与安全文明生产	8	5	5	3	2
		工具、量具、仪器及仪表	4	5	4	3	2
		材料选用	5	3	3	2	2
		读图与分析	9	10	10	6	5
	装调与维修	电气故障检修	15	17	18	13	10
		配线与安装	20	22	18	5	3
		调试	12	13	13	10	7
		测绘		3	4	10	12
		新技术应用			2	9	12
		工艺编制			2	5	8
		设计				9	12
	培训指导	指导操作			2	2	2
		理论培训				2	2
	管理	质量管理				3	3
		生产管理				3	3
合计			100	100	100	100	100

注:中级以上“劳动保护与安全文明生产”与“材料选用”模块内容按初级标准考核;高级以上“工具、量具、仪器及仪表”模块内容按中级标准考核;高级技师“管理”模块内容按技师标准考核。

表 12-2 技能操作

项目			初级/%	中级/%	高级/%	技师/%	高级技师/%
技能要求	工艺准备	劳动保护与安全文明生产	10	5	5	5	5
		工具、量具、仪器及仪表	5	10	8	2	2
		材料选用	10	5	2	2	2
		读图与分析	10	10	10	7	7
	装调与维修	电气故障检修	25	26	25	15	8
		配线与安装	25	24	15	5	2
		调试	15	18	19	10	5
		测绘		2	7	10	9
		新技术应用			3	13	20
		工艺编制			4	8	10
		设计				13	16
	培训指导	指导操作			2	2	4
		理论培训				2	4
	管理	质量管理				3	3
		生产管理				3	3
合计			100	100	100	100	100

注:中级以上“劳动保护与安全文明生产”与“材料选用”模块内容按中级标准考核;高级以上“工具、量具、仪器与仪表”模块内容按高级标准考核;高级技师“管理”模块内容按技师标准考核。

八、初、中、高级电工操作技能考核要求

初、中、高级电工操作技能考核要求见表 12-3、表 12-4 和表 12-5。

表 12-3 初级

职业功能	工作内容	技能要求	相关知识
一、工作前准备	(一)劳动保护与安全文明生产	1. 能够正确准备个人劳动保护用品 2. 能够正确采用安全措施保护自己,保证工作安全	
	(二)工具、量具及仪器、仪表	能够根据工作内容合理选用工具、量具	常用工具、量具的用途和使用、维护方法
	(三)材料选用	能够根据工作内容正确选用材料	电工常用材料的种类、性能及用途
	(四)读图与分析	能够读懂 CA6140 车床、Z535 钻床、5 t 以下起重机等一般复杂程度机械设备的电气控制原理图及接线图	一般复杂程度机械设备的电气控制原理图、接线图的读图知识

续表12-3

职业功能	工作内容	技能要求	相关知识
二、装调与维修	(一)电气故障检修	1. 能够检查、排除动力和照明线路及接地系统的电气故障 2. 能够检查、排除 CA6140 车床、Z535 钻床等一般复杂程度机械设备的电气故障 3. 能够拆卸、检查、修复、装配、测试 30 kW 以下三相异步电动机和小型变压器 4. 能够检查、修复、测试常用低压电器	1. 动力、照明线路及接地系统的知识 2. 常见机械设备电气故障的检查、排除方法及维修工艺 3. 三相异步电动机和小型变压器的拆装方法及应用知识 4. 常用低压电器的检修及调试方法
	(二)配线与安装	1. 能够进行 19/0.82 以下多股铜导线的连接并恢复其绝缘 2. 能够进行直径 19 mm 以下的电线铁管煨弯、穿线等明、暗线的安装 3. 能够根据用电设备的性质和容量，选择常用电器元件及导线规格 4. 能够按图样要求进行一般复杂程度机械设备的主、控线路配电板的配线及整机的电气安装工作 5. 能够检验、调整速度继电器、温度继电器、压力继电器、热继电器等专用继电器 6. 能够焊接、安装、测试单相整流稳压电路和简单的放大电路	1. 电工操作技术与工艺知识 2. 机床配线、安装工艺知识 3. 电子电路基本原理及应用知识 4. 电子电路焊接、安装、测试工艺方法
	(三)调试	能够正确进行 CA6140 车床、Z535 钻床等一般复杂程度的机械设备或一般电路的试通电工作，能够合理应用预防和保护措施，达到控制要求，并记录相应的电参数	1. 电气系统的一般调试方法和步骤 2. 试验记录的基本知识

表 12-4 中级

职业功能	工作内容	技能要求	相关知识
一、工作前准备	(一)工具、量具及仪器、仪表	能够根据工作内容正确选用仪器、仪表。	常用电工仪器、仪表的种类、特点及适用范围
	(二)读图与分析	能够读懂 X62W 铣床、MGB1420 磨床等较复杂机械设备的电气控制原理图	1. 常用较复杂机械设备的电气控制线路图 2. 较复杂电气图的读图方法

续表12-4

职业功能	工作内容	技能要求	相关知识
二、装调与维修	(一)电气故障检修	1. 能够正确使用示波器、电桥、晶体管图示仪。 2. 能够正确分析、检修、排除55 kW以下的交流异步电动机、60 kW以下的直流电动机及各种特种电机的故障 3. 能够正确分析、检修、排除交磁电机扩大机、X62W铣床、MGB1420磨床等机械设备控制系统的电路及电气故障	1. 示波器、电桥、晶体管图示仪的使用方法及注意事项 2. 直流电动机及各种特种电机的构造、工作原理和使用与拆装方法 3. 交磁电机扩大机的构造、原理、使用方法及控制电路方面的知识 4. 单相晶闸管交流技术
	(二)配线与安装	1. 能够按图样要求进行较复杂机械设备的主、控线路配电板的配线(包括选择电器元件、导线等),以及整台设备的电气安装工作 2. 能够按图样要求焊接晶闸管调速器、调功器电路,并用仪器、仪表进行测试	明、暗线及电器元件的选用知识
	(三)测绘	能够测绘一般复杂程度机械设备的电气部分	电气测绘基本方法
	(四)调试	能够独立进行X62W铣床、MGB1420磨床等较复杂机械设备的通电工作,并能正确处理调试中出现的问题,经过测试、调整,最后达到控制要求	较复杂机械设备电气控制调试方法

表12-5 高级

职业功能	工作内容	技能要求	相关知识
一、工作前准备	读图与分析	能够读懂经济型数控系统、中高频电源、三相晶闸控制系统等复杂机械设备控制系统和装置的电气控制原理图	1. 数控系统基本原理 2. 中高频电源电路基本原理
二、装调与维修	(一)电气故障检修	能够根据设备资料,排除B2010A龙门刨床、经济型数控、中高频电源、三相晶闸管、可编程序控制器等机械设备控制系统及装置的电气故障	1. 电力拖动及自动控制原理基本知识及应用知识 2. 经济型数控机床的构成、特点及应用知识 3. 中高频炉或淬火设备的工作特点及注意事项 4. 三相晶闸管变流技术基础
	(二)配线与安装	能够按图样要求安装带有80点以下开关量输入输出的可编程序控制器的设备	可编程序控制器的、控制原理、特点、注意事项及编程器的使用方法

续表 12-5

职业功能	工作内容	技能要求	相关知识
二、装调与维修	(三)测绘	1. 能够测绘 X62W 铣床等较复杂机械设备的电气原理图、接线图及电气元件明细表 2. 能够测绘晶闸管触发电路等电子线路并绘出其原理图 3. 能够测绘固定板、支架、轴、套、联轴器等机电装置的零件图及简单装配图	1. 常用电子元器件的参数标识及常用单元电路 2. 机械制图及公差配合知识 3. 材料知识
	(四)调试	能够调试经济型数控系统等复杂机械设备及装置的电气控制系统,并达到说明书的电气技术要求	有关机械设备电气控制系统的说明书及相关技术资料
	(五)新技术应用	能够结合生产应用可编程序控制器改造较简单的继电器控制系统,编制逻辑运算程序,绘出相应的电路图,并应用于生产	1. 逻辑代数、编码器、寄存器、触发器等数字电路的基本知识 2. 计算机基本知识
	(六)工艺编制	能够编制一般机械设备的电气修理工艺	电气设备修理工艺知识及其编制方法
三、培训指导	指导操作	能够指导本职业初、中级工进行实际操作	指导操作的基本方法

九、国家职业技能鉴定初、中、高级电工知识要求考核试卷样卷

初级电工知识要求考核试卷

一、判断题(正确的在括号内画"√",错误的在括号内画"×"。每题 2 分,满分 40 分)

1. 电动势的方向是由电源的正极指向负极。 ( )
2. 无触点开关是位置开关的一种。 ( )
3. 电路有通路、短路、断路三种工作状态。 ( )
4. 规定以负电荷移动的方向为电流方向。 ( )
5. 改变参考点,电路中各点的电位也随着改变。 ( )
6. 稳恒直流电流的大小和方向都不随时间变化。 ( )
7. 电容器并联时,等效容量等于各电容量之和。 ( )
8. 使用电流表时,要将电流表并入被测电路。 ( )
9. 晶体三极管的三个工作状态区是截止区、饱和区、放大区。 ( )
10. 依据三极管内部结构的不同,分为 NPN 型和 PNP 型两类。 ( )
11. 单相桥式整流电路输出的电压与单相半波整流电路相等。 ( )
12. 二极管工作在反向击穿区。 ( )

13. 直流电磁铁，如果衔铁在吸合过程中被卡住，会使线圈烧坏。 ( )
14. 日光灯的镇流器(一个带铁芯的线圈)利用自感原理工作。 ( )
15. 频率越高，感抗越小。 ( )
16. 降压变压器二次侧匝数少于一次侧。 ( )
17. 三相Y系列异步电动机的绝缘等级为B级。 ( )
18. 改变异步电动机极对数的调速方法，可以做到无级调节。 ( )
19. 可以用变频器来改变交流异步电机转速。 ( )
20. 异步电动机的反接制动，适用于大型电机，且经常停车制动的场合。 ( )

二、单项选择题(将正确答案前的字母填入括号内。每题2分，满分20分)

1. 在电源中，电动势的方向与电压的方向是( )。
A. 相同的 B. 相反的 C. 呈90°角 D. 任意
2. 一般的金属材料，温度升高后，导体的电阻( )。
A. 增加 B. 减小 C. 不变 D. 不定
3. 两个10 μF的电容并联后总电容量为( )μF。
A. 10 B. 5 C. 20 D. 8
4. 把额定电压为24 V的机床照明灯泡接到24 V的直流电源上，( )。
A. 会烧毁灯泡 B. 亮度降低 C. 亮度正常 D. 灯泡不亮
5. 要测量电气设备的绝缘电阻，应选用( )。
A. 电桥 B. 兆欧表(摇表) C. 万用表 D. 互感器
6. 我国电网交流电的频率是( )Hz。
A. 60 B. 50 C. 80 D. 100
7. 正弦交流电的三要素是( )。
A. 最大值、频率、初相角 B. 平均值、频率、初相角
C. 频率、周期、最大值 D. 最大值、有效值、角频率
8. 变压器可以用来改变( )。
A. 直流电压和电流 B. 交流电压和电流
C. 频率 D. 功率
9. 调换电动机任意两相绕组所接的电源接线，电动机会( )。
A. 停止转动 B. 转向不变
C. 反转 D. 先反转再正转
10. 容量在( )kW以下的电动机可以直接启动。
A. 10 B. 7.5 C. 15 D. 75

三、填空题(每小题2分，共20分)

1. 三极管有( )个PN结。
2. 移动式电气设备及手持式电动工具(Ⅲ类除外)必须安装( )。
3. 交流电可简写作( )。
4. 电动机常用( )做过载保护。
5. 我国电力电网的低压供电系统中，线电压为( )。
6. 在机床电气中，红色蘑菇头按钮用于( )。

7. 把交流电变成直流电的过程叫(　　)。

8. 两个 10 Ω 的电阻并联后总阻值是(　　)Ω。

9. 电机、变压器、继电器等的铁芯常用的硅钢片属于(　　)材料。

10. 电流互感器二次侧的额定电流为(　　)A。

四、简答题(每题 5 分,满分 20 分)

1. 简述电动机铭牌中每项内容的含义(其中电动机型号中字别说明)。

型号 Y112M-4		
4.0 kW	8.8 A	
380 V	1 440 r/min	50 Hz
接法△		

2. 一般环境下机床常用工作区安全照明电压有几种?说出三种异步电动机调速的方法。

3. 请列举出你所知道的五种继电器。

4. 三相异步电动机不能正常启动的电气方面原因有哪些(请列举出 5 种以上)?

中级电工知识要求考核试卷

一、判断题(正确的在括号内画"√",错误的在括号内画"×"。每题 1 分,满分 20 分)

1. 变压器是一种利用电磁感应原理,将某一数值的交流电压转变为频率相同另一种或两种以上的交流电压的电器设备。(　　)

2. 对于长时期不使用仪器,至少 3 个月应通电 4～8 h 一次。(　　)

3. 当电路中的参考点改变时,某两点间的电压也将随之改变。(　　)

4. 数字式万用表在测量直流电流时,仪表应与被测电路并联。(　　)

5. 电压源用电动势和内阻串联的形式表示。(　　)

6. 在选用测量仪表时,准确度和灵敏度都是越高越好。(　　)

7. 交流电桥的平衡条件是:相邻桥臂阻抗乘积相等。(　　)

8. 误差的绝对值称为绝对误差。(　　)

9. 变压器铁芯应接地,但只允许有一点接地。(　　)

10. 电缆的电容较大,采用电缆输送电能有利于提高电力系统的功率因数。(　　)

11. 在同一供电系统中,三相负载接成 Y 形和接成△所吸收的功率是相等的。(　　)

12. 机械损耗与铁损耗合称为同步发电机的空载损耗,它随着发电机负载的变化而变化。(　　)

13. 数字式万用表在测量直流电流时,仪表应与被测电路并联。(　　)

14. 起吊设备时,只允许一人指挥,同时指挥信号必须明确。(　　)

15. 电钻钻孔时,要戴工作帽,扎好工作服袖口,戴手套。(　　)

16. 在三相四线制供电系统中,中性线可比相线细一些。(　　)

17. 二进制数中的数字只有 0 和 1,逻辑变量的值通常也用"0"和"1"表示。所以说逻辑变量的值与二进制数是没有区别的。(　　)

18. 电灯泡的灯丝断裂后再搭上使用,灯泡反而更亮,其原因是灯丝电阻变小而功率增大。(　　)

19. 热继电器误动作是因为其电流整定值太大造成的。 （ ）

20. 三相异步电动机，无论怎样使用，其转差率都在0～1。 （ ）

二、选择题（将正确答案前的字母填入括号内。1～6每题2分，7～12每题3分，满分30分）

1. 同步电机是一种（ ）。
   A. 直流电机 B. 交流电机 C. 控制电机
2. 油浸式电力变压器在实际运行中，上层油温一般不宜经常超过（ ）。
   A. 85℃ B. 95℃ C. 105℃
3. 直径较大的高、低压动力电缆一般应选用（ ）电缆桥架敷设。
   A. 槽式 B. 梯级式 C. 柱盘式 D. 任意
4. 在高压工作中，人体及所携带的工具与带电体距离不小于（ ）。
   A. 0.1 m B. 0.7 m C. 0.8 m D. 1 m
5. 正常情况下，变压器油应是透明略带（ ）。
   A. 红色 B. 黄色 C. 紫色
6. 修理后的直流电机进行各项试验的顺序应为（ ）。
   A. 空载试验→耐压试验→负载试验
   B. 空载试验→负载试验→耐压试验
   C. 耐压试验→空载试验→负载试验
7. 三相异步电动机，若要稳定运行，则转差率应（ ）。
   A. 大于临界转差率 B. 等于临界转差率
   C. 小于临界转差率
8. 下列逻辑运算式中正确的是（ ）。
   A. 1＋1＝2 B. 1＋1＝10 C. 1＋1＝1
9. 在测量中，对某一被测量进行若干次重复测量以取其平均值，是为了消除（ ）。
   A. 系统误差 B. 偶然误差 C. 疏失误差 D. 理论误差
10. 集成运算放大器的最主要特点之一是（ ）。
    A. 输入电阻很大 B. 输入电阻为零
    C. 输出电阻很大
11. 旋转式直流弧焊机电刷机构必须（ ）检查一次。
    A. 1周 B. 1个月 C. 2个月
12. 晶体三极管作放大时，它的两个PN结的工作状态为（ ）。
    A. 均处于正向偏置之 B. 均处于反向偏置
    C. 发射结处于正向偏置，集电结处于反向偏置

三、简答题（每题5分，共30分）

1. 同步电动机由几个基本部分组成？有哪几种转子？
2. 为什么在制作铁芯的硅钢片上每层都要涂上一层绝缘漆？
3. 为什么控制电器在分断电路时会产生电弧？
4. 测量小阻值电阻应使用什么电桥？为什么？
5. 产生“磁场绕组过热”的可能原因及检查、排除方法是什么？

6. 电缆直埋敷设的特点是什么？

四、计算题（共 10 分）

在 R、L、C 并联电路中，已知：$U=100$ V，$R=10$ Ω，$X_L=10$ Ω，$X_C=5$ Ω。求各元件中的电流 I_R、I_L、I_C 和总电流 I，画出相量图，说明电路性质？

五、作图题（共 10 分）

试画出用两个单相表测量测量三相三线制供电线路中三相功率的接线图？

高级电工知识要求考核试卷

一、判断题（正确的在括号内画"√"，错误的在括号内画"×"。每题 1 分，满分 20 分）

1. 对采用导磁性能有方向性差异的冷轧硅钢片的叠片，一般都裁成矩形。（ ）

2. 绕组套装时，要确保与铁芯柱同心，绕组的轴向要可靠地压紧，以防止绕组绝缘在运行时收缩而产生振动变形。（ ）

3. 主振电路的振荡频率决定了斩波器输出电压的频率，而输出电压的宽度却要求按照司机的指令进行调节。（ ）

4. 直流、交流变频器是指把直流电能（一般可采用整流电源）转变为所需频率的交流电能，所以也叫逆变器。（ ）

5. 逆变器的工作过程与晶闸管整流器的有源逆变一样，是把变换过来的交流电反馈回电网去。（ ）

6. 直流电动机的电磁转矩在电动状态时是驱动性质的转矩。因此，当增大电磁转矩时，电动机的转速将会随之上升。（ ）

7. 三相异步电动机的最大转矩与漏电抗呈反比，与转子回路电阻值无关。但临界转差率与转子回路电阻呈正比关系。（ ）

8. 三相异步电动机的起动转矩与定子电压的平方呈正比关系，与转子回路的电阻值无关。（ ）

9. 一台自整角发送机可以带一台或多台自整角接收机工作，发送机与接收机之间既有机械连接又有电路连接。（ ）

10. 力矩电动机是一种能长期在低转速状态下运行，并能输出较大转矩的电动机，为了避免烧损，不能长期在高转速状态下工作。（ ）

11. 转子位置检测器实际就是检测转子上磁极位置的传感器，只要把它安装在电动机转轴上便会发出信号控制晶闸管通断。（ ）

12. 自动控制就是应用控制装置使控制对象（如机器、设备或生产过程等）自动的按照预定的规律运行或变化。（ ）

13. 控制系统中采用负反馈时，除了降低系统误差提高精度外，还使系统对内部参数的变化不灵敏。（ ）

14. 感应同步器通常采用滑尺加励磁信号，而由定尺输出位移信号的工作方法。（ ）

15. 标准直线感应同步器定尺安装面的不直度，每 250 mm 不大于 0.05 mm。（ ）

16. 经济型数控的伺服机构仍采用电液脉冲马达。（ ）

17. 为了提高调速系统的机械特性硬度，可以把电流正反馈的强度调节到最大。（ ）

18. 螺杆传动只能将螺杆的旋转运动转变成螺母的直线运动。（ ）

19. 液压传动是利用液体做介质来传递和控制某些动作的。 （ ）

20. 油泵是将机械能转变为液压能的装置。 （ ）

二、选择题(将正确答案前的字母填入括号内。每题 2 分,满分 40 分)

1. 为了降低铁芯中的（ ）,叠片间要互相绝缘。

A. 涡流损耗　B. 空载损耗　C. 短路损耗　D. 无功损耗

2. 为了保证叠片质量和提高工作效率,可采用定位棒,以圆孔定位。定位棒的直径比孔小（ ）,而比绝缘管直径大 1～2 mm。

A. 0.5～1 mm　B. 1～2 mm　C. 2～3 mm　D. 3～5 mm

3. 中频电源整流触发电路中每个晶闸管的触发信号必须与主电路的电源同步,相邻序号器件的触发脉冲必须相隔（ ）电角度。

A. 30°　B. 60°　C. 90°

4. 在晶闸管中频电源中,当外加工工频电源正常时整流器六个桥臂都轮流导电,触发脉冲移相到（ ）时,整流电压可达到满电压。

A. $\alpha=0°$　B. $\alpha=30°$　C. $\alpha=60°$

5. 三相并励交流换向器电机调速采用的是（ ）的方法。

A. 改变励磁大小　B. 改变电源电压大小

C. 改变电源频率　D. 改变电刷位置

6. 下图中处于饱和状态的是（ ）。

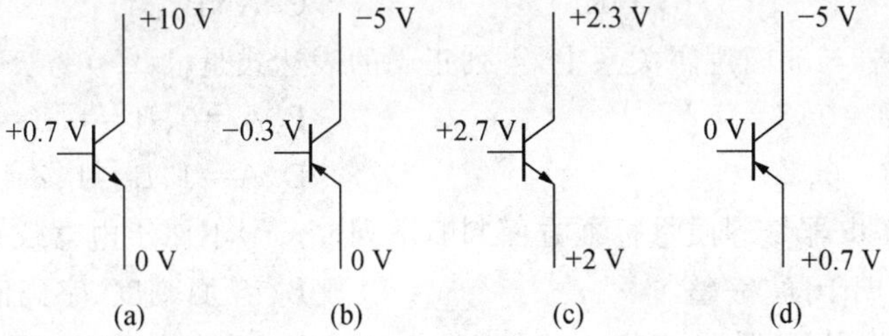

A. 图(a)　B. 图(b)　C. 图(c)　D. 图(d)

7. 直流电动机换向器片间云母板一般采用含胶量少,密度高,厚度均匀的（ ）。也称换向器云母板。

A. 柔软云母板　B. 塑型云母板　C. 硬质云母板　D. 衬垫云母板

8. 三相力矩异步电动机的转子通常采用（ ）的 H62 黄铜制成鼠笼式。也有整个转子用实体钢制成。

A. 机械性能较好　B. 可焊性较好

C. 电阻率较高　D. 电阻率较低

9. 三相异步电动机能耗制动是利用（ ）相配合完成的。

A. 直流电源和转子回路电阻　B. 交流电源和转子回路电阻

C. 直流电源和定子回路电阻　D. 交流电源和定子回路电阻

10. 自动控制系统一般由被控制对象和（ ）组成。

A. 输入指令　B. 控制装置　C. 辅助

11. 标准式直线感应同步器在实际中用得最广泛,每块长（ ）。

A. 100 mm　　B. 250 mm　　C. 1 m

12. 标准式直线感应同步器定尺节距为(　　)。

A. 0.5 mm　　B. 1 mm　　C. 2 mm

13. 伺服电机的装拆要极其小心,因为它的(　　)往往有测速发电机、旋转变压器(或脉冲编码器)等在一起。

A. 电机端部　　B. 前轴伸端　　C. 后轴伸端

14. 当负载增加以后调速系统转速下降,可通过负反馈的调节作用使转速回升。调节前后加在电动机电枢两端的电压将(　　)。

A. 减小　　B. 增大　　C. 不变

15. 调节 B2012A 型龙门刨床主拖动系统电路中电阻器 3RT 的作用是(　　)。

A. 调节减速制动强弱　　B. 调节减速时给定电压的大小

C. 调节减速运动速度　　D. A～C 都不对

16. 双线圈检查是当指令线圈(　　)使用时,会发生同一线圈接通和断开的矛盾。

A. 两次　　B. 八次

C. 七次　　D. 两次或两次以上

17. F 系列可编程序控制器计数器用(　　)表示。

A. X　　B. Y　　C. T　　D. C

18. F 系列可编程序控制器常开触点的并联用(　　)指令。

A. OR　　B. ORI　　C. ANB　　D. ORB

19. 与非门电路,与非门逻辑关系中,下列正确的表达式是(　　)。

A. $A=1$、$B=0$、$Z=0$　　B. $A=0$、$B=1$、$Z=0$

C. $A=0$、$B=0$、$Z=0$　　D. $A=1$、$B=1$、$Z=0$

20. 从机械设备电器修理质量标准方面判断下列(　　)不属于电器仪表需要标准。

A. 表盘玻璃干净、完整　　B. 盘面刻度、字码清楚

C. 表针动作灵活,计量正确　　D. 垂直安装

三、简答题(每题 5 分,共 30 分)

1. 在 QKT-27 司机控制器中,司机是如何实现无级调速的?

2. 变频调速适用于哪些场合?

3. 开环控制精度不高的原因是什么?

4. 感应同步器防护罩的作用是什么?

5. 在 B2012A 型龙门刨床主拖动系统电路中,若 205～B1-M 硒堆或二极管 V1 被击穿,会发生什么现象?若 205～B1-M 及 206～B1-M 二极管 V2 同时被击穿,又有什么现象?

6. 什么是短网?短网的电参数对电弧炉装置的工作有何影响?

四、作图题(共 10 分)

画出一台小车运行的控制线路,其动作顺序为:

(1)小车由原位开始前进,至终端后自动停止;

(2)在终端停留 2 min 后自动返回原位停止;

(3)要求能在前进或后退任意位置都能启动或停止。

附录

附表1　用电设备组的需要系数、二项式系数及功率因数值

用电设备组名称	需要系数 K_d	二项式系数		最大容量设备台数 x①	cosφ	tanφ
		b	c			
小批生产的金属冷加工机床电动机	0.16～0.2	0.14	0.4	5	0.5	1.73
大批生产的金属冷加工机床电动机	0.18～0.25	0.14	0.5	5	0.5	1.73
小批生产的金属热加工机床电动机	0.25～0.3	0.24	0.4	5	0.6	1.33
大批生产的金属热加工机床电动机	0.3～0.35	0.26	0.5	5	0.65	1.17
通风机、水泵、空压机及电动发电机组电动机	0.7～0.8	0.65	0.25	5	0.8	0.75
非连锁的连续运输机械及铸造车间整砂机械	0.5～0.6	0.4	0.4	5	0.75	0.88
连锁的连续运输机械及铸造车间整砂机械	0.65～0.7	0.6	0.2	5	0.75	0.88
锅炉房和机加、机修、装配等类车间的吊车(ε=25%)	0.1～0.15	0.06	0.2	3	0.5	1.73
铸造车间的吊车(ε=25%)	0.15～0.25	0.09	0.3	3	0.5	1.73
自动连续装料的电阻炉设备	0.75～0.8	0.7	0.3	2	0.95	0.33
实验室用的小型电热设备(电阻炉、干燥箱等)	0.7	0.7	0	—	1.0	0
工频感应电炉(未带无功补偿设备)	0.8	—	—	—	0.35	2.68
高频感应电炉(未带无功补偿设备)	0.8	—	—	—	0.6	1.33
电弧熔炉	0.9	—	—	—	0.87	0.57
点焊机、缝焊机	0.35	—	—	—	0.6	1.33
对焊机、铆钉加热机	0.35	—	—	—	0.7	1.02
自动弧焊变压器	0.5	—	—	—	0.4	2.29
单头手动弧焊变压器	0.35	—	—	—	0.35	2.68
多头手动弧焊变压器	0.4	—	—	—	0.35	2.68
单头弧焊电动发电机组	0.35	—	—	—	0.6	1.33
多头弧焊电动发电机组	0.7	—	—	—	0.75	0.88
生产厂房及办公室、阅览室、实验室照明②	0.8～1	—	—	—	1.0	0

续附表1

用电设备组名称	需要系数 K_d	二项式系数		最大容量设备台数 x①	$\cos\varphi$	$\tan\varphi$
		b	c			
变配电所、仓库照明②	0.5～0.7	—	—	—	1.0	0
宿舍(生活区)照明②	0.6～0.8	—	—	—	1.0	0
室外照明、应急照明②	1	—	—	—	1.0	0

①如果用电设备组的设备总台数 $n<2x$ 时，则取 $x=n/2$，且按“四舍五入”的修约规则取其整数。

②这里的 $\cos\varphi$ 和 $\tan\varphi$ 值均为白炽灯照明的数值。如为荧光灯照明，则取 $\cos\varphi=0.9$，$\tan\varphi=0.48$；如为高压汞灯或钠灯，则取 $\cos\varphi=0.5$，$\tan\varphi=1.73$。

附表 2　部分工厂的全厂需要系数、功率因数及全年最大有功负荷利用小时参考值

工厂类型	需要系数	功率因数	年最大有功负荷利用小时数	工厂类型	需要系数	功率因数	年最大有功负荷利用小时数
汽轮机制造厂	0.38	0.88	5 000	量具刃具制造厂	0.26	0.60	3 800
锅炉制造厂	0.27	0.73	4 500	工具制造厂	0.34	0.65	3 800
柴油机制造厂	0.32	0.74	4 500	电机制造厂	0.33	0.65	3 000
重型机械制造厂	0.35	0.79	3 700	电器开关制造厂	0.35	0.75	3 400
重型机床制造厂	0.32	0.71	3 700	电线电缆制造厂	0.35	0.73	3 500
机床制造厂	0.20	0.65	3 200	仪器仪表制造厂	0.37	0.81	3 500
石油机械制造厂	0.45	0.78	3 500	滚珠轴承制造厂	0.28	0.70	5 800

附表 3　S9、SC9 和 S11-M · R 系列配电变压器的主要技术数据

1. S9 系列铜线配电变压器的主要技术数据

型号	额定容量/kV · A	额定电压/kV		联结组标号	损耗/W		空载电流/%	阻抗电压/%
		高压	低压		空载	负载		
S9-30/10(6)	30	11，10.5，10，6.3，6	0.4	Yyn0	130	600	2.1	4
S9-50/10(6)	50			Yyn0	170	870	2.0	4
				Dyn11	175	870	4.5	4
S9-63/10(6)	63			Yyn0	200	1 040	1.9	4
				Dyn11	210	1 030	4.5	4
S9-80/10(6)	80			Yyn0	240	1 250	1.8	4
				Dyn11	250	1 240	4.5	4
S9-100/10(6)	100			Yyn0	290	1 500	1.6	4
				Dyn11	300	1 470	4.0	4
S9-125/10(6)	125			Yyn0	340	1 800	1.5	4
				Dyn11	360	1 720	4.0	4
S9-160/10(6)	160			Yyn0	400	2 200	1.4	4
				Dyn11	430	2 100	3.5	4
S9-200/10(6)	200			Yyn0	480	2 600	1.3	4
				Dyn11	500	2 500	3.5	4

续附表 3

型号	额定容量/kV·A	额定电压/kV 高压	额定电压/kV 低压	联结组标号	损耗/W 空载	损耗/W 负载	空载电流/%	阻抗电压/%
S9-250/10(6)	250	11, 10.5, 10, 6.3, 6	0.4	Yyn0	560	3 050	1.2	4
				Dyn11	600	2 900	3.0	4
S9-315/10(6)	315			Yyn0	670	3 650	1.1	4
				Dyn11	720	3 450	3.0	4
S9-400/10(6)	400			Yyn0	800	4 300	1.0	4
				Dyn11	870	4 200	3.0	4
S9-500/10(6)	500			Yyn0	960	5 100	1.0	4
				Dyn11	1 030	4 950	3.0	4
S9-630/10(6)	630			Yyn0	1 200	6 200	0.9	4.5
				Dyn11	1 300	5 800	3.0	5
S9-800/10(6)	800			Yyn0	1 400	7 500	0.8	4.5
				Dyn11	1 400	7 500	2.5	5
S9-1000/10(6)	1 000			Yyn0	1 700	10 300	0.7	4.5
				Dyn11	1 700	9 200	1.7	5
S9-1250/10(6)	1 250			Yyn0	1 950	12 000	0.6	4.5
				Dyn11	2 000	11 000	2.5	5
S9-1600/10(6)	1 600			Yyn0	2 400	14 500	0.6	4.5
				Dyn11	2 400	14 000	2.5	6
S9-2000/10(6)	2 000			Yyn0	3 000	18 000	0.8	6
				Dyn11	3 000	18 000	0.8	6
S9-2500/10(6)	2 500			Yyn0	3 500	25 000	0.8	6
				Dyn11	3 500	25 000	0.8	6

2. SC9 系列环氧树脂浇注干式铜线配电变压器的主要技术数据

型号	额定容量/kV·A	额定电压/kV 高压	额定电压/kV 低压	联结组标号	损耗/W 空载	损耗/W 负载	空载电流/%	阻抗电压/%
SC9-30/10	30	11, 10.5, 10, 6.6, 6.3, 6	0.4	Yyn0 Dyn11	200	560	2.8	4
SC9-50/10	50				260	860	2.4	
SC9-80/10	80				340	1 140	2	
SC9-100/10	100				360	1 440	2	
SC9-125/10	125				420	1 580	1.6	
SC9-160/10	160				500	1 980	1.6	
SC9-200/10	200				560	2 240	1.6	

续附表 3

型号	额定容量/kV·A	额定电压/kV 高压	额定电压/kV 低压	联结组标号	损耗/W 空载	损耗/W 负载	空载电流/%	阻抗电压/%
SC9-250/10	250	11，10.5，10，6.6，6.3，6	0.4	Yyn0 Dyn11	650	2 410	1.6	4
SC9-315/10	315				820	3 100	1.4	
SC9-400/10	400				900	3 600	1.4	
SC9-500/10	500				1 100	4 300	1.4	
SC9-630/10	630				1 200	5 400	1.2	
					1 100	5 600	1.2	6
SC9-800/10	800				1 350	6 600	1.2	
SC9-1000/10	1 000				1 550	7 600	1	
SC9-1250/10	1 250				2 000	9 100	1	
SC9-1600/10	1 600				2 300	11 000	1	
SC9-2000/10	2 000				2 700	13 300	0.8	
SC9-2500/10	2 500				3 200	15 800	0.8	

3. S11-M·R系列卷铁芯全密封铜线配电变压器的主要技术数据

型号	额定容量/kV·A	额定电压/kV 高压	额定电压/kV 低压	联结组标号	损耗/W 空载	损耗/W 负载	空载电流/%	阻抗电压/%
S11-M·R-30	30	11，10.5，10，6.3，6	0.4	Yyn0 Dyn11	95	590	1.1	4
S11-M·R-50	50				130	860	1.0	
S11-M·R-63	63				140	1 030	0.95	
S11-M·R-80	80				175	1 240	0.88	
S11-M·R-100	100				200	1 480	0.85	
S11-M·R-125	125				235	1 780	0.80	
S11-M·R-160	160				280	2 190	0.76	
S11-M·R-200	200				335	2 580	0.72	
S11-M·R-250	250				390	3 030	0.70	
S11-M·R-315	315				470	3 630	0.65	
S11-M·R-400	400				560	4 280	0.60	
S11-M·R-500	500				670	5 130	0.55	4.5
S11-M·R-630	630				805	6 180	0.52	

注：1. 以上三种变压器均为无励磁调压，高压分接头调压范围为±5%或±2×2.5%。

2. SC9 系列变压器一般无外壳，可根据用户要求加装防护等级为 IP20 或 IP23 的防护外壳。

附表 4 三相线路导线和电缆单位长度每相阻抗值

类别			导线(线芯)截面积/mm^2												
			2.5	4	6	10	16	25	35	50	70	95	120	150	185	240
导线		导线温度	每相电阻/(Ω/km)													
LJ		50℃	—	—	—	—	2.07	1.33	0.96	0.66	0.48	0.36	0.28	0.23	0.18	0.14
LGJ		50℃	—	—	—	—	—	—	0.89	0.68	0.48	0.35	0.29	0.24	0.18	0.15
绝缘导线	铜芯	50℃	8.40	5.20	3.48	2.05	1.26	0.81	0.58	0.40	0.29	0.22	0.17	0.14	0.11	0.09
		65℃	8.76	5.43	3.62	2.19	1.37	0.83	0.63	0.44	0.32	0.23	0.18	0.15	0.12	0.10
	铝芯	50℃	13.3	8.25	5.53	3.33	2.08	1.31	0.94	0.65	0.47	0.35	0.28	0.22	0.18	0.14
		65℃	14.6	9.15	6.10	3.66	2.29	1.48	1.06	0.75	0.53	0.39	0.31	0.25	0.20	0.15
电力电缆	铜芯	55℃	—	—	—	—	1.31	0.84	0.60	0.42	0.30	0.22	0.17	0.14	0.12	0.09
		60℃	8.54	5.34	3.56	2.13	1.33	0.85	0.61	0.43	0.31	0.23	0.18	0.14	0.12	0.09
		75℃	8.98	5.61	3.75	3.25	1.40	0.90	0.64	0.45	0.32	0.24	0.19	0.15	0.13	0.10
		80℃	—	—	—	—	1.43	0.91	0.65	0.46	0.33	0.24	0.19	0.15	0.13	0.10
	铝芯	55℃	—	—	—	—	2.21	1.41	1.01	0.71	0.51	0.37	0.29	0.24	0.20	0.15
		60℃	14.4	8.99	6.00	3.60	2.25	1.44	1.03	0.72	0.52	0.38	0.30	0.24	0.20	0.16
		75℃	15.1	9.45	6.31	3.78	2.36	1.51	1.08	0.76	0.54	0.40	0.31	0.25	0.21	0.16
		80℃	—	—	—	—	2.40	1.54	1.10	0.77	0.56	0.41	0.32	0.26	0.21	0.17
导线		线距	每相电抗/(Ω/km)													
LJ		600 mm	—	—	—	—	0.36	0.35	0.34	0.33	0.32	0.31	0.30	0.29	0.28	0.28
		800 mm	—	—	—	—	0.38	0.37	0.36	0.35	0.34	0.33	0.32	0.31	0.30	0.30
		1 000 mm	—	—	—	—	0.40	0.38	0.37	0.36	0.35	0.34	0.33	0.32	0.31	0.31
		1 250 mm	—	—	—	—	0.41	0.40	0.39	0.37	0.36	0.35	0.34	0.34	0.33	0.32

续附表 4

类别			导线(线芯)截面积/mm^2													
			2.5	4	6	10	16	25	35	50	70	95	120	150	185	240
导线	线距		每相电抗/(Ω/km)													
LJ	1 500 mm		—	—	—	—	0.42	0.41	0.40	0.38	0.37	0.36	0.36	0.35	0.34	0.33
LJ	2 000 mm		—	—	—	—	0.44	0.43	0.41	0.40	0.40	0.39	0.37	0.37	0.36	0.35
LGJ	1 500 mm		—	—	—	—	—	—	0.39	0.38	0.37	0.36	0.35	0.34	0.33	0.33
LGJ	2 000 mm		—	—	—	—	—	—	0.40	0.39	0.38	0.37	0.37	0.36	0.35	0.34
LGJ	2 500 mm		—	—	—	—	—	—	0.41	0.41	0.40	0.39	0.38	0.37	0.37	0.36
LGJ	3 000 mm		—	—	—	—	—	—	0.43	0.42	0.41	0.40	0.39	0.39	0.38	0.37
LGJ	3 500 mm		—	—	—	—	—	—	0.44	0.43	0.42	0.41	0.40	0.40	0.39	0.38
LGJ	4 000 mm		—	—	—	—	—	—	0.45	0.44	0.43	0.42	0.41	0.40	0.40	0.39
绝缘导线	明敷	100 mm	0.33	0.31	0.30	0.28	0.27	0.25	0.24	0.23	0.22	0.21	0.20	0.19	0.18	0.18
绝缘导线	明敷	150 mm	0.35	0.34	0.33	0.31	0.29	0.28	0.27	0.25	0.24	0.23	0.22	0.22	0.21	0.20
绝缘导线	穿管敷设		0.127	0.119	0.112	0.108	0.102	0.099	0.095	0.091	0.087	0.085	0.083	0.082	0.081	0.080
油浸纸绝缘电缆	电压	1 kV	0.098	0.091	0.087	0.081	0.077	0.067	0.065	0.063	0.062	0.062	0.062	0.062	0.062	0.062
油浸纸绝缘电缆	电压	6 kV	—	—	—	—	0.099	0.088	0.083	0.079	0.076	0.074	0.072	0.071	0.070	0.069
油浸纸绝缘电缆	电压	10 kV	—	—	—	—	0.110	0.098	0.092	0.087	0.083	0.080	0.078	0.077	0.075	0.075
塑料电缆	电压	1 kV	0.100	0.093	0.091	0.087	0.082	0.075	0.073	0.071	0.070	0.070	0.070	0.070	0.070	0.070
塑料电缆	电压	6 kV	—	—	—	—	0.124	0.111	0.105	0.099	0.093	0.089	0.087	0.085	0.082	0.080
塑料电缆	电压	10 kV	—	—	—	—	0.133	0.120	0.113	0.107	0.101	0.096	0.095	0.093	0.090	0.087

注:表中"线距"指线间几何均距。设三相线路的线间距离分别为 a_1、a_2、a_3,则线间几何均距为 $a_{av}=\sqrt[3]{a_1a_2a_3}$。当三相线路为等距水平排列时,相邻线距为 a,则 $a_{av}=\sqrt[3]{2}a=1.26a$。当三相线路为等边三角形排列时,相邻线距为 a,则 $a_{av}=a$。

附表 5　部分高压断路器的主要技术数据

类别	型号	额定电压/kV	额定电流/A	额定开断电流/kA	额定断流容量/MV·A	动稳定电流峰值/kA	热稳定电流有效值/kA	固有分闸时间/s 不大于	合闸时间/s 不大于	配用操动机构型号
户内少油断路器	SN10-10Ⅰ	10	630	16	300	40	16(4 s)	0.06	0.20	CS2、CS15、CD10、CD14、CT7、CT8、CT9 等
			1 000							
	SN10-10Ⅱ		1 000	31.5	500	80	31.5(4 s)			
	SN10-10Ⅲ		1 250	40	750	125	40(4 s)			
			2 000							
			3 000							
	SN10-35Ⅰ	35	1 000	16	1 000	40	16 (4 s)	0.06	0.25(CD)	CD10、CT7、CT10 等
	SN10-35Ⅱ		1 250	20	1 250	50	20(4 s)		0.20(CT)	
户外少油断路器	SW2-35	35	1 000	16.5	1 000	45	16.5(4 s)	0.06	0.4	CTZ-XG
			1 500	24.8	1 500	63.4	24.8(4 s)			
	SW3-35		630	6.6	400	17	6.6(4 s)	0.06	0.12	液压型
			1 000	16.5	1 000	42	16.5(4 s)		0.16	
			1 500	24.8	1 500	63	24.8(4 s)		—	
户内真空断路器	ZN2-10	10	630	11.6	200	30	11.6(4 s)	0.06	0.2	CD10 等
	ZN3-10		630	8	—	20	8(4 s)	0.07	0.15	
			1 000	20	—	50	20(4 s)	0.05	0.10	
	ZN4-10		1 000	17.3	—	44	17.3(4 s)	0.05	0.20	
			1 250	20	—	50	20(4 s)			
	ZN5-10		630	20	—	50	20(4 s)	0.05	0.10	专用 CD 型
			1 000	20	—	50	20(4 s)			
			1 250	25	—	63	25(4 s)			
	ZN12-10		1 250	25	—	63	25(4 s)	0.06	0.10	CT8 等
			2 000							
	ZN24-10		1 250	31.5	—	80	31.5(4 s)	0.06	0.10	CT8 等
			2 000							
户内六氟化硫断路器	LN2-35Ⅰ	35	1 250	16	—	40	16(4 s)	0.06	0.15	CT12Ⅱ
	LN2-35Ⅱ		1 250	25	—	63	25(4 s)			
	LN2-35Ⅲ		1 600	25	—	63	25(4 s)			
	LN2-10	10	1 250	25	—	63	25(4 s)	0.06	0.15	CT81、CT121

注：1. 热稳定试验时间各厂不完全一致，有的厂为 2 s。

2. 断路器采用 CS2 等型手动操动机构时，其断流容量宜按 100 MV·A 计。

附表 6 油浸纸绝缘电缆的允许载流量

电缆型号	ZLQ、ZLL			ZLQ20、ZLQ30、ZLQ12、ZLL30			ZLQ_2、ZLQ_3、ZLQ_5、ZLL_{12}、ZLL_{13}		
电缆额定电压/kV	1～3	6	10	1～3	6	10	1～3	6	10
最高允许温度/℃	80	65	60	60	65	60	80	65	60
允许载流量/A（敷设方式） 芯数×截面面积/mm^2	敷设于 25℃空气中						敷设于 15℃土壤中		
3×2.5	22	—	—	24	—	—	30	—	—
3×4	28	—	—	32	—	—	39	—	—
3×6	35	—	—	40	—	—	50	—	—
3×10	48	43	—	55	48	—	67	61	—
3×16	65	55	55	70	65	60	88	78	73
3×25	85	75	70	95	85	80	114	104	100
3×25	105	90	85	115	100	95	141	123	118
3×50	130	115	105	145	125	120	174	151	147
3×70	160	135	130	180	155	145	212	186	170
3×95	195	170	160	220	190	180	256	230	209
3×120	225	195	185	255	220	206	289	257	243
3×150	265	225	210	300	255	235	332	291	277
3×180	305	260	245	345	295	270	376	330	310
3×240	365	310	290	410	345	325	440	386	367

附表 7 聚氯乙烯绝缘及护套电力电缆允许载流量

电缆额定电压/kV	1				6			
最高允许温度/℃	+65							
允许载流量/A（敷设方式）	15℃地中直埋		25℃空气中敷设		15℃地中直埋		25℃空气中敷设	
芯数×截面面积/mm^2	铝	铜	铝	铜	铝	铜	铝	铜
3×2.5	25	32	16	20	—	—	—	—
3×4	33	42	22	28	—	—	—	—
3×6	42	54	29	37	—	—	—	—
3×10	57	73	40	51	54	69	42	54
3×16	75	97	53	68	71	91	56	72
3×25	99	127	72	92	92	119	74	95
3×35	120	155	87	112	116	149	90	116
3×50	147	189	108	139	143	184	112	144
3×70	181	233	135	174	171	220	136	175
3×95	215	277	165	212	208	268	167	215
3×120	244	314	191	246	238	307	194	250
3×150	280	261	225	290	272	350	224	288
3×180	316	407	257	331	308	397	257	331
3×240	261	465	306	394	353	455	301	388

附表 8 交联聚乙烯绝缘聚氯乙烯护套电力电缆允许载流量

电缆额定电压/kV	1(3～4 芯)				10(3 芯)			
最高允许温度/℃	90							
允许载流量/A　敷设方式	15℃地中直埋		25℃空气中敷设		15℃地中直埋		25℃空气中敷设	
芯数×截面面积/mm²	铝	铜	铝	铜	铝	铜	铝	铜
3×16	99	128	77	105	102	131	94	121
3×25	128	167	105	140	130	168	123	158
3×35	150	200	125	170	155	200	147	190
3×50	183	239	155	205	188	241	180	231
3×70	222	299	195	260	224	289	218	280
3×95	266	350	235	320	266	341	261	335
3×120	305	400	280	370	302	286	303	388
3×150	344	450	320	430	342	437	347	445
3×180	389	511	370	490	382	490	394	504
3×240	455	588	440	580	440	559	461	587

附表 9 LG 型铝绞线的电阻、电抗和允许载流量

额定截面面积/mm²	16	25	35	50	70	95	120	150	185	240
50℃时电阻 R_0/(Ω/km)	2.07	1.33	0.96	0.66	0.48	0.36	0.28	0.23	0.18	0.14
线间几何均距/mm²	线路电抗 X_0/(Ω/km)									
600	0.36	0.35	0.34	0.33	0.32	0.31	0.30	0.29	0.28	0.28
800	0.38	0.37	0.36	0.35	0.34	0.33	0.32	0.31	0.30	0.30
1 000	0.40	0.38	0.37	0.36	0.35	0.34	0.33	0.32	0.31	0.31
1 250	0.41	0.40	0.39	0.37	0.36	0.35	0.34	0.34	0.33	0.33
1 500	0.42	0.41	0.40	0.38	0.37	0.36	0.35	0.35	0.34	0.33
2 000	0.44	0.43	0.41	0.40	0.40	0.39	0.37	0.37	0.36	0.35
室外气温 25℃，导线最高允许温度 70℃时的允许载流量/A	105	135	170	215	265	325	375	440	500	610

注：1. TJ 型铜绞线的允许载流量均为同截面的 LJ 型铝绞线允许载流量的 1.3 倍。

2. 表中允许载流量所对应的环境温度为 25℃，如环境温度不是 25℃，则允许载流量应乘下面的修正系数。

实际环境温度/℃	5	10	15	20	25	30	35	40	45
允许载流量修正系数	1.20	1.15	1.11	1.06	1.00	0.94	0.89	0.82	0.75

附表 10 BLX 型和 BLV 型铝芯绝缘导线明敷时的允许载流量

允许载流量/A ╲ 环境温度/℃ ╲ 线芯截面面积/mm^2	BLX 型铝芯橡皮线				BLV 型铝芯塑料线			
	25	30	35	40	25	30	35	40
2.5	27	25	23	21	25	23	21	19
4	35	32	30	27	32	29	27	25
6	45	42	38	35	42	39	36	33
10	65	60	56	51	59	55	51	46
16	85	79	73	67	80	74	69	63
25	110	102	95	87	105	98	90	83
35	138	129	119	109	130	121	112	102
50	175	163	151	138	165	154	142	130
70	220	206	190	174	205	191	177	162
95	265	247	229	209	250	233	216	197
120	310	280	268	245	283	266	246	225
150	360	336	311	284	325	303	281	257
185	420	392	363	332	380	355	328	300
240	510	476	441	403	—	—	—	—

注:BLX 型和 BLV 型铜芯绝缘导线的允许载流量约为同截面面积的 BLX 型和 BLV 型铝芯绝缘导线的允许载流量的 1.3 倍。

附表 11 BLX 型和 BLV 型铝芯绝缘导线穿钢管时的允许载流量 A

导线型号	线芯截面面积/mm^2	2 根单芯线 环境温度/℃				2 根穿管管径/mm		3 根单芯线 环境温度/℃				3 根穿管管径/mm		4～5 根单芯线 环境温度/℃				4 根穿管管径/mm		5 根穿管管径/mm	
		25	30	35	40	G	DG	25	30	35	40	G	DG	25	30	35	40	G	DG	G	DG
	2.5	21	19	18	16	15		19	17	16	15	15		16	14	13	12	20		20	
	4	28	26	24	22	20		25	23	21	19	20		23	21	19	18	20		20	
	6	37	34	32	29	20		34	31	29	26	20		30	28	25	23	20		25	
	10	52	48	44	41	25	20	46	43	39	36	25	20	40	37	34	31	25	25	32	
	16	66	61	57	52	25	25	59	55	51	46	32	25	52	48	44	41	32	25	40	25
	25	86	80	74	68	32		76	71	65	60	32	25	68	63	58	53	40		40	
BLX	35	106	99	91	89	32	25	94	87	81	74	32	32	83	77	71	65	40		50	25
	50	133	124	115	105	40	32	118	110	102	93	50	32	105	98	90	83	50	25	70	32
	70	164	154	142	130	50	32	150	140	129	118	50	40	133	124	115	105	70	32	70	40
	95	200	187	173	158	70	40	180	168	155	142	70	(50)	160	149	138	126	70	40	80	(50)
	120	230	215	198	181	70	40	210	196	181	166	70	(50)	190	177	164	150	70	(50)	80	
	150	260	243	224	205	70	(50)	240	224	207	189	70		220	205	190	174	80	(50)	100	
	185	295	275	255	233	80		270	252	233	213	80		250	233	216	197	80		100	

续附表11

导线型号	线芯截面面积/mm^2	2根单芯线 环境温度/℃				2根穿管管径/mm		3根单芯线 环境温度/℃				3根穿管管径/mm		4～5根单芯线 环境温度/℃				4根穿管管径/mm		5根穿管管径/mm	
		25	30	35	40	G	DG	25	30	35	40	G	DG	25	30	35	40	G	DG	G	DG
BLV	2.5	20	18	17	15	15		18	16	15	14	15		15	14	12	11	15		15	
	4	27	25	23	21	15	15	24	22	20	18	15		22	20	19	17	15		20	
	6	35	32	30	27	15	15	32	29	27	25	15	15	28	26	24	22	20		25	
	10	49	45	42	38	20	20	44	41	38	34	20	15	38	35	32	30	25	15	25	20
	16	63	58	54	49	25	25	56	52	48	44	25	20	50	46	43	39	25	20	32	20
	25	80	74	69	63	25	25	70	65	60	55	32	25	65	60	56	51	32	25	32	25
	35	100	93	86	79	32	32	90	84	77	71	32	32	80	74	69	63	40	25	40	32
	50	125	116	108	98	40	40	110	102	95	87	40	32	100	93	86	79	50	32	50	40
	70	155	144	134	122	50	50	143	133	123	113	40	40	127	118	109	100	50	40	70	(50)
	95	190	177	164	150	50	50	170	158	147	134	50	(50)	152	142	131	120	70	(50)	70	
	120	220	205	190	174	50	(50)	195	182	168	154	50	(50)	172	160	148	136	70	(50)	80	
	150	250	233	216	197	70	(50)	225	210	194	177	70		200	187	173	158	70		80	
	185	285	266	246	225	70		255	238	220	201	70		230	215	198	181	80		100	

注：表中穿线管G为焊接钢管，管径按内径计；DG为电线管，管径按外径计。

附表12 BLX型和BLV型铝芯绝缘导线穿硬塑料管时的允许载流量 A

导线型号	线芯截面面积/mm^2	2根单芯线 环境温度/℃				2根穿管管径 mm	3根单芯线 环境温度/℃				3根穿管管径 mm	4～5根单芯线 环境温度/℃				4根穿管管径 mm	5根穿管管径 mm
		25	30	35	40		25	30	35	40		25	30	35	40		
BLX	2.5	19	17	16	15	15	17	15	14	13	15	15	14	12	11	20	25
	4	25	23	21	19	20	23	21	19	18	20	20	18	17	15	20	25
	6	33	30	28	26	20	29	27	25	22	20	26	24	22	20	25	32
	10	44	41	38	34	25	40	37	34	31	25	35	32	30	27	32	32
	16	58	54	50	45	32	52	48	44	41	32	46	43	39	36	32	40
	25	77	71	66	60	32	68	63	58	53	32	60	56	51	47	40	40
	35	95	88	82	75	40	84	78	72	66	40	74	69	64	58	40	50
	50	120	112	103	94	40	108	100	93	85	50	95	88	82	75	50	50
	70	153	143	132	121	50	135	126	116	106	50	120	112	103	94	50	65
	95	184	172	159	145	50	165	154	142	130	65	150	140	129	118	65	80
	120	210	196	181	166	65	190	177	164	150	65	170	158	147	134	80	80
	150	250	233	216	197	65	227	212	196	179	75	205	191	177	162	80	90
	185	282	263	243	223	80	255	238	220	201	80	232	216	200	183	100	100

续附表12

导线型号	线芯截面面积/mm²	2根单芯线 环境温度/℃				2根穿管管径 mm	3根单芯线 环境温度/℃				3根穿管管径 mm	4~5根单芯线 环境温度/℃				4根穿管管径 mm	5根穿管管径 mm
		25	30	35	40		25	30	35	40		25	30	35	40		
BLV	2.5	18	16	15	14	15	16	14	13	12	15	14	13	12	11	20	25
	4	24	22	20	18	20	22	20	19	17	20	19	17	16	15	20	25
	6	31	28	26	24	20	27	25	23	21	20	25	23	21	19	25	32
	10	42	39	36	33	25	38	35	32	30	25	33	30	28	26	32	32
	16	55	51	47	43	32	49	45	42	38	32	44	41	38	34	32	40
	25	73	68	63	57	32	65	60	56	51	40	57	53	49	45	40	50
	35	90	84	77	71	40	80	74	69	63	40	70	65	60	55	50	65
	50	114	106	98	90	50	102	95	88	80	50	90	84	77	71	65	65
	70	145	135	125	114	50	130	121	112	102	50	115	107	99	90	65	75
	95	175	163	151	138	65	158	147	136	124	65	140	130	121	110	75	75
	120	206	187	173	158	65	180	168	155	142	65	160	149	138	126	75	80
	150	230	215	198	181	75	207	193	179	163	75	185	172	160	146	80	90
	185	265	247	229	209	75	235	219	203	185	75	212	198	183	167	90	100

附表13　矩形母线允许载流量(竖放)(环境温度+25℃,最高允许温度+70℃)

母线尺寸/mm (宽×厚)	铜母线(TMY)载流量/A 每相的铜排数			铝母线(LMY)载流量/A 每相的铝排数		
	1	2	3	1	2	3
15×3	210	—	—	165	—	—
20×3	275	—	—	215	—	—
25×3	340	—	—	265	—	—
30×4	475	—	—	365	—	—
40×4	625	—	—	480	—	—
50×4	700	—	—	540	—	—
50×5	860	—	—	665	—	—
50×6	955	—	—	740	—	—
60×6	1 125	1 740	2 240	870	1 355	1 720
80×6	1 480	2 110	2 720	1 150	1 630	2 100
100×6	1 810	2 470	3 170	1 425	1 935	2 500
60×8	1 320	2 160	2 790	1 245	1 680	2 180
80×8	1 690	2 620	3 370	1 320	2 040	2 620
100×8	2 080	3 060	3 930	1 625	2 390	3 050
120×8	2 400	3 400	4 340	1 900	2 650	3 380
60×10	1 475	2 560	3 300	1 155	2 010	2 650
80×10	1 900	3 100	3 990	1 480	2 410	3 100
100×10	2 310	3 610	4 650	1 820	2 860	3 650
120×10	1 650	4 100	5 200	2 070	3 200	4 100

注:母线平放时,宽为60 mm以下时,载流量减少5%,当宽为60 mm以上时,应减少8%。

参考文献

[1] 李德俊.电机控制与维修.北京:化学工业出版社,2009.

[2] 朱晓慧.电工电子产品制作与调试.北京:高等教育出版社,2009.

[3] 李山兵,刘海燕.机床电气控制技术.北京:电子工业出版社,2009.

[4] 吴明亮,樊明龙.自动化生产线技术.北京:化学工业出版社,2011.

[5] 沈柏民.供配电技术与技能训练.北京:电子工业出版社,2013.

[6] 刘介才.工厂供电.北京:机械工业出版社,2013.

[7] 刘介才.供配电技术.北京:机械工业出版社,2005.

[8] 吴先文.机电设备维修.北京:机械工业出版社,2012.

[9] 阮友德.电气控制与 PLC.北京:人民邮电出版社,2012.

[10] 孙志娟.可编程序控制器应用.北京:机械工业出版社,2011.

[11] 徐咏冬.电工与电子技术.北京:机械工业出版社,2011.

[12] 张焕丽.工厂供配电技术.北京:电子工业出版社,2010.

[13] 赵明,许廖.工厂电气控制设备.北京:机械工业出版社,2001.

[14] 林平勇,高嵩.电工电子技术.北京:高等教育出版社,2000.

[15] 樊立萍,张国光,宋婀娜.电工电子技术.北京:电子工业出版社,2011.

[16] 胡翔骏.电路基础.北京:高等教育出版社,2009.

[17] 张晓娟.工厂电气控制设备.北京:电子工业出版社,2012.

[18] 吴劲松.电子产品工艺实训.北京:电子工业出版社,2009.